完全掌握

中文版 After Effects CC

超级手册

王红卫 张艳钗 等编著

U0352270

机械工业出版社
China Machine Press

图书在版编目（CIP）数据

完全掌握中文版After Effects CC超级手册 / 王红卫等编著 . —北京：机械工业出版社，
2015.1（2015.11重印）

ISBN 978-7-111-49061-6

Ⅰ.①完… Ⅱ.①王… Ⅲ.①图像处理软件–手册Ⅳ.① TP391.41-62

中国版本图书馆CIP数据核字（2014）第312600号

　　本书根据多位资深设计师的教学与实践经验，针对零基础用户想在较短时间内学习并掌握After Effects CC软件在影视制作中的使用而量身打造的一本从入门到应用的超级手册。

　　全书分为三大部分：软件基础入门、应用进阶案例，以及动漫特效、栏目包装、场景等案例详解。第一部分包括第1～9章和16章，主要讲解非线编辑基础及电影蒙太奇手法、After Effects CC入门、合成的新建与素材设置、层及层动画制作、关键帧及文字动画、蒙版与遮罩、键控及模拟特效、内置视频特效、颜色校正与跟踪稳定技术以及动画的渲染与输出；第二部分包括第10～12章，主要讲解常见插件特效风暴、常见影视仿真特效表现、完美炫彩光效；第三部分包括第13～15章，主要讲解动漫特效及场景合成、公司ID演绎及公益宣传片、商业栏目包装案例表现。

　　本书附带1张DVD光盘，不但提供了本书所有案例素材和源文件，还提供了所有案例及高清多媒体交互式语音录像教学，手把手教读者迅速掌握使用After Effects CC进行影视后期合成与特效制作的方法，让新手零点起飞并跨入高手行列。

　　本书适合作为从事影视制作、栏目包装、电视广告、后期编辑与合成的广大初、中级从业人员的自学教材，也可作为社会培训学校、大中专院校相关专业的教学参考书或上机实践指导用书。

完全掌握中文版 After Effects CC 超级手册

出版发行：机械工业出版社（北京市西城区百万庄大街22号　邮政编码：100037）

责任编辑：夏非彼　迟振春

印　　刷：中国电影出版社印刷厂　　　　　　版　　次：2015年11月第1版第2次印刷

开　　本：188mm×260mm 1/16　　　　　　印　　张：28

书　　号：ISBN 978-7-111-49061-6　　　　　定　　价：89.00元（附光盘）
　　　　　ISBN 978-7-89405-679-5（光盘）

前　言

软件简介

After Effects CC 是非常高端的视频特效处理软件，像《钢铁侠》、《幽灵骑士》、《加勒比海盗》、《绿灯侠》等大片都使用 After Effects 制作各种特效。After Effects CC 的使用成为影视后期编辑人员必备的技能之一。同时，After Effects CC 也是 Adobe 公司首次直接内置官方简体中文语言，可以看出 Adobe 对中国市场的重视。

现在，After Effects 已经被广泛应用于数字和电影的后期制作中，而新兴的多媒体和互联网也为 After Effects 软件提供了广阔的发展空间。

After Effects CC 使用业界的动画和构图标准呈现电影般的视觉效果和细腻的动态画面，提供了前所未见的出色效能。

本书特色

1. 一线作者团队　由曾任理工大学电脑培训部的高级讲师为入门级用户量身定制，以深入浅出、语言平实的教学风格，将 After Effects CC 化繁为简，浓缩精华彻底掌握。

2. 超完备的基础功能及商业案例详解　16 章超全内容，包括 10 章基础内容、3 章案例进阶，以及 3 章动漫特效、栏目包装、场景等案例详解，将 After Effects CC 全盘解析，从基础到案例，从入门到入行，从新手到高手。

3. 实用的速查索引及快捷键　附录中详细列出了本书的视频讲座索引，方便读者根据要求进行查阅。并且，给出 After Effects CC 的快捷键列表，让读者在掌握软件的同时掌握更加快捷的命令操作技法。

4. 丰富的特色段落　作者根据多年的教学经验，将 After Effects CC 中常见的问题及解决方法以提示和技巧的形式呈现出来，让读者轻松掌握核心技法。

5. DVD 超大容量教学录像　本书附带 1 张高清语音多媒体教学 DVD，750 分钟超长教学时间，4GB 超大容量，113 堂多媒体教学内容，包括软件功能类、绚丽光效、影视仿真类、文字特效类、蒙版与遮罩类、跟踪与稳定类、颜色校正类、键控抠图类、插件特效类、ID 标识及公益宣传片类、动漫及场景合成类、电视栏目包装类，真正做到多媒体教学与图书互动，使读者从零起飞，快速跨入高手行列。

创作团队

本书主要由王红卫和张艳钗编写，张四海、余昊、贺容、王英杰、崔鹏、桑晓洁、王世迪、吕保成、蔡桢桢、王红启、胡瑞芳、王翠花、夏红军、李慧娟、杨树奇、王巧伶、陈家文、王香、杨曼、马玉旋、张田田、谢颂伟、张英、石珍珍、陈志祥等也参与了本书的编写工作。在创作的过程中，由于时间仓促，错误在所难免，希望广大读者批评指正。对本书及光盘中的任何疑问和技术问题，可扫一扫下面的二维码关注微信公众账号与作者联系。

编　者

2014 年 12 月

目　录

第 1 章 非线编辑基础及电影蒙太奇手法

内容摘要

本章主要讲解非线编辑的基础知识、色彩模式的种类和含义、色彩深度与图像分辨率、视频编辑的镜头表现手法、电影蒙太奇的表现手法、非线性编辑操作流程以及视频采集基础。

教学目标

- 了解帧、帧率和场的概念
- 了解色彩模式的种类和含义
- 了解电视制式及时间码
- 了解色彩深度与图像分辨率
- 掌握影视镜头的常用表现手法
- 了解电影蒙太奇的表现手法

1.1 视频基础

本节来详细讲解视频的基础知识，如帧的概念、帧率和帧长度比、像素长宽比、场、电视制式及时间码，让读者在学习视频制作前对这些视频基础有个了解。

1.1.1 帧的概念

所谓视频，即是由一系列单独的静止图像组成，如图1.1所示。每秒钟连续播放静止图像，利用人眼的视觉残留现象，在观者眼中就产生了平滑而连续活动的影像。

图1.1 单帧静止画面效果

一帧是扫描获得的一幅完整图像的模拟信号，是视频图像的最小单位。在日常看到的电视或电影中，视频画面其实就是由一系列的单帧图片构成，将这些一系列的单帧图片以合适的速度连续播放，利用人眼的视觉残留现象，在观者眼中就产生了平滑而连续活动的影像，就产生了动态画面效果，而这些连续播放的图片中的每一帧图片，就可以称之为一帧，比如一个影片的播放速度为25帧/秒，就表示该影片每秒种播放25个单帧静态画面。

1.1.2 帧率和帧长度比

帧率有时也叫帧速或帧速率，表示在影片播放中，每秒钟所扫描的帧数，比如对于PAL制式电视系统，帧率为25帧；而NTSC制式电视系统，帧率为30帧。

帧长度比是指图像的长度和宽度的比例，平时我们常说的4:3和16:9，其实就是指图像的长宽比例。4:3画面显示效果如图1.2所示；16:9画面显示效果如图1.3所示。

图1.2 4:3画面显示效果

图1.3 16:9画面显示效果

1.1.3 像素长宽比

像素长宽比就是组合图像的小正方形像素在水平与垂直方向的比例。通常以电视机的长宽比为依据，即640/160和480/160之比为4:3。因此，对于4:3长宽比来讲，480/640×4/3=1.067。所以，PAL制式的像素长宽比为1.067。

1.1.4 场的概念

场是视频的一个扫描过程。有逐行扫描和隔行扫描，对于逐行扫描，一帧即是一个垂直扫描场；对于隔行扫描，一帧由两行构成：奇数场和偶数场，是用两个隔行扫描场表示一帧。

电视机由于受到信号带宽的限制，彩用的就是隔行扫描，隔行扫描是目前很多电视系统的电子束采用的一种技术，它将一幅完整的图像按照水平方向分成很多细小的行，用两次扫描来交错显示，即先扫描视频图像的偶数行，再扫描奇数行而完成一帧的扫描，每扫描一次，就叫做一场。对于摄像机和显示器屏幕，获得或显示一幅图像都要扫描两遍才行，隔行扫描对于分辨率要求不高的系统比较适合。

在电视播放中，由于扫描场的作用，其实我们所看到的电视屏幕出现的画面不是完整的画面，而是一个【半帧】画面，如图1.4所示。但由于25Hz的帧频率能以最少的信号容量有效地利用人眼的视觉残留特性，所以看到的图像是完整图像，如图1.5所示，但闪烁的现象还是可以感觉出来的。我国电视画面传输率是25帧/秒、50场。50Hz的场频率隔行扫描，把一帧分为奇、偶两场，奇、偶的交错扫描相当于遮挡板的作用。

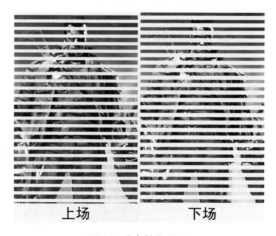

上场 下场

图1.4 【半帧】画面

图1.5 完整图像

1.1.5 电视的制式

电视的制式就是电视信号的标准。它的区分主要在帧频、分辨率、信号带宽以及载频、色彩空间的转换关系上。不同制式的电视机只能接收和处理相应制式的电视信号。但现在也出现了多制式或全制式的电视机，为处理不同制式的电视信号提供了极大的方便。全制式电视机可以在各个国家的不同地区使用。目前各个国家的电视制式并不统一，全世界目前有三种彩色制式：

① PAL制式

PAL是Phase Alteration Line的英文缩写，其含义为逐行倒相，PAL制式即逐行倒相正交平衡调幅制；它是西德在1962年制定的彩色电视广播标准，它克服了NTSC制式相对相位失真敏感而引起色彩失真的缺点；中国、新加坡、澳大利亚、新西兰和西德、英国等一些西欧国家使用PAL制式。根据不同的参数细节，它又可以分为G、I、D等制式，其中PAL-D是我国大陆采用的制式。PAL制式电视的帧频为25帧/秒，场频为50场/秒。

② NTSC制式（N制）

NTSC是Natonal Television System Committee的英文缩写，NTSC制式是由美国国家电视标准委员会于1952年制定的彩色广播标准，它采用正交平衡调幅技术（正交平衡调幅制）；NTSC制式有色彩失真的缺陷。NTSC制式电视的帧频为29.97帧/秒，场频为60场/秒。美国、加拿大、等大多西半球国家以及中国台湾、日本、韩国等采用这种制式。

③ SECAM制式

SECAM是法文Sequentiel Couleur A Memoire的缩写，含义为【顺序传送彩色信号与存储恢复彩色信号制】的缩写；是由法国在1956年提出，1966年制定的一种新的彩色电视制式。它也克服了NTSC制式相位失真的缺点，它采用时间分隔法来逐行依次传送两个色差信号，不怕干扰，色彩保真度高，但是兼容性较差。目前法国、东欧国家中东部分国家使用SECAM制式。

1.1.6 视频时间码

一段视频片段的持续时间和它的开始帧和结束帧通常用时间单位和地址来计算，这些时间和地址被为时间码（简称时码）。时码用来识别和记录视频数据流中的每一帧，从一段视频的起始帧到终止帧，每一帧都有一个唯一的时间码地址，这样在编辑的时候利用它可以准确地在素材上定位出某一帧的位置，方便地安排编辑和实现视频和音频的同步。这种同步方式叫做帧同步。【动画和电视工程师协会】采用的时码标准为SMPTE，其格式为：小时：分钟：秒：帧，比如一个PAL制式的素材片段表示为：00:01:30:13，那么意思是它持续1分钟30秒零12帧，换算成帧单位就是2263帧，如果播放的帧速率为25帧／秒，那么这段素材可以播放约一分零三十点五秒。

电影、电视行业中使用的帧率各不相同，但它们都有各自对应的SMPTE标准。如PAL采用25帧/秒或24帧/秒，NTSC制式采用30帧/秒或29.97帧/秒。早期是黑白电视采用29.97帧/秒而非30帧/秒，这样就会产生一个问题，即在时码与实际播放之间产生0.1％的误差。为了解决这个问题，于是设计出帧同步技术；这样可以保证时码与实际播放时间一致。与帧同步格式对应的是帧不同步格式，它会忽略时码与实际播放帧之间的误差。

1.2 色彩模式

色彩模式是数字世界中表示颜色的一种算法。在数字世界中，为了表示各种颜色，人们通常将颜色划分为若干分量。由于成色原理的不同，决定了显示器、投影仪、扫描仪这类靠色光直接合成颜色的颜色设备和打印机、印刷机这类靠使用颜料的印刷设备在生成颜色方式上的区别，下面来简单介绍几种常用的模式。

1.2.1 RGB模式

RGB是光的色彩模型，俗称三原色（也就是三个颜色通道）：红、绿、蓝。每种颜色都有256个亮度级（0~255）。RGB模型也称为加色模型，因为当增加红、绿、蓝色光的亮度级时，色彩变得更亮。所有显示器、投影仪和其他传递与滤光的设备，包括电视、电影放映机都依赖于加色模型。

任何一种色光都可以由RGB三原色混合得到，RGB三个值中任何一个发生变化都会导致合成出来的色彩发生变化。电视彩色显像管就是根据这个原理得来的，但是这种表示方法并不适合人的视觉特点，所以产生了其他的色彩模式。

1.2.2 CMYK模式

CMYK由青色（C）、品红（M）、黄色（Y）和黑色（K）四种颜色组成。这种色彩模式主要应用于图像的打印输出，所有商业打印机使用的都是减色模式。CMYK色彩模型中色彩的混合正好和RGB色彩模式相反。

当使用CMYK模式编辑图像时，应当十分小心，因为通常都习惯于编辑RGB图像，在CMYK模式下编辑的需要一些新的方法，尤其是编辑单个色彩通道时。在RGB模式中查看单色通道时，白色表示高亮度色，黑色表示低亮度色；在CMYK模式中正好相反，当查看单色通道时，黑色表示高亮度色，白色表示低亮度色。

1.2.3 HSB模式

HSB色彩空间是根据人的视觉特点，用色调（Hue）、饱和度（Saturation）和亮度（Brightness）来表达色彩。我们常把色调和饱和度统称为色度，用它来表示颜色的类别与深浅程度。由于人的视觉对亮度比对色彩浓淡更加敏感，为了便于色彩处理和识别，常采用HSB色彩空间。它能把色调、色饱和度和亮度的变化情形表现得很清楚，它比RGB空间更加适合人的视觉特点。在图像处理和计算机视觉中，大量的算法都可以在HSB色彩空间中方便使用，他们可以分开处理而且相互独立。因此HSB空间可以大大简化图像分析和处理的工作量。

1.2.4 YUV（Lab）模式

YUV的重要性在于它的亮度信号Y和色度信号UV是分离的，彩色电视采用YUV空间正是为了用亮度信号Y解决彩色电视机与黑白电视机的兼容问题的。如果只有Y分量而没有UV分量，这样表示的图像为黑白灰度图。

RGB并不是快速响应且提供丰富色彩范围的惟一模式。Photoshop的Lab色彩模式包括来自RGB和CMYK下的所有色彩，并且和RGB一样快。许多高级用户更喜欢在这种模式下工作。

Lab模型与设备无关，有3个色彩通道，一个用于照度（Luminosity），另两个用于色彩范围，简单地用字母a和b表示。a通道包括的色彩从深绿色（低亮度值）到灰（中亮度值）再到粉红色（高亮度值）；b通道包括的色彩从天蓝色（低亮度值）到灰色再到深黄色（高亮度值）；Lab模型和RGB模型一样，这些色彩混在一起产生更鲜亮的色彩，只有照度的亮度值使色彩黯淡。所以，可以把Lab看作是带有亮度的两个通道的RGB模式。

1.2.5 灰度模式

灰度模式属于非色彩模式。它只包含256级不同的亮度级别，并且仅有一个Black通道。在图像中看到的各种色调都是由256种不同强度的黑色表示。

1.3 色彩深度与图像分辨率

在学习视频制作时，色彩尝试和图像分辨率是经常会遇到的，本节讲解色彩尝试和图像分辨率，让读者对这两个概念有个认识，方便以后视频的处理。

1.3.1 色彩深度

色彩深度是指储每个像素色彩所所需要的位数，它决定了色彩的丰富程度，常见的色彩深度有以下几种。

① 真彩色

组成一幅彩色图像的每个像素值中，有R、G、B三个基色分量，每个基色分量直接决定其基色的强度。这样合成产生的色彩就是真实的原始图像的色彩。平常所说的32位彩色，就是在24位之外还有一个8位的Alpha通道，表示每个像素的256种透明度等级。

② 增强色

用16位来表示一种颜色，它所能包含的色彩远多于人眼所能分辨的数量，共能表示65536种不同的颜色。因此大多数操作系统都采用16位增强色选项。这种色彩空间的建立根据人眼对绿色最敏感的特性，所以其中红色分量占4位，蓝色分量占4位，绿色分量就占8位。

③ 索引色

用8位来表示一种颜色。一些较老的计算机硬件或文档格式只能处理8位的像素、8位的显示设备通常会使用索引色来表现色彩。其图像的每个像素值不分R、G、B分量，而是把它作为索引进行色彩变幻，系统会根据每个像素的8位数值去查找颜色。8位索引色能表示256种颜色。

1.3.2 图像分辨率

分辨率就是指在单位长度内含有的点（即像素）的多少。像素（pixel）是图形单元（picture element）的简称，是位图图像中最小的完整单位。像素有两个属性——其一就是位图图像中的每个像素都具有特定的位置，其二就是可以利用位进行度量的颜色深度。

除某些特殊标准外，像素都是正方形的，而且各个像素的尺寸也是完全相同的。在Photoshop中像素是最小的度量单位。位图图像由大量像素以行和列的方式排列而成，因此位图图像通常表现为矩形外貌。需要注意的是分辨率并不单指图像的分辨率，它有很多种，可以分为以下几种类型：

① 图像的分辨率

图像的分辨率：就是每英寸图像含有多少个点或者像素，分辨率的单位为dpi，例如72dpi就表示该图像每英寸含有72个点或者像素。因此，当知道图像的尺寸和图像分辨率的情况下，就可以精确地计算得到该图像中全部像素的数目。

在Photoshop中也可以用厘米为单位来计算分辨率，不同的单位计算出来的分辨率是不同的，一般情况下，图像分辨率的大小以英寸为单位。

在数字化图像中，分辨率的大小直接影响图像的质量，分辨率越高，图像就越清晰，所产生的文件就越大，在工作中所需的内存和CPU处理时间就越长。所以在创作图像时，不同品质、不同用途的图像就应该设置不同的图像分辨率，这样才能最合理地制作生成图像作品。例如要打印输出的图像分辨率就需要高一些，若仅在屏幕上显示使用就可以低一些。

另外，图像文件的大小与图像的尺寸和分辨率息息相关。当图像的分辨率相同时，图像的尺寸越大，图像文件的大小也就越大。当图像的尺寸相同时，图像的分辨率越大，图像文件的大小也就越大。

技巧 !

利用Photoshop处理图像时，按住Alt键的同时单击状态栏中的【文档】区域，可以获取图像的分辨率及像素数目。

② 图像的位分辨率

图像的位分辨率又称作位深，用于衡量每个像素储存信息的位数。该分辨率决定可以标记为多少种色彩等级的可能性，通常有8位、16位、24位或32位色彩。有时，也会将位分辨率称为颜色深度。所谓【位】实际上就是指2的次方数，

8位就是2的8次方，也就是8个2的乘积256。因此，8位颜色深度的图像所能表现的色彩等级只有256级。

③ 设备分辨率

设备分辨率：是指每单位输出长度所代表的点数和像素。它和图像分辨率的不同之处在于图像分辨率可以更改，而设备分辨率则不可更改。比如显示器、扫描仪和数码相机这些硬件设备，各自都有一个固定的分辨率。

设备分辨率的单位是PPI，即每英寸上所包含的像素数。图像的分辨率越高，图像上每英寸包含的像素点就越多，图像就越细腻，颜色过渡就越平滑。例如：72PPI分辨率的1×1平方英寸的图像总共包含（72像素宽×72像素高）5184个像素。如果用较低的分辨率扫描或创建的图像，只能单纯的扩大图像的分辨率，不会提高图像的品质。

显示器、打印机、扫描仪等硬件设备的分辨率，用每英寸上可产生的点数DPI来表示。显示器的分辨率就是显示器上每单位长度显示的像素或点的数目，以点/英寸（DPI）为度量单位。打印机分辨率是激光照排机或打印机每英寸产生的油墨点数（DPI）。打印机的DPI是指每平方英寸上所印刷的网点数。网频是打印灰度图像或分色时，每英寸打印机点数或半调单元数。网频也称网线，即在半调网屏中每英寸的单元线数，单位是线/英寸（LPI）。

④ 扫描分辨率

扫描分辨率指在扫描图像前所设置的分辨率，它将会直接影响到最终扫描得到的图像质量。如果扫描图像用于640×480的屏幕显示，那么扫描分辨率通常不必大于显示器屏幕的设备分辨率，即不超过120DPI。

通常，扫描图像是为了在高分辨率的设备中输出。如果图像扫描分辨率过低，将会导致输出效果非常粗糙。反之，如果扫描分辨率过高，则数字图像中会产生超过打印所需要的信息，不但减慢打印速度，而且在打印输出时会使图像色调的细微过渡丢失。

⑤ 网屏分辨率

专业印刷的分辨率也称为线屏或网屏，决定分辨率的主要因素是每英寸内网版点的数量。在商业印刷领域，分辨率以每英寸上等距离排列多少条网线表示，也就是常说的lpi（lines per inch，每英寸线数）。

在传统商业印刷制版过程中，制版时要在原始图像前加一个网屏，该网屏由呈方格状透明与不透明部分相等的网线构成。这些网线就是光栅，其作用是切割光线解剖图像。网线越多，表现图像的层次越多，图像质量也就越好。因此商业印刷行业中采用了LPI表示分辨率。

1.4　影视镜头常用表现手法

镜头是影视创作的基本单位，一个完整的影视作品，是由一个一个的镜头完成的，离开独立的镜头，也就没有了影视作品。通过多个镜头的组合与设计的表现，完成整个影视作品镜头的制作，所以说，镜头的应用技巧也直接影响影视作品的最终效果。那么在影视拍摄中，常用镜头是如何表现的呢，下面来详细讲解常用镜头的使用技巧。

1.4.1　推镜头

推镜头是拍摄中比较常用的一种拍摄手法，它主要利用摄像机前移或变焦来完成，逐渐靠近要表现的主体对象，使人感觉一步一步走进要观察的事物，近距离观看某个事物，它可以表现同一个对象从远到近变化，也可以表现一个对象到另一个对象的变化，这种镜头的运用，主要突出要拍摄的对象或是对象的某个部位，从而更清楚地看到细节的变化。比如观察一个古董，从整体通过变焦看到编辑部特征，也是应用推镜头。

如图1.6所示为推镜头的应用效果。

图1.6　推镜头的应用效果

1.4.2 移镜头

移镜头也叫移动拍摄，它是将摄像机固定在移动的物体上作各个方向的移动来拍摄不动的物体，使不动的物体产生运动效果，摄像时将拍摄画面逐步呈现，形成巡视或展示的视觉感受，它将一些对象连贯起来加以表现，形成动态效果而组成影视动画展现出来，可以表现出逐渐认识的效果，并能使主题逐渐明了，比如我们坐在奔驰的车上，看窗外的景物，景物本来是不动的，但却感觉是景物在动，这是同一个道理，这种拍摄手法多用于表现静物动态时的拍摄。

如图1.7所示为移镜头的应用效果。

图1.7 移镜头的应用效果

1.4.3 跟镜头

跟镜头也称为跟拍，在拍摄过程中找到兴趣点，然后跟随目标进行拍摄。比如在一个酒店，开始拍摄的只是整个酒店中的大场面，然后跟随一个服务员从一个位置跟随拍摄，在桌子间走来走去的镜头。跟镜头一般要表现的对象在画面中的位置保持不变，只是跟随它所走过的画面有所变化，就如一个人跟着另一个人穿过大街小巷一样，周围的事物在变化，而本身的跟随是没有变化的，跟镜头也是影视拍摄中比较常见的一种方法，它可以很好地突出主体，表现主体的运动速度、方向及体态等信息，给人一种身临其境的感觉。

如图1.8所示为跟镜头的应用效果。

图1.8 跟镜头的应用效果

1.4.4 摇镜头

摇镜头也称为摇拍，在拍摄时相机不动，只摇动镜头作左右、上下、移动或旋转等运动，使人感觉从对象的一个部位到另一个部位逐渐观看，比如一个人站立不动转动脖子来观看事物，我们常说的环视四周，其实就是这个道理。

摇镜头也是影视拍摄中经常用到的，比如电影中出现一个洞穴，然后上下、左右或环周拍摄应用的就是摇镜头。摇镜头主要用来表现事物的逐渐呈现，一个又一个的画面从渐入镜头到渐出镜头来完成整个事物发展。

如图1.9所示为摇镜头的应用效果。

图1.9 摇镜头的应用效果

1.4.5 旋转镜头

旋转镜头是指被拍摄对象呈旋转效果的画面，镜头沿镜头光轴或接近镜头光轴的角度旋转拍摄，摄像机快速作超过360度的旋转拍摄，这种拍摄手法多表现人物的晕眩感觉，是影视拍摄中常用的一种拍摄手法。

如图1.10所示是旋转镜头的应用效果。

图1.10 旋转镜头的应用效果

1.4.6 拉镜头

拉镜头与推镜头正好相反，它主要是利用摄像机后移或变焦来完成，逐渐远离要表现的主体对象，使人感觉正一步一步远离要观察的事物，远距离观看某个事物的整体效果，它可以表现同一个对象从近到远的变化，也可以表现一个对象到另一个对象的变化，这种镜头的应用，主要突出要拍摄对象与整体的效果，把握全局，比如常见影视中的峡谷内部拍摄到整个外部拍摄，应用的就是拉镜头。

如图1.11所示为拉镜头的应用效果。

图1.11 拉镜头的应用效果

1.4.7 甩镜头

甩镜头是快速地将镜头摇动，极快地转移到另一个景物，从而将画面切换到另一个内容，而中间的过程则产生模糊一片的效果，这种拍摄可以表现一种内容的突然过渡。

如《冰河世纪》结尾部分松鼠撞到门上的一个镜头，通过甩镜头的应用，表现出人物撞到门而产生的撞击效果的程度和旋晕效果。

如图1.12所示为甩镜头的应用效果。

图1.12 甩镜头的应用效果

1.4.8 晃镜头

晃镜头的应用相对于前面的几种方式应用要少一些，它主要应用在特定的环境中，让画面产生上下、左右或前后等的摇摆效果，主要用于表现精神恍惚、头晕目眩、乘车船等摇晃效果，比如表现一个喝醉酒的人物场景时，就要用到晃镜头，再比如坐车在不平道路上所产生的颠簸效果。

如图1.13所示为晃镜头的应用效果。

图1.13 晃镜头的应用效果

1.5 电影蒙太奇表现手法

蒙太奇是法语Montage的译音，原为建筑学用语，意为构成、装配。到了20世纪中期，电影艺术家将它引入到了电影艺术领域，意思转变为剪辑、组合剪接，即影视作品创作过程中的剪辑组合。在无声电影时代，蒙太奇表现技巧和理论的内容只局限于画面之间的剪接，在后来出现了有声电影之后，影片的蒙太奇表现技巧和理论又包括了声画蒙太奇和声音声画蒙太奇技巧与理论，含义便更加广泛了。【蒙太奇】的含义有广狭义之分。狭义的蒙太奇专指对镜头画面、声音、色彩诸元素编排组合的手段，其中最基本的意义是画面的组合。而广义的蒙太奇不仅指镜头画面的组接，也指影视剧作开始直到作品完成整个过程中艺术家的一种独特艺术思维方式。

1.5.1 蒙太奇技巧的作用

蒙太奇组接镜头与音效的技巧是决定一个影片成功与否的重要因素。在影片中的表现有下列内容：

① 表达寓意，创造意境

镜头的分割与组合，声画的有机组合，相互作用，可以给观众在心理上产生新的含义。单个的镜头、单独的画面或者声音只能表达其本身的具体含义，而如果我们使用蒙太奇技巧和表现手法的话，就可以使得一系列没有任何关联的镜头或者画面产生特殊的含义，表达出创作者的寓意，甚至还可以产生特定的含义。

❷ 选择和取舍，概括与集中

一部几十分钟的影片，是由许多素材镜头中挑选出来的。这些素材镜头不仅内容、构图、场面调度均不相同，甚至连摄像机的运动速度都有很大的差异，有些时候还存在一些重复。编导就必须根据影片所要表现的主题和内容，认真对素材进行分析和研究，慎重大胆的进行取舍和筛选，重新进行镜头的组合，尽量增强画面的可视性。

❸ 引导观众注意力，激发联想

由于每一个单独的镜头都只能表现一定的具体内容，但组接后就有了一定的顺序，可以严格的规范和引导、影响观众的情绪和心理，启迪观众进行思考。

❹ 可以创造银幕（屏幕）上的时间概念

运用蒙太奇技巧可以对现实生活和空间进行裁剪、组织、加工和改造，使得影视时空在表现现实生活和影片内容的领域极为广阔，延伸了银幕（屏幕）的空间，达到了跨越时空的作用。

❺ 蒙太奇技巧使得影片的画面形成不同的节奏

蒙太奇可以把客观因素（信息量、人物和镜头的运动速度、色彩声音效果，音频效果以及特技处理等）和主观因素（观众的心理感受）综合研究，通过镜头之间的剪接，将内部节奏和外部节奏、视觉节奏和听觉节奏有机的结合在一起，使影片的节奏丰富多彩、生动自然而又和谐统一，产生强烈的艺术感染力。

1.5.2 镜头组接蒙太奇

这种镜头的组接不考虑音频效果和其它因素，根据其表现形式，我们将这种蒙太奇分为两大类：叙述蒙太奇和表现蒙太奇。

❶ 叙述蒙太奇

在影视艺术中又被称为叙述性蒙太奇，它是按照情节的发展时间、空间、逻辑顺序以及因果关系来组接镜头、场景和段落。表现了事件的连贯性，推动情节的发展，引导观众理解内容，是影视节目中最基本、最常用的叙述方法。其优点是脉络清晰、逻辑连贯。叙述蒙太奇的叙述方法在具体的操作中还分为连续蒙太奇、平行蒙太奇、交叉蒙太

奇以及重复蒙太奇等几种具体方式。

- 连续蒙太奇。这种影视的叙述方法类似于小说叙述手法中的顺序方式。一般来讲它有一个明朗的主线，按照事件发展的逻辑顺序，有节奏的连续叙述。这种叙述方法比较简单，在线索上也比较明朗，能使所要叙述的事件通俗易懂。但同时也有自己的不足，一个影片中过多的使用连续蒙太奇手法会给人拖沓冗长的感觉。因此我们在进行非线性编辑的时候，需要考虑到这些方面的内容，最好与其它的叙述方式有机结合，互相配合使用。

- 平行蒙太奇。这是一种分叙式表达方法。将两个或者两个以上的情节线索分头叙述，但仍统一在一个完整的情节之中。这种方法有利于概括集中，节省篇幅，扩大影片的容量，由于平行表现，相互衬托，可以形成对比、呼应，产生多种艺术效果。

- 交叉蒙太奇。这种叙述手法与平行蒙太奇一样，平行蒙太奇手法只重视情节的统一和主题的一致，以及事件的内在联系和主线的明朗。而交叉蒙太奇强调的是并列的多个线索之间的交叉关系和事件的统一性和对比性，以及这些事件之间的相互影响和相互促进，最后将几条线索汇合为一。这种叙述手法能造成强烈的对比和激烈的气氛，加强矛盾冲突的尖锐性，引起悬念，是控制观众情绪的一个重要手段。

- 重复蒙太奇。这种叙述手法是让代表一定寓意的镜头或者场面在关键时刻反复出现，造成强调、对比、呼应、渲染等艺术效果，以达到加深寓意之效。

❷ 表现蒙太奇

这种蒙太奇表现在影视艺术中也被称作对称蒙太奇，它是以镜头序列为基础，通过相连或相叠镜头在形式或者内容上的相互对照，冲击，从而产生单独一个镜头本身不具有的或者更为丰富的涵义，以表达创作者的某种情感，也给观众在视觉上和心理上造成强烈的印象，增加感染力。激发观众的联想，启迪观众思考。这种蒙太奇技巧的目的不是叙述情节，而是表达情绪、表现寓意和揭示内在的含义。这种蒙太奇表现形式又有以下几种：

- 隐喻蒙太奇。这种叙述手法通过镜头（或者场面）的队列或交叉表现进行分类，含蓄而形象的表达创作者的某种寓意或者对某个事件的主观情绪。它往往是将不同的事物之间具有某种相似的特征表现出来，目的是引起观众的联想，让他们领会创作者的寓意，领略事件的主观情绪色彩。这种表现手法就是将巨大的概括力和简洁的表现手法相结合，具有强烈的感染力和形象表现力。在我们要制作的节目中，必须将要隐喻的因素与所要叙述的线索相结合，这样才能达到我们想要表达的艺术效果。用来隐喻的要素必须与所要表达的主题一致，并且能够在表现手法上补充说明主题，而不能脱离情节生硬插入，因而要求这一手法必须运用的贴切、自然、含蓄和新颖。

- 对比蒙太奇。这种蒙太奇表现手法就是在镜头的内容上或者形式上造成一种对比，给人一种反差感受。通过内容的相互协调和对比冲突，表达作者的某种寓意或者某些话所表现的内容、情绪和思想。

- 心理蒙太奇。这种表现技巧是通过镜头组接，直接而生动的表现人物的心理活动、精神状态，如人物的回忆、梦境、幻觉以及想象等心理，甚至是潜意识的活动，这种手法往往用在表现追忆的镜头中。

心理蒙太奇表现手法的特点是：形象的片断性、叙述的不连贯性。多用于交叉、队列以及穿插的手法表现，带有强烈的主观色彩。

1.5.3 声画组接蒙太奇

在1927年以前，电影都是无声电影。画面上主要是以演员的表情和动作来引起观众的联想，达到声画的默契。由来又通过幕后语言配合或者人工声响如钢琴、留声机、乐队的伴奏与屏幕结合，进一步提高了声画融合的艺术效果。为了真正达到声画一致，把声音作为影视艺术的表现元素，则是利用录音、声电光感应胶片技术和磁带录音技术，才把声音作为影视艺术的一个有机组成部分合并到影视节目之中。

① 影视语言

影视艺术是声画艺术的结合物，离开二者之中的任何一个都不能成为现代影视艺术。在声音元素里，包括了影视的语言因素。在影视艺术中，对语言的要求是不同于其他艺术形式的，它有着自己特殊的要求和规则。

我们将它归纳为以下几个方面：

- 语言的连贯性，声画和谐

在影视节目中，如果把语言分解开来，会发现它不像一篇完整的文章，段落之间也不一定有着严密的逻辑性。但如果我们将语言与画面相配合，就可以看出节目整体的不可分割性和严密的逻辑性。这种逻辑性，表现在语言和画面上是互相渗透，有机结合的。在声画组合中，有些时候是以画面为主，说明画面的抽象内涵；有些时候是以声音为主，画面只是作为形象的提示。根据以上分析，影视语言有以下特点和作用：深化和升华主题，将形象的画面用语言表达出来；语言可以抽象概括画面，将具体的画面表现为抽象的概念；语言可以表现不同人物的性格和心态；语言还可以衔接画面，使镜头过渡流畅；语言还可以代替画面，将一些不必要的画面省略掉。

- 语言的口语化、通俗化

影视节目面对的观众是多层次化的，除了特定的一些影片外，都应该使用通俗语言。所谓的通俗语言，就是影片中使用的口头语、大白话。如果语言不通俗、费解、难懂，会让观众在观看时分心，这种听觉上的障碍会妨碍到视觉功能，也就会影响到观众对画面的感受和理解，当然也就不能取得良好的视听效果。

- 语言简练概括

影视艺术是以画面为基础的，所以，影视语言必须简明扼要，点明则止。剩下的时间和空间都要用画面来表达，让观众在有限的时空里自由想象。

解说词对画面也必须是亦步亦趋，如果充满节目，会使观众的听觉和视觉都处于紧张状态，顾此失彼，这样就会对听觉起干扰和掩蔽的作用。

- 语言准确贴切

由于影视画面是展示在观众眼前的，任何细节对观众来说都是一览无余的，因此对于影视语言的要求是相当精确的。每句台词，都必须经得起观众的考验。这就不同于广播的语言，即使不够准确还能够混过听众的听觉。在视听画面的影视节目前，观众既看清画面，又听见声音效果，互相对照，稍有差错，就能够被观众轻易发现。

如果对同一画面可以有不同的解说和说明，就要看你的认识是否正确和运用的词语是否妥贴。如果发生矛盾，则很有可能是语言的不准确表达造成的。

② 语言录音

影视节目中的语言录音包括对白、解说、旁白、独白等等。为了提高录音效果，必须注意解说员的声音素质、录音的技巧以及方式。

● 解说员的素质

一个合格的解说员必须充分理解剧本，对剧本内容的重点做到心中有数，对一些比较专业的词语必须理解，读的时候还要抓住主题，确定语音的基调，即总的气氛和情调。在台词对白上必须符合人物形象的性格，解说时语言要流利，不能含混不清，多听电台好的广播节目可以提高我们这方面的鉴赏力。

● 录音

录音在技术上要求尽量创造有利的物质条件，保证良好的音质音量，尽量在专业的录音棚进行录制。在进行解说录音的时侯，需要对画面进行编辑，然后让配音员观看后配音。

● 解说的形式

在影视节目中，解说的形式多种多样，需要根据影片的内容而定。大致可以分为三类，第一人称解说、第三人称解说以及第一人称解说与第三人称解说交替的自由形式等等。

③ 影视音乐

在电影史上，默片电影已出现就与音乐有着密切的联系。早在1896年，卢米埃尔兄弟的影片就使用了钢琴伴奏的形式。后来逐渐完善，将音乐逐渐渗透到影片中，而不再是外部的伴奏形式。再到后来有声电影出现后，影视音乐更是发展到了一个更加丰富多彩的阶段。

● 影视音乐的特点和作用

一般音乐都是作为一种独特的听觉艺术形式来满足人们的艺术欣赏要求。而一旦成为影视音乐，它将丧失自己的独立性，成为某一个节目的组成部分，服从影视节目的总要求，以影视的形式表现。

影视音乐的目的性 影视节目的内容、对象、形式的不同，决定了各种影视节目音乐的结构和目的的表现形式各有特点，即使同一首歌或者同一段乐曲，在不同的影视节目中也会产生不同的作用和目的。

影视音乐的融合性 融合性也就是影视音乐必须和其他影视因素结合，因为音乐本身在表达感情的程度上往往不够准确。但如果与语言、音响和画面融合，就可以突破这种局限性。

● 音乐的分类

按照影视节目的内容区分：如故事片音乐、新闻片音乐、科教片音乐、美术片音乐以及广告片音乐。

按照音乐的性质划分：抒情音乐、描绘性音乐、说明性音乐、色彩性音乐、戏剧性音乐、幻想性音乐、气氛性音乐以及效果性音乐。

按照影视节目的段落划分音乐类型：片头主体音乐、片尾音乐、片中插曲以及情节性音乐。

● 音乐与画面的结合形式

音乐与画面同步：表现为音乐与画面紧密结合，音乐情绪与画面情绪基本一致，音乐节奏与画面节奏完全吻合。音乐强调画面提供的视觉内容，起到解释画面、烘托气氛的作用。

音乐与画面平行：音乐不是直接的追随或者解释画面内容，也不是与画面处于对立状态，而是以自身独特的表现方式从整体上揭示影片的内容。

音乐与画面的对立：音乐与画面之间在情绪、气氛、节奏以至在内容上的互相对立，使音乐具有寓意性，从而深化影片的主题.

● 音乐设计与制作

专门谱曲：这是音乐创作者和导演充分交换对影片的构思创作以图后设计的. 其中包括：音乐的风格、主题音乐的特征、主体题音乐的特征、主题音乐的性格特征、音乐的布局以及高潮的分布、音乐与语言、音响在影视中的有机安排、音乐的情绪等等要素。

音乐资料改编：根据需要将现有的音乐进行改编，但所配的音乐要与画面的时间保持一致，有头有尾。改编的方法有很多，如将曲子中间一些不需要的段落舍去，去掉重复的段落，还可以将音乐的节奏进行调整，这在非线性编辑系统中是相当容易实现的。

影视音乐的转换技巧：在非线性编辑中，画面需要转换技巧，音乐也需要转换技巧，并且很多画面转换技巧对于音乐同样是适用的。

切：音乐的切入点和切出点最好是选择在解说和音响之间，这样不容易引起注意，音乐的开始也最好选择这个时侯，这样会切得不露痕迹。

淡：在配乐的时候，如果找不到合适长度的音乐，可以取其中的一段，或者头部或者尾部. 在录音的时候，可以对其进行淡入处理或者淡出处理。

1.6 非线性编辑操作流程

一般非线性编辑的操作流程可以简单的分为导入、编辑处理和输出影片3个大的部分。由于不同非线性编辑软件的不同，又可以细分为更多的操作步骤。拿After Effects CS6来说，可以简单的分为5个步骤，具体说明如下：

1 总体规划和准备

在制作影视节目前，首先要清楚自己的创作意图和表达的主题，应该有一个分镜头稿本，由此确定作品的风格。它主要内容包括素材的取舍、各个片断持续的时间、片段之间的连接顺序和转换效果，以及片段需要的视频特效、抠像处理和运动处理等。

确定了自己创作的意图和表达的主题手法后，还要着手准备需要的各种素材，包括静态图片、动态视频、序列素材、音频文件等，并可以利用相关的软件对素材进行处理，达到需要的尺寸和效果，还要注意格式的转换，注意制作符合After Effects CS6所支持的格式，比如使用DV拍摄的素材可以通过1394卡进行采集转换到电脑中，并按照类别放置在不同的文件夹目录下，以便于素材的查找和导入。

2 创建项目并导入素材

前期的工作做完以后，接下来制作影片，首先要创建新项目，并根据需要设置符合影片的参数，比如编辑模式是使用PAL制或NTSC制的DV、VCD或DVD；设置影片的帧速率，比如编辑电影，设置时基数为24，如果使用PAL制式来编辑视频，这时候时基数应设置为25；设置视频画面的大小，比如PAL制式的标准默认尺寸是720×576像素，NTSC制式为720×480像素；指定音频的采样频率等参数设置，创建一个新项目。

新项目创建完成后，根据需要可以创建不同的文件夹，并根据文件夹的属性导入不同的素材，如静态素材、动态视频、序列素材、音频素材等。并进行前期的编辑，如素材入点和出点、持续时间等。

3 影片的特效制作

创建项目并导入素材后，就开始了最精彩的制作部分，根据分镜稿本将素材添加到时间线并进行剪辑编辑，添加相关的特效处理，比如视频特效、运动特效、抠像特效、视频转场等特效，制作完美的影片效果，然后添加字幕效果和音频文件，完成整个影片的制作。

4 保存和预演

保存影片是将影片的源文件保存起来，默认的保存格式为.aep格式，同时保存了After Effects CS6当时所有窗口的状态，比如窗口的位置、大小和参数，便于以后进行修改。

保存影片源文件后，可以对影片的效果进行预演，以此检查影片的各种实际效果是否达到设计的目的，以便在输出成最终影片时出现错误。

5 输出影片

预演只是查看效果，并不生成最后的文件，要制作出最终的影片效果，就需要将影片输出，将影片生成为一个可以单独播放的最终作品，或者转录到录像带、DV机上。After Effects CS6可以生成的影片格式有很多种，比如静态素材bmp、gif、tif、tga等格式的文件，也可以输出像Animated GIF、avi、QuickTime等视频格式文件，还可以输出像Windows Waveform音频格式的文件。常用的是【.avi】文件，它可以在许多多媒体软件中播放。

1.7 视频采集基础

视频采集卡又被称为视频卡或视频捕捉卡，根据不同的应用环境和不同的技术指标，目前可供选择的视频采集卡有很多种不同的规格。用它可以将视频信息数字化并将数字化的信息储存或播放出来。绝大部分的视频捕捉卡可以在捕捉视频信息的同时录制伴音，还可以保证同步保存、同步播放。另外，很多视频采集卡还提供了硬件压缩功能，采集速度快，可以实现每秒30帧的全屏幕视频采集。视压缩格式的不同，有些经过这类采集卡压缩的视频文件在回放时，还需要相应的解压硬件才能实现。这些视频采集卡有时又称为压缩卡。利用视频采集卡可以将原来的录像带转换为电脑可以识别的数字化信息，然后制作成VCD；还可以直接从摄像机、摄像头中获取视频信息，从而编辑、制作自己的视频节目。

视频采集卡有高低档次的区别，同时，采集的视频质量与采集卡的性能参数有很大关系，主要体现在：采集图像的分辨率、图像的深度、帧率以及可提供的采集数据率和压缩算法等。这些性能参数是决定采集卡的性能和档次的主要因素。按其功能和用途可以分为广播级视频高档采集卡、专业级中档采集卡和民用级低档采集卡。

① 广播级视频高档采集卡

广播级视频高档采集卡可以采集RGB分量视频输入的信号，生成真彩全屏的数字视频，一般采用专用的SCSL接口卡，因此不受PC总线速率的限制，这样就可以达到较高的数据采集率。最高采集分辨率为720×576的PAL制25帧/秒，或640×480或720×480的NTSC制30帧/秒的高分辨率的视频文件，这种卡的特点是采集的图像分辨率高，视频信噪比高，缺点是视频文件庞大，每分钟数据量至少为200MB。广播级模拟信号采集卡都带分量输入输出接口，用来连接BetaCam摄/录像机，一般多用于电视台或影视的制作。但是这种卡价格昂贵，一般普通用户很难接受。

② 专业级中档采集卡

专业级中档采集卡适于要求中低质量的用户选择，价格都在10000元以下。专业级中档采集卡的级别比广播级视频高档采集卡的性能稍微低

一些，分辨率两者是相同的，但压缩比稍微大一些，其最小压缩比一般在6：1以内，输入输出接口为AV复合端子与S端子，目前的专业级视频采集卡都增加了IEEE 1394输入接口，用于采集DV视频文件，此类产品适用于广告公司、多媒体公司制作节目及多媒体软件。

③ 民用级低档采集卡

民用级视频采集卡的动态分辨率一般最大为384×288，PAL制25帧/秒或是320×240，NTSC制30帧/秒，采集的图像分辨率和数据率都较低，颜色较少，也不支持MPEG-1压缩，但它们价格都较低，一般在2000元以下，是低端普通用户的首选。另外，有一类视频捕捉卡是比较特殊的，这就是VCD制作卡，从用途上来说它是应该算在专业级，而从图像指标上来说只能算民用级产品。用于DV采集的采集卡是一种IEEE 1394接口的采集卡，最低的有几十元到几百万不等，如图1.14所示为一款IEEE 1394采集卡。

图1.14 IEEE 1394卡

第2章 After Effects CC 速览入门

内容摘要

本章主要讲解After Effects CC速览入门。首先讲解了After Effects CC的操作界面，并详细讲解了自定义工作界面的方法；然后讲解了面板、窗口及工具栏，最后对After Effects CC的辅助功能进行了讲解，介绍了辅助功能的使用技巧，包括缩放、安全框、网格、参考线等常用辅助工具的使用及设置技巧。

教学目标

- 了解After Effects CC的操作界面
- 掌握自定义工作界面的方法
- 了解常用面板、窗口及工具栏的使用
- 掌握常用辅助功能的使用技巧

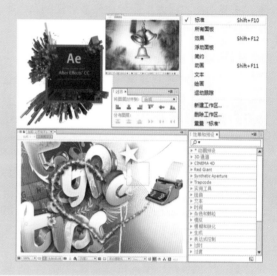

2.1 认识操作界面

After Effects CC的操作界面越来越人性化，近几个版本将界面中的各个窗口和面板合并在了一起，不再是单独的浮动状态，这样在操作时免去了拖来拖去的麻烦。

2.1.1 启动After Effects CC

执行【开始 | 所有程序 | After Effects CC 】命令，便可启动After Effects CC 软件。如果已经在桌面上创建了After Effects CC 的快捷方式，则可以直接用鼠标双击桌面上的After Effects CC 快捷图标 Ae，也可启动该软件，如图2.1所示。

图2.1 After Effects CC 启动画面

等待一段时间后，After Effects CC 被打开，新的After Effects CC 工作界面呈现出来，如图2.2所示。

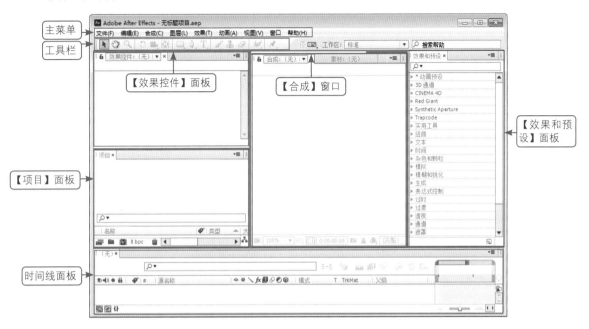

图2.2 After Effects CC 工作界面

2.1.2 默认工作界面

After Effects CC在界面上更加合理地分配了各个窗口的位置，根据制作内容的不同，After Effects CC为用户提供了几种预置的工作界面，通过这些预置的命令，可以将界面设置成不同的模式，如动画、绘图、特效等，执行菜单栏中的【窗口】|【工作区】命令，可以看到其子菜单中包含多种工作模式子选项，包括【标准】、【所有面板】、【效果】、【浮动面板】、【简约】、【动画】、【文本】、【绘画】、【运动跟踪】等模式，如图2.3所示。

图2.3 多种工作模式

执行菜单栏中的【窗口】|【工作区】|【效果】命令，操作界面则切换到效果工作界面中，整个界面排列以特效相关面板和窗口为主，突出显示特效控制区，如【效果和预设】面板，如图2.4所示。

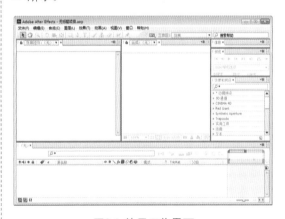

图2.4 效果工作界面

执行菜单栏中的【窗口】|【工作区】|【文本】命令，整个界面排列以文本相关面板和窗口为主，突出显示文本控制区，如【字符】面板、【段落】面板等，如图2.5所示。

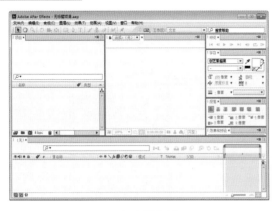

图2.5 文本控制界面

提示

After Effects CC为用户提供的这些预置工作界面,不再一一介绍,读者朋友可以自己切换一下不同的工作界面,感受它们的不同之处,以找到适合自己的工作界面。

视频讲座2-1:自定义工作界面

视频分类:软件功能类
视频位置:配套光盘\movie\视频讲座2-1:自定义工作界面.avi

不同的用户对于工作模式的要求也不尽相同,如果在预置的工作模式中,没有找到自己需要的模式,用户也可以根据自己的喜好来设置工作模式。

AE 01 可以从【窗口】菜单中,选择需要的面板或窗口,然后打开或关闭它。

提示

在拖动面板向另一个面板靠近时,在另一个面板中,将显示出不同的停靠效果,确定后释放鼠标后,面板可在不同的位置停靠。

AE 02 合并面板或窗口。拖动一个面板或窗口到另一个面板或窗口上,当另一个面板中心显示停靠效果时,释放鼠标,两个面板将合并在一起,如图2.6所示为【合成】窗口与【项目】面板合并的效果。

提示

在面板或窗口的合并过程中,要特别注意浅蓝色标识的显示,不同的显示效果将产生不同的合成效果,具体的不同点,可参看本书配套光盘的视频讲解。

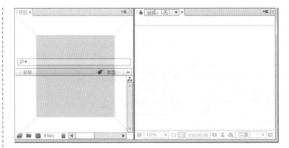

图2.6 面板合并操作效果

AE 03 如果想将某个面板单独地脱离出来,可以在按住Ctrl键的同时拖动面板,当拖出来后释放鼠标即可将面板单独地脱离出来,脱离的效果,如图2.7所示。

图2.7 脱离面板

AE 04 如果想将单独脱离的面板或窗口再次合并到一个面板或窗口中,可以应用前面的方法,拖动面板或窗口到另一个可停靠的面板或窗口中,显示停靠效果时释放鼠标即可。

AE 05 当界面面板或窗口调整满意后,执行菜单栏中的【窗口】|【工作区】|【新建工作区】命令,打开的【新建工作区】对话框,在【名称】中输入一个名称,如图2.8所示,单击【确定】按钮,即可将新的界面保存。

图2.8 【新建工作区】对话框

AE 06 保存后的界面将显示在【窗口】|【工作区】命令后的子菜单中，如图2.9所示。

提示 ?

如果对保存的界面不满意，可以执行菜单栏中的【窗口】|【工作区】|【删除工作区】命令，从打开的【删除工作区】对话框中，选择要删除的界面名称，单击【确定】按钮即可。

图2.9 保存后的工作区显示

2.2 面板、窗口及工具栏介绍

After Effects CC延续了以前版本面板和窗口排列的特点，用户可以将面板和窗口单独浮动，也可以合并起来。这些面板构成了整个软件的特色，通过不同的面板和窗口来达到不同的处理目的，下面来简要介绍一下这些常用面板和窗口的组成及功能特点。

视频讲座2-2：【项目】面板

视频分类：软件功能类
视频位置：配套光盘\movie\视频讲座2-2：
【项目】面板.avi

【项目】面板位于界面的左上角，主要用来组织、管理视频节目中所使用的素材，视频制作所使用的素材，都要首先导入到【项目】面板中。在此窗口中可以对素材进行预览。

可以通过文件夹的形式来管理【项目】面板，将不同的素材以不同的文件夹分类导入，以便视频编辑时操作的方便，文件夹可以展开也可以折叠，这样更便于【项目】的管理，如图2.10所示。

在素材目录区的上方表头，标明了素材、合成或文件夹的属性显示，显示每个素材不同的属性。

- 【名称】：显示素材、合成或文件夹的名称，单击该图标，可以将素材以名称方式进行排序。

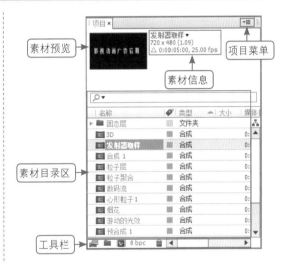

图2.10 导入素材后的【项目】面板

- 【标记】：可以利用不同的颜色来区分项目文件，同样单击该图标，可以将素材以标记的方式进行排序。如果要修改某个素材的标记颜色，直接单击该素材右侧的颜色按钮，在弹出的快捷菜单中，选择适合的颜色即可。

- 【类型】：显示素材的类型，如合成、图像或音频文件。同样单击该图标，可以将素材以类型的方式进行排序。

- 【大小】：显示素材文件的大小。同样单击该图标，可以将素材以大小的方式进行排序。

- 【媒体持续时间】：显示素材的持续时间。同样单击该图标，可以将素材以持续时间的方式进行排序。

- 【文件路径】：显示素材的存储路径，以便于素材的更新与查找，方便素材的管理。
- 【日期】：显示素材文件创建的时间及日期，以便更精确地管理素材文件。
- 【备注】：单击需要备注的素材的该位置，激活文件并输入文字对素材进行备注说明。

提示

属性区域的显示可以自行设定，从项目菜单中的【列】子菜单中，选择打开或关闭属性信息的显示。

视频讲座2-3：【时间线】面板

视频分类：软件功能类
视频位置：配套光盘\movie\视频讲座2-3：【时间线】面板.avi

时间线面板是工作界面的核心部分，视频编辑工作的大部分操作都是在时间线面板中进行的。它是进行素材组织的主要操作区域。当添加不同的素材后，将产生多层效果，然后通过层的控制来完成动画的制作，如图2.11所示。

在时间线面板中，有时会创建多条时间线，多条时间线将并列排列在时间线标签处，如果要关闭某个时间线，可以在该时间线标签位置，单击关闭✕按钮即可将其关闭，如果想再次打开该时间线，可以在项目窗口中，双击该合成对象即可。

图2.11 时间线面板

2.2.1 【合成】窗口

【合成】窗口是视频效果的预览区，在进行视频项目的安排时，它是最重要的窗口，在该窗口中可以预览到编辑时的每一帧的效果，如果要在节目窗口中显示画面，首先要将素材添加到时间线上，并将时间滑块移动到当前素材的有效帧内，才可以显示，如图2.12所示。

图2.12 【合成】窗口

2.2.2 【效果和预设】面板

　　【效果和预设】面板中包含了【动画预设】、【模拟】、【模糊和锐化】、【3D通道】和【色彩校正】等多种特效，是进行视频编辑的重要部分，主要针对时间线上的素材进行特效处理，一般常见的特效都是利用【效果和预设】面板中的特效来完成，【效果和预设】面板如图2.13所示。

图2.13　【效果和预设】面板

2.2.3 【效果控件】面板

　　【效果控件】面板主要用于对各种特效进行参数设置，当一种特效添加到素材上面时，该面板将显示该特效的相关参数设置，可以通过参数的设置对特效进行修改，以便达到所需要的最佳效果，如图2.14所示。

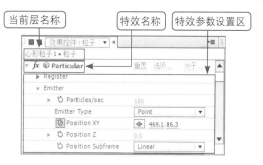

图2.14　【效果控件】面板

2.2.4 【字符】面板

　　通过工具栏或是执行菜单栏中的【窗口】|【字符】命令来打开【字符】面板，【字符】主要用来对输入的文字进行相关属性的设置，包括字体、字体大小、颜色、描边、行距等参数，【字符】面板如图2.15所示。

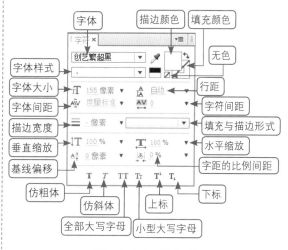

图2.15　【字符】面板

2.2.5 【对齐】面板

　　执行菜单栏中的菜单【窗口】|【对齐】命令，可以打开或关闭【对齐】面板。
　　【对齐】面板主要对素材进行对齐与分布处理，面板及说明如图2.16所示。

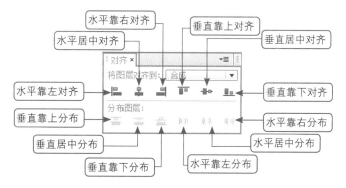

图2.16　【对齐】面板

提示 ❓

在应用对齐或分布时，要注意对齐方式的设置，从【将图层对齐到】菜单中可以指定对齐的方式，选择【合成】选项，可以以合成窗口为依据进行对齐或分布；选择【选区】选项，可以以选择的对象为依据进行对齐或分布。

2.2.6 【信息】面板

执行菜单栏中的【窗口】|【信息】命令，或按Ctrl + 2组合键，可以打开或关闭【信息】面板。

【信息】面板主要用来显示素材的相关信息，在【信息】面板的上部分，主要显示如RGB值、Alpha通道值、鼠标在合成窗口中的X和Y轴坐标位置；在【信息】面板的下部分，根据选择素材的不同，主要显示选择素材的名称、位置、持续时间、出点和入点等信息。【信息】面板及说明如图2.17所示。

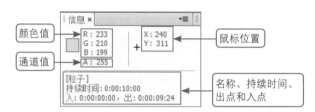

图2.17 【信息】面板

2.2.7 【预览】面板

执行菜单栏中的【窗口】|【预览】命令，或按Ctrl + 3组合键，将打开或关闭Preview（预演）面板。

【预览】面板中的命令，主要用来控制素材图像的播放与停止，进行合成内容的预演操作，还可以进行预演的相关设置。【预览】面板及说明如图2.18所示。

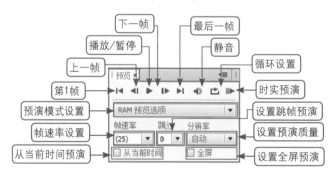

图2.18 【预览】

2.2.8 【图层】窗口

在【图层】窗口中，默认情况下是不显示图像的，如果要在图层窗口中显示画面，直接在时间线面板中，双击该素材层，即可打开该素材的【图层】窗口，如图2.19所示。

【图层】窗口是进行素材修剪的重要部分，一般素材的前期处理，比如入点和出点的设置。处理入点和出点的方法有两种：一种是可以在时间线窗口中，直接通过拖动改变层的入点和出点；另一种是可以在图层窗口中，通过单击入点按钮设置素材入点，单击出点按钮设置素材出点，以制作出符合要求的视频文件。

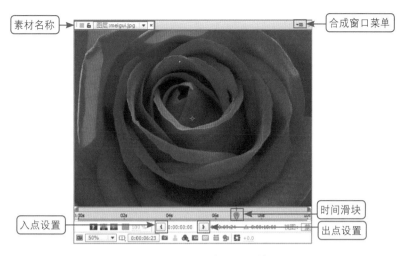

图2.19　【图层】窗口显示效果

2.2.9　工具栏

执行菜单栏中的菜单【窗口】|【工具】命令，或按Ctrl + 1组合键，打开或关闭工具栏，工具栏中包含了常用的工具，使用这些工具可以在合成窗口中对素材进行编辑操作，如移动、缩放、旋转、输入文字、创建蒙版、绘制图形等，工具栏及说明如图2.20所示。

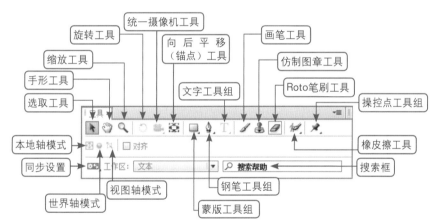

图2.20　工具栏及说明

在工具栏中，有些工具按钮的右下角有一个黑色的三角形箭头，表示该工具还包含有其他工具，在该工具上按住鼠标不放，即可显示出其他的工具，如图2.21所示。

图2.21　显示其他工具

2.3 / 了解辅助功能

在进行素材的编辑时，【合成】窗口下方，有一排功能菜单和功能按钮，如图2.22所示。它的许多功能与【视图】菜单中的命令相同，主要用于辅助编辑素材，包括显示比例、安全框、网格、参考线、标尺、快照、通道和区域预览等命令，如图2.23所示，通过这些命令，使素材编辑更加得心应手，下面来讲解这些功能的用法。

图2.22 功能菜单和按钮

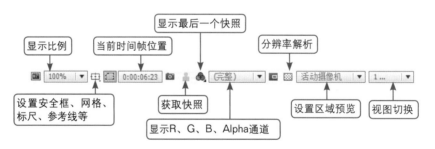

图2.23 菜单和按钮功能说明

视频讲座2-4：应用缩放功能

 视频分类：软件功能类
视频位置：配套光盘\movie\视频讲座2-4：应用缩放功能.avi

在素材编辑过程中，为了更好地查看影片的整体效果或细微之处，往往需要对素材进行放大或缩小处理，这时就需要应用缩放功能。缩放素材可以使用以下3种方法：

- 方法2：选择【工具栏】中的【缩放工具】🔍按钮，或按快捷键Z，选择该工具，然后在【合成】窗口中单击，即可放大显示区域。如果按住Alt键单击，可以缩小显示区域。
- 方法2：单击【合成】窗口下方的显示比例 100% ▼ 按钮，在弹出的菜单中，选择合适的缩放比例，即可按所选比例对素材进行缩放操作。
- 方法3：按键盘上的【<】或【>】键，缩小或放大显示区域。

如果想让素材快速返回到原尺寸100%的状态，可以直接双击【缩放工具】🔍按钮。

2.3.1 安全框

如果制作的影片要在电视上播放，由于显像管的不同，造成显示范围也不同，这时就要注意视频图像及字幕的位置了，因为在不同的电视机上播放时，会出现少许的边缘丢失现象，这种现象叫溢出扫描。

在After Effects CC 软件中，要防止重要信息的丢失，可以启动安全框，通过安全框来设置素材，以避免重要图像信息的丢失。

① 显示安全框

单击【合成】窗口下方的 ⊞ 按钮，从弹出的菜单中，选择【标题 / 动作安全】命令，即可显示安全框，如图2.24所示。

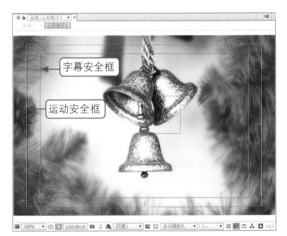

图2.24 启动安全框效果

从启动的安全框中可能看出，有两个安全区域：【运动安全框】和【字幕安全框】。通常来讲，重要的图像要保持在【运动安全框】内，

而动态的字幕及标题文字应该保持在【字幕安全框】以内。

② 隐藏安全框

确认当前已经显示安全框，然后单击【合成】窗口下方的 ⊞ 按钮，从弹出的快捷菜单中，选择【标题/动作安全】命令，即可隐藏安全框。

③ 修改设置安全边距

执行菜单栏中的【编辑】|【首选项】|【网格和参考线】命令，打开的【首选项】对话框中，在【安全边距】选项组中，设置【动作安全框】和【字幕安全】的大小，如图2.25所示。

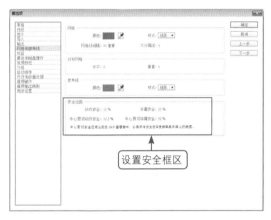

设置安全框区

图2.25 【首选项】对话框

提示 ❓

按住Alt键，然后单击 ⊞ 按钮，可以快速启动或关闭安全框的显示。

2.3.2 网格的使用

在素材编辑过程中，需要精确地素材定位和对齐，这时就可以借助网格来完成，在默认状态下，网格为绿色的效果。

① 启用网格

网格的启用可以用下面3种方法来完成：

- 方法1：执行菜单栏中的【视图】|【显示网格】命令，显示网格。
- 方法2：单击【合成】窗口下方的 ⊞ 按钮，在弹出的菜单中，选择【网格】命令，即可显示网格。
- 方法3：按【Ctrl + '】组合键，显示或关闭网格。

启动网格后的效果，如图2.26所示。

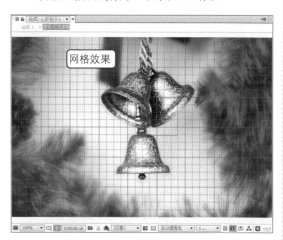

图2.26 网格显示效果

② 修改网格设置

为了方便网格与素材的大小匹配，还可以对网格的大小及颜色进行设置，执行菜单栏中的【编辑】|【首选项】|【网格和参考线】命令，打开【首选项】对话框，在【网格】选项组中，对网格的间距与颜色进行设置。

> **提示** ❓
> 执行菜单栏中的【视图】|【对齐到网格】命令，启动吸附网格属性，可以在拖动对象时，在一定距离内自动吸附网格。

2.3.3 参考线

参考线也主要应用在精确素材的定位和对齐，参考线相对网格来说，操作更加灵活，设置更加随意。

① 创建参考线

执行菜单栏中的【视图】|【显示标尺】命令，将标尺显示出来，然后用光标移动水平标尺或垂直标尺位置，当光标变成双箭头时，向下或向右拖动鼠标，即可拉出水平或垂直参考线，重复拖动，可以拉出多条参考线。在拖动参考线的同时，在【信息】面板中将显示出参考线的精确位置，如图2.27所示。

图2.27 参考线

② 显示与隐藏参考线

在编辑过程中，有时参考线会妨碍操作，而又不想将参考线删除，此时可以执行菜单栏中的【视图】|【显示参考线】命令，将前面√取消掉，参考线暂时隐藏。如果想再次显示参考线，执行菜单栏中的【视图】|【显示参考线】打上√命令即可。

③ 对齐到参考线

执行菜单栏中的【视图】|【对齐到参考线】命令，启动参考线的吸附属性，可以在拖动素材时，在一定距离内与参考线自动对齐。

④ 锁定与取消锁定参考线

如果不想在操作中改变参考线的位置，可以执行菜单栏中的【视图】|【锁定参考线】命令，将参考线打上对勾√锁定，锁定后的参考线将不能再次被拖动改变位置。如果想再次修改参考线的位置，可以执行菜单栏中的【视图】|【锁定参考线】命令，将对勾√去掉取消参考线的锁定。

⑤ 清除参考线

如果不再需要参考线，可以执行菜单栏中的【视图】|【显示参考线】命令，将对勾√取消，参考线全部删除；如果只想删除其中的一条或多条参考线，可以将光标移动到该条参考线上，当光标变成双箭头时，按住鼠标将其拖出窗口范围即可。

⑥ 修改参考线设置

执行菜单栏中的【编辑】|【首选项】|【网格和参考线】命令，打开【首选项】对话框，在【参考线】选项组中，设置参考线的【颜色】和【样式】。

视频讲座2-5：标尺的使用

视频分类：软件功能类
视频位置：配套光盘\movie\视频讲座2-5：标尺的使用.avi

执行菜单栏中的【视图】|【显示标尺】命令，或按Ctrl + R组合键，即可显示水平和垂直标尺。标尺内的标记可以显示鼠标光标移动时的位置，可更改标尺原点，从默认左上角标尺上的（0，0）标志位置，拉出十字线到可以从图像上新标尺原点即可。

① 隐藏标尺

当标尺处于显示状态时，执行菜单栏中的【视图】|【显示标尺】命令，将前面对勾√取消即可隐藏。或在打开标尺时，再将按Ctrl + R组合键，即可关闭标尺的显示。

② 修改标尺原点

标尺原点的默认位置，位于窗口左上角，将光标移动到左上角标尺交叉点的位置，即原点上，然后按住鼠标拖动，此时，鼠标光标会出现一组十字线，当拖动到合适的位置时，释放鼠标，标尺上的新原点就出现在刚才释放鼠标键的位置。拖动的过程，如图2.28所示。

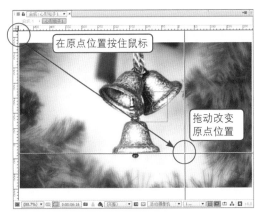

图2.28 修改原点位置

③ 还原标尺原点

双击图像窗口左上角的标尺原点位置，可将标尺原点还原到默认位置。

2.3.4 快照

快照其实就是将当前窗口中的画面进行抓图预存，然后在编辑其他画面时，显示快照内容以进行对比，这样可以更全面地把握各个画面的效果，显示快照并不影响当前画面的图像效果。

① 获取快照

单击【合成】窗口下方的【拍摄快照】📷按钮，将当前画面以快照形式保存起来。

② 应用快照

将时间滑块拖动到要进行比较的画面帧位置，然后按住【合成】窗口下方的【显示快照】🔒按钮不放，将显示最后一个快照效果画面。

提示 ❓

用户还可以利用Shift + F5、Shift + F6、Shift + F7和Shift + F8 组合键来抓拍4张快照并将其存储，然后分别按住F5、F6、F7和F8键来逐个显示。

2.3.5 显示通道

单击【合成】窗口下方的【显示通道及色彩管理设置】🌑按钮，将弹出一个下拉菜单，从菜单中可以选择【红色】、【绿色】、【蓝色】和【Alpha】等选项，选择不同的通道选项，将显示不同的通道模式效果。

在选择不同的通道时，【合成】窗口边缘将显示不同通道颜色的标识方框，以区分通道显示，同时，在选择红、绿、蓝通道时，【合成】窗口显示的是灰色的图案效果，如果想显示出通道的颜色效果，可以在下拉菜单中，选择【彩色化】命令。

选择不同的通道，观察通道颜色的比例，有助于图像色彩的处理，在抠图时更加容易掌控。

2.3.6 分辨率解析

分辨率的大小直接影响图像的显示效果，在进行渲染影片时，设置的分辨率越大，影片的显示质量越好，但渲染的时间就会越长。

如果在制作影片过程中，只想查看一下影片的大概效果，而不是最终的输出，这时，就可以考虑应用低分辨率来提高渲染的速度，以更好地提高工作效率。

单击【合成】窗口下方的分辨率解析 完整 ▼ 按钮，将弹出一个下拉菜单，从该菜单中选择不同的选项，可以设置不同的分辨率效果，各选项的含义如下：

- 【完整】：主要在最终的输出时使用，表示在渲染影片时，以最好的分辨率效果来渲染。
- 【二分之一】：在渲染影片时，只渲染影片中一半的分辨率。
- 【三分之一】：在渲染影片时，只渲染影片中2/3的分辨率。
- 【四分之一】：在渲染影片时，只渲染影片中2/4的分辨率。
- 【自定义】：选择该命令，将打开【自定义分辨率】对话框，在该对话框中，可以设置水平和垂直每隔多少像素来渲染影片，如图2.29所示。

图2.29 【自定义分辨率】对话框

2.3.7 设置目标区域预览

在渲染影片时，除了使用分辨率设置来提高渲染速度外，还可以应用区域预览来快速渲染影片，区域预览与分辨率解析不同的地方在于，区域预览可以预览影片的局部，而分辨率解析则不可以。

单击【合成】窗口目标区域预览▢按钮，然后在【合成】窗口中单击拖动绘制一个区域，释放鼠标后可以看到区域预览的效果，如图2.30所示。

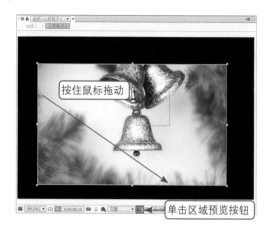

按住鼠标拖动

单击区域预览按钮

图2.30 目标区域预览效果

2.3.8 设置不同视图

单击【合成】窗口下方的【3D视图弹出式菜单】 活动摄像机 ▼ 按钮，将弹出一个下拉菜单，从该菜单中，可以选择不同的3D视图，主要包括：【活动摄像机】、【正面】、【左侧】、【顶部】、【背面】、【右侧】和【底部】等视图。

提示 ?

要想在【合成】窗口中看到影片图像的不同视图效果，首先要在【时间线】面板打开三维视图模式。

第 3 章
合成的新建与素材设置

内容摘要

本章主要讲解合成的新建与素材管理。首先讲解了项目及
合成的创建方法，合成项目的保存，素材的导入方法及导
入设置；然后讲解了素材的归类管理，素材的查看移动；
最后详细讲解了素材入点和出点的设置方法。

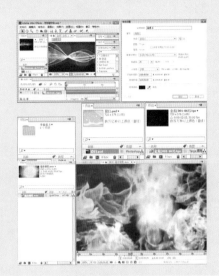

教学目标

- 掌握项目文件的创建及保存
- 掌握不同素材的导入及设置
- 学习归类管理素材的方法和技巧
- 掌握素材入点和出点的设置

3.1 项目与合成的新建

本节将通过几个简单实例讲解创建项目和保存项目的基本步骤。这个实例虽然操作比较简单，但
是包括许多基本的操作，初步体现了使用After Effects的乐趣。本节的重点在于基本步骤和基本操作的
熟悉和掌握，强调总体步骤的清晰明确。

视频讲座3-1：创建项目及合成文件

视频分类：软件功能类
视频位置：配套光盘\movie\视频讲座3-1：创建项目及合成文件.avi

在编辑视频文件时，首先要做的就是创建一个项目文件，规划好项目的名称及用途，根据不同的
视频用途来创建不同的项目文件，创建项目的方法如下：

AE 01 执行菜单栏中的【新建】|【新建项目】命令，或按Ctrl + Alt + N 组合键，这样就创建了一个项
目文件。

提示

创建项目文件后还不能进行视频的编辑操作，还要创建一个合成文件，这是After Effects软件与一般
软件不同的地方。

AE 02 执行菜单栏中的【合成】|【新建合成】命令，也可以在【项目】面板中单击鼠标右键，从弹出的快捷菜单中选择【新建合成】命令，即可打开【合成设置】对话框，如图3.1所示。

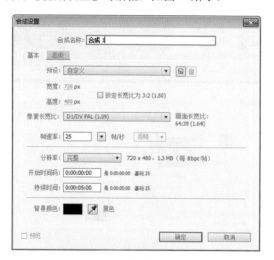

图3.1 【合成设置】对话框

提示

目前各个国家的电视制式并不统一，全世界目前有三种彩色制式：PAL制式、NTSC制式（N制）和SECAM制式。PAL制式主要应用于50HZ供电的地区，如中国、新加坡、澳大利亚、新西兰和西德、英国等一些国家和地区，VCD电视画面尺寸标准为352×288，画面像素的宽高比为1.091:1，DVD电视画面尺寸标准为704×576或720×576，画面像素的宽高比为1.091:1。NTSC制式（N制）主要就用于60HZ交流电的地区，如美国、加拿大、等大多西半球国家以及中国台湾、日本、韩国等，VCD电视画面尺寸标准为352×240，画面比例为0.91:1，DVD电视画面尺寸标准为704×480或720×480，画面像素的宽高比为0.91:1或0.89:1。

AE 03 在【合成设置】对话框中输入合适的名称、尺寸、帧速率、持续时间等内容后，单击【确定】按钮，即可创建一个合成文件，在【项目】面板中可以看到此文件。

提示

创建合成文件后，如果用户想在后面的操作中修改合成设置，可以执行菜单栏中的【合成】|【合成设置】命令，打开【合成设置】对话框，对其进行修改。

视频讲座3-2：保存项目文件

视频分类：软件功能类
视频位置：配套光盘\movie\视频讲座3-2：
保存项目文件.avi

在制作完项目及合成文件后，需要及时地将项目文件进行保存，以免电脑出错或突然停电带来不必要的损失，保存项目文件的方法有以下几种：

AE 01 如果是新创建的项目文件，可以执行菜单栏中的【文件】|【保存】命令，或按Ctrl+S组合键，此时将打开【另存为】对话框，如图3.2所示。在该对话框中，设置适当的保存位置、文件名和文件类型，然后单击【保存】按钮即可将文件保存。

提示

如果是第1次保存图形，系统将自动打开【另存为】对话框，如果已经作过保存，则再次应用保存命令时，不会再打开【另存为】对话框，而是直接将文件按原来设置的位置进行覆盖保存。

图3.2 【另存为】对话框

AE 02 如果不想覆盖原文件而另外保存一个副本，此时可以执行菜单栏中的【文件】|【另存为】命令，或按Ctrl+Shift+S组合键打开【另存为】对话框，设置相关的参数，保存为另外的副本。

AE 03 还可以将文件以拷贝的形式进行另存，这样不会影响原文件的保存效果，执行菜单栏中的【文件】|【保存副本】命令，将文件以拷贝的形式另存为一个副本，其参数设置与保存的参数相同。

提示

【另存为】与【保存副本】的不同之处在于：使用【另存为】命令后，再次修改项目文件内容时，应用保存命令时保存的位置为另存为后的位置，而不是第1次保存的位置；而使用【保存副本】命令后，再次修改项目文件内容时，应用保存命令时保存的位置为第1次保存的位置，而不是应用保存一个拷贝后保存的位置。

视频讲座3-3：合成的嵌套

视频分类：软件功能类
视频位置：配套光盘\movie\视频讲座3-3：合成的嵌套.avi

一个合成中的素材可以分别提供给不同的合成使用，而一个项目中的合成可以分别是独立的，也可以是相互之间存在【引用】的关系，不过在合成之间的关系中并不可以相互【引用】，只存在一个合成使用另一个图层，也就是一个合成嵌套另一个合成的关系，如图3.3所示。

图3.3 合成的嵌套

3.2 导入素材文件

在进行影片的编辑时，一般首要的任务是导入要编辑的素材文件，素材的导入主要是将素材导入到【项目】面板中或是相关文件夹中，【项目】面板导入素材的主要有下面几种方法：

- 执行菜单栏中的【文件】|【导入】|【文件】命令，或按Ctrl + I组合键，在打开的【导入文件】对话框中，选择要导入的素材，然后单击【打开】按钮即可。
- 在【项目】面板的列表空白处，单击鼠标右键，在弹出的快捷菜单中选择【导入】|【文件】命令，在打开的【导入文件】对话框中，选择要导入的素材，然后单击【打开】按钮即可。
- 在【项目】面板的列表空白处，直接双击鼠标，在打开的【导入文件】对话框中，选择要导入的素材，然后单击【打开】按钮即可。
- 在Windows的资源管理器中，选择需要导入的文件，直接拖动到After Effects软件的【项目】面板中即可。

提示

如果要同时导入多个素材，可以按住Ctrl键的同时逐个选择所需的素材；或是按住Shift键的同时，选择开始的一个素材，然后单击最后的一个素材选择多个连续的文件即可。也可以应用菜单【文件】|【导入】|【多个文件）命令，多次导入需要的文件。

视频讲座3-4：JPG格式静态图片的导入

视频分类：软件功能类
视频位置：配套光盘\movie\视频讲座3-4：JPG格式静态图片的导入.avi

下面来讲解JPG格式静态图片的导入方法，具体操作如下：

提示

在After Effects中，素材的导入非常关键，要想做出丰富多彩的视觉效果，单凭借After Effects软件是不够的，还要许多外在的软件来辅助设计，这时就要将其他软件做出的不同类型格式的图形、动画效果导入到After Effects中应用，而对于不同类型格式，After Effects又有着不同的导入设置。根据选项设置的不同，所导入的图片不同；根据格式的不同，导入的方法也不同。

AE 01 执行菜单栏中的【文件】|【导入】|【文件）命令，或按Ctrl＋I组合键，也可以应用上面讲过的任意一种其他方法，打开【导入文件）对话框，如图3.4所示。

AE 02 在打开的【导入文件】对话框中，选择配套光盘中的【工程文件\ 第3章 \梦幻之境.jpg】文件，然后单击【打开】按钮，即可将文件导入，此时从【项目】面板，可以看到导入的图片效果。

图3.4 导入图片的过程及效果

提示 ?

有些常用的动态素材和不分层静态素材的导入方法与JPG格式静态图片的导入方法相同，比如.avi .tif格式的动态素材，另外，对于音频文件的导入方法也与常见不分层静态图片的导入方法相同，直接选择素材然后导入即可，导入后的素材文件将位于【项目】面板中。

视频讲座3-5：序列素材的导入

 视频分类：软件功能类
视频位置：配套光盘\movie\视频讲座3-5：序列素材的导入.avi

　　下面来讲解序列素材的导入方法，具体操作如下：

AE 01 执行菜单栏中的【文件】|【导入】|【文件】命令，或按Ctrl＋I组合键，也可以应用上面讲过的任意一种其他方法，打开【导入文件】对话框，选择配套光盘中的【工程文件\ 第3章 \金龙\金龙001.tga】文件，在对话框的下方，勾选【Targa序列】复选框，如图3.5所示。

AE 02 单击【导入】按钮，即可将图片以序列图片的形式导入，一般导入后的序列图片为动态视频文件，如图3.6所示。

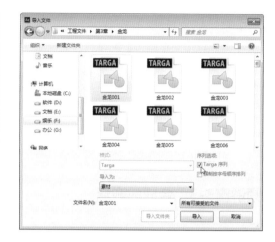

图3.5 【导入】操作步骤及设置

图3.6 导入效果

提示 ?

在导入序列图片时，如果选择某个图片而不勾选【Targa序列】复选框，则导入的图片是静态的单一图片效果。

AE 03 在导入图片时，还将产生一个【解释素材】对话框，在该对话框中可以对导入的素材图片进行通道的设置，主要用于设置通道的透明情况，如图3.7所示。

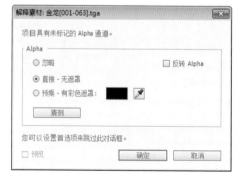

图3.7 【解释素材】对话框

视频讲座3-6：PSD分层格式素材的导入

 视频分类：软件功能类
视频位置：配套光盘\movie\视频讲座3-6：
PSD格式素材的导入.avi

下面来讲解PSD格式素材的导入方法，具体操作如下：

AE 01 执行菜单栏中的【文件】|【导入】|【文件】命令，或按Ctrl + I组合键，也可以应用上面讲过的任意一种其他方法，打开【导入文件】对话框，选择配套光盘中的【工程文件\ 第3章 \夏日.psd】文件，如图3.8所示。该素材在Photoshop软件中的图层分布效果，如图3.9所示。

图3.8 导入文件　　　图3.9 图层分布效果

AE 02 单击【导入】按钮，将打开一个以素材命名的对话框，如图3.10所示，在该对话框中，指定要导入的类型，可以是素材，也可以是合成。

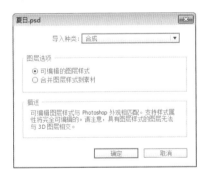

图3.10 【夏日.psd】对话框

AE 03 在导入类型中，选择不同的选项，会有不同的导入效果，【素材】导入和【合成】导入效果，分别如图3.11、图3.12所示。

图3.11 【素材】导入效果

图3.12 【合成】导入效果

AE 04 在选择【素材】导入类型时，【图层选项】选项组中的选项处于可用状态，单击【合并的图层】单选按钮，导入的图片将是所有图层合并后的效果；单击【选择图层】单选按钮，可以从其右侧的下拉菜单中，选择PSD分层文件的某个图层上的素材导入。

> **提示**
>
> 【选择图层】右侧的下拉菜单中的图层数量及名称，取决于在Photoshop软件中的图层及名称设置。

AE 05 设置完成后单击【确定】按钮，即可将设置好的素材导入到【项目】面板中。

3.3 管理素材

在使用After Effects软件进行视频编辑时，由于有时需要大量的素材，而且导入的素材在类型上又各不相同，如果不加以归类，将对以后的操作造成很大的麻烦，这时就需要对素材进行合理地分类与管理。

视频讲座3-7：使用文件夹归类管理

视频分类：软件功能类
视频位置：配套光盘\movie\视频讲座3-7：
使用文件夹归类管理.avi

虽然在制作视频编辑中应用的素材很多，但所使用的素材还是有规律可循的，一般来说可以分为静态图像素材、视频动画素材、声音素材、标题字幕、合成素材等，有了这些素材规律，就可以创建一些文件夹放置相同类型的文件，以便于快速地查找。

在【项目】面板中，创建文件夹的方法有多种：

- 执行菜单栏中的【文件】|【新建】|【新建文件夹】命令，即可创建一个新的文件夹。
- 在【项目】面板中单击鼠标右键，在弹出的快捷菜单中，选择【新建文件夹】命令。
- 在【项目】面板的下方，单击【创建文件夹】▇ 按钮。

视频讲座3-8：重命名文件夹

视频分类：软件功能类
视频位置：配套光盘\movie\视频讲座3-8：
重命名文件夹.avi

新创建的文件夹，将以系统未命名1、2……的形式出现，为了便于操作，需要对文件夹进行重新命名，重命名的方法如下：

AE 01 在【项目】面板中，选择需要重命名的文件夹。

AE 02 按键盘上的Enter键，将其激活。

AE 03 输入新的文件夹名称即可完成重命名。如图3.13所示为重新命名文件夹时的激活状态。

图3.13 激活状态

① 素材的移动和删除

有时导入的素材或新建的图像并不是放置在所对应的文件夹中，这时就需要对它进行移动，移动的方法很简单，只需选择要移动的素材，然后将其拖动到所对应文件夹上释放鼠标就可以了。对于不需要的素材或文件夹，可以通过下列方法来删除：

- 选择将删除的素材或文件夹，然后按键盘上的Delete键。
- 选择将删除的素材或文件夹，然后单击【项目】面板下方的【删除所选项目项】🗑 按钮即可。
- 执行菜单栏中的【文件】|【整理工程（文件）】|【整合所有素材】命令，可以将【项目】面板中重复导入的素材删除。
- 执行菜单栏中的【文件】|【整理工程（文件）】|【删除未用过的素材】命令，可以将【项目】面板中没有应用到的素材全部删除。
- 执行菜单栏中的【文件】|【整理工程（文件）】|【减少项目】命令，可以将【项目】面板中选择对象以外的其他素材，全部删除。

② 素材的替换

在进行视频处理过程中，如果导入After Effects软件中的素材不理想，可以通过替换方式来修改，具体操作如下：

AE 01 在【项目】面板中，选择要替换的素材。

AE 02 执行菜单栏中的【文件】|【替换素材】|【文件】命令，也可以直接在当前素材上单击鼠标右键，在弹出的快捷菜单中选择【替换素材】|【文件】命令。此时将打开【替换素材文件】对话框。

AE 03 在该对话框中，选择一个要替换的素材，然后单击【打开】按钮即可。

提示 ❓

如果导入素材的源素材发生了改变，而只想将当前素材改变成修改后的素材，这时，可以应用菜单【文件】|【重新加载素材】命令，或在当前素材上单击鼠标右键，在弹出的快捷菜单中，选择【重新加载素材】命令，即可将修改后的文件重新载入来替换原文件。

3.3.1 添加素材

要进行视频制作，首先要将素材添加到时间线，下面来讲解添加素材的方法，具体操作如下。

AE 01 在【项目】面板中，选择一个素材，然后按住鼠标，将其拖动到时间线面板中，拖动的过程如图3.14所示。

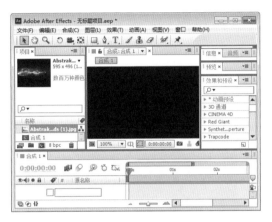

图3.14 拖动素材的过程

AE 02 当素材拖动到时间线面板中时，鼠标会有相应的变化，此时释放鼠标，即可将素材添加到【时间线】面板中，如图3.15所示，这样在合成窗口中也将看到素材的预览效果。

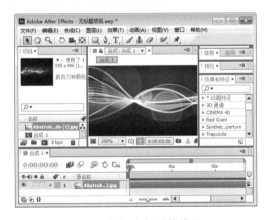

图3.15 添加素材后的效果

3.3.2 查看素材

查看某个素材，可以在【项目】面板中直接双击这个素材，系统将根据不同类型的素材打开不同的浏览效果，如静态素材将打开【素材】窗口，动态素材将打开对应的视频播放软件来预览，静态和动态素材的预览效果分别如图3.16、图3.17所示。

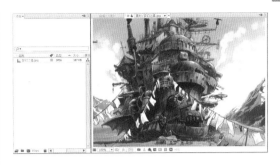

图3.16 静态素材的预览效果

图3.17 动态素材预览效果

3.3.3 移动素材

默认情况下，添加的素材起点都位于00:00:00:00帧的位置，如果想将起点位于其他时间帧的位置，可以通过拖动素材层的方法来改变，拖动的效果如图3.18所示。

图3.18 移动素材

在拖动素材层时，不但可以将起点后移，也可以将起点前移，即素材层可以向前或向后随意移动。

3.3.4 设置入点和出点

视频编辑中角色的设置一般都有不同的出场顺序，有些贯穿整个影片，有些只显示数秒，这样就形成了角色的入点和出点的不同设置。所谓入点，就是影片开始的时间位置；所谓出点，就是影片结束的时间位置。设置素材的入点和出点，可以在【图层】窗口或【时间线】面板来设置。

① 从【图层】或【素材】窗口设置入点与出点

首先将素材添加到【时间线】面板，然后在

【时间线】面板中双击该素材，将打开该层所对应的【图层】窗口，如图3.19所示。

图3.19 【图层】窗口

在【图层】窗口中，拖动时间滑块到需要设置入点的位置，然后单击【将入点设置为当前时间】按钮，即可在当前时间位置为素材设置入点。同样的方法，将时间滑块拖动到需要设置出点的位置，然后单击【将出点设置为当前时间】按钮，即可在当前时间位置为素材设置出点。设置入点和出点后的效果，如图3.20所示。

图3.20 设置入点和出点后的效果

② 从【时间线】面板设置入点与出点

在【时间线】面板中设置素材的入点和出点，首先也要将素材添加到【时间线】面板中，然后将光标放置在素材持续时间条的开始或结束位置，当光标变成双箭头↔时，向左或向右拖动鼠标，即可修改素材的入点或出点的位置，如图3.21所示为修改入点的操作效果。

图3.21 修改入点的操作效果

视频讲座3-9：设置入点和出点

 视频分类：软件功能类
视频位置：配套光盘\movie\视频讲座3-9：
设置入点和出点.avi

下面以实例形式，来讲解在【素材】窗口中设置素材入点和出点的方法，具体操作过程如下：

AE 01 首先利用【导入】命令导入配套光盘中的【工程文件\第3章\爆炸烟雾.mov】文件。

AE 02 在【项目】面板中直接双击这个素材，将打开该层所对应的【素材】窗口。

AE 03 将时间调整到00:00:02:00帧位置，在【素材】窗口，单击其下方的【将入点设置为当前时间】按钮，为当前素材设置入点，如图3.22所示。

图3.22 设置入点

AE 04 将时间调整到00:00:04:00帧位置，在【素材】窗口，单击其下方的【将出点设置为当前时间】按钮，为当前素材设置出点，如图3.23所示。

图3.23 设置出点

AE 05 这样就完成了素材入点和出点的设置，从【素材】窗口中的时间标尺位置，可以清楚地看到设置入点和出点后的效果。

第 4 章

层及层动画制作

内容摘要

本章主要讲解After Effects CC 中层的概念及基础动画的制作、多种层的创建及使用方法、多种灯光的创建、摄像机视图的修改、层的排序设置、层列表的使用、常见层列表属性的使用及设置方法等。通过本章内容，掌握层和摄像的应用，掌握层属性设置及简单动画制作。

教学目标

- 认识常见素材层
- 掌握层的创建方法
- 掌握常见层属性的设置技巧
- 掌握利用层属性制作动画技巧

4.1 认识层

在编辑图像过程中，运用不同的层类型产生的图像效果也各不相同，After Effects 软件中的层类型主要有【素材】层、【文本】层、【纯色】层、【灯光】层、【摄像机】层、【空对象】层、【形状图层】和【调整图层】，如图4.1所示。下面分别对其进行讲解。

图4.1 常用层说明

4.1.1 素材层

素材层主要包括从外部导入到After Effects CC 软件中，然后添加到时间线面板中的素材形成的层；其实，文本层、纯色层等，也可以称为素材层。

4.1.2 文本层

在工具栏中选择文字工具，或执行菜单栏中的【图层】|【新建】|【文本】命令，都可以创建一个文字层。当选择【文字】命令后，在【合成】窗口中将出现一个闪动的光标符号，此时可以应用相应的输入法直接输入文字。

文本层主要用来输入横排或竖排的说明文字，用来制作如字幕、影片对白等文字性的东西，它是影片中不可缺少的部分。

4.1.3 纯色层

执行菜单栏中的【图层】|【新建】|【纯色】命令，即可创建一个纯色层，它主要用来制作影片中的蒙版效果，有时添加特效制作出影片的动态背景，当选择【纯色】命令时，将打开【纯色设置】对话框，如图4.2所示。在该对话框中，可以对纯色层的名称、大小、颜色等参数进行设置。

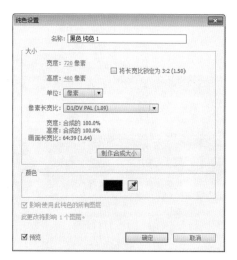

图4.2 【纯色设置】对话框

4.1.4 灯光层

执行菜单栏中的【图层】|【新建】|【灯光】命令，将打开【灯光设置】对话框，在该对话框中，可以通过【灯光类型】来创建不同的灯光效果，对话框及说明如图4.3所示。

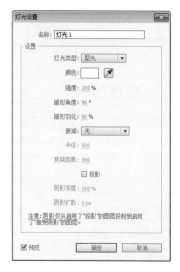

图4.3 【灯光设置】对话框

灯光是基于计算机的对象，其模拟灯光，如家用或办公室灯，舞台和电影工作时使用的灯光设备以及太阳光本身。不同种类的灯光对象可用不同的方式投射灯光，用于模拟真实世界不同种类的光源。在【灯光类型】右侧的下拉菜单中，包括4种灯光类型，分别为【平行光】、【聚光】、【点】、【环境】，应用不同的灯光将产生不同的光照效果。

> **提示**
>
> 创建灯光后，如果再想对灯光的参数进行修改，可以在时间线面板中，双击该灯光，再次打开【灯光设置】对话框，对灯光的相关参数进行修改。

- 【平行光】：平行光主要用于模拟太阳光，当太阳在地球表面上投射时，所有平行光以一个方向投射平行光线，光线亮度均匀，没有明显的亮暗分别。平行光具有一定的方向性，还具有投射阴影的能力，选择平行光后，可以看到一条直线，连接灯光和目标点，可以移动目标点，来改变灯光照射的方向。如图4.4所示为选择【平行光】后，经过调整参数后，素材在4个视图中的显示效果。

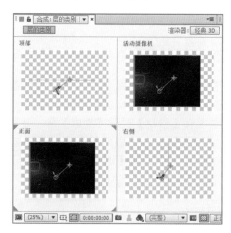

图4.4 【平行光】效果

> **提示**
>
> 在应用灯光的投影效果时，要注意打开【灯光设置】对话框中的【投影】复选框。在要投射阴影的图层中，打开【材质选项】下的【投影】参数，即启动为【开】。在接受投影的层中，打开【材质选项】下的【接受阴影】参数，即启动为【开】，这样才能看到投影效果。

- 【聚光】：聚光灯有时也叫目标聚光灯，像舞台上的投影灯一样投射聚焦的光束。可以通过【锥形角度】参数和【锥形羽化】来改变聚光灯的照射范围和边缘柔和程度，可以在【合成】窗口中，通过拖动聚光灯和目标点来改变聚光灯的位置和照射效果。选择【聚光】灯，可以看到聚光灯和目标点，聚光灯不但具有方向性，并可以投身阴影，还具有范围性，并可以通过【灯光设置】对话框中的【阴影深度】和【阴影扩散】调整阴影颜色的浓度和阴影的柔和程度。如图4.5所示为选择【聚光】后，经过调整参数后，素材在4 视图中的显示效果。

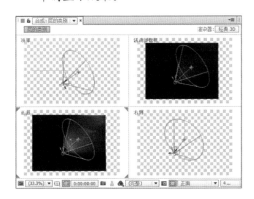

图4.5 【聚光】效果

- 【点】：点光模拟点光源从单个光源向各个方向投射光线。类似于家庭中常见的灯泡，点光没有方向性，但具有投射阴影的能力，点光的强弱与距离物体的远近有关，具有近亮远暗的特点，即离点近的地方更亮些，离点远的地方会暗些。如图4.6所示为选择【点】后，经过调整参数后，素材在4视图中的显示效果。

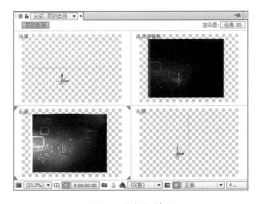

图4.6 【点】效果

- 【环境】：它与平行光非常相似，但【环境】没有光源可以调整，没有明暗的层次感，直接照亮所有对象，不具有方向性，也不能投射阴影，一般只用来加亮场景，与其他灯光混合使用。如图4.7所示为选择【环境】后，经过调整参数后，素材在4 视图中的显示效果。

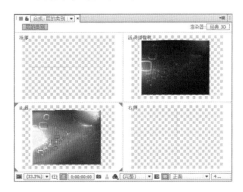

图4.7 【环境】效果

视频讲座4-1：聚光灯的创建及投影设置

视频分类：软件功能类
工程文件：配套光盘\工程文件\第4章\聚光灯的创建及投影设置
视频位置：配套光盘\movie\视频讲座4-1：聚光灯的创建及投影设置.avi

通过上面的知识讲解，读者应该可以理解灯光的基本知识，下面来通过实例，讲解聚光灯的创建及投影设置，以加深对灯光创建及阴影表现的理解。

AE 01 导入素材。执行菜单栏中的【文件】|【导入】|【文件】命令，或按Ctrl + I组合键，打开【导入文件】对话框，选择配套光盘中的【工程文件\ 第4章\黑色闹钟.psd】文件，如图4.8所示。

图4.8 导入文件

AE 02 在【导入文件】对话框中，单击【打开】按钮，将打开【黑色闹钟.psd】对话框，在【导入类型】右侧的下拉菜单中，选择【合成】命令，如图4.9所示。

图4.9 选择合成

AE 03 单击【确定】按钮，将素材导入到【项目】面板中，导入后的合成素材效果如图4.10所示。从图中可以看到导入的合成文件【黑色闹钟】和一个文件夹。

AE 04 在【项目】面板中，双击黑色闹钟合成文件，从【合成】窗口可以看到层素材的显示效果，如图4.11所示。

图4.10 导入的素材效果　图4.11 素材显示效果

AE 05 在时间线面板中，单击【闹钟】和【背景】层右侧的三维层开关位置，打开这两个层的三维属性，如图4.12所示。

图4.12 打开三维属性

提示 ?

灯光和摄像机一样，只能在三维层中使用，所以，在应用灯光和摄像机时，一定要先打开层的三维属性。

AE 06 执行菜单栏中的【图层】|【新建】|【灯光】命令，将打开【灯光设置】对话框，在该对话框中，设置灯的【名称】为【聚光灯01】，设置【灯光类型】为【聚光灯】，其他参数设置如图4.13所示。

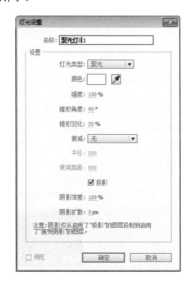

图4.13 【灯光设置】对话框

AE 07 单击【确定】按钮，即可创建一个聚光灯，此时，从【合成】窗口中可以看到创建聚光灯后的效果，如图4.14所示。

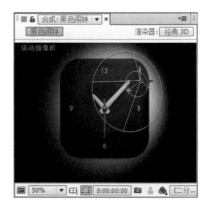

图4.14 聚光灯效果

提示 ?

在创建灯光时，如果不为灯光命名，灯光将默认按灯光1、灯光2……依次命名，这与摄像机、纯色、虚拟物体等的创建名称方法是相同的。

AE 08 切换视图。首先，为了更好地观察视图，将视图切换为【4个视图】，在【合成】窗口中，单击其下方的【选择视图布局】 1 View ▼

按钮，然后从弹出的快捷菜单中，选择【4个视图】命令，如图4.15所示。

图4.15 选择【4个视图】命令

AE 09 应用【4个视图】命令后，【合成】窗口中将出现4个窗口。

AE 10 下面来设置投影。因为灯光的照射比较直接，首先改变一下聚光灯的方向，在动态摄像机视图中，选择聚光灯，然后按住鼠标拖动，将其改变一定的位置，如图4.16所示。

图4.16 修改摄像机位置

AE 11 因为两个层距离得很近，不容易看出投影效果，所以在【闹钟】层中，修改它的【位置】Z轴的值为-20。因为其为投影层，设置【材质选项】下的【投影】为打开状态。在【背景】层中，因为其为接受投影层，所以设置【材质选项】下的【接受阴影】为打开状态，如图4.17所示。

图4.17 投影参数的设置

AE 12 参数设置完成后，从【合成】窗口中可以清楚地看到黑色闹钟的投影效果了，如图4.18所示。这样就完成了聚光灯的创建及投影的设置过程。

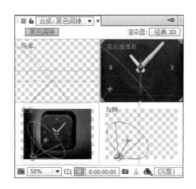

图4.18 投影效果

4.1.5 摄像机层

执行菜单栏中的【图层】|【新建】|【摄像机】命令，将打开【摄像机设置】对话框，在该对话框中，可以设置摄像机的名称、缩放、视角、镜头类型等多种参数，对话框及说明如图4.19所示。

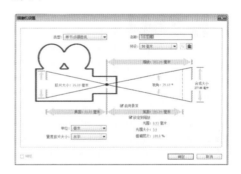

图4.19 【摄像机设置】对话框

提示 ?

在摄像机的镜头类型中，可以从预设的列表中选择合适的类型，也可以通过修改相关参数自定义摄像机镜头类型。如果想保存自定义类型，可以在设置好参数后，单击【预设】右侧的按钮，来保存自定义镜头类型。也可以单击【预设】右侧的按钮，将选择的类型删除。

摄像机是After Effects CC中制作三维景深效果的重要工具之一，配合灯光的投影可以轻松实现三维立体效果，通过设置摄像机的焦距、景深、缩放等参数，可以使三维效果更加逼真。

单击【合成】窗口下方的【3D视图弹出式菜单】 活动摄像机 ▼ 按钮，将弹出一个下拉菜单，从该菜单中，可以选择不同的3D视图，主要包括：【活动摄像机】、【正面】、【左侧】、【顶部】、【背面】、【右侧】和【底部】等视图。

摄像机具有方向性，可以直接通过拖动摄像机和目标点来改变摄像机的视角，从而更好地操控三维画面。在工具栏中，包含众多的摄像机控制工具，使得摄像机的应用更加理想。如图4.20所示为创建【摄像机】后，经过调整参数，素材在【4个视图】中的显示效果。

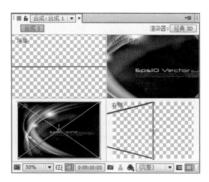

图4.20 【摄像机】效果

要想在【合成】窗口中看到影片图像的不同视图效果，首先要在【时间线】面板打开三维视图模式。

视频讲座4-2：利用摄像机制作穿梭云层效果

视频分类：软件功能类
工程文件：配套光盘\工程文件\第4章\穿梭云层效果
视频位置：配套光盘\movie\视频讲座4-2：利用摄像机制作穿梭云层效果.avi

本例主要讲解利用摄像机制作穿梭云层效果，通过本例掌握摄像机的应用方法及虚拟物体的使用技巧。

AE 01 执行菜单栏中的【文件】|【打开项目】命令，选择配套光盘中的【工程文件\第4章\穿梭云层\穿梭云层练习.aep】文件，将【穿梭云层练习.aep】文件打开。

AE 02 执行菜单栏中的【合成】|【新建合成】命令，打开【合成设置】对话框，设置【合成名称】为【穿梭云层】，【宽度】为【720】，【高度】为【576】，【帧速率】为【25】，并设置【持续时间】为00:00:03:00秒。

AE 03 执行菜单栏中的【图层】|【新建】|【纯色】命令，打开【纯色设置】对话框，设置【名称】为【背景】。

AE 04 为【背景】层添加【梯度渐变】特效。在【效果和预设】面板中展开【生成】特效组，然后双击【梯度渐变】特效。

AE 05 在【效果控件】面板中，修改【梯度渐变】特效的参数，设置【渐变起点】的值为（360，206），【起始颜色】为蓝色（R:0，G:48，B:255），【渐变终点】的值为（360，532），【结束颜色】为浅蓝色（R:107，G:131，B:255），如图4.21所示；合成窗口效果如图4.22所示。

图4.21 设置渐变参数

图4.22 设置渐变后的效果

AE 06 在【项目】面板中，选择【云.tga】素材，将其拖动到【穿梭云层】合成的时间线面板中。

AE 07 打开【云.tga】层三维开关，选中【云.tga】层，按Ctrl+D组合键复制出另外4个新的图层，将图层分别重命名为【云2】、【云3】、【云4】、【云5】。选中【云.tga】层，设置【位置】的值为（256，162，-1954）；【云2】层【位置】的值为（524，418，-1807）；

【云3】层【位置】的值为（162，446，-1393）；【云4】层【位置】的值为（520，160，-1058）；【云5】层【位置】的值为（106，136，-182），如图4.23所示，合成窗口效果，如图4.24所示。

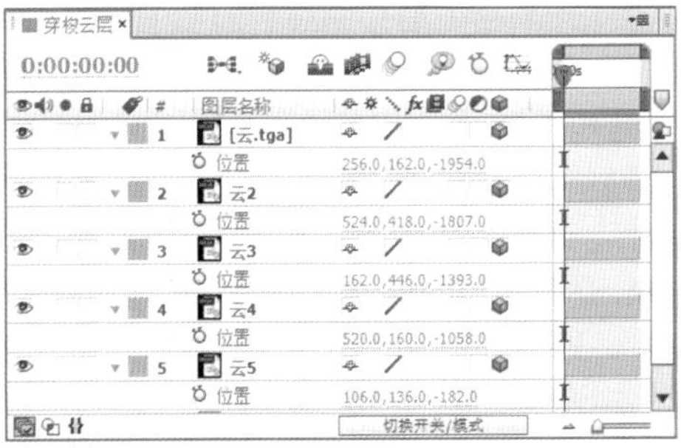

图4.23 设置位置参数

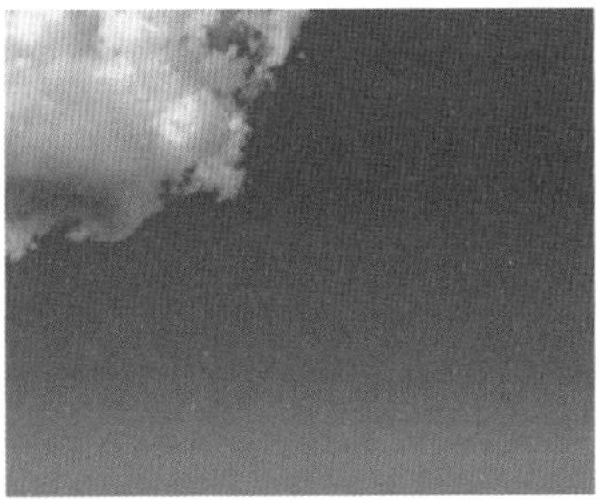

图4.24 设置位置参数后的效果

AE 08 执行菜单栏中的【图层】|【新建】|【摄像机】命令，打开【摄像机设置】对话框，【预设】为24毫米，选中【启用景深】复选框，如图4.25所示。

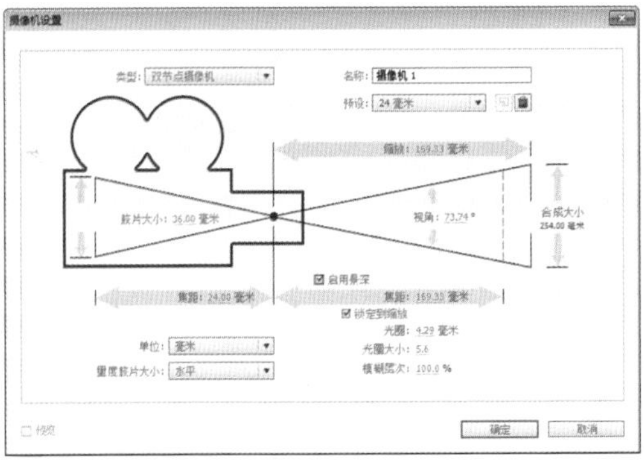

图4.25 【摄像机设置】对话框

AE 09 执行菜单栏中的【图层】|【新建】|【空对象】命令，创建【空1】。在时间线面板中设置【【摄像机1】】层的子物体为【空1】，如图4.26所示。

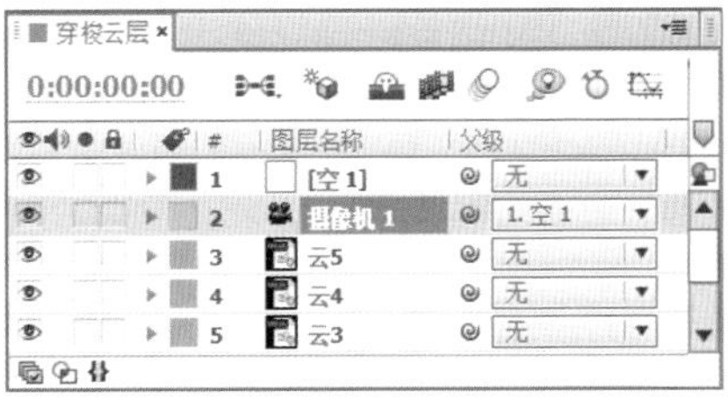

图4.26 设置子物体

AE 10 将时间调整到00:00:00:00帧的位置，打开【空1】层三维开关，按P键打开【位置】属性，设置【位置】的值为（360，288，-592），单击【位置】左侧的码表按钮，在当前位置设置关键帧。

AE 11 将时间调整到00:00:03:00帧的位置，设置【位置】的值为（360，288，743），系统会自动设置关键帧，如图4.27所示；合成窗口效果如图4.28所示。

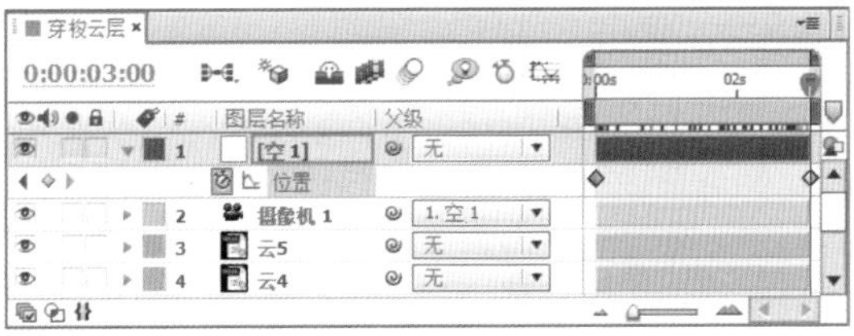

图4.27 设置空对象的关键帧

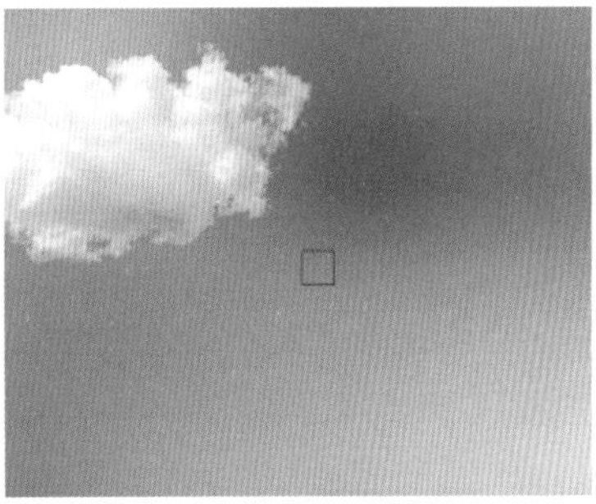

图4.28 设置空对象关键帧后的效果

AE 12 这样就完成了利用摄像机制作穿梭云层效果的整体制作，按小键盘上的【0】键，即可在合成窗口中预览动画。完成的动画流程画面，如图4.29所示。

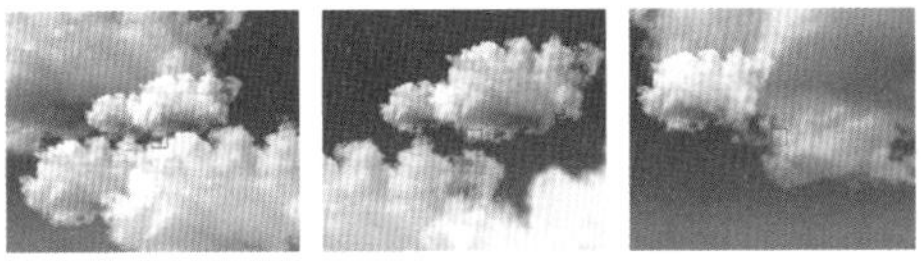

图4.29 动画流程画面

4.1.6 空对象

执行菜单栏中的【图层】|【新建】|【空对象】命令，在时间线面板中，将创建一个虚拟物体。

空对象是一个线框体，它有名称和基本的参数，但不能渲染，有些人还称它为捆绑物体、空物体等，它主要用于层次链接，辅助多层同时变化，通过它可以与不同的对象链接，也可以将虚拟对象用作修改的中心。当修改虚拟对象参数时，其链接的所有子对象与它一起变化。通常虚拟对象使用这种方式设置链接运动的动画。

空对象的另一个常用用法是在摄影机的动画中。可以创建一个空对象并且在空对象内定位目标摄影机。然后可以将摄影机和其目标链接到虚拟对象，并且使用路径约束设置空对象的动画。摄影机将沿路径跟随空对象运动。

4.1.7 调整图层

执行菜单栏中的【图层】|【新建】|【调整图层】命令，在时间线面板中，将创建一个【调整图层】。

调整图层主要辅助场景影片进行色彩和特效的调整，创建调整图层后，直接在调整图层上应用特效，可以对调整图层下方的所有层同时产生该特效，这样就避免了不同层应用相同特效时一个个单独设置的麻烦操作。

4.2 / 层的基本操作

层，指的就是素材层，是After Effects CC软件的重要组成部分，几乎所有的特效及动画效果，都是在层中完成的，特效的应用首先要添加到层中，才能制作出最终效果。层的基本操作，包括创建层、选择层、层顺序的修改、查看层列表、层的自动排序等，掌握这些基本的操作，才能更好地管理层，并应用层制作优质的影片效果。

4.2.1 创建层

层的创建非常简单，只需要将导入到【项目】面板中的素材，拖动到时间线面板中即可创建层，如果同时拖动几个素材到【项目】面板中，就可以创建多个层。

4.2.2 选择层

要想编辑层，首先要选择层。选择层可以在时间线面板或【合成】窗口中完成。

- 如果要选择某一个层，可以在时间线面板中直接单击该层，也可以在【合成】窗口中单击该层中的任意素材图像，即可选择该层。
- 如果要选择多层，可以在按住Shift键的同时，选择连续的多个层；按住Ctrl键依次单击要选择的层名称位置，这样可以选择多个不连续的层。如果选择错误，可以按

住Ctrl键再次选择的层名称位置，取消该层的选择。

- 如果要选择全部层，可以执行菜单栏中的【编辑】|【全选】命令，或按Ctrl + A组合键；如果要取消层的选择，可以执行菜单栏中的【编辑】|【全部取消选择】命令，或在时间线面板中的空白处单击，即可取消层的选择。
- 选择多个层还可以从时间线面板中的空白处单击拖动一个矩形框，与框有交叉的层将被选择，如图4.30所示。

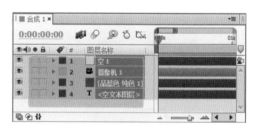

图4.30 框选层效果

4.2.3 删除层

有时，由于错误的操作，可能会产生多余的层，这时需要将其删除，删除层的方法十分简单，首先选择要删除的层，然后执行菜单栏中的【编辑】|【清除】命令，或按Delete键，即可将层删除，如图4.31所示为层删除前后的效果。

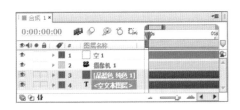

图4.31 删除层前后的效果

4.2.4 层的顺序

应用【图层】|【新建】下的子命令，或使用其他方法创建新层时，新创建的层都位于所有层的上方，但有时根据场景的安排，需要将层进行前后的移动，这时就要调整层顺序，在时间线面板中，通过拖动可以轻松完成层的顺序修改。

选择某个层后，按住鼠标拖动它到需要的位置，当出现一个黑色的长线时，释放鼠标，即可改变层顺序，拖动的效果如图4.32所示。

图4.32 修改层顺序

改变层顺序，还可以应用菜单命令，在【图层】|【排列】子菜单中，包含多个移动层的命令，分别介绍如下：

- 【将图层置于顶层】：将选择层移动到所有层的顶部，组合键Ctrl + Shift +]。
- 【使图层前移一层】：将选择层向上移动一层，组合键Ctrl +]。
- 【使图层后移一层】：将选择层向下移动一层，组合键Ctrl + [。
- 【将图层置于底层】：将选择层移动到所有层的底部，组合键Ctrl + Shift + [。

4.2.5 层的复制与粘贴

【复制】命令可以将相同的素材快速重复使用，选择要复制的层后，执行菜单栏中的【编辑】|【复制】命令，或按Ctrl + C组合键，可以将层复制。

在需要的合成中，执行菜单栏中的【编辑】|【粘贴】命令，或按Ctrl + V 组合键，即可将层粘贴，粘贴的层将位于当前选择层的上方。

另外，还可以应用【重复】命令来复制层，执行菜单栏中的【编辑】|【重复】命令，或按Ctrl + D 组合键，快速复制一个位于所选层上方的副本层，如图4.33所示。

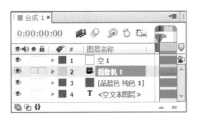

图4.33 制作副本前后的效果

提示 ?

【重复】、【复制】的不同之处在于：【重复】命令只能在同一个合成中完成副本的制作，不能跨合成复制；而【复制】命令可以在不同的合成中完成复制。

4.2.6 序列层

序列层就是将选择的多个层按一定的次序进行自动排序，并根据需要设置排序的重叠方式，还可以通过持续时间来设置重叠的时间，选择多个层后，执行菜单栏中的【动画】|【关键帧辅助】|【序列图层】命令，打开【序列图层】对话框，如图4.34所示。

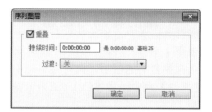

图4.34 【序列图层】对话框

通过不同的参数设置，将产生不同的层过渡效果。过渡【关】表示不使用任何过渡效果，直接从前素材切换到后素材；【溶解前景图层】表示前素材逐渐透明消失，后素材出现【交叉溶解前景和背景图层】表示前素材和后素材以交叉方式渐隐过渡。

4.3 / 认识层属性

在进行视频编辑过程中，层属性是制作视频的重点，可以辅助视频制作及特效显示，掌握这些内容显得非常重要，下面来讲解这些常用属性。

4.3.1 层的基本属性

层的基本属性主要包括层的显示与隐藏、音频的显示与隐藏、层的单独显示、层的锁定与重命名，下面来详细讲解这些属性的应用。

- 层的显示与隐藏：在层的左侧，有一个层显示与隐藏的图标👁，单击该图标，可以将层在显示与隐藏之间切换。层的隐藏不但可以关闭该层图像在合成窗口中的显示，还影响最终的输出效果，如果想在输出的画面中出现该层，还要将其显示。
- 音频的显示与隐藏：在层的左侧，有一个音频图标，添加音频层后，单击音频层左侧的音频图标🔊，图标将会消失，在预览合成时将听不到声音。
- 层的单独显示：在层的左侧，有一个层单独显示的图标●，单击该图标，其他层的视频图标就会变为灰色，在合成窗口中只显示开启单独显示图标的层，其他层处于隐藏状态。
- 层的锁定：在层的左侧，有一个层锁定与解锁的图标🔒，单击该图标，可以将层在锁定与隐藏之间切换。层锁定后，将不能再对该层进行编辑，要想重新选择编辑就要首先对其解除锁定。层的锁定只影响用户对该层的选择编辑，不影响最终的输出效果。
- 重命名：首先单击选择层，并按键盘上的Enter键，激活输入框，然后直接输入新的名称即可。层的重命名可以更好地对不同层进行操作。

4.3.2 层的高级属性

在时间线面板的中部，还有一个参数区，主要用来对素材层显示、质量、特效、运动模糊等属性进行设置与显示，如图4.35所示。

图4.35 属性区

- 消隐图标⏻：单击隐藏图标可以将选择层隐藏，而图标样式会变为扁平，但时间线面板中的层不发生任何变化，如果想隐藏选择该设置的层，可以在在时间线面板上方单击隐藏按钮，即可开启隐藏功能。
- 塌陷图标✲：单击塌陷图标后，嵌套层的质量会提高，渲染时间减少。
- 质量图标✎：设置合成窗口中素材的显示质量，单击图标切换高质量与低质量两种显示方式。
- 效果图标𝑓𝑥：在层上增加滤镜特效后，当前层将显示特效图标。单击特效图标，当前层就取消了特效的应用。
- 帧混合图标▦：可以在渲染时对影片进行柔和处理，通常在调整素材播放速率后单击应用。首先在时间线面板中选择动态素材层，然后单击帧混合图标，最后在时间线面板上方开启帧混合按钮。
- 运动模糊图标◌：可以在After Effects CC软件中记录层位移动画时产生模糊效果。
- 调整图层图标◑：可以将原层制作成透明层，在开启【调整图层】图标后，在调整层下方的这个层上可以同时应用其他效果。

● 3D图层图标 ⬡：可以将二维层转换为三维层操作，开启三维层图标后，层将具有Z轴属性。

在时间线面板的中间部分还包含了6个开关按钮，用来对视频进行相关的属性设置，如图4.36所示。

图4.36 开关按钮

● 合成微型流程图 ▷◁：合成微型流程图是一个可用于在合成网络中快速导航的瞬态控制。当您打开【合成微型流程图】时，它将立即显示所选合成上游和下游的合成。

● 草图3D按钮 ⬡：在三维环境中进行制作时，可以将环境中的阴影、摄像机和模糊等功能状态进行屏蔽，以草图的形式显示，以加快预览速度。

在时间线面板中，还有很多其他的参数设置，可以通过单击时间线面板右上角的时间线菜单来打开，也可以在时间线面板中，在各属性名称上，单击鼠标右键，通过【列】子菜单选项来打开，如图4.37所示。

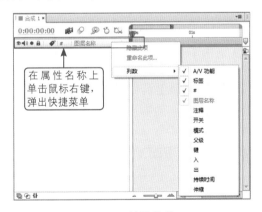

图4.37 快捷菜单

提示 ❓

执行菜单栏中的菜单【窗口】|【时间线】命令，打开时间线面板，具体说明如图4.38所示。

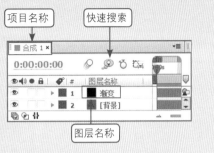

图4.38 时间线面板基本功能

视频讲座4-3：利用三维层制作旋转魔方

视频分类：软件功能类
工程文件：配套光盘\工程文件\第4章\魔方旋转动画
视频位置：配套光盘\movie\视频讲座4-3：利用三维层制作旋转魔方.avi

本例主要讲解利用三维层制作魔方旋转动画效果，通过本例的制作，掌握三维层的使用和父子关系的设置技巧。

AE 01 执行菜单栏中的【文件】|【打开项目】命令，选择配套光盘中的【工程文件\第4章\魔方旋转动画\魔方旋转动画练习.aep】文件，将【魔方旋转动画练习.aep】文件打开。

AE 02 执行菜单栏中的【图层】|【新建】|【纯色】命令，打开【纯色设置】对话框，设置【名称】为【魔方1】，【宽度】为【200】，【高度】为【200】，【颜色】为灰色（R:183；G:183；B:183）。

AE 03 选择【魔方1】层，在【效果和预设】面板中展开【生成】特效组，然后双击【梯度渐变】特效。

AE 04 在【效果控件】面板中，修改【梯度渐变】特效的参数，设置【渐变起点】的值为（100，103），【起始颜色】为白色，【渐变终点】的值为（231，200），【结束颜色】为暗绿色（R:31；G:70；B:73），从【渐变形状】下拉菜单中选择【径向渐变】。

AE 05 打开【魔方1】层三维开关，选中【魔方1】层，展开变换栏，设置【位置】的值为（350，400，0），设置【X轴旋转】的值为90，如图4.39所示。

图4.39 设置魔方1参数

AE 06 选中【魔方1】层，按Ctrl+D键复制出另一个新的图层，将该图层文字更改为【魔方2】，设置【位置】的值为（350，200，0），【X轴旋转】的值为90，如图4.40所示。

图4.40 设置魔方2参数

AE 07 选中【魔方2】层，按Ctrl+D键复制出另一个新的图层，将该图层文字重命名为【魔方3】，设置【位置】的值为（350，300，-100），【X轴旋转】的值为0，如图4.41所示。

图4.41 设置【魔方3】参数

AE 08 选中【魔方3】层，按Ctrl+D键复制出另一个新的图层，将该图层文字重命名为【魔方4】，设置【位置】的值为（350，300，100），如图4.42所示。

图4.42 设置【魔方4】参数

AE 09 选中【魔方4】层，按Ctrl+D键复制出另一个新的图层，将该图层文字重命名为【魔方5】，设置【位置】的值为（450，300，0），【Y轴旋转】的值为90，如图4.43所示。

图4.43 设置【魔方5】

AE 10 选中【魔方5】层，按Ctrl+D键复制出另一个新的图层，将该图层文字重命名为【魔方6】，设置【位置】的值为（250，300，0），【Y轴旋转】的值为90，如图4.44所示，合成窗口效果，如图4.45所示。

图4.44 参数设置后的效果

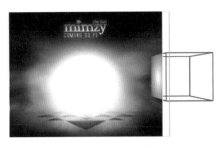

图4.45 合成窗口效果

AE 11 在时间线面板中，选择【魔方2】、【魔方3】、【魔方4】、【魔方5】和【魔方6】层，将其设置为【魔方1】层的子物体，如图4.46所示。

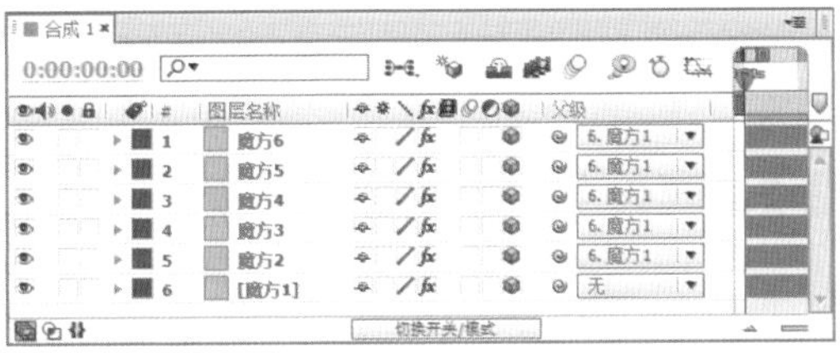

图4.46 设置父子约束

AE 12 将时间调整到00:00:00:00帧的位置，选中【魔方1】层，按R键打开【旋转】属性，设置【方向】的值为（320，0，0），【Z轴旋转】的

值为0，单击【Z轴旋转】左侧的【码表】按钮，在当前位置设置关键帧。

AE 13 将时间调整到00:00:04:24帧的位置，设置【Z轴旋转】的值为2x，系统会自动设置关键帧，如图4.47所示。

图4.47 设置Z旋转关键帧

AE 14 这样就完成了利用三维层制作魔方旋转动画的整体制作，按小键盘上的【0】键，即可在合成窗口中预览动画。完成的动画流程画面，如图4.48所示。

图4.48 动画流程画面

4.4 层基础动画属性

时间线面板中，每个层都有相同的属性设置，包括层的【定位点】、【位置】、【缩放】、【旋转】和【不透明度】，这些常用层属性是进行动画设置的基础，也是修改素材比较常用的属性设置，它是掌握基础动画制作的关键所在。

4.4.1 层列表

当创建一个层时，层列表也相应出现，应用的特效越多，层列表的选项也就越多，层的大部分属性修改、动画设置，都可以通过层列表中的选项来完成。

层列表具有多重性，有时一个层的下方有多个层列表，在应用时可以一一展开进行属性的修改。

展开层列表，可以单击层前方的 ▶ 按钮，当 ▶ 按钮变成 ▼ 状态时，表明层列表被展开，如果

单击 ▼ 按钮，使其变成 ▶ 状态时，表明层列表被关闭，如图4.49所示为层列表的显示效果。

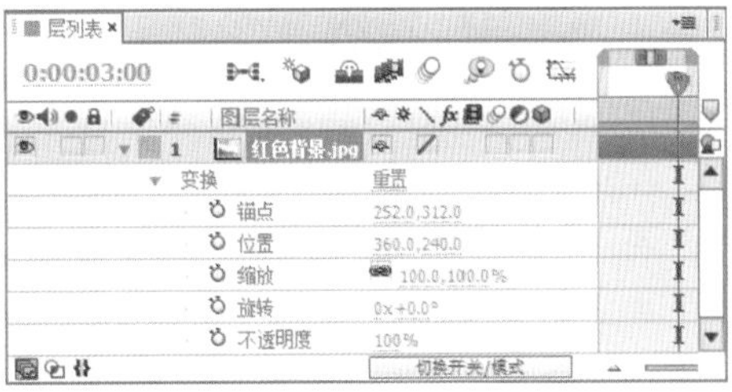

图4.49 层列表显示效果

提示 ❓

在层列表中，还可以快速应用组合键来打开相应的属性选项。如按A键可以打开【定位点】选项；按P键可以打开【位置】选项等。

4.4.2 锚点

【锚点】主要用来控制素材的旋转中心，即素材的旋转中心点位置，默认的素材定位点位置，一般位于素材的中心位置，在【合成】窗口中，选择素材后，可以看到一个◈标记，这就是定位点。如图4.50所示为改变定位点前与改变定位点后的旋转效果。

图4.50 改变定位点前后旋转效果对比

定位点的修改，可以通过下面3种方法来完成：

● 方法1：应用定位点工具▦。首先选择当前层，然后单击工具栏中的定位点工具▦，或按Y键，将鼠标移动到【合成】窗口中，拖动定位点◈到指定的位置释放鼠标即可，如图4.51所示。

图4.51 移动定位点过程

● 方法2：输入修改。单击展开当前层列表，或按A键，将光标移动到【锚点】右侧的数值上，当光标变成▦状时，按住鼠标拖动，即可修改定位点的位置，如图4.52所示。

图4.52 拖动修改定位点位置

● 方法3：利用对话框修改。通过【编辑值】来修改。展开层列表后，在【锚点】上单击鼠标右键，在弹出的菜单中，选择【编辑值】命令，打开【锚点】对话框，如图4.53所示，在该对话框中设置新的数值即可。

图4.53 【锚点】对话框

视频讲座4-4：文字位移动画

视频分类：软件功能类
工程文件：配套光盘\工程文件\第4章\文字位移
视频位置：配套光盘\movie\视频讲座4-4：文字位移动画.avi

本例主要讲解利用【定位点】属性制作文字位移动画效果，通过本例的制作，学习定位点属性的应用技巧。

AE 01 执行菜单栏中的【文件】|【打开项目】命令，选择配套光盘中的【工程文件\第4章\文字位移\文字位移练习.aep】文件，将【文字位移练习.aep】文件打开。

AE 02 执行菜单栏中的【图层】|【新建】|【文本】命令，新建文字层，输入【BODY OF LIES】，在【字符】面板中，设置文字字体为Arial，字号为41像素，字体颜色为红色（R:255，G:0，B:0）。

AE 03 将时间调整到00:00:00:00帧的位置，展开【BODY OF LIES】层，单击【文本】右侧的三角形 动画:▶ 按钮，从菜单中选择【锚点】命令，设置【锚点】的值为(-661，0)；展开【文本】|【动画制作工具1】|【范围选择器 1】选项组，设置【起始】的值为0%，单击【起始】左侧的【码表】⏱按钮，在当前位置设置关键帧，合成窗口效果如图4.54所示。

图4.54 设置0秒关键帧

AE 04 将时间调整到00:00:02:00帧的位置，设置【起始】的值为100%，系统会自动设置关键帧，如图4.55所示。

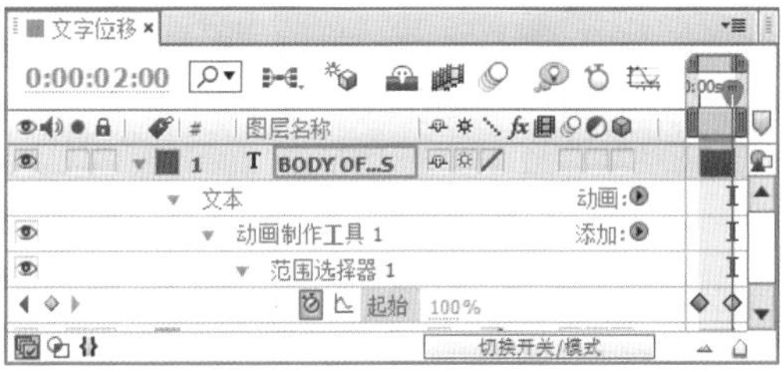

图4.55 设置2秒关键帧参数

AE 05 这样就完成了文字位移动画的整体制作，按小键盘上的【0】键，即可在合成窗口中预览动画。完成的动画流程画面，如图4.56所示。

图4.56 动画流程画面

4.4.3 位置

　　【位置】用来控制素材在【合成】窗口中的相对位置，为了获得更好的效果，【位置】和【锚点】参数相结合应用，它的修改也有3种方法：

- 方法1：直接拖动。在【时间线】或【合成】窗口中选择素材，然后使用【选择工具】按钮或按V键，在【合成】窗口中按住鼠标拖动素材到合适的位置，如图4.57所示。如果按住Shift键拖动，可以将素材沿水平或垂直方向移动。

图4.57 修改素材位置

- 方法2：组合键修改。选择素材后，按键盘上的方向键来修改位置，每按一次，素材将向相应方向移动1个像素，如果辅助Shift键，素材将向相应方向一次移动10个像素。

- 方法3：输入修改。单击展开层列表，或直接按P键，然后单击【位置】右侧的数值区，激活后直接输入数值来修改素材位置。也可以在【位置】上单击鼠标右键，在弹出的菜单中选择【编辑值】命令，打开【位置】对话框，重新设置参数，以修改素材位置，如图4.58所示。

图4.58 【位置】对话框

视频讲座4-5：位置动画

视频分类：软件功能类
工程文件：配套光盘\工程文件\第4章\位置动画
视频位置：配套光盘\movie\视频讲座4-5：位置动画.avi

　　通过修改素材的位置，可以很轻松地制作出精彩的位置动画效果，下面就来制作一个位置动画效果，通过该实例的制作，学习位置动画的制作方法。

AE 01 执行菜单栏中的【文件】|【打开项目】命令，打开【打开】对话框，选择配套光盘中的【工程文件 \ 第4章\ 位置动画 \ 位置动画练习.aep】文件。

AE 02 在时间线面板中，将时间调整到00:00:00:00帧位置，选择【老鹰】层，然后按P键，展开【位置】，单击【位置】左侧的【码表】🕙按钮，设置【位置】的值为（800，700），在当前时间设置一个关键帧，如图4.59所示。

图4.59 00:00:00:00帧位置设置关键帧

AE 03 将时间调整到00:00:01:00帧位置，修改【位置】的值为（450，165），以移动素材的位置，如图4.60所示。

图4.60 修改位置

AE 04 修改完关键帧位置后，素材的位置也将跟着变化，此时，【合成】窗口中的素材效果如图4.61所示。

图4.61 素材的变化效果

AE 05 将时间调整到00:00:02:00帧位置，修改【位置】的值为（190，380），如图4.62所示。

图4.62 修改位置添加关键帧

AE 06 修改完关键帧位置后，素材的位置也将跟着变化，此时，【合成】窗口中的素材效果，如图4.63所示。

图4.63 素材的变化效果

AE 07 使用同样的方法，调整时间并添加关键帧，修改位置值，这样，就完成了位置动画的制作，按空格键或小键盘上的0键，可以预览动画的效果，其中的几帧画面如图4.64所示。

图4.64 位置动画效果

4.4.4 缩放

缩放属性用来控制素材的大小，可以通过直接拖动的方法来改变素材大小，也可以通过修改数值来改变素材的大小。利用负值的输入，还可以使用缩放命令来翻转素材，修改的方法有以下3种：

● 方法1：直接拖动缩放。在【合成】窗口中，使用【选择工具】🔺选择素材，可以看到素材上出现8个控制点，拖动控制点就可以完成素材的缩放。其中，4个角的点可以水平垂直同时缩放素材；两个水平中间的点可以水平缩放素材；两个垂直中间的点可以垂直缩放素材，如图4.65所示。

图4.65 缩放效果

● 方法2：输入修改。展开层列表，或按S键，然后单击【缩放】右侧的数值，激活后直接输入数值来修改素材大小，如图4.66所示。

图4.66 修改数值

● 方法3：利用对话框修改。展开层列表
后，在【缩放】上单击鼠标右键，在弹出
的快捷菜单中选择【编辑值】命令，打开
【缩放】对话框，如图4.67所示，在该对
话框中设置新的数值即可。

图4.67 【缩放】对话框

提示

如果当前层为3D层，还将显示一个【深度】
选项，表示素材的Z轴上的缩放，同时在
【保留】右侧的下拉菜单中，【当前长宽比
（XYZ）】将处于可用状态，表示在三维空间
中保持缩放比例。

视频讲座4-6：基础缩放动画

视频分类：软件功能类
工程文件：配套光盘\工程文件\第4章\缩放动画
视频位置：配套光盘\movie\视频讲座4-6：基
础缩放动画.avi

本例主要讲解利用【缩放】属性制作基础缩
放动画效果，通过本例的制作，掌握【缩放】属
性的使用方法。

AE 01 执行菜单栏中的【文件】|【打开项目】命
令，选择配套光盘中的【工程文件\第4章\基础缩
放动画\缩放动画练习.aep】文件，将文件打开。

AE 02 在时间线面板中，将时间调整到00:00:00:00
帧的位置，选择【美】层，然后按S键展开【缩
放】属性，设置【缩放】的值为（800，800），
并单击【缩放】左侧的【码表】按钮，在当前
位置设置关键帧，如图4.68所示。

图4.68 修改缩放值

AE 03 将时间调整到00:00:00:05帧的位置，设置
【缩放】的值为（100，100），系统会自动设置
关键帧，如图4.69所示。

图4.69 00:00:00:05帧时间参数设置

AE 04 下面利用复制、粘贴命令，快速制作其他
文字的缩放效果。在时间线面板中单击【美】层
【缩放】名称位置，选择所有缩放关键帧，然后
按Ctrl＋C组合键拷贝关键帧，如图4.70所示。

图4.70 选择缩放关键帧

AE 05 选择【景】层，确认当前时间为00:00:00:05
帧时间处，按Ctrl＋V组合键，将复制的关键帧粘
贴在【景】层中，效果如图4.71所示。

图4.71 粘贴后的效果

AE 06 将时间调整到00:00:00:10帧位置，选择
【如】层，按Ctrl＋V组合键粘贴缩放关键帧；

再将时间调整到00:00:00:15帧位置，选择【画】层，按Ctrl + V组合键粘贴缩放关键帧，以制作其他文字的缩放动画，如图4.72所示。

图4.72 制作其他缩放动画

AE 07 这样就完成了基础缩放动画的整体制作，按小键盘上的【0】键，即可在合成窗口中预览动画。完成的动画流程画面，如图4.73所示。

图4.73 动画流程画面

4.4.5 旋转

旋转属性用来控制素材的旋转角度，依据定位点的位置，使用旋转属性，可以使素材产生相应的旋转变化，旋转操作可以通过以下3种方式进行：

- 方法1：利用【旋转工具】。首先选择素材，然后单击工具栏中的【旋转工具】按钮，或按W键，选择旋转工具，然后移动鼠标到【合成】窗口中的素材上，可以看到光标呈状，光标放在素材上直接拖动鼠标，即可将素材旋转。如图4.74所示。

图4.74 旋转操作效果

- 方法2：输入修改。单击展开层列表，或按R键，然后单击【旋转】右侧的数值，激活后直接输入数值来修改素材旋转度数。如图4.75所示。

图4.75 输入数值修改旋转度数

提示

旋转的数值不同于其他的数值，它的表现方式为0×+0.0，在这里，加号前面的0×表示旋转的周数，如旋转1周，输入1×，即旋转360，旋转2周，输入2×，依次类推。加号后面的0.0表示旋转的度数，它是一个小于360度的数值，比如输入30.0，表示将素材旋转30。输入正值，素材将按顺时针方向旋转；输入负值，素材将按逆时针旋转。

- 方法3：利用对话框修改。展开层列表后，在【旋转】上单击鼠标右键，在弹出的菜单中，选择【编辑值】命令，打开【旋转】对话框，如图4.76所示，在该对话框中设置新的数值即可。

图4.76 【旋转】对话框

视频讲座4-7：基础旋转动画

视频分类：软件功能类
工程文件：配套光盘\工程文件\第4章\旋转动画
视频位置：配套光盘\movie\视频讲座4-7：基础旋转动画.avi

本例主要讲解利用【旋转】属性制作齿轮旋转动画效果，通过本例的制作，掌握【旋转】属性的应用方法。

AE 01 执行菜单栏中的【文件】|【打开项目】命令，选择配套光盘中的【工程文件\第4章\旋转动画\旋转动画练习.aep】文件，将文件打开。

AE 02 将时间调整到00:00:00:00帧的位置，选择【齿轮1】、【齿轮2】、【齿轮3】、【齿轮4】和【齿轮5】层，按R键打开【旋转】属性，设置【旋转】的值为0%，单击【旋转】左侧的【码表】 按钮，在当前位置设置关键帧，如图4.77所示。

图4.77 00:00:00:00帧位置旋转参数设置

AE 03 将时间调整到00:00:02:24帧的位置，设置【齿轮1】层的【旋转】的值为-1x；设置【齿轮2】层的【旋转】的值为-1x；设置【齿轮3】层的【旋转】的值为-1x；设置【齿轮4】层的【旋转】的值为1x；设置【齿轮5】层的【旋转】的值为1x；如图4.78所示。

图4.78 00:00:02:24帧的位置旋转参数设置

AE 04 这样就完成了基础旋转动画的整体制作，按小键盘上的【0】键，即可在合成窗口中预览动画。完成的动画流程画面，如图4.79所示。

图4.79 动画流程画面

4.4.6 不透明度

不透明度属性用来控制素材的透明程度，一般来说，除了包含通道的素材具有透明区域，其他素材都以不透明的形式出现，要想将素材透明，就要使用透明度属性来修改，透明度的修改方式有以下2种：

● 方法1：输入修改。单击展开层列表，或按T键，然后单击【不透明度】右侧的数值，激活后直接输入数值来修改素材透明度。如图4.80所示。

图4.80 修改不透明度

● 方法2：利用对话框修改。展开层列表后，在【不透明度】上单击鼠标右键，在弹出的菜单中，选择【编辑值】命令，打开【不透明度】对话框，如图4.81所示，在该对话框中设置新的数值即可。

图4.81 【不透明度】对话框

视频讲座4-8：利用不透明度制作画中画

视频分类：软件功能类
工程文件：配套光盘\工程文件\第4章\画中画
视频位置：配套光盘\movie\视频讲座4-8：利用不透明度制作画中画.avi

本例主要讲解通过对不透明度属性的设置，制作画中画动画。通过制作本例，学习透明度属性的设置及使用方法。

AE 01 执行菜单栏中的【合成】|【新建合成】命令，打开【合成设置】对话框，设置【合成名称】为【画中画】，【宽度】为【720】，【高度】为【480】，【帧速率】为【25】，并设置【持续时间】为00:00:04:00，如图4.82所示。

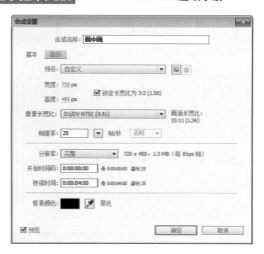

图4.82 合成设置

AE 02 执行菜单栏中的【文件】|【导入】|【文件】命令，打开【导入文件】对话框，选择配套光盘中的【工程文件\第4章\画中画\背景1.jpg、背景2.jpg、背景3.jpg】素材，单击【导入】按钮，【背景1.jpg、背景2.jpg、背景3.jpg】素材将导入到【项目】面板中，如图4.83所示。

图4.83 【导入文件】对话框

AE 03 在【项目】面板中，选择【背景1.jpg、背景2.jpg和背景3.jpg】素材，将其拖动到【画中画】合成的时间线面板中，如图4.84所示。

图4.84 添加素材

AE 04 将时间调整到00:00:00:00帧的位置，选中【背景3】层，按T键打开【不透明度】属性，单

击【不透明度】左侧的码表 按钮，在当前位置设置关键帧，将时间调整到00:00:02:15帧的位置，设置【不透明度】的值为0%，系统会自动添加关键帧，如图4.85所示。

图4.85 设置关键帧

AE 05 将时间调整到00:00:01:00帧的位置，选中【背景2】层，按T键打开【不透明度】属性，设置【不透明度】的值为0%，单击【不透明度】左侧的码表 按钮，在当前位置设置关键帧，将时间调整到00:00:02:15帧的位置，设置【不透明度】的值为100%，系统会自动添加关键帧，如图4.86所示。

图4.86 设置关键帧

AE 06 将时间调整到00:00:02:15帧的位置，选中【背景1】层，按T键打开【不透明度】属性，设置【不透明度】的值为0%，单击【不透明度】左侧的【码表】 按钮，在当前位置设置关键帧，将时间调整到00:00:03:24帧的位置，设置【不透明度】的值为100%，系统会自动添加关键帧，如图4.87所示。

图4.87 设置关键帧

AE 07 这样就完成了【画中画】动画的整体制作，按小键盘上的【0】键，可在合成窗口中预览动画效果。完成的动画流程画面，如图4.88所示。

图4.88 动画流程画面

第5章 关键帧及文字动画

内容摘要

关键帧动画是After Effects CC中最基础的动画，它通过对位置、缩放、旋转、不透明度这4项设置关键帧，制作出动画效果。文字可以说是视频制作的灵魂，可以起到画龙点睛的作用，它被用在制作影视片头字幕、广告宣传广告语、影视语言字幕等方面，掌握文字工具的使用，对于影视制作也是至关重要的一个环节。本章主要讲解与关键帧相关的基础动画制作，包括关键帧的创建及查看方法，关键帧的选择、移动和删除。还讲解了文字及文字动画，首先详细讲解了文字工具的使用，并讲解了字符和段落面板的参数设置，创建基础文字和路径文字的方法，然后讲解了文字属性相关参数的使用，并通过多个文字动画实例，全面解析文字动画的制作方法和技巧。

教学目标

- 学习关键帧的查看及创建方法
- 学习关键帧的编辑和修改
- 掌握卷轴动画的制作
- 掌握光效出字动画的制作
- 掌握雷雨过后动画的制作
- 学习文字工具的使用
- 了解字符及段落面板
- 掌握路径文字的制作
- 掌握不同文字属性的动画应用

5.1 创建及查看关键帧

在After Effects CC软件中，所有的动画效果，基本上都有关键帧的参与，关键帧是组合成动画的基本元素，关键帧动画至少要通过两个关键帧来完成。特效的添加及改变也离不开关键帧，可以说，掌握了关键帧的应用，也就掌握了动画制作的基础和关键。

5.1.1 创建关键帧

在After Effects CC软件中，基本上每一个特效或属性，都对应一个码表，要想创建关键帧，可以单击该属性左侧的码表，将其激活。这样，在时间线面板中，当前时间位置将创建一个关键帧，取消码表的激活状态，将取消该属性所有的关键帧。

下面来讲解怎样创建关键帧。

AE 01 展开层列表。

AE 02 单击某个属性，如【位置】左侧的码表 ⍥ 按钮，将其激活，这样就创建了一个关键帧，如图5.1所示。

图5.1 创建关键帧

如果码表已经处于激活状态，即表示该属性已经创建了关键帧。可以通过2种方法再次创建关键帧，但不能再使用码表来创建关键帧，因为再次单击码表，将取消码表的激活状态，这样就自动取消了所有关键帧。

- 方法1：通过修改数值。当码表处于激活状态时，说明已经创建了关键帧，此时要创建其他的关键帧，可以将时间调整到需要的位置，然后修改该属性的值，即可在当前时间帧位置创建一个关键帧。
- 方法2：通过添加关键帧按钮。将时间调整到需要的位置后，单击该属性左侧的【在当前时间添加或移除关键帧】按钮，这样，就可以在当前时间位置创建一个关键帧。如图5.2所示。

图5.2 添加或移除关键帧按钮

提示

使用方法2创建关键帧，可以只创建关键帧，而保持属性的参数不变；使用方法1创建关键帧，不但创建关键帧，还修改了该属性的参数。方法2创建的关键帧，有时被称为延时帧或保持帧。

5.1.2 查看关键帧

在创建关键帧后，该属性的左侧将出现关键帧导航按钮，通过关键帧导航按钮，可以快速地查看关键帧。关键帧导航，如图5.3所示。

图5.3 关键帧导航效果

关键帧导航有多种显示方式，并代表不同的含义；◀ 表示【转到上一个关键帧】；▲ 表示【在当前时间添加或移除关键帧】；▶ 表示【转到下一个关键帧】。

当关键帧导航显示为 ◀ ◆ ▶ 时，表示当前关键帧左侧有关键帧，而右侧没有关键帧；当关键帧导航显示为 ◀ ◆ ▶ 时，表示当前关键帧左侧和右侧都有关键帧；当关键帧导航显示为 ◀ ◆ ▶ 时，表示当前关键帧右侧有关键帧，而左侧没有关键帧。单击左侧或右侧的箭头按钮，可以快速地在前一个关键帧和后一个关键帧间进行跳转。

当【在当前时间添加或移除关键帧】为灰色效果 ▲ 时，表示当前时间位置没有关键帧，单击该按钮可以在当前时间创建一个关键帧；当【在当前时间添加或移除关键帧】为黄色效果 ◆ 时，表示当前时间位于关键帧上，单击该按钮将删除当前时间位置的关键帧。

关键帧不但可以显示为方形，还可以显示为阿拉伯数字，在时间线面板中，单击右上角的时间线菜单 ▼ 按钮，选择【使用关键帧指数】命令，可以将关键帧以阿拉伯数字形式显示；选择【使用关键帧索引】命令，可以将关键帧以方形图标的形式显示。两种显示效果，如图5.4所示。

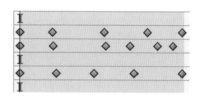

图标显示效果

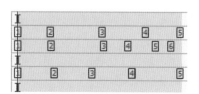

阿拉伯数字显示效果

图5.4 关键帧不同显示效果

5.2 编辑关键帧

创建关键帧后，有时还需要对关键帧进行修改，这时就需要重新编辑关键帧。关键帧的编辑包括选择关键帧、移动关键帧、复制、关键帧粘贴关键帧和删除关键帧。

5.2.1 选择关键帧

编辑关键帧的首要条件是选择关键帧，选择关键帧的操作很简单，可以通过下面4种方法来实现。

- 方法1：单击选择。在时间线面板中，直接单击关键帧图标，关键帧将显示为黄色，表示已经选定关键帧，如图5.5所示。

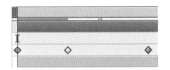

图5.5 关键帧的选择

提示 ?

在选择关键帧时，辅助Shift键，可以选择多个关键帧。

- 方法2：拖动选择。在时间线面板中，在关键帧位置空白处，按住鼠标拖动一个矩形，在矩形框以内的关键帧将被选中，如图5.6所示。

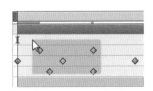

图5.6 拖动选择关键帧

- 方法3：通过属性名称。在时间线面板中，单击关键帧所属属性的名称，即可选择该属性的所有关键帧，如图5.7所示。

图5.7 属性名称选择

- 方法4：【合成】窗口。当创建关键帧动画后，在【合成】窗口中，可以看到一条线，并在线上出现控制点，这些控制点对应属性的关键帧，只要单击这些控制点，就可以选择该点对应的关键帧。选中的控制点将以实心的方块显示，没有选中的控制点以空心的方块显示，如图5.8所示。

图5.8 【合成】窗口关键帧效果

提示 ?

方法4并不适用所有的关键帧选择，有些特效是不会显示线及控制点的。

5.2.2 移动关键帧

关键帧的位置可以随意地移动，以更好地控制动画效果。可以移动一个关键帧，也可以同时移动多个关键帧，还可以将多个关键帧距离拉长或缩短。

① 移动关键帧

选择关键帧后，按住鼠标拖动关键帧到需要的位置，这样就可以移动关键帧，移动过程如图5.9所示。

图5.9 移动关键帧

提示 ?

移动多个关键帧的操作与移动一个关键帧的操作是一样的，选择多个关键帧后，按住鼠标拖动即可移动多个关键帧。

② 拉长或缩短关键帧

选择多个关键帧后，同时按住鼠标和Alt键，向外拖动拉长关键帧距离，向里拖动缩短关键帧距离。这种距离的改变，只是改变所有关键帧的距离大小，关键帧间的相对距离是不变的。

5.2.3 删除关键帧

如果在操作时出现了失误，添加了多余的关键帧，可以将不需要的关键帧删除，删除的方法有以下3种：

- 方法1：键盘删除。选择不需要的关键帧，按键盘上的Delete键，即可将选择的关键帧删除。
- 方法2：菜单删除。选择不需要的关键帧，执行菜单栏中的【编辑】|【清除】命令，即可将选择的关键帧删除。
- 方法3：利用按钮删除。将时间调整到要删除的关键帧位置，可以看到该属性左侧的【在当前时间添加或移除关键帧】◆按钮呈黄色的激活状态，单击该按钮，即可将当前时间位置的关键帧删除。这种方法一次只能删除一个关键帧。

视频讲座5-1：制作卷轴动画

 实例解析

本例主要讲解利用【位置】属性制作卷轴动画效果，完成的动画流程画面，如图5.10所示。

 视频分类：软件功能类
工程文件：配套光盘\工程文件\第5章\卷轴动画
视频位置：配套光盘\movie\视频讲座5-1：制作卷轴动画.avi

图5.10 动画流程画面

 学习目标

- 位置
- 不透明度

操作步骤

AE 01 执行菜单栏中的【文件】|【打开项目】命令，选择配套光盘中的【工程文件\第5章\卷轴动画\卷轴动画练习.aep】文件，将【卷轴动画练习.aep】文件打开。

AE 02 打开【卷轴动画】合成，在【项目】面板中选择【卷轴/南江1】合成，将其拖动到时间线面板中。

AE 03 在时间线面板中，选择【卷轴/南江1】层，将时间调整到00:00:01:00帧的位置，按P键打开【位置】属性，设置【位置】的值为（379，288），单击【位置】左侧的【码表】按钮，在当前位置设置关键帧。

AE 04 将时间调整到00:00:01:15帧的位置，设置【位置】的值为（684，288），系统会自动设置关键帧，如图5.11所示；合成窗口效果如图5.12所示。

图5.11 设置位置关键帧

图5.12 设置位置后效果

示；合成窗口效果如图5.14所示。

图5.13 设置卷轴2参数

AE 05 在时间线面板中选择【卷轴/南江1】层，将时间调整到00:00:00:15帧的位置，按T键打开【不透明度】属性，设置【不透明度】的值为0%，单击【不透明度】左侧的【码表】按钮，在当前位置设置关键帧。

AE 06 将时间调整到00:00:01:00帧的位置，设置【不透明度】的值为100%，系统会自动设置关键帧。

AE 07 在【项目】面板中选择【卷轴/南江2】合成，将其拖动到【卷轴动画】合成的时间线面板中。用以上同样的方法制作动画，如图5.13所

图5.14 设置卷轴后的效果

AE 08 这样就完成了卷轴动画的整体制作，按小键盘上的【0】键，即可在合成窗口中预览动画。

视频讲座5-2：光效出字效果

 实例解析

本例主要讲解利用【镜头光晕】特效制作光效出字的效果，完成的动画流程画面如图5.15所示。

视频分类：炫彩光效类
工程文件：配套光盘\工程文件\第5章\光效出字动画
视频位置：配套光盘\movie\视频讲座5-2：光效出字效果.avi

图5.15 动画流程画面

 学习目标

● 镜头光晕

 操作步骤

AE 01 执行菜单栏中的【文件】|【打开项目】命令，选择配套光盘中的【工程文件\第5章\光效出字动画\光效出字动画练习.aep】文件，将【光效出字动画练习.aep】文件打开。

AE 02 执行菜单栏中的【层】|【新建】|【文本】命令，输入【雷神 Thor】，在【字符】面板中，字号为70像素，字体颜色为白色。

AE 03 将时间调整到00:00:09:00帧的位置，展开【雷神 Thor】层，单击【文本】右侧的三角形 **动画:▶** 按钮，从菜单中选择【不透明度】命令，设置【不透明度】的值为0%；展开【文本】|【动画制作工具1】|【范围选择器 1】选项组，设置【起始】的值为0%，单击【起始】左侧的【码表】⏱按钮，在当前位置设置关键帧。

AE 04 将时间调整到00:00:00:20帧的位置，设置【起始】的值为100%，系统会自动设置关键帧，如图5.16所示。

图5.16 设置不透明度参数

AE 05 执行菜单栏中的【图层】|【新建】|【纯色】命令，打开【纯色设置】对话框，设置【名称】为【光晕】，【颜色】为黑色。

AE 06 为【光晕】层添加【镜头光晕】特效。在【效果和预设】面板中展开【生成】特效组，然后双击【镜头光晕】特效。

AE 07 在【效果控件】面板中，修改【镜头光晕】特效的参数，从【镜头类型】下拉菜单中选择【105毫米定焦】选项；将时间调整到00:00:00:00帧的位置，设置【光晕中心】的值为（-102，488），单击【光晕中心】左侧的【码表】⏱按钮，在当前位置设置关键帧。

AE 08 将时间调整到00:00:01:00帧的位置，设置【光晕中心】的值为（818，484），系统会自动设置关键帧，设置【光晕】层【模式】为【相加】，如图5.17所示。

图5.17 设置镜头光晕关键帧

AE 09 这样就完成了光效出字效果的整体制作，按小键盘上的【0】键，即可在合成窗口中预览动画。

视频讲座5-3：雷雨过后

 实例解析

本例首先导入素材，给素材层添加下雨和闪电特效，运用【径向擦除】特效命令制作彩虹出现效果，制作出雷雨过后动画，本例最终的动画流程效果，如图5.18所示。

视频分类：影视仿真类
工程文件：配套光盘\工程文件\第5章\雷雨过后
视频位置：配套光盘\movie\视频讲座5-3：雷雨过后.avi

图5.18 雷雨过后最终动画流程效果

学习目标

通过制作本例，学习通过色阶和色相/饱和度调整素材的颜色的方法，以及下雨和闪电特效的使用，掌握利用【径向擦除】特效制作彩虹出现的技巧。

操作步骤

AE 01 执行菜单栏中的【合成】|【新建合成】命令，打开【合成设置】对话框，设置【合成名称】为【雷雨过后】，【宽度】为【352】，【高度】为【288】，【帧速率】为【25】，并设置【持续时间】为3秒，如图5.19所示。

图5.19 合成设置

AE 02 执行菜单栏中的【文件】|【导入】|【文件】命令，打开【导入文件】对话框，选择配套光盘中的【工程文件\第5章\雷雨过后\背景.jpg和彩虹.png】文件，将素材导入，如图5.20所示。

图5.20 导入素材

AE 03 将素材【背景.jpg、彩虹.png】拖到【雷雨过后】时间线面板中，添加后的效果如图5.21所示。为了制作过程中方便观看，先将【彩虹.png】素材隐藏。

图5.21 添加素材到时间面板

AE 04 选择【背景.jpg】层，在【效果和预设】面板中展开【颜色校正】特效组，然后双击【色阶】特效，效果如图5.22所示。

图5.22 选择特效

AE 05 调整时间到00:00:00:10帧的位置。选择【背景】层，在【效果控件】面板中，为【色阶】特效设置参数，修改【输入黑色】的值为-135，【灰度系数】值为0.5，单击【直方图】左侧的【码表】按钮，在此位置设置关键帧，如图5.23所示。

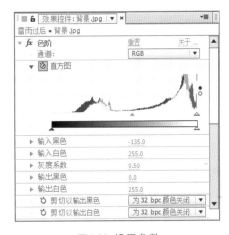

图5.23 设置参数

AE 06 调整时间到00:00:01:10帧的位置，修改【输入黑色】的值为0，【灰色系数】值为1，系统将自动记录关键帧，如图5.24所示。

AE 07 选择【背景】层，在【效果和预设】面板中展开【颜色校正】特效组，然后双击【色相/饱和度】特效，效果如图5.25所示。

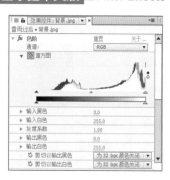

图5.24 修改参数　　图5.25 添加色相/饱和度

AE 08 调整时间到00:00:01:01帧的位置。在【效果控件】面板中，为【色相/饱和度】特效设置参数。修改【主色相】的值为340°，【主饱和度】值为50，【主亮度】的值为-50，单击【通道范围】左侧的【码表】⏱按钮，在此位置设置关键帧，如图5.26所示。

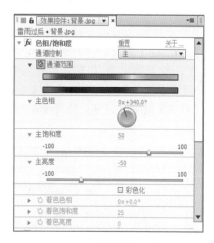

图5.26 调节特效参数

AE 09 调整时间到00:00:02:11帧的位置。修改【主色相】的值为350，【主饱和度】值为33，【主亮度】的值为3，如图5.27所示。

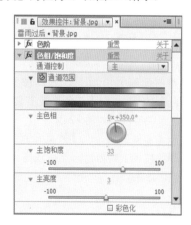

图5.27 设置关键帧

AE 10 在【效果和预设】面板中展开【模拟】特效组，然后双击【CC Rainfall（下雨）】特效，如图5.28所示。

AE 11 调整时间到00:00:00:10帧的位置，在【效果控件】面板中，修改【Size（大小）】的值为6，【Wind（风力）】为800，单击【Opacity（不透明度）】左侧的【码表】⏱按钮，在此位置设置关键帧，如图5.29所示。

图5.28 添加特效　　　图5.29 调整特效参数

AE 12 调整时间到00:00:01:22帧的位置。修改【Opacity（不透明度）】的值为0，系统将自动记录关键帧，如图5.30所示。

图5.30 设置关键帧

AE 13 这样，就完成了制作下雨效果，按小键盘上的【0】键，在合成窗口中预览下雨效果的动画，其中几帧动画效果，如图5.31所示。

图5.31 其中几帧动画效果

AE 14 按Ctrl +Y组合键，打开【纯色设置】对话框，给纯色层命名为【闪电】，设置【颜色】为白色，效果如图5.32所示。

AE 15 确认选择【闪电】层，在【效果和预设】面板中展开【生成】特效组，然后双击【高级闪电】特效，效果如图5.33所示。

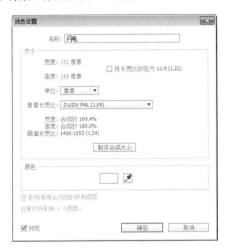

图5.32 【纯色设置】对话框

图5.33 添加特效

AE 16 调整时间到00:00:00:00帧的位置。在【效果控件】面板中，为【高级闪电】特效设置参数。修改【源点】的值为（320，-15），【方向】的值为（170，220），【传导率状态】的值为8，单击【传导率状态】左侧的【码表】按钮，在此位置设置关键帧，如图5.34所示。

图5.34 设置参数1

AE 17 展开【发光设置】特效组，修改【发光半径】为10，【发光不透明度】的值为30%，【分叉】的值为100%，【衰减】的值为0.5，勾选【主核心衰减】复选框，如图5.35所示。

AE 18 将时间调整到00:00:00:15帧的位置，修改【传导率状态】的值为20，系统将自动记录关键帧，如图5.36所示。

图5.35 设置参数2

图5.36 修改参数设置关键帧

AE 19 选择【闪电】层，按T键，快速打开【不透明度】选项，确认【不透明度】的值为100%，单击【不透明度】左侧的【码表】按钮，在此位置设置关键帧，效果如图5.37所示。

图5.37 设置关键帧

AE 20 将时间调整到00:00:00:20帧的位置，修改【不透明度】的值为0%。系统将自动记录关键帧，如图5.38所示。

图5.38 关键帧设置

AE 21 这样，就完成闪电的制作了，按小键盘上的【0】键，预览闪电动画的效果。其中一帧的效果，如图5.39所示。

图5.39 其中一帧闪电画面

AE 22 在【雷雨过后】合成的时间线面板中，单击【彩虹】层的【小眼睛】图标，将隐藏的【彩虹】显示。

AE 23 选择【彩虹】层，设置【位置】的值为（192.5，53），【不透明度】的值为80%，设置【模式】为【屏幕】，如图5.40所示。

图5.40 更改图层模式

AE 24 选择【彩虹】层，在【效果和预设】面板中展开【过渡】特效组，然后双击【径向擦除】特效，效果如图5.41所示。

AE 25 将时间调整到00:00:02:05帧的位置，在【效果控件】面板中，为【径向擦除】特效设置参数。修改【过渡完成】的值为42%，单击【过渡完成】左侧码表 按钮，在此位置设置关键帧；设置【起始角度】的值为56，【擦除中心】的值为（379，313），从【擦除】右侧的下拉菜单选择【逆时针】，【羽化】值为65，如图5.42所示。

图5.41 添加特效　　　图5.42 设置参数

AE 26 调整时间到00:00:02:20帧的位置，修改【过渡完成】的值为0%，系统将自动记录关键帧，如图5.43所示。

图5.43 设置关键帧

AE 27 这样就完成了【雷雨过后】动画的制作，按小键盘上的【0】键预览动画。

5.3 了解文字工具

在影视作品中，不是仅仅只有图像，文字也是很重要的一项内容。尽管After Effects CC是一个视频编辑软件，但其文字处理功能也是十分强大的。

5.3.1 创建文字

直接创建文字的方法有两种，可以使用菜单，也可以使用工具栏中的文字工具，创建方法如下：

- 方法1：使用菜单。执行菜单栏中的【图层】|【新建】|【文本】命令，此时，【合成】窗口中将出现一个光标效果，在时间线面板中，将出现一个文字层。使用合适的输入法，直接输入文字即可。

- 方法2：使用文字工具。单击工具栏中的【横排文字工具】 T 按钮或【直排文字工具】 IT 按钮，使用横排或直排文字工具，直接在【合成】窗口中单击并输入文字。横排文字和直排文字的效果如图5.44所示。

图5.44　横排和直排文字效果

- 方法3：按Ctrl + T 组合键，选择文字工具。反复按该组合键，可以在横排和直排文字间切换。

5.3.2　字符和段落面板

【字符】和【段落】面板是进行文字修改的地方。利用【字符】面板，可以对文字的字体、字形、字号、颜色等属性进行修改；利用【段落】面板可以对文字进行对齐、缩进等的修改。打开【字符】和【段落】面板的方法有以下种：

- 方法1：利用菜单。执行菜单栏中的【窗口）|【字符】或【段落】命令，即可打开【字符】或【段落】面板。
- 方法2：利用工具栏。在工具栏中选择文字工具；或输入的文字处于激活状态时，在工具栏中单击【打开字符和段落面板】按钮。字符和段落面板分别如图5.45、图5.46所示。

图5.45　字符面板　　　图5.46　段落面板

5.4　文字的设置

创建文字后，在时间线面板中，将出现一个文字层，展开【文本】列表，将显示出文字属性选项，如图5.47所示。在这里可以修改文字的基本属性。下面讲解基本属性的修改方法，并通过实例详述常用属性的动画制作技巧。

图5.47　文字属性列表选项

5.4.1　动画

在【文本】列表选项右侧，有一个【动画】动画：按钮，单击该按钮，将弹出一个菜单，该菜单包含了文字的动画制作命令，选择某个命令后，在【文本】列表选项中将添加该命令的动画选项，通过该选项，可以制作出更加丰富的文字动画效果。动画菜单如图5.48所示。

图5.48 动画菜单

视频讲座5-4：文字随机透明动画

视频分类：软件功能类
工程文件：配套光盘\工程文件\第5章\文字随机透明动画
视频位置：配套光盘\movie\视频讲座5-4：文字随机透明动画.avi

下面来利用【动画】动画:▶菜单选项，制作一个文字随机透明动画，操作如下：

AE 01 执行菜单栏中的【合成】|【新建合成】命令，打开【合成设置】对话框，设置【合成名称】为【文字随机透明动画】，【宽度】为【720】，【高度】为【576】，【帧速率】为【25】，并设置【持续时间】为4秒，如图5.49所示。

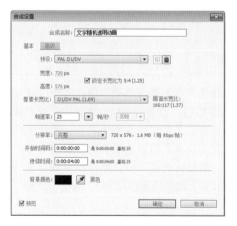

图5.49 【合成设置】对话框

AE 02 执行菜单栏中的【图层】|【新建】|【文本】命令，输入文字【文字随机透明动画】，如图5.50所示。

图5.50 输入文字

AE 03 单击工具栏右侧的【切换字符和段落面板】按钮 ，或单击【窗口】|【字符】命令，打开【字符】面板。

AE 04 在【字符】面板中，设置文字的字体为【黑体】，字号为【70】像素，填充的颜色为蓝色（R:20，G:120，B:180），描边的颜色为白色，【字符间距】为60，参数设置如图5.51所示。此时合成窗口中的文字，修改后的效果如图5.52所示。

图5.51 文字参数设置

图5.52 修改后的效果

AE 05 在时间线面板中，展开文字层，然后单击【文本】右侧的【动画】动画:▶按钮，在弹出的菜单中，选择【不透明度】命令，如图5.53所示。

图5.53 选择【不透明度】命令

AE 06 在文字层列表选项中，出现一个【动画制作工具 1】的选项组，通过对该选项组进行随机透明动画的制作。首先将该选项组下的【不透明度】的值设置为0%，以便制作透明动画，如图5.54所示。

图5.54 设置【不透明度】值

提示 ❓

默认情况下，利用动画菜单创建的动画组，系统会自动命名为【动画制作工具1】、【动画制作工具2】、【动画制作工具 3】……用户也可以将它们重新命名，命名的方法是，选择名称后按回车键激活名称，然后直接输入新名称即可。

AE 07 将时间设置到00:00:00:00的位置。展开【动画制作工具 1】选项组中的【范围选择器1】选项，单击【起始】左侧的【码表】 ⏱ 按钮添加一个关键帧，并设置【起始】的值为0%，如图5.55所示。

图5.55 00:00:00:00帧位置添加关键帧

AE 08 在时间线面板中，按End键，将时间调整到00:00:03:24帧位置，设置【起始】的值为100%，系统将自动在该处创建一个关键帧，如图5.56所示。

图5.56 修改参数

AE 09 此时，拖动时间滑块或按小键盘上的【0】键，可以预览动画效果，其中的几帧画面效果，如图5.57所示。

图5.57 预览动画

PS 10 从播放的动画预览中可以看到，文字只是一个逐渐透明显示动画，而不是一个随机透明动画，下面来修改随机效果。展开【范围选择器 1】选项组中的【高级】选项，设置【随机排序】为【开】，打开随机化命令，如图5.58所示。

图5.58 打开随机化设置

AE 11 这样，就完成了文字随机透明动画的制作，按空格键或按小键盘上的【0】键，可以预览动画效果，其中的几帧画面效果，如图5.59所示。

图5.59 文字随机透明动画中的几帧动画效果

5.4.2 路径

在【路径选项】列表中，有一个【路径】选项，通过它可以制作一个路径文字，在【合成】窗口创建文字并绘制路径，然后通过【路径】右侧的菜单，可以制作路径文字效果。

路径文字设置及显示效果，如图5.60所示。

图5.60 路径文字设置及显示效果

在应用路径文字后，在【路径选项】列表中，将多出5个选项，用来控制文字与路径的排列关系，如图5.61所示。

图5.61 增加的选项

这5个选项的应用及说明如下：

- 【反转路径】：该选项可以将路径上的文字进行反转，反转前后效果如图5.62所示。

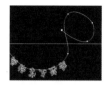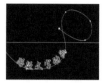

图5.62 反转路径前后效果对比

- 【垂直于路径】：该选项控制文字与路径的垂直关系，如果开启垂直功能，不管路径如何变化，文字始终与路径保持垂直，应用前后的效果对比，如图5.63所示。

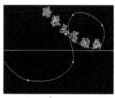

图5.63 垂直于路径应用前后效果对比

- 【强制对齐】：强制将文字与路径两端对齐。如果文字过少，将出现文字分散的效果，应用前后的效果对比，如图5.64所示。

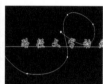

图5.64 强制对齐应用前后效果对比

- 【首字边距】：用来控制开始文字的位置，通过后面的参数调整，可以改变首字在路径上的位置。
- 【末字边距】：用来控制结束文字的位置，通过后面的参数调整，可以改变终点文字在路径上的位置。

视频讲座5-5：跳动的路径文字

 实例解析

本例主要讲解利用【路径文字】特效制作跳动的路径文字效果，完成的动画流程画面，如图5.65所示。

视频分类：软件功能类
工程文件：配套光盘\工程文件\第5章\跳动的路径文字
视频位置：配套光盘\movie\视频讲座5-5：跳动的路径文字.avi

图5.65 动画流程画面

学习目标

- 路径文本
- 残影
- 投影
- 彩色浮雕

操作步骤

AE 01 执行菜单栏中的【合成】|【新建合成】命令，打开【合成设置】对话框，设置【合成名称】为【跳动的路径文字】，【宽度】为【720】，【高度】为【576】，【帧速率】为【25】，并设置【持续时间】为00:00:10：00秒。

AE 02 执行菜单栏中的【图层】|【新建】|【纯色】命令，打开【纯色设置】对话框，设置【名称】为【路径文字】，【颜色】为黑色。

AE 03 选中【路径文字】层，在工具栏中选择【钢笔工具】 ，在【路径文字】层上绘制一个路径，如图5.66所示。

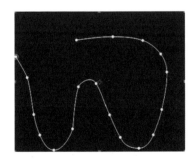

图5.66 绘制路径

AE 04 为【路径文字】层添加【路径文本】特效。在【效果和预设】面板中展开【过时】特效组，然后双击【路径文本】特效，在【路径文本】对话框中输入【Rainbow】。

AE 05 在【效果控件】面板中，修改【路径文本】特效的参数，从【自定义路径】下拉菜单中

选择【蒙版1】选项；展开【填充和描边】选项组，设置【填充颜色】为浅蓝色（R:0；G:255；B:246）；将时间调整到00:00:00:00帧的位置，设置【大小】的值为30，【左边距】的值为0，单击【大小】和【左边距】左侧的【码表】 按钮，在当前位置设置关键帧，如图5.67所示，合成窗口效果，如图5.68所示。

图5.67 设置大小和左边距关键帧

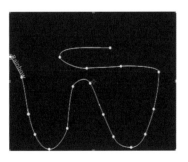

图5.68 设置大小和左侧空白后的效果

AE 06 将时间调整到00:00:02:00帧的位置，设置【大小】的值为80，系统会自动设置关键帧，如图5.69所示，合成窗口效果，如图5.70所示。

图5.69 设置大小关键帧

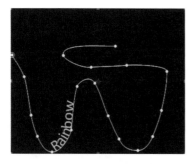

图5.70 设置大小后的效果

AE 07 将时间调整到00:00:06:15帧的位置,设置【左边距】的值为2090,如图5.71所示,合成窗口效果,如图5.72所示。

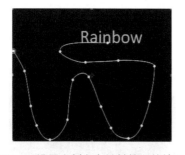

图5.71 设置左侧空白关键帧

图5.73 设置0秒关键帧

AE 09 将时间调整到00:00:03:15帧的位置,设置【基线抖动最大值】的值为122,【字偶间距抖动最大值】的值为164,【旋转抖动最大值】的值为132,【缩放抖动最大值】的值为150,如图5.74所示。

图5.74 设置3秒15帧关键帧

AE 10 将时间调整到00:00:06:00帧的位置,设置【基线抖动最大值】、【字偶间距抖动最大值】、【旋转抖动最大值】以及【缩放抖动最大值】的值为0,系统会自动设置关键帧,如图5.75所示,合成窗口效果,如图5.76所示。

图5.75 设置6秒关键帧

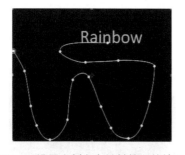

图5.72 设置左侧空白关键帧后的效果

AE 08 展开【高级】|【抖动设置】选项组,将时间调整到00:00:00:00帧的位置,设置【基线抖动最大值】、【字偶间距抖动最大值】、【旋转抖动最大值】及【缩放抖动最大值】的值为0,单击【基线抖动最大值】、【字偶间距抖动最大】、【旋转抖动最大值】以及【缩放抖动最大值】左侧的【码表】按钮,在当前位置设置关键帧,如图5.73所示。

图5.76 设置路径文字特效后的效果

AE 11 为【路径文字】层添加【残影】特效。在【效果和预设】面板中展开【时间】特效组，然后双击【残影】特效。

AE 12 在【效果控件】面板中，修改【残影】特效的参数，设置【残影数量】的值为12，【衰减】的值为0.7，如图5.77所示，合成窗口效果，如图5.78所示。

图5.77 设置残影参数

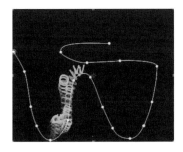

图5.78 设置残影后的效果

AE 13 为【路径文字】层添加【投影】特效。在【效果和预设】面板中展开【透视】特效组，然后双击【投影】特效。

AE 14 在【效果控件】面板中，修改【投影】特效的参数，设置【柔和度】的值为15，如图5.79所示，合成窗口效果，如图5.80所示。

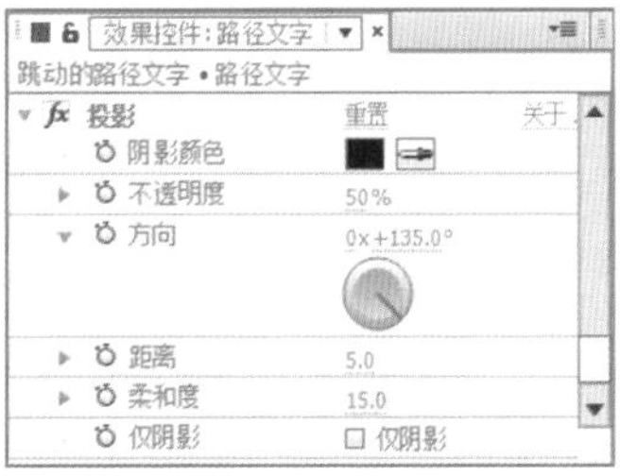

图5.79 设置投影参数

图5.80 设置投影后的效果

AE 15 为【路径文字】层添加【彩色浮雕】特效。在【效果和预置】面板中展开【风格化】特效组，然后双击【彩色浮雕】特效。

AE 16 在【效果控件】面板中，修改【彩色浮雕】特效的参数，设置【起伏】的值为1.5，【对比度】的值为169，如图5.81所示，合成窗口效果，如图5.82所示。

图5.81 设置彩色浮雕参数

Rainbow

图5.82 设置彩色浮雕后的效果

AE 17 执行菜单栏中的【图层】|【新建】|【纯色】命令，打开【纯色设置】对话框，设置【名称】为【背景】，【颜色】为白色。

AE 18 为【背景】层添加【梯度渐变】特效。在【效果和预设】面板中展开【生成】特效组，然后双击【梯度渐变】特效。

AE 19 在【效果控件】面板中，修改【梯度渐变】特效的参数，设置【起始颜色】为蓝色（R:11；G:170；B:252），【渐变终点】的值为（380，400），【结束颜色】的值为淡蓝色（R:221；G:253；B:253），如图5.83所示，合成窗口效果，如图5.84所示。

图5.83 设置渐变参数

图5.84 设置渐变后的效果

AE 20 在时间线面板中将【背景】层拖动到【路径文字】层下面。这样就完成了跳动的路径文字整体制作，按小键盘上的【0】键，即可在合成窗口中预览动画。

视频讲座5-6：聚散文字

 实例解析

本例主要讲解利用【文本动画】属性制作聚散文字效果，完成的动画流程画面，如图5.85所示。

视频分类：文字特效类
工程文件：配套光盘\工程文件\第5章\聚散文字
视频位置：配套光盘\movie\视频讲座5-6：聚散文字.avi

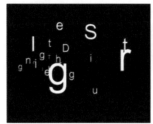

图5.85 动画流程画面

学习目标

【文本动画】

 操作步骤

AE 01 执行菜单栏中的【合成】|【新建合成】命令，打开【合成设置】对话框，设置【合成名称】为【飞出】，【宽度】为【720】，【高度】为【576】，【帧速率】为【25】，并设置【持续时间】为00:00:03:00秒。

AE 02 执行菜单栏中的【图层】|【新建】|【文本】命令，输入【Struggle】，在【字符】面板中，设置文字字体为Arial，字号为100像素，字体颜色为白色。

AE 03 打开文字层的三维开关，在工具栏中选择【钢笔工具】，绘制一个四边形路径，在【路径】下拉菜单中选择【蒙版1】，设置【反转路径】为【开】，【垂直于路径】为【关】，【强制对齐】为【开】，【首字边距】为200，分别

调整单个字母的大小，使其参差不齐，如图5.86所示；合成窗口效果如图5.87所示。

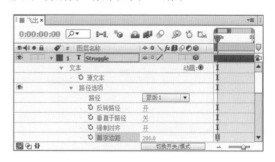

图5.86 【Struggle】文字参数设置

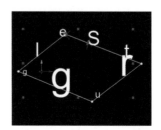

图5.87 【Struggle】文字路径效果

72

AE 04 选择【Struggle】文字层，按Ctrl+D组合键复制出另一个文字层，将文字修改为【Digent】，设置【缩放】数值为（50，50，50），修改【首字边距】的值为300，分别调整单个字母的大小，使其参差不齐。将【Struggle】文字层暂时关闭并查看效果，如图5.88所示；合成窗口效果如图5.89所示。

图5.88 【Digent】文字参数设置

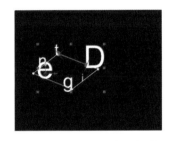

图5.89 【Digent】文字路径效果

AE 05 以相同的方式建立文字层。选择【Struggle】文字层，按Ctrl+D组合键复制出另一个文字层，将文字修改为【Thrilling】，设置【缩放】数值为（25，25，25），修改【首字边距】的值为90，分别调整单个字母的大小，使其参差不齐。将【Digent】文字层暂时关闭查看效果，如图5.90所示；合成窗口效果如图5.91所示。

图5.90 【Thrilling】文字参数设置

AE 06 选中【Struggle】文字层，将时间调整到00:00:00:00帧的位置，按P键展开【Struggle】文字层【位置】属性，设置【位置】数值为（152，302，0），单击【位置】左侧的码表按钮，在当前位置设置关键帧；将时间调整到

00:00:01:00帧的位置，设置【Struggle】文字层【位置】数值为（149，302，-876），系统会自动创建关键帧，如图5.92所示。

图5.91 【Thrilling】文字路径效果

图5.92 【Struggle】文字层关键帧设置

AE 07 选中【Digent】文字层，将时间调整到00:00:00:00帧的位置，按P键展开【Digent】文字层【位置】属性，设置【位置】数值为（152，302，0），单击【位置】左侧的码表按钮，在当前位置设置关键帧；将时间调整到00:00:01:15帧的位置，设置【Digent】文字层【位置】数值为（152，302，-1005），系统会自动创建关键帧，如图5.93所示。

图5.93 【Digent】文字层关键帧的设置

AE 08 选中【Thrilling】文字层，将时间调整到00:00:00:00帧的位置，按P键展开【Thrilling】文字层【位置】属性，设置【位置】数值为（152，302，0），单击【位置】左侧的码表按钮，在当前位置设置关键帧；将时间调整到00:00:02:00帧的位置，设置【Thrilling】文字层【位置】数值为（152，302，-788），系统会自动创建关键帧，如图5.94所示。

图5.94 【Thrilling】文字层关键帧设置

AE 09 这样就完成了【飞出】的制作，按小键盘上的【0】键，在合成窗口中预览动画，效果如图5.95所示。

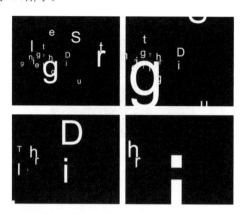

图5.95 【飞出】动画

AE 10 执行菜单栏中的【合成】|【新建合成】命令，打开【合成设置】对话框，设置【合成名称】为【飞入】，【宽度】为【720】，【高度】为【576】，【帧速率】为【25】，并设置【持续时间】为00:00:03:00秒。

AE 11 执行菜单栏中的【图层】|【新建】|【文本】命令，输入【Struggle】，在【字符】面板中，设置文字字体为Arial，字号为100像素，字体颜色为白色。

AE 12 为【Struggle】文字层添加Alphabet Soup（字母汤）特效。将时间调整到00:00:00:00帧的位置，在【效果和预设】面板中展开【动画预设】|【Text（文本）】|Multi-Line（多行）特效组，然后双击Alphabet Soup（字母汤）特效。

AE 13 单击【Struggle】文字层左侧的灰色三角形 ▼ 按钮，展开【文本】选项组，删除【动画-随机缩放】选项。

AE 14 单击【Struggle】文字层左侧的灰色三角形 ▼ 按钮，展开【文本】|【动画-位置/旋转/不透明度】选项组，设置【位置】的值为（1000，-1000），【旋转】的值为2x，【摆动选择器-（按字符）】选项组下的【摇摆/秒】的值为0，如图5.96所示；合成窗口效果如图5.97所示。

图5.96 【Struggle】文字参数设置

图5.97 【Struggle】文字聚散效果

AE 15 选择【Struggle】文字层，按Ctrl+D组合键复制出另一个文字层，将文字修改为【Digent】，按P键展开【位置】属性，设置【位置】数值为（24，189）；选中【Struggle】文字层，按P键展开【位置】属性，设置【位置】数值为（205，293），如图5.98所示；合成窗口效果如图5.99所示。

图5.98 文字参数设置

图5.99 文字位置设置后的效果

AE 16 选择【Digent】文字层，按Ctrl+D组合键复制出另一个文字层，将文字修改为【Thrilling】，按P键展开【位置】属性，设置【位置】的值为（350，423），如图5.100所示；合成窗口效果如图5.101所示。

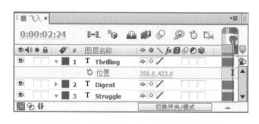

图5.100 【Thrilling】文字位置设置

图5.101 【Thrilling】位置设置后的效果

AE 17 这样就完成了【飞入】的制作，按小键盘上的【0】键，即可在合成窗口中预览动画，效果如图5.102所示。

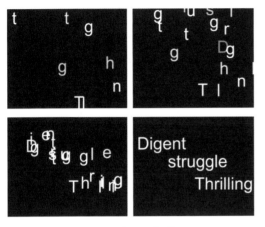

图5.102 【飞入】效果

AE 18 执行菜单栏中的【合成】|【新建合成】命令，打开【合成设置】对话框，设置【合成名称】为【聚散的文字】，【宽度】为【720】，【高度】为【576】，【帧速率】为【25】，并设置【持续时间】为00:00:03:00秒。

AE 19 在【项目】面板中，选择【飞出】和【飞入】合成，将其拖动到【聚散文字】合成的时间线面板中。

AE 20 选中【飞入】层，将时间调整到00:00:01:00帧的位置，按【键，设置【飞入】层入点为00:00:01:00帧的位置，如图5.103所示。

图5.103 设置【飞入】层入点

AE 21 选中【飞入】层，将时间调整到00:00:01:00帧的位置，按T键展开【不透明度】属性，设置【不透明度】的值为0%，单击左侧的码表按钮，在当前位置设置关键帧；将时间调整到00:00:02:00帧的位置，设置【不透明度】的值为100%，系统会自动设置关键帧，如图5.104所示。

图5.104 关键帧设置

AE 22 这样就完成了聚散文字的整体制作，按小键盘上的【0】键，即可在合成窗口中预览动画。

视频讲座5-7：变色字

 实例解析

本例主要讲解利用【填充颜色】属性特效制作变色字效果，完成的动画流程画面，如图5.105所示。

视频分类：文字特效类
工程文件：配套光盘\工程文件\第5章\变色字
视频位置：配套光盘\movie\视频讲座5-7：变色字.avi

图5.105 动画流程画面

学习目标

● 填充颜色

操作步骤

AE 01 执行菜单栏中的【文件】|【打开项目】命令，选择配套光盘中的【工程文件\第5章\变色字\变色字练习.aep】文件，将【变色字练习.aep】文件打开。

AE 02 执行菜单栏中的【图层】|【新建】|【文本】命令，输入【BANGKOK】，在【字符】面板中，设置文字字体为Leelawadee，字号为44像素，单击倾斜按钮 *T*，字体颜色为黄色（R:252，G:226，B:60）。

AE 03 将时间调整到00:00:00:00帧的位置，展开【BANGKOK】层，单击【文本】右侧的三角形动画:● 按钮，从菜单中选择【填充颜色】|【色相】命令，设置【填充色相】的值为0，单击【填充色相】左侧的【码表】 按钮，在当前位置设置关键帧。

AE 04 将时间调整到00:00:03:24帧的位置，设置【填充色相】的值为2x+65，系统会自动设置关键帧，如图5.106所示，合成窗口效果，如图5.107所示。

图5.106 设置填充色相参数

图5.107 设置填充色相后的效果

AE 05 这样就完成了变色字的整体制作，按小键盘上的【0】键，即可在合成窗口中预览动画。

视频讲座5-8：文字缩放动画

实例解析

本例主要讲解利用【缩放】制作文字缩放效果，完成的动画流程画面，如图5.108所示。

视频分类：文字特效类
工程文件：配套光盘\工程文件\第5章\文字缩放动画
视频位置：配套光盘\movie\视频讲座5-8：文字缩放动画.avi

图5.108 动画流程画面

学习目标

- 【缩放】的设置
- 关键帧助理

操作步骤

AE 01 执行菜单栏中的【文件】|【打开项目】命令，选择配套光盘中的【工程文件\第5章\缩放动画\缩放动画练习.aep】文件，将【缩放动画练习.aep】文件打开。

AE 02 执行菜单栏中的【图层】|【新建】|【文本】命令，新建文字层，输入【GANGSTER】，在【字符】面板中，设置文字字体为Garamond，字号为35像素，字体颜色为白色。

AE 03 将时间调整到00:00:00:00帧的位置，选中【GANGSTER】层，按S键打开【缩放】属性，设置【缩放】的值为（9500，9500），单击【缩放】左侧的【码表】 按钮，在当前位置设置关键帧。

AE 04 将时间调整到00:00:01:00帧的位置，设置【缩放】的值为（100，100），系统会自动设置关键帧，如图5.109所示；合成窗口效果如图5.110所示。

图5.109 设置缩放关键帧

图5.110 设置缩放后的效果

AE 05 选中【GANGSTER】层的所有关键帧，执行菜单栏中的【动画】|【关键帧辅助】|【指数比例】命令，如图5.111所示。

图5.111 添加关键帧效果

AE 06 这样就完成了文字缩放动画的整体制作，按小键盘上的【0】键，即可在合成窗口中预览动画。

视频讲座5-9：机打字效果

 实例解析

本例主要讲解利用【字符位移】属性制作机打字效果，完成的动画流程画面，如图5.112所示。

 视频分类：文字特效类
工程文件：配套光盘\工程文件\第5章\机打字效果
视频位置：配套光盘\movie\视频讲座5-9：机打字效果.avi

图5.112 动画流程画面

学习目标

- 了解【字符位移】属性。
- 掌握【不透明度】的应用。

操作步骤

AE 01 执行菜单栏中的【文件】|【打开项目】命令，选择配套光盘中的【工程文件\第5章\机打字效果\机打字练习.aep】文件，将文件打开。

AE 02 选择工具栏中的【直排文字工具】，输入【大江东去，浪淘尽，千古风流人物。故垒西边，人道是，三国周郎赤壁。乱石穿空，惊涛拍岸，卷起千堆雪。江山如画，一时多少豪杰】。在【字符】面板中，设置文字字体为草檀斋毛泽东字体，字号为32像素，字体颜色为黑色，其他参数如图5.113所示，合成窗口效果如图5.114所示。

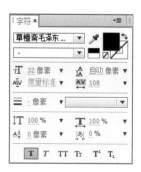

图5.113 设置字体参数

图5.114 设置字体后效果

AE 03 将时间调整到00:00:00:00帧的位置，展开文字层，单击【文本】右侧的三角形 ▶ 按钮，从菜单中选择【字符位移】命令，设置【字符位移】的值为20，单击【动画制作工具 1】右侧的三角形 ▶ 按钮，从菜单中选择【属性】|【不透明度】选项，设置【不透明度】的值为0%。设置【起始】的值为0，单击【起始】左侧的码表 ⏱ 按钮，在当前位置设置关键帧，合成窗口效果如图5.115所示。

图5.115 设置0帧关键帧后效果

AE 04 将时间调整到00:00:02:00帧的位置，设置【起始】的值为100，系统会自动设置关键帧，如图5.116所示。

图5.116 设置文字参数

PS 05 这样就完成了机打字动画效果的整体制作，按小键盘上的【0】键，即可在合成窗口中预览动画。

视频讲座5-10：清新文字

 实例解析

本例主要讲解利用【缩放】属性制作清新文字效果，完成的动画流程画面，如图5.117所示。

视频分类：文字特效类
工程文件：配套光盘\工程文件\第5章\清新文字
视频位置：配套光盘\movie\视频讲座5-10：清新文字.avi

图5.117 动画流程画面

学习目标

- 了解【缩放】属性的使用。
- 了解【不透明度】属性的使用。
- 了解【模糊】的应用。

操作步骤

 AE 01 执行菜单栏中的【文件】|【打开项目】命令，选择配套光盘中的【工程文件\第5章\清新文字\清新文字练习.aep】文件，将文件打开。

AE 02 执行菜单栏中的【图层】|【新建】|【文本】命令，输入【FantasticEternity】。在【字符】面板中，设置文字字体为ChopinScript，字号为94像素，字体颜色为白色，参数如图5.118所示，合成窗口效果如图5.119所示。

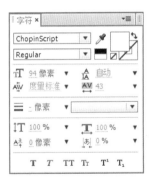

图5.118 设置字体参数

图5.119 设置参数后的效果

AE 03 选择文字层，在【效果和预设】面板中展开【生成】特效组，双击【梯度渐变】特效。

AE 04 在【效果控件】面板中修改【梯度渐变】

特效参数，设置【渐变起点】的值为（88，82），【起始颜色】为绿色（R:156，G:255，B:86），【渐变终点】的值为（596，267），【结束颜色】为白色，如图5.120所示，合成窗口效果如图5.121所示。

图5.120 设置渐变参数

图5.121 设置渐变后的效果

AE 05 选择文字层，在【效果和预设】面板中展开【透视】特效组，双击【投影】特效。

AE 06 在【效果控件】面板中修改【投影】特效参数，设置【阴影颜色】为暗绿色（R:89，G:140，B:30），【柔和度】的值为18，如图5.122所示，合成窗口效果如图5.123所示。

图5.122 设置阴影参数

图5.123 设置阴影后的效果

AE 07 在时间线面板中展开文字层，单击【文本】右侧的【动画】动画:● 按钮，在弹出的菜单中选择【缩放】命令，设置【缩放】的值为（300，300），单击【动画制作工具 1】右侧的【添加】● 按钮，从菜单中选择【属性】|【不透明度】和【属性】|【模糊】选项，设置【不透明度】的值为0%，【模糊】的值为（200，200），如图5.124所示，合成窗口效果如图5.125所示。

图5.124 设置属性参数

图5.125 设置参数后的效果

AE 08 展开【动画制作工具 1】选项组|【范围选择器 1】|【高级】选项，在【单位】右侧的下拉列表中选择【索引】，【形状】右侧的下拉列表中选择【上斜坡】，设置【缓和低】的值为100%，【随机排序】为【开】，如图5.126所示，合成窗口效果如图5.127所示。

图5.126 设置【高级】参数

图5.127 设置参数后的效果

AE 09 调整时间到00:00:00:00帧的位置，展开【范围选择器 1】选项，设置【结束】的值为10，【偏移】的值为-10，单击【偏移】左侧的【码表】● 按钮，在此位置设置关键帧。

AE 10 调整时间到00:00:02:00帧的位置，设置，【偏移】的值为23，系统自动添加关键帧，如图5.128所示，合成窗口效果如图5.129所示。

图5.128 添加关键帧

图5.129 设置关键帧后的效果

AE 11 这样就完成了清新文字的整体制作，按小键盘上的【0】键，即可在合成窗口中预览动画。

视频讲座5-11：卡片翻转文字

 实例解析

本例主要讲解利用【缩放】文本属性制作卡片翻转效果，完成的动画流程画面，如图5.130所示。

视频分类：文字特效类
工程文件：配套光盘\工程文件\第5章\卡片翻转文字
视频位置：配套光盘\movie\视频讲座5-11：卡片翻转文字.avi

图5.130 动画流程画面

 **学习目标**

- 学习【启用逐字3D化】属性的使用。
- 掌握【缩放】属性的使用。
- 掌握【旋转】属性的使用。
- 掌握【模糊】属性的使用。

操作步骤

AE 01 执行菜单栏中的【文件】|【打开项目】命令，选择配套光盘中的【工程文件\第5章\卡片翻转文字\卡片翻转文字练习.aep】文件，将文件打开。

AE 02 在时间线面板中展开文字层，单击【文本】右侧的【动画】动画: ⊙ 按钮，在弹出来的下拉菜单中依次选择【启用逐字3D化】和【缩放】命令，如图5.131所示。

图5.131 执行命令

AE 03 此时在文本选项中出现一个【动画制作工具 1】的选项组，单击【动画制作工具 1】右侧【添加】Add: ⊙ 按钮，在弹出的菜单中依次选择【属性】|【旋转】、【属性】|【不透明度】、

【属性】|【模糊】，如图5.132所示。

图5.132 执行命令

AE 04 展开【动画制作工具 1】|【范围选择器 1】|【高级】选项，在【形状】右侧的下拉列表中选择【上斜坡】，如图5.133所示。

图5.133 设置【高级】选项组中的参数

AE 05 在【动画制作工具 1】选项下，设置【缩放】的值为（400，400，400），【不透明度】的值为0%，【Y轴旋转】的值为-1x，【模糊】的值为（5，5），如图5.134所示。

图5.134 设置参数

AE 06 调整时间到00:00:00:00帧的位置，展开【范围选择器 1】选项组，设置【偏移】的值为-100%，单击【偏移】左侧的【码表】按钮，在此位置设置关键帧，如图5.135所示。

图5.135 设置参数并添加关键帧

AE 07 调整时间到00:00:05:00帧的位置，设置，【偏移】的值为100%，系统自动添加关键帧，如图5.136所示。

AE 08 选择文字层，在【效果和预设】面板中展开【生成】特效组，双击【梯度渐变】特效，如图5.137所示。

图5.136 添加关键帧

图5.137 添加特效

AE 09 在【效果控件】面板中修改【梯度渐变】特效参数，设置【渐变起点】的值为（112，156），【起始颜色】为淡蓝色（H：154，S：100，B：86），【渐变终点】的值为（606，272），【结束颜色】为黄色（H：51，S：76，B：100），如图5.138所示。

图5.138 设置渐变参数

AE 10 这样就完成了卡片翻转文字的整体制作，按小键盘上的【0】键，即可在合成窗口中预览动画。

视频讲座5-12：制作跳动音符

 实例解析

本例主要讲解利用【缩放】动画制作跳动音符效果，完成的动画流程画面，如图5.139所示。

视频分类：文字特效类
工程文件：配套光盘\工程文件\第5章\跳动音符
视频位置：配套光盘\movie\视频讲座5-12：制作跳动音符.avi

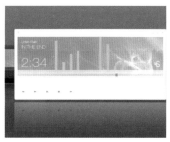

图5.139 动画流程画面

学习目标

- 【缩放】设置
- 【发光】特效

操作步骤

AE 01 执行菜单栏中的【文件】|【打开项目】命令，选择配套光盘中的【工程文件\第5章\跳动音符\跳动音符练习.aep】文件，将【跳动音符练习.aep】文件打开。

AE 02 执行菜单栏中的【图层】|【新建】|【文本】命令，输入【IIIIIIIIIIIIII】，在【字符】面板中，设置文字字体为Franklin Gothic Medium Cond，字号为101像素，字符间距为100，字体颜色为蓝色（R:17；G:163；B:238），如图5.140所示；画面效果如图5.141所示。

图5.140 设置字体

图5.141 设置字体后的效果

AE 03 将时间调整到00:00:00:00帧的位置，在工具栏中选择【矩形工具】，在文字层上绘制一个矩形路径，如图5.142所示。

图5.142 绘制矩形路径

AE 04 展开【IIIIIIIIIIIIII】层，单击【文本】右侧的【动画】动画:按钮，从菜单中选择【缩放】命令，单击【缩放】左侧的【约束比例】按钮，取消约束，设置【缩放】的值为（100，-234）；单击【动画制作工具 1】右侧的三角形添加:按钮，从菜单中选择【选择器】|【摆动】选项，如图5.143所示。

图5.143 设置参数

AE 05 为【IIIIIIIIIIIIII】层添加【发光】特效。在【效果和预设】面板中展开【风格化】特效组，然后双击【发光】特效。

AE 06 在【效果控件】面板中修改【发光】特效的参数，设置【发光半径】的值为45，如图5.144所示；合成窗口效果如图5.145所示。

图5.144 设置发光特效参数

图5.145 设置发光后的效果

AE 07 这样就完成了跳动音符的动画整体制作，按小键盘上的【0】键，即可在合成窗口中预览动画。

视频讲座5-13：飞舞文字

实例解析

本例主要讲解飞舞文字动画的制作。本例利用文字自带的动画功能制作飞舞的文字，并配合Bevel Alpha（Alpha斜角）及【投影】特效使文字产生立体效果。本例最终的动画流程效果，如图5.146所示。

视频分类：文字特效类
工程文件：配套光盘\工程文件\第5章\飞舞文字
视频位置：配套光盘\movie\视频讲座5-13：飞舞文字.avi

图5.146 飞舞文字最终动画流程效果

学习目标

通过本例的制作，学习利用【梯度渐变】特效制作渐变背景的方法，学习立体文字的制作，掌握文字特效动画的制作技巧，掌握飞舞文字的制作技巧。

操作步骤

5.4.3 建立文字层

AE 01 执行菜单栏中的【合成】|【新建合成】命令，打开【合成设置】对话框，设置【合成名称】为【文字】，【宽度】为【720】，【高度】为【576】，【帧速率】为【25】，并设置

【持续时间】为00:00:07:00秒，如图5.147所示。

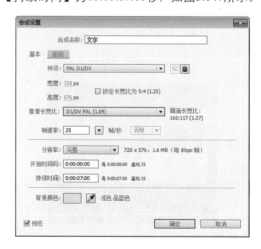

图5.147 建立合成

AE 02 按Ctrl + Y快捷键，此时将打开【纯色设置】对话框，修改【名称】为【背景】，设置【颜色】为白色，如图5.148所示。

图5.148 建立纯色层

AE 03 在【效果和预设】面板中展开【生成】特效组，然后双击【梯度渐变】特效，如图5.149所示。

图5.149 添加特效

AE 04 在【效果控件】面板中，展开【梯度渐变】特效组，修改【渐变起点】为（360，288），【起始颜色】为白色，【渐变终点】为（360，1400），【结束颜色】为黑色，【渐变形状】为【径向渐变】，如图5.150所示。

图5.150 设置属性

AE 05 单击工具栏中的【横排文字工具】，设置文字的颜色为蓝色（R:44；G:154；B:217），字体大小为75，行间距为94，如图5.151所示。在合成窗口中输入文字【Sincere for Gold Stone】，注意排列文字的换行，如图5.152所示。

图5.151 设置属性　　图5.152 文字的排列方法

AE 06 展开【文字】选项组，单击【文本】右侧的【动画】三角形 ▶ 按钮，从弹出的菜单中选择【锚点】命令，设置【锚点】为（0，-30），如图5.153所示。

图5.153 设置锚点

AE 07 再次单击【文本】右侧的【动画】三角形 ▶ 按钮，从弹出的菜单中分别选择【锚点】、【位置】、【缩放】、【旋转】和【填充颜色】|【色相】，建立【动画制作工具 2】，如图5.154所示。

图5.154 建立动画制作工具2

AE 08 调整时间到00:00:01:00帧的位置，单击【动画制作工具 2】右侧的【添加】添加:▶ 按钮，从弹出的菜单中选择【选择器】|【摆动】命令；然后展开【摆动选择器1】选项组，单击【时间相位】和【空间相位】左侧的【码表】 ⏱ 按钮，修改【时间相位】的值为2x，【空间相位】的值为2x，【位置】的值为（400，400），【缩放】的值为（600，600），【旋转】的值为1x＋115，修改【填充色相】的值为60，如图

5.155所示。此时的画面效果如图5.156所示。

图5.155 设置关键帧

图5.156 画面效果

AE 09 调整时间到00:00:02:00帧的位置，修改【时间相位】的值为2x＋200，【空间相位】的值为2x＋150，如图5.157所示。此时的画面效果如图5.158所示。

图5.157 设置关键帧

图5.158 画面效果

AE 10 调整时间到00:00:03:00帧的位置，修改【时间相位】的值为4x＋160，【空间相位】的值为4x＋125，如图5.159所示。此时的画面效果如图5.160所示。

图5.159 设置关键帧

图5.160 画面效果

AE 11 调整时间到00:00:04:00帧的位置，单击【位置】、【缩放】、【旋转】、【填充色相】左侧的【码表】按钮，在当前建立关键帧，如图5.161所示。此时的画面效果如图5.162所示。

图5.161 设置关键帧

图5.162 画面效果

AE 12 调整时间到00:00:06:00帧的位置，修改【时间相位】的值为8x＋160，【空间相位】的值为8x＋125，【位置】的值为（1，1），【缩放】的值为（100，100），【旋转】的值为0，【填充色相】的值为0，如图5.163所示。此时的画面效果如图5.164所示。

图5.163 设置关键帧

图5.164 画面效果

5.4.4 添加特效

AE 01 在【效果和预设】面板中展开【透视】特效组，然后双击【斜面 Alpha】特效，如图5.165所示，添加特效后的效果如图5.166所示。

图5.165 添加特效　图5.166 添加特效后的效果

AE 02 在【透视】特效组，双击【投影】特效，如图5.167所示，添加特效后的效果如图5.168所示。

图5.167 添加特效　图5.168 添加特效后的效果

AE 03 单击时间线面板文字层名称右侧的【运动模糊】开关，开启运动模糊，如图5.169所示。

图5.169 开启运动模糊属性

AE 04 这样就完成了【飞舞文字】动画的制作，按键盘上的空格键或小键盘上的0键，可以在合成窗口中看到动画的预览，如图5.170所示。

图5.170 【飞舞文字】动画效果

第 6 章 蒙版与遮罩

内容摘要

本章主要讲解蒙版概念及蒙版的操作。首先讲解了蒙版的原理，还讲解了蒙版的应用，包括矩形、椭圆形和自由形状蒙版的创建，蒙版形状的修改，节点的选择、调整、转换操作，蒙版属性的设置及修改，蒙版的模式、路径、羽化、透明和扩展的修改及设置，蒙版动画的制作技巧。

教学目标

- 了解蒙版的原理
- 学习各种形状蒙版的创建方法
- 学习蒙版形状的修改及节点的转换调整
- 掌握蒙版属性的设置
- 掌握蒙版动画的制作技巧

6.1 蒙版的原理

蒙版就是通过蒙版层中的图形或轮廓对象，透出下面图层中的内容。简单地说蒙版层就像一张纸，而蒙版图像就像是在这张纸上挖出的一个洞，通过这个洞来观察外界的事物。如一个人拿着一个望远镜向远处眺望，而望远镜在这里就可以当作蒙版层，看到的事物就是蒙版层下方的图像。蒙版的原理图如图6.1所示。

图6.1 蒙版原理图

一般来说，蒙版需要有两个层，而在After Effects CC 软件中，蒙版可以在一个图像层上绘制轮廓以制作蒙版，看上去像是一个层，但读者可以将其理解为两个层：一个是轮廓层，即蒙版层；另一个是被蒙版层，即蒙版下面的层。蒙版层的轮廓形状决定看到的图像形状，而被蒙版层决定看到的内容。

蒙版动画可以理解为一个人拿着望远镜眺望远方，在眺望时不停地移动望远镜，看到的内容就会有不同的变化，这样就形成了蒙版动画；当然，也可以理解为，望远镜静止不动，而画面在移动，即被蒙版层不停运动，以此来产生蒙版动画效果。

6.2 创建蒙版

蒙版主要用来制作背景的镂空透明和图像间的平滑过渡等，蒙版有多种形状，在After Effects CC软件自带的工具栏中，可以利用相关的蒙版工具来创建，比如矩形、圆形和自由形状蒙版工具。

利用After Effects CC 软件自带的工具创建蒙版，首先要具备一个层，可以是纯色层，也可以是素材层或其他的层，在相关的层中创建蒙版。一般来说，在纯色层上创建蒙版的较多，纯色层本身就是一个很好的辅助层。

视频讲座6-1：利用【矩形工具】创建矩形蒙版

视频分类：软件功能类
视频位置：配套光盘\movie\视频讲座6-1：
利用【矩形工具】创建矩形蒙版.avi

矩形蒙版的创建很简单，在After Effects CC软件中自带的有矩形蒙版的创建工具，其创建方法如下：

AE 01 单击工具栏中的【矩形工具】██按钮，选择矩形工具。

AE 02 在【合成】窗口中，按住鼠标拖动即可绘制一个矩形蒙版区域，如图6.2所示，在矩形蒙版区域中，将显示当前层的图像，矩形以外的部分将变成透明。

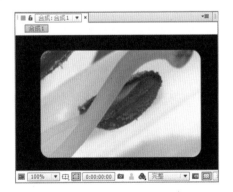

图6.2 矩形蒙版的绘制过程

提示

选择创建蒙版的层，然后双击工具栏中的【矩形工具】██按钮，可以快速创建一个与层素材大小相同的矩形蒙版。在绘制矩形蒙版时，如果按住Shift键，可以创建一个正方形蒙版。

视频讲座6-2：利用【椭圆工具】创建椭圆形蒙版

视频分类：软件功能类
视频位置：配套光盘\movie\视频讲座6-2：
利用【椭圆工具】创建椭圆形蒙版.avi

椭圆形蒙版的创建方法与矩形蒙版的创建方法基本一致，其具体操作如下：

AE 01 单击工具栏中的【椭圆工具】◯按钮，选择椭圆工具。

AE 02 在【合成】窗口中，按住鼠标拖动即可绘制一个椭圆蒙版区域，如图6.3所示，在该区域中，将显示当前层的图像，椭圆以外的部分将变成透明。

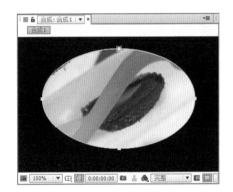

图6.3 椭圆蒙版的绘制过程

提示 ？

选择创建蒙版的层，然后双击工具栏中的【椭圆工具】◯按钮，可以快速创建一个与层素材大小相同的椭圆蒙版，而椭圆蒙版正好是该矩形的内切圆。在绘制椭圆蒙版时，如果按住Shift键，可以创建一个正圆形蒙版。

视频讲座6-3：利用【钢笔工具】创建自由蒙版

视频分类：软件功能类
视频位置：配套光盘\movie\视频讲座6-3：
利【用钢笔工具】创建自由蒙版.avi

要想随意创建多边形蒙版，就要用到【钢笔工具】✎，它不但可以创建封闭的蒙版，还可以创建开放的蒙版。利用【钢笔工具】的好处在于，它的灵活性更高，可以绘制直线，也可以绘制曲线，可以绘制直角多边形，也可以绘制弯曲的任意形状。

使用【钢笔工具】 ✎ 创建自由蒙版的过程如下：

AE 01 单击工具栏中的【钢笔工具】 ✎ 按钮，选择钢笔工具。

AE 02 在【合成】窗口中，单击创建第1点，然后直接单击可以创建第2点，如果连续单击下去，可以创建一个直线的蒙版轮廓。

AE 03 如果按住鼠标并拖动，则可以绘制一个曲线点，以创建曲线，多次创建后，可以创建一个弯曲的曲线轮廓，当然，直线和曲线是可以混合

应用的。

AE 04 如果想绘制开放蒙版，可以在绘制到需要的程度后，按Ctrl键的同时在合成窗口中单击鼠标，即可结束绘制。如果要绘制一个封闭的轮廓，则可以将光标移到开始点的位置，当光标变成 ✎。状时，单击鼠标，即可将路径封闭。如图6.4所示为多次单击创建的自由蒙版效果。

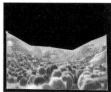

图6.4 钢笔工具绘制自由蒙版的过程

6.3 / 蒙版形状的修改

创建蒙版也许不能一步到位，有时还需要对现有的蒙版进行再修改，以更适合图像轮廓要求，这时就需要对蒙版的形状进行改变。下面就来详细讲解蒙版形状的改变方法。

6.3.1 节点的选择

不管用哪种工具创建蒙版形状，都可以从创建的形状上发现小的矩形控制点，这些矩形控制点，就是节点。

选择的节点与没有选择的节点是不同的，选择的节点小方块将呈现实心矩形，而没有选择的节点呈镂空的矩形效果。

选择节点有多种方法：

方法1：单击选择。使用【选择工具】 ▶，在节点位置单击，即可选择一个节点。如果想选择多个节点，可以按住Shift键的同时，分别单击要选择的节点即可。

方法2：使用拖动框。在合成窗口中，单击拖动鼠标，将出现一个矩形选框，被矩形选框框住的节点将被选择。如图6.5所示为框选前后的效果。

> **提示** ❓
>
> 如果有多个独立的蒙版形状，按Alt键单击其中一个蒙版的节点，可以快速选择该蒙版形状。

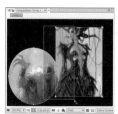

图6.5 框选操作过程及选中效果

6.3.2 节点的移动

移动节点，其实就是修改蒙版的形状，通过选择不同的点并移动，可以将矩形改变成不规则矩形。

移动节点的操作方法如下：

AE 01 选择一个或多个需要移动的节点。

AE 02 使用【选取工具】 ▶ 拖动节点到其他位置，操作过程，如图6.6所示。

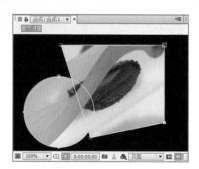

图6.6 移动节点操作过程

6.3.3 添加/删除节点

绘制好的形状，还可以通过后期的节点添加或删除操作，来改变形状的结构，使用【添加顶点工具】 在现有的路径上单击，可以添加一个节点，通过添加该节点，可以改变现有轮廓的形状；使用【删除顶点工具】 ，在现有的节点上单击，即可将该节点删除。

添加节点和删除节点的操作方法如下：

AE 01 添加节点。在工具栏中，单击【添加顶点工具】 按钮，将光标移动到路径上需要添加节点的位置。单击鼠标，即可添加一个节点，多次在不同的位置单击，可以添加多个节点，如图6.7所示。

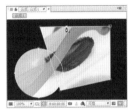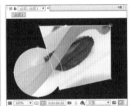

图6.7 添加节点的操作过程及添加后的效果

AE 02 删除节点。单击工具栏中的【删除节点工具】 按钮，将光标移动到要删除的节点位置，单击鼠标，即可将该节点删除，删除节点的操作过程及删除后的效果，如图6.8所示。

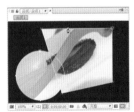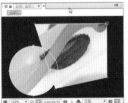

图6.8 删除节点的操作过程及删除后的效果

技巧

选择节点后，通过按键盘上的Delete键，也可以删除节点。

6.3.4 节点的转换

在After Effects CC 软件中，节点可以分为两种：

- 角点。点两侧的都是直线，没有弯曲角度。

- 曲线点。点的两侧有两个控制柄，可以控制曲线的弯曲程度。

- 如图6.9所示，为两种点的不同显示状态。

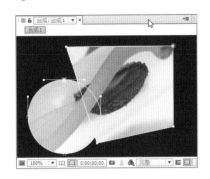

图6.9 节点的显示状态

通过工具栏中的【转换顶点工具】 ，可以将角点和曲线点进行快速转换，转换的操作方法如下：

AE 01 角点转换成曲线点。使用工具栏中的【转换顶点工具】 ，选择角点并拖动，即可将角点转换成曲线点，操作过程如图6.10所示。

图6.10 角点转换成曲线点的操作过程

AE 02 曲线点转换成角点。使用工具栏中的【转换顶点工具】 ，在曲线点单击，即可将曲线点转换成角点，操作过程如图6.11所示。

图6.11 曲线点转换成角点的操作过程

提示

当转换成曲线点后，通过使用【选取工具】 ，可以手动调节曲线点两侧的控制柄，以修改蒙版的形状。

6.4 / 蒙版属性的修改

蒙版属性主要包括蒙版的混合模式、锁定、羽化、不透明度、蒙版扩展和收缩等，下面来详细讲解这些属性的应用。

6.4.1 蒙版的混合模式

绘制蒙版形状后，在时间线面板，展开该层列表选项，将看到多出一个【蒙版】属性，展开该属性，可以看到蒙版的相关参数设置选项，如图6.12所示。

图6.12 蒙版层列表

其中，在蒙版1右侧的下拉菜单中，显示了蒙版混合模式选项，如图6.13所示。

图6.13 混合模式选项

① 【无】

选择此模式，路径不起蒙版作用，只作为路径存在，可以对路径进行描边、光线动画或路径动画的辅助。

② 【相加】

默认情况下，蒙版使用的是【相加】命令，如果绘制的蒙版中，有两个或两个以上的图形，可以清楚地看到两个蒙版以添加的形式显示效果，如图6.14所示。

③ 【相减】

如果选择【相减】选项，蒙版的显示将变成镂空的效果，这与勾选【蒙版1】右侧的【反转】复选框相同。如图6.15所示。

图6.14 添加效果　　　　图6.15 减去效果

④ 【交集】

如果两个蒙版都选择【交集】选项，则两个蒙版将产生交叉显示的效果，如图6.16所示。

⑤ 【变亮】

【变亮】对于可视区域来说，与【相加】模式相同，但对于重叠处的则采用透明度较高的那个值。

⑥ 【变暗】

【变暗】对于可视区域来说，与【相交】模式相同，但对于蒙版重叠处，则采用透明度值较低的那个。

⑦ 【差值】

如果两个蒙版都选择【差值】选项，则两个蒙版将产生交叉镂空的效果，如图6.17所示。

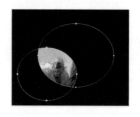 

图6.16 相交效果　　　　图6.17 差值效果

6.4.2 修改蒙版的大小

在时间线面板中，展开【蒙版】列表选项，单击【蒙版路径】右侧的【形状…】文字链接，将打开【蒙版形状】对话框，如图6.18所示。在【定界框】选项组中，通过修改【顶部】、【左侧】、【右侧】、【底部】选项的参数，可以修改当前蒙版的大小，而通过【单位】右侧的下拉菜单，可以为修改值设置一个合适的单位。

通过【形状】选项组，可以修改当前蒙版的形状，可以将其他的形状，快速改成矩形或椭圆形，选择【矩形】复选框，将该蒙版形状修改成矩形；选择【椭圆】复选框，将该蒙版形状修改成椭圆形。

图6.18 【蒙版形状】对话框

6.4.3 蒙版的锁定

为了避免操作中出现失误，可以将蒙版锁定，锁定后的蒙版将不能被修改，锁定蒙版的操作方法如下：

AE 01 在时间线面板中，将【蒙版】属性列表选项展开。

AE 02 单击锁定的蒙版层左面的 ▢ 图标，该图标将变成带有一把锁的效果 🔒，如图6.19所示，表示该蒙版被锁定。

图6.19 锁定蒙版效果

视频讲座6-4：利用轨道遮罩制作扫光文字效果

 实例解析

本例主要讲解利用轨道遮罩制作扫光文字效果，完成的动画流程画面，如图6.20所示。

视频分类：蒙版遮罩类
工程文件：配套光盘\工程文件\第6章\扫光文字效果
视频位置：配套光盘\movie\视频讲座6-4：利用轨道遮罩制作扫光文字效果.avi

图6.20 动画流程画面

 学习目标

● 轨道遮罩

操作步骤

AE 01 执行菜单栏中的【文件】|【打开项目】命令，选择配套光盘中的【工程文件\第6章\扫光文字效果\扫光文字效果练习.aep】文件，将【扫光

文字效果练习.aep】文件打开。

AE 02 执行菜单栏中的【图层】|【新建】|【文本】命令，输入【A NIGHTMARE ON ELM STREET】，在【字符】面板中，设置文字字号为39像素，行距为14像素，字体颜色为红色（R:255；G:0；B:0），如图6.21所示；设置后的效果如图6.22所示。

图6.21 设置字体

图6.22 设置字体后的效果

AE 03 执行菜单栏中的【图层】|【新建】|【纯色】命令，打开【纯色设置】对话框，设置【名称】为【光】，【颜色】为白色。

AE 04 选中【光】层，在工具栏中选择【钢笔工具】 ，绘制一个长方形路径，按F键打开【蒙版羽化】属性，设置【蒙版羽化】的值为（16，16），如图6.23所示。

图6.23 设置蒙版形状

AE 05 选中【光】层，将时间调整到00:00:00:00帧的位置，按P键打开【位置】属性，设置【位置】的值为（304，254），单击【位置】左侧的【码表】 按钮，在当前位置设置关键帧。

AE 06 将时间调整到00:00:01:15帧的位置，设置【位置】的值为（840，332），系统会自动设置关键帧，如图6.24所示。

图6.24 设置位置关键帧

AE 07 在时间线面板中，将【光】层拖动到文字层下面，设置【光】层的【轨道遮罩】为【Alpha遮罩【ANIGHTMARE ON ELM STREET】】，如图6.25所示；合成窗口效果如图6.26所示。

图6.25 设置蒙版

图6.26 设置蒙版后的效果

AE 08 选中文字层，按Ctrl+D组合键复制出另一个新的文字层并拖动到【光】层下面，如图6.27所示；合成窗口效果如图6.28所示。

图6.27 拖动文字层

图6.28 扫光效果

AE 09 这样就完成了利用轨道遮罩制作扫光文字效果的整体制作，按小键盘上的【0】键，即可在合成窗口中预览动画。

视频讲座6-5：利用【矩形工具】制作文字倒影

实例解析

本例主要讲解利用【矩形工具】制作文字倒影效果，完成的动画流程画面，如图6.29所示。

视频分类：蒙版遮罩类
工程文件：配套光盘\工程文件\第6章\文字倒影
视频位置：配套光盘\movie\视频讲座6-5：利用矩形工具制作文字倒影.avi

图6.29 动画流程画面

学习目标

- 【矩形工具】

操作步骤

AE 01 执行菜单栏中的【文件】|【打开项目】命令，选择配套光盘中的【工程文件\第6章\文字倒影\文字倒影练习.aep】文件，将【文字倒影练习.aep】文件打开。

AE 02 执行菜单栏中的【图层】|【新建】|【文本】命令，输入【SHOPAHOLIC】，在【字符】面板中，设置文字字体为DilleniaUPC，字号为90像素，字体颜色为红色（R:240；G:9；B:8）。

AE 03 为【SHOPAHOLIC】层添加【投影】特效。在【效果和预设】面板中展开【透视】特效组，然后双击【投影】特效。

AE 04 在【效果控件】面板中，修改【投影】特效的参数，设置【距离】的值为1，如图6.30所示。

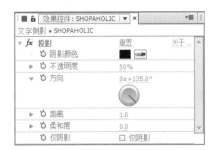

图6.30 设置投影参数

AE 05 选中【SHOPAHOLIC】层，按Ctrl + D键将文字层复制一份，将复制出的文字重命名为【SHOPAHOLIC 2】，选择该层，在【效果控件】面板中，将【投影】特效删除；然后在时间线面板中，单击【缩放】左侧的【约束比例】按钮，取消约束，设置【缩放】的值为（100，-100），合成窗口效果如图6.31所示。

图6.31 设置缩放参数后的效果

AE 06 选中【SHOPAHOLIC 2】层，在工具栏中选择【矩形工具】，在文字层上绘制一个矩形路径，如图6.32所示，选中【蒙版 1】右侧【反转】复选框，按F键打开【蒙版羽化】属性，设置【蒙版羽化】的值为（38，38），如图6.33所示。

图6.32 绘制矩形　　图6.33 设置蒙版羽化

AE 07 选中【SHOPAHOLIC 2】和【SHOPAHOLIC】层，将时间调整到00:00:01:00帧的位置，按T键打开【不透明度】属性，设置【不透明度】的值为1%，单击【不透明度】左侧的【码表】⏱按钮，在当前位置设置关键帧。

AE 08 将时间调整到00:00:02:15帧的位置，设置

【不透明度】的值为100%，系统会自动设置关键帧，如图6.34所示。

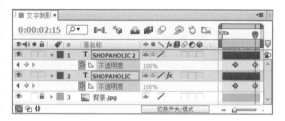

图6.34 设置不透明度关键帧

AE 09 这样就完成了利用【矩形工具】制作文字倒影的整体制作，按小键盘上的【0】键，即可在合成窗口中预览动画。

视频讲座6-6：利用形状层制作生长动画

 实例解析

本例主要讲解利用【形状图层】制作生长动画效果，完成的动画流程画面，如图6.35所示。

> 视频分类：软件功能类
> 工程文件：配套光盘\工程文件\第6章\生长动画
> 视频位置：配套光盘\movie\视频讲座6-6：利用形状层制作生长动画.avi

图6.35 动画流程画面

 学习目标

● 形状图层

 操作步骤

AE 01 执行菜单栏中的【合成】|【新建合成】命令，打开【合成设置】对话框，设置【合成名称】为【生长动画】，【宽度】为【720】，【高度】为【576】，【帧速率】为【25】，并设置【持续时间】为00:00:05:00秒。

AE 02 在工具栏中选择【椭圆工具】 ⬭，在合成窗口中绘制一个椭圆形路径，如图6.36所示。

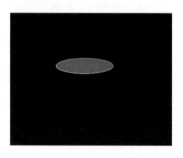

图6.36 绘制椭圆形路径

AE 03 选中【形状图层 1】层，设置【锚点】的值为（-57，-10），【位置】的值为（344，202），【旋转】的值为-90，如图6.37所示；合成窗口效果如图6.38所示。

图6.37 设置参数

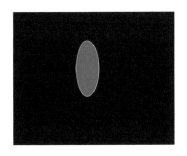

图6.38 设置参数后的效果

AE 04 在时间线面板中,展开形状图层 1|【内容】|【椭圆 1】|【椭圆路径 1】选项组,单击【大小】右侧的【约束比例】按钮,取消约束,设置【大小】的值为(60,172),如图6.39所示。

图6.39 设置椭圆路径参数

AE 05 展开【变换:椭圆 1】选项组,设置【位置】的值为(-58,-96),如图6.40所示。

图6.40 设置【变换:椭圆 1】参数

AE 06 单击【内容】右侧的【添加】 添加:● 按钮,从弹出的菜单中选择【中继器】命令,然后展开【中继器 1】选项组,设置【副本】的值为150,从【合成】下拉菜单中选择【之上】选

项;将时间调整到00:00:00:00帧的位置,设置【偏移】的值为150,单击【偏移】左侧的码表按钮,在当前位置设置关键帧。

AE 07 将时间调整到00:00:03:00帧的位置,设置【偏移】的值为0,系统会自动设置关键帧,如图6.41所示。

图6.41 设置偏移关键帧

AE 08 展开【变形:中继器 1】选项组,设置【位置】的值为(-4,0),【缩放】的值为(-98,-98),【旋转】的值为12,【起始点不透明度】的值为70%,如图6.42所示;合成窗口效果如图6.43所示。

图6.42 设置【变形:中继器 1】选项组

图6.43 设置形状层参数后的效果

AE 09 选中【形状图层1】层,单击工具栏中的 填充 ■ (填充)色块,打开【渐变编辑器】对话框,单击【径向渐变】□按钮,设置从淡紫色(R:255,G:0,B:192)到淡橘色(R:255,G:164,B:104)的渐变,单击【确定】按钮,如图6.44所示。

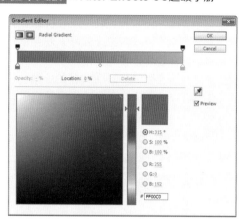

图6.44 【渐变编辑器】对话框

图6.45 设置参数

AE 10 选中【形状图层 1】层，按Ctrl+D组合键复制出另外两个新的【【形状图层】】层，将两个图层分别重命名为【【形状图层】2】和【【形状图层】3】，修改图层【位置】、【缩放】和【旋转】的参数，如图6.45所示；并修改不同的渐变填充，合成窗口效果如图6.46所示。

图6.46 设置参数后的效果

AE 11 这样就完成了利用形状层制作生长动画的整体制作，按小键盘上的【0】键，即可在合成窗口中预览动画。

视频讲座6-7：打开的折扇

 实例解析

本例主要讲解打开的折扇动画的制作。通过蒙版属性的多种修改方法，并应用到了路径节点的添加及调整方法，制作出一把慢慢打开的折扇动画，本例最终的动画流程效果，如图6.47所示。

视频分类：蒙版遮罩类
工程文件：配套光盘\工程文件\第6章\打开的折扇
视频位置：配套光盘\movie\视频讲座7-7：打开的折扇.avi

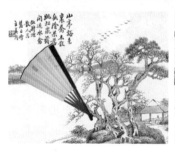  

图6.47 打开的折扇最终动画流程画面效果

学习目标

通过本例的制作，学习【钢笔工具】的使用、路径节点的修改以及定位点的调整，掌握素材层各常用参数的应用技巧。

操作步骤

6.4.1 导入素材

AE 01 执行菜单栏中的【文件】|【导入】|【文件】命令，打开【导入文件】对话框，选择配套光盘中的【工程文件 \ 第6章 \ 打开的折扇 \ 折扇.psd】文件，如图6.48所示。

图6.48 【导入文件】对话框

AE 02 在【导入文件】对话框中，单击【导入】按钮，将打开【折扇.psd】对话框，在【导入种类】下拉列表中选择【合成】命令，如图6.49所示。

图6.49 合成命令

AE 03 单击【确定】按钮，将素材导入到【项目】面板中，导入后的合成素材效果，如图6.50所示。从该图中可以看到导入的【折扇】合成文件和一个文件夹。

AE 04 在【项目】面板中，选择【折扇】合成文件，按Ctrl+K组合键打开【合成设置】对话框，设置【持续时间】为3秒。

AE 05 双击打开【折扇】合成，从【合成】窗口可以看到合成素材的显示效果，如图6.51所示。

图6.50 导入的素材　　图6.51 素材显示效果

AE 06 此时，从时间线面板中，可以看到导入合成中所带的3个层，分别是【扇柄】、【扇面】和【背景】，如图6.52所示。

图6.52 层分布效果

6.4.5 制作扇面动画

AE 01 选择【扇柄】层，然后单击工具栏中的【向后平移（锚点）工具】按钮，在【合成】窗口中，选择中心点并将其移动到扇柄的旋转位置，如图6.53所示。也可以通过设置时间线面板中的【扇柄】层参数来修改定位点的位置，如图6.54所示。

图6.53 操作过程

图6.54 锚点参数设置

AE 02 将时间调整到00:00:00:00的位置，添加关键帧。在时间线面板中，单击【旋转】左侧的【码表】，在当前时间为【旋转】设置一个关键帧，并修改【旋转】的角度值为-129，如图6.55所示。这样就将扇柄旋转到合适的位置，此时的扇柄位置，如图6.56所示。

图6.55 关键帧设置

图6.56 旋转扇柄位置

AE 03 将时间调整到00:00:02:00帧位置，在时间线面板中，修改【旋转】的角度值为0，系统将自动在该处创建关键帧，如图6.57所示。此时，扇柄旋转后的效果，如图6.58所示。

图6.57 参数设置

图6.58 扇柄旋转后的效果

AE 04 此时，拖动时间滑块或播放动画，可以看到扇柄的旋转动画效果，其中的几帧画面效果如图6.59所示。

图6.59 旋转动画中的几帧画面效果

AE 05 选择【扇面】层，单击工具栏中的【钢笔工具】按钮，绘制一个蒙版轮廓，如图6.60所示。

图6.60 绘制蒙版轮廓

AE 06 将时间调整到00:00:00:00帧位置，在时间线面板中，在【【蒙版 1】】选项中，单击【蒙版路径】左侧的【码表】按钮，在当前时间添加一个关键帧，如图6.61所示。

图6.61 00:00:00:00帧位置添加关键帧

AE 07 将时间调整到00:00:00:12帧位置，在【合成】窗口中，利用【选取工具】选择节点并进行调整，并在路径适当的位置利用【添加【顶点】工具】🖊添加节点，添加效果如图6.62所示。

AE 08 利用【选取工具】 ▶ ，将添加的节点向上移动，以完整显示扇面，如图6.63所示。

图6.62 添加节点　　图6.63 移动节点位置

AE 09 将时间调整到00:00:01:00帧位置，在【合成】窗口中，利用前面的方法，使用【选取工具】 ▶ 选择节点并进行调整，并在路径适当的位置利用【添加【顶点】工具】🖊添加节点，以更好地调整蒙版轮廓，系统将在当前时间位置自动添加关键帧，调整后的效果如图6.64所示。

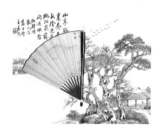

图6.64 00:00:01:00帧位置的调整效果

AE 10 分别将时间调整到00:00:01:12帧和0:00:02:00帧位置，利用前面的方法调整并添加节点，制作扇面展开动画，两帧的调整效果，分别如图6.65、图6.66所示。

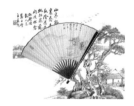 

图6.65 展开动画　　图6.66 调整效果

AE 11 经过上面的操作，制作出了扇面的展开动画效果，此时，拖动时间滑块或播放动画可以看到扇面的展开动画效果，其中的几帧画面如图6.67所示。

图6.67 扇面展开动画其中的几帧画面效果

6.4.6 制作扇柄动画

AE 01 从播放的动画中可以看到，虽然扇面出现了动画展开效果，但扇柄（手握位置）并没有出现，不符合现实，因此，下面来制作扇柄（手握位置）的动画效果。选择【扇面】层，然后单击工具栏中的【钢笔工具】🖊按钮，使用钢笔工具在图像上绘制一个蒙版轮廓，如图6.68所示。

图6.68 绘制蒙版轮廓

AE 02 将时间设置到00:00:00:00帧位置，在时间线面板中，展开【扇面】层选项列表，在【蒙版2】选项组中，单击【蒙版路径】左侧的【码表】⏱按钮，在当前时间添加一个关键帧，如图6.69所示。

图6.69 添加关键帧

AE 03 将时间调整到00:00:01:00帧位置，参考扇柄旋转的轨迹，调整蒙版路径的形状，如图6.70所示。

AE 04 将时间调整到0:00:02:00帧位置，参考扇柄旋转的轨迹，使用【选取工具】 ▶ 选择节点并进行调整，在路径适当的位置利用【添加【顶点】工具】🖊添加节点，调整后的效果如图6.71所示。

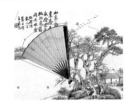 

图6.70 调整蒙版路径　　　图6.71 调整效果

AE 05 此时，从时间线面板可以看到所有关键帧的位置及效果，如图6.72所示。

AE 06 至此，就完成了打开的折扇动画的制作，按小键盘上的【0】键，可以预览动画效果。其中的几帧画面，如图6.73所示。

图6.72 关键帧效果

图6.73 折扇打开的几帧画面效果

第7.章 键控及模拟特效

内容摘要

本章详细讲解键控抠像及模拟特效。键控抠像是合成图像中不可缺少的部分，它可以通过前期的拍摄和后期的处理，使影片的合成更加真实。模拟特效中提供了众多的仿真特效，主要用于模拟现实世界中的物体制作出下雨、下雪、泡沫、爆炸等效果。本章将详细讲解这些特效的使用方法与技巧。

教学目标

- 学习各种抠像的含义及使用方法
- 掌握键控抠像的技巧
- 掌握不同背景颜色的抠图命令使用
- 学习各种模拟特效的含义和使用方法
- 掌握模拟类特效的动画制作技巧

7.1　键控

　　键控有时也叫叠加或抠像，它本身包含在After Effects CC的【效果和预设】面板中，在实际的视频制作中，应用非常广泛，也相当重要。

　　它和蒙版在应用上很相似，主要用于素材的透明控制，当蒙版和Alpha通道控制不能满足需要时，就需要应用到键控。

7.1.1　CC Simple Wire Removal（CC擦钢丝）

　　该特效是利用一根线将图像分割，在线的部位产生模糊效果。该特效的参数设置及前后效果，如图7.1所示。

图7.1　应用CC擦钢丝的前后效果及参数设置

该特效的各项参数含义如下：

- Point A（点A）：设置控制点A在图像中的位置。
- Point B（点B）：设置控制点B在图像中的位置。
- Removal Style（移除样式）：设置钢丝的样式。包括Fade、Frame Offset、Displace和Displace Horizontal。
- Thickness（厚度）：设置钢丝的厚度。
- Slope（倾斜）：设置钢丝的倾斜角度。
- Mirror Blend（镜像混合）：设置线与源图像的混合程度。值越大，越模糊；值越小，越清晰。
- Frame Offset（帧偏移）：当Removal Style（移除样式）为Frame Offset时，此项才可使用。

7.1.2 Keylight 1.2（抠像1.2）

该特效可以通过指定的颜色来对图像进行抠除，根据内外遮罩进行图像差异比较。应用该特效的参数设置及应用前后效果，如图7.2所示。

图7.2 应用抠像1.2的前后效果及参数设置

该特效的部分选项参数含义如下：

- View（视图）：设置不同的图像视图。
- Screen Colour（屏幕颜色）：用来选择要抠除的颜色。
- Screen Gain（屏幕增益）：调整屏幕颜色的饱和度。
- Screen Balance（屏幕平衡）：设置屏幕的色彩平衡。
- Screen Matte（屏幕蒙版）：调节图像黑白所占的比例，以及图像的柔和程度等。
- Inside Mask（内部蒙版）：对内部蒙版层进行调节。
- Outside Mask（外部蒙版）：对外部蒙版层进行调节。

- Foreground Colour Correction（前景色校正）：校正特效层的前景色。
- Edge Colour Correction（边缘色校正）：校正特效层的边缘色。
- Source Crops（来源）：设置图像的范围。

7.1.3 差值遮罩

该特效通过指定的差异层与特效层进行颜色对比，将相同颜色区域抠出，制作出透明的效果。特别适合在相同背景下，将其中一个移动物体的背景制作成透明效果。该特效的参数设置及前后效果，如图7.3所示。

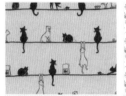

图7.3 应用差值遮罩的前后效果及参数设置

该特效的各项参数含义如下：

- 【视图】：设置不同的图像视图。
- 【差值图层】：指定与特效层进行比较的差异层。
- 【如果图层大小不同】：如果差异层与特效层大小不同，可以选择居中对齐或拉伸差异层。
- 【匹配容差】：设置颜色对比的范围大小。值越大，包含的颜色信息量越多。
- 【匹配柔和度】：设置颜色的柔化程度。
- 【差值前模糊】：可以在对比前将两个图像进行模糊处理。

7.1.4 亮度键

该特效可以根据图像的明亮程度将图像制作出透明效果，画面对比强烈的图像更适用。该特效的参数设置及前后效果，如图7.4所示。

图7.4 应用亮度键的前后效果及参数设置

该特效的各项参数含义如下：

- 【键控类型】：指定键控的类型。【抠出较亮区域】、【抠出较暗区域】、【抠出亮度相似的区域】和【抠出亮度不同的区域】4个选项。
- 【阈值】：用来调整素材背景的透明程度。
- 【容差】：调整键出颜色的容差大小。值越大，包含的颜色信息量越多。
- 【薄化边缘】：用来设置边缘的粗细。
- 【羽化边缘】：用来设置边缘的柔化程度。

7.1.5 内部/外部键

该特效可以通过指定的遮罩来定义内边缘和外边缘，根据内外遮罩进行图像差异比较，得出透明效果。应用该特效的参数设置及应用前后效果，如图7.5所示。

图7.5 应用内部/外部键的前后效果及参数设置

该特效的各项参数含义如下：

- 【前景(内部)】：为特效层指定内边缘遮罩。
- 【其他前景】：可以为特效层指定更多的内边缘遮罩。
- 【背景（外部）】：为特效层指定外边缘遮罩。
- 【其他背景】：可以为特效层指定更多的外边缘遮罩。
- 【单个蒙版高光半径】：当使用单一遮罩时，修改该参数可以扩展遮罩的范围。
- 【清理前景】：该选项组用指定遮罩来清除前景颜色。
- 【清理背景】：该选项组用指定遮罩来清除背景颜色。
- 【薄化边缘】：设置边缘的粗细。
- 【羽化边缘】：设置边缘的柔化程度。
- 【边缘阈值】：设置边缘颜色的阈值。
- 【反转提取】：勾选该复选框，将设置的提取范围进行反转操作。
- 【与原始图像混合】：设置特效图像与原图像间的混合比例，值越大越接近原图。

7.1.6 提取

该特效可以通过抽取通道对应的颜色，来制作透明效果。该特效的参数设置及前后效果，如图7.6所示。

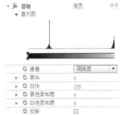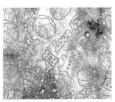

图7.6 应用提取的前后效果及参数设置

该特效的各项参数含义如下：

- 【直方图】：显示图像亮区、暗区的分布情况和参数值的调整情况。

- 【通道】：选择要提取的颜色通道，以制作透明效果。包括【明亮度】、【红色】、【绿色】、【蓝色】和【Alpha通道】5个选项。
- 【黑场】：设置黑点的范围，小于该值的黑色区域将变透明。
- 【白场】：设置白点的范围，小于该值的白色区域将不透明。
- 【黑色柔和度】：设置黑色区域的柔化程度。
- 【白色柔和度】：设置白色区域的柔化程度。
- 【反转】：反转上面参数设置的颜色提取区域。

7.1.7 线性颜色键

该特效可以根据RGB彩色信息或【色相】及【饱和度】信息，与指定的键控色进行比较，产生透明区域。该特效的参数设置及前后效果，如图7.7所示。

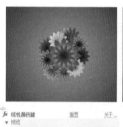
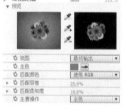

图7.7 应用线性颜色键的前后效果及参数设置

该特效的各项参数含义如下：

- 【预览】：用来显示抠像所显示的颜色范围预览。
- 吸管：可以从图像中吸取需要镂空的颜色。
- 加选吸管：在图像中单击，可以增加键控的颜色范围。
- 减选吸管：在图像中单击，可以减少键控的颜色范围。
- 【视图】：设置不同的图像视图。
- 【主色】：显示或设置从图像中删除的颜色。

- 【匹配颜色】：设置键控所匹配的颜色模式。包括【使用RGB】、【使用色相】和【使用色度】3个选项。
- 【匹配容差】：设置颜色的范围大小。值越大，包含的颜色信息量越多。
- 【匹配柔和度】：设置颜色的柔化程度。
- 【主要操作】设置键控的运算方式。包括【主色】和【保留颜色】两个选项。

7.1.8 颜色差值键

该特效具有相当强大的抠像功能，通过颜色的吸取和加选、减选的应用，将需要的图像内容抠出。该特效的参数设置及前后效果，如图7.8所示。

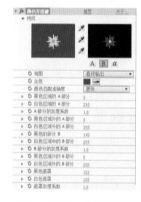

图7.8 应用颜色差值键的前后效果及参数设置

该特效的部分选项参数含义如下：

- 【预览】：该选项组中的选项，主要用于抠像的预览。
- 吸管：可以从图像上吸取键控的颜色。
- 黑场：从特效图像上吸取透明区域的颜色。
- 白场：从特效图像上吸取不透明区域的颜色。
- A B α：图像的不同预览效果，与参数区中的选项相对应。参数中带有字母A的选项对应 A 预览效果；参数中带有字母B的选项对应 B 预览效果；参数中带有单词Matte的选项对应 $\boxed{\alpha}$ 预览效果。通过切换不同的预览效果并修改相应的参数，可以更好地控制图像的抠像。

- 【视图】：设置不同的图像视图。
- 【主色】：显示或设置从图像中删除的颜色。
- 【颜色匹配准确度】：设置颜色的匹配精确程度。包括【更快】表示匹配的精确度低；【更准确】表示匹配的精确度高。
- 【黑色区域外的A部分】：调整遮罩A的参数精确度。
- 【白色区域中的B部分】：调整遮罩B的参数精确度。
- 【黑色遮罩】：调整Alpha遮罩的参数精确度。

7.1.9 颜色范围

该特效可以应用的色彩空间包括Lab、YUV和RGB，被指定的颜色范围将产生透明。该特效的参数设置及前后效果，如图7.9所示。

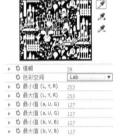

图7.9 应用颜色范围的前后效果及参数设置

该特效的部分选项参数含义如下：

- 【模糊】：控制边缘的柔和程度。值越大，边缘越柔和。
- 【色彩空间】：设置键控所使用的颜色空间。包括Lab、YUV和RGB 3个选项。
- 最小值/最大值：精确调整颜色空间中颜色开始范围最小值和颜色结束范围的最大值。

7.1.10 颜色键

该特效将素材的某种颜色及其相似的颜色范围设置为透明，还可以为素材进行边缘预留设置，制作出类似描边的效果。该特效的参数设置及前后效果，如图7.10所示。

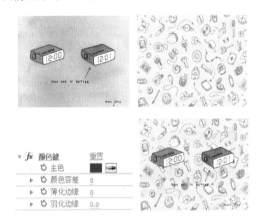

图7.10 应用颜色键的前后效果及参数设置

该特效的各项参数含义如下：

- 【主色】：用来设置透明的颜色值，可以单击右侧的色块 ▇ 来选择颜色，也可以单击右侧的【吸管工具】 ✎，然后在素材上单击吸取所需颜色，以确定透明的颜色值。
- 【颜色容差】：用来设置颜色的容差范围。值越大，所包含的颜色越广。
- 【薄化边缘】：用来设置边缘的粗细。
- 【羽化边缘】：用来设置边缘的柔化程度。

7.1.11 溢出抑制

该特效可以去除键控后的图像残留的键控色的痕迹，可以将素材的颜色替换成另一种颜色。应用该特效的参数设置及应用前后效果，如图7.11所示。

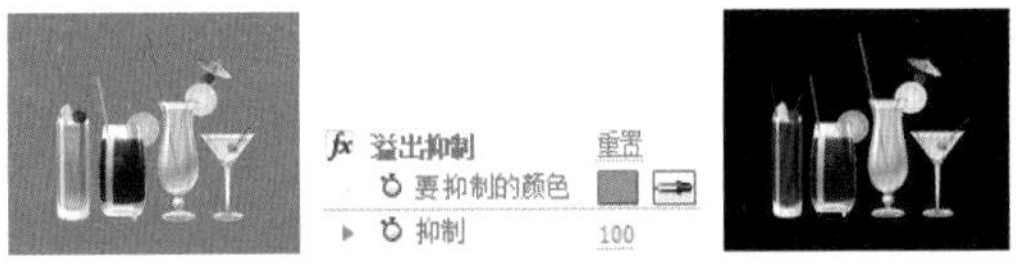

图7.11 应用溢出抑制的前后效果及参数设置

该特效的各项参数含义如下：

- 【要抑制的颜色】：指定溢出的颜色。
- 【抑制】：设置抑制程度。

视频讲座7-1：制作《忆江南》

 实例解析

本例主要讲解利用Keylight 1.2（抠像1.2）特效制作忆江南动画效果，完成的动画流程画面，如图7.12所示。

> 视频分类：键控抠像类
> 工程文件：配套光盘\工程文件\第7章\忆江南动画
> 视频位置：配套光盘\movie\视频讲座7-1：制作《忆江南》.avi

图7.12 动画流程画面

 学习目标

● Keylight 1.2（抠像1.2）

操作步骤

AE 01 执行菜单栏中的【文件】|【打开项目】命令，选择配套光盘中的【工程文件\第7章\制作忆江南动画\制作忆江南动画练习.aep】文件，将【制作忆江南动画练习.aep】文件打开。

AE 02 为【抠像动态素材.mov】层添加Keylight 1.2（抠像1.2）特效。在【效果和预设】面板中展开【键控】特效组，然后双击Keylight 1.2（抠像1.2）特效。

AE 03 在【效果控件】面板中，修改Keylight 1.2（抠像1.2）特效的参数，设置Screen Colour（屏幕颜色）为蓝色（R:6；G:0；B:255），如图7.13所示，合成窗口效果7.14所示。

图7.13 设置抠像1.2参数

图7.14 设置抠像1.2参数后的效果

AE 04 执行菜单栏中的【图层】|【新建】|【文本】命令，输入【忆江南】，设置文字字体为汉仪中宋书简，字号为92像素，字体颜色为灰色（R:66；G:66；B:66）。

AE 05 将时间调整到00:00:00:17帧的位置，展开【忆江南】层，单击【文本】右侧的【动画】动画:◉按钮，从菜单中选择【不透明度】命令，设置【不透明度】的值为0%；展开【文本】|【动画制作工具1】|【范围选择器 1】选项组，设置【起始】的值为0%，单击【起始】左侧的【码表】⏱按钮，在当前位置设置关键帧。

AE 06 将时间调整到00:00:02:03帧的位置，设置【起始】的值为100%，系统会自动设置关键帧，如图7.15所示。

AE 07 这样就完成了忆江南的整体制作，按小键盘上的【0】键，即可在合成窗口中预览动画。

图7.15 设置关键帧

视频讲座7-2：抠除白背景

 实例解析

本例主要讲解利用【亮度键】特效制作抠除白背景效果，完成的动画流程画面，如图7.16所示。

视频分类：键控抠像类
工程文件：配套光盘\工程文件\第7章\抠除白背景
视频位置：配套光盘\movie\视频讲座7-2：抠除白背景.avi

图7.16 动画流程画面

 学习目标

● 亮度键

 操作步骤

AE 01 执行菜单栏中的【文件】|【打开项目】命令，选择配套光盘中的【工程文件\第7章\抠除白背景\抠除白背景练习.aep】文件，将【抠除白背景练习.aep】文件打开。

AE 02 选中【相机.jpg】层，按P键打开【位置】属性，设置【位置】的值为（481，400）。

AE 03 为【相机.jpg】层添加【亮度键】特效。在【效果和预设】面板中展开【键控】特效组，然后双击【亮度键】特效。

AE 04 在【效果控件】面板中，修改【亮度键】特效的参数，从【键控类型】菜单中选择【抠出较亮区域】命令，设置【阈值】的值为254，【薄化边缘】的值为1，【羽化边缘】的值为2，如图7.17所示，合成窗口效果如图7.18所示，这样就完成了抠除白背景的整体制作。

图7.17 设置亮度键参数   图7.18 设置亮度键参数后的效果

视频讲座7-3：颜色键抠像

 实例解析

本例主要讲解利用【颜色键】特效制作抠除背景的效果，完成的动画流程画面，如图7.19所示。

视频分类：键控抠像类
工程文件：配套光盘\工程文件\第7章\颜色键抠像
视频位置：配套光盘\movie\视频讲座7-3：颜色键抠像.avi

  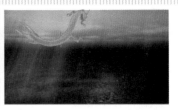

图7.19 动画流程画面

 学习目标

● 【颜色键】

 操作步骤

AE 01 执行菜单栏中的【文件】|【打开项目】命令，选择配套光盘中的【工程文件\第7章\颜色键抠像\颜色键抠像练习.aep】文件，将文件打开。

AE 02 在时间线面板中，选择【龙.mov】素材，按S键，设置【缩放】值为（110，110）如图7.20所示。

AE 03 在时间线面板中，确认选择【龙.mov】层，然后在【效果和预设】面板中展开【键控】选项，然后双击【颜色键】特效，如图7.21所示。

AE 04 此时，该层图像就应用了【颜色键】特效，打开【效果控件】面板，可以看到该特效的参数设置，如图7.22所示。

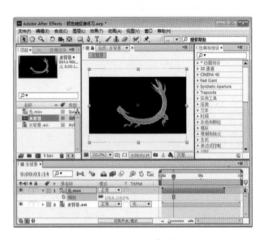

图7.20 添加素材

图7.21 双击特效   图7.22 【效果控件】面板

AE 05 单击【主色】右侧的吸管工具 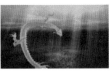，然后在合成窗口中，单击素材上的黑色部分，吸取黑色，如图7.23所示。

AE 06 使用吸管吸取颜色后，可以看到有些白色部分已经透明，可以看到背景了，在【效果控件】面板中，修改【颜色容差】的值为45，【薄化边缘】的值为1，【羽化边缘】的值为2，以制作柔和的边缘效果，如图7.24所示。

图7.24 修改参数

AE 07 这样，利用键控中的【颜色键】特效抠像即成功完成，因为素材本身是动画，可以预览动画效果，其中几帧的画面，如图7.25所示。

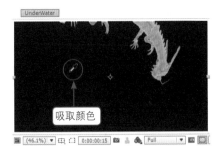

图7.23 吸取颜色

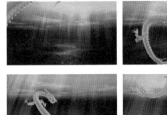

图7.25 键控应用中的几帧画面效果

7.2 模拟

仿真特效组包含了18种特效：CC Ball Action（CC 滚珠操作）、CC Bubbles（CC 吹泡泡）、CC Drizzle（CC 细雨滴）、CC Hair（CC 毛发）、CC Mr. Mercury（CC 水银滴落）、CC Particle Systems Ⅱ（CC 粒子仿真系统Ⅱ）、CC Particle World（CC 粒子仿真世界）、CC Pixel Polly（CC 像素多边形）、CC Rainfall（CC 下雨）、CC Scatterize（CC 散射）、CC Snowfall（CC 下雪）、CC Star Burst（CC 星爆）、波形环境、焦散、卡片动画、粒子运动场、泡沫、碎片。主要用来表现碎裂、液态、粒子、星爆、散射和气泡等仿真效果。

7.2.1 CC Ball Action（CC 滚珠操作）

该特效是一个根据不同图层的颜色变化，使图像产生彩色的珠子的特效。该特效的参数设置及前后效果，如图7.26所示。

图7.26 应用CC 滚珠操作的前后效果及参数设置

该特效的各项参数含义如下：

- Scatter（扩散）：设置球体的分散程度。
- Rotation Axis（旋转轴）：设置球旋转时所围绕旋转的轴向。
- Rotation（旋转）：设置旋转的方向。
- Twist Property（扭曲特性）：设置扭曲的形状。
- Twist Angle（扭曲角度）：设置滚珠扭曲时的角度，使其产生不同的效果。
- Grid Spacing（网格间距）：设置球体之间的距离。
- Ball Size（球尺寸）：设置球体的大小。
- Instability State（不稳定状态）：设置粒子的稳定程度，它与Scatter（扩散）配合使用。

7.2.2 CC Bubbles（CC 吹泡泡）

该特效可以使画面变形为带有图像颜色信息的许多泡泡。该特效的参数设置及前后效果，如图7.27所示。

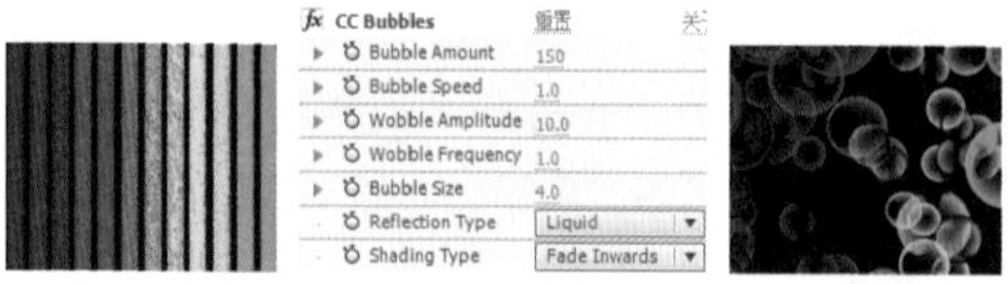

图7.27 应用CC 吹泡泡的前后效果及参数设置

该特效的各项参数含义如下：

- Bubble Amount（水泡数量）：设置产生水泡数量的多少。
- Bubble Speed（水泡速度）：设置水泡运动的速度。
- Wobble Amplitude（摆动幅度）：设置水泡的左右摆动幅度。
- Wobble Frequency（摆动频率）：设置水泡的摆动频率。数值越大，摆动频率越快。
- Bubble Size（水泡尺寸）：设置水泡的尺寸大小。
- Reflection Type（反射类型）：设置反射的样式。在右侧的下拉菜单中可以选择Liquid（液体）、Metal（金属）2种方式中的一种。
- Shading Type（阴影类型）：设置水泡阴影之间的叠加模式。

7.2.3 CC Drizzle（CC 细雨滴）

该特效可以使图像产生波纹涟漪的画面效果。该特效的参数设置及前后效果，如图7.28所示。

图7.28 应用CC 细雨滴的前后效果及参数设置

该特效的部分选项参数含义如下：

- Drip Rate（滴落速率）：设置雨滴下落时的速度。
- Longevity（寿命）：设置雨滴生命的长短。
- Rippling（涟漪）：设置产生涟漪的多少。数值越大，产生的涟漪越多，越细。
- Displacement（置换）：设置图像中颜色反差的程度。
- Ripple Height（波纹高度）：设置产生的涟漪的平滑度。数值越小，涟漪越平滑；数值越大，涟漪越明显。Spreading（扩展）：设置涟漪的位置。数值越大，涟漪效果越明显。

7.2.4 CC Hair（CC 毛发）

该特效可以在图像上产生类似于毛发的物体，通过设置制作出多种效果。该特效的参数设置及前后效果，如图7.29所示。

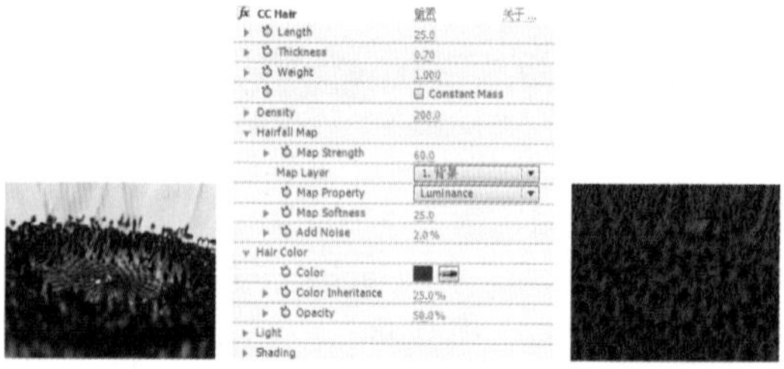

图7.29 应用CC 毛发的前后效果及参数设置

该特效的部分选项参数含义如下：

- Length（长度）：设置毛发的长度。
- Thickness（粗度）：设置毛发的粗细程度。
- Weight（重量）：设置毛发的下垂长度。
- Constant Mass（恒定质量）：勾选该复选框，可以将毛发设置的比较均匀。
- Density（密度）：设置毛发的多少。
- Hairfall Map（毛发贴图）：该选项组主要用来设置贴图的强度、柔软度等。
- Map Strength（贴图强度）：设置对贴图的影响力强度。
- Map Layer（贴图层）：在右侧的下拉菜单中，可以选择一个图层，作为贴图层，使毛发根据改图侧特征生长分布。
- Map Property（贴图属性）：在右侧的下拉菜单中选择毛发以何种方式生长。

- Map Softness（贴图柔和度）：设置毛发的柔软程度。
- Add Noise（噪波叠加）：设置噪波叠加的程度。
- Hair Color（毛发颜色）：该选项组主要用来设置毛发的颜色变化。
- Color（颜色）：设置毛发的颜色。
- Color Inheritance（毛色遗传）：设置毛发的颜色过渡。

7.2.5 CC Mr. Mercury（CC 水银滴落）

通过对一个图像添加该特效，可以将图像色彩等因素变形为水银滴落的粒子状态。该特效的参数设置及前后效果，如图7.30所示。

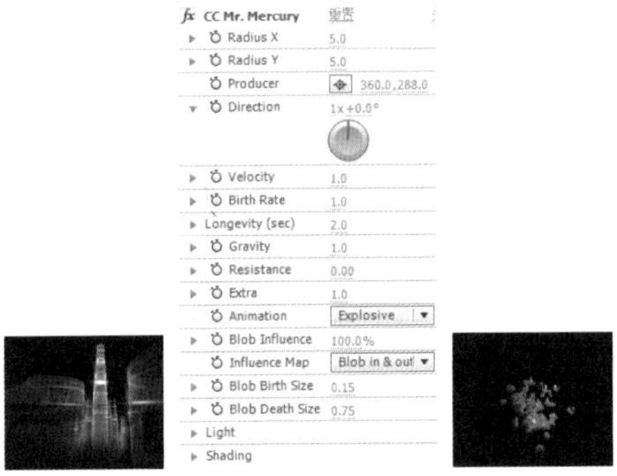

图7.30 应用CC 水银滴落的前后效果及参数设置

该特效的部分选项参数含义如下：

- Radius X/Y（X/Y轴半径）：设置X/Y轴上粒子的分布。
- Producer（发生器）：设置发生器的位置。
- Direction（方向）：设置粒子的方向。
- Velocity（速度）：设置粒子的分散程度。值越大，分散的越远。
- Birth Rate（生长速率）：设置粒子在相同时间内产生粒子数量的多少。
- Longevity（寿命）：设置粒子的存活时间，单位为秒。
- Gravity（重力）：设置粒子下落的重力大小。
- Resistance（阻力）：设置粒子产生时的阻力。值越大，粒子发射的速度越小。
- Extra（追加）：用来设置粒子的扭曲程度。当Animation（动画）右侧的粒子方

式不为Explosive（爆炸）时，该特效才可使用。
- Blob Influence（影响）：设置对每滴水银珠的影响力大小。
- Influence Map（影响贴图）：在右侧的下拉菜单中可以选择影响贴图的方式。
- Blob Birth Size（生长大小）：设置粒子产生时的尺寸大小。
- Blob Death Size（消逝大小）：设置粒子死亡时的尺寸大小。

7.2.6 CC Particle SystemsⅡ（CC 粒子仿真系统Ⅱ）

使用该特效可以产生大量运动的粒子，通过对粒子颜色、形状以及产生方式的设置，制作出需要的运动效果。该特效的参数设置及前后效果，如图7.31所示。

图7.31 应用CC 粒子仿真系统的前后效果及设置

该特效的部分选项参数含义如下：

- Birth Rate（出生率）：设置粒子产生的数量。
- Longevity（寿命）：设置粒子的存活时间，单位为秒。
- Producer（发生器）：该选项组主要用来设置粒子的位置以及粒子产生的范围。
- Position（位置）：设置粒子发生器的位置。
- Radius X/Y（X/Y轴半径）：设置粒子在X/Y轴上产生的范围大小。
- Physics（物理学）：该选项组主要设置粒子的运动效果。
- Animation（动画）：在右侧的下拉菜单

中可以选择粒子的运动方式。

- Velocity（速度）：设置粒子的发射速度。数值越高，粒子飞散的越高越远。
- Inherit Velocity %（继承的速率）：用来控制子粒子从主粒子继承的速率大小。
- Gravity（重力）：为粒子添加重力。当数值为负值时，粒子向上运动。
- Direction（方向）：设置粒子放射的方向。
- Extra（追加）：设置粒子的扭曲程度。当Animation（动画）右侧的粒子方式不为Explosive（爆炸）时，该特效可可使用。
- Particle（粒子）：该选项组主要用来设置粒子的纹理、形状以及颜色。
- Particle Type（粒子类型）：在右侧的下拉菜单中可以选择其中任意一种类型作为产生的粒子的形状。
- Birth Size（产生粒子尺寸）：设置刚产生的粒子的尺寸大小。
- Death Color（死亡粒子尺寸）：设置即将死亡的粒子的尺寸大小。
- Size Variation（尺寸变化率）：设置粒子大小的随机变化。
- Opacity Map（透明贴图）：在右侧的下拉菜单中可以选择粒子叠加时透明度的方式。
- Max Opacity（最大透明度）：设置粒子的透明度。
- Color Map（颜色贴图）：在右侧的下拉菜单中可以选择粒子贴图的类型。
- Birth Color（产生粒子颜色）：设置刚产生的粒子的颜色。
- Death Color（死亡粒子颜色）：设置即将死亡的粒子的颜色。
- Transfer Mode（叠加模式）：设置粒子与粒子之间的叠加模式。
- Random Seed（随机种子）：设置粒子的随机程度。

7.2.7 CC Particle World（CC 仿真粒子世界）

该特效与CC Particle Systems II（CC 仿真粒子系统II）特效相似。该特效的参数设置及前后效果，如图7.32所示。

图7.32 应用CC仿真粒子世界的前后效果及设置

该特效的部分选项参数含义如下：

- Grid & Guides（网格与参考线）：设置网格与参考线的各项属性。
- Birth Rate（生长速率）：设置粒子产生的数量。
- Longevity（寿命）：设置粒子的存活时间，单位为秒。
- Producer（发生器）：该选项组主要用来设置粒子的位置以及粒子产生的范围。
- Position X/Y/Z（X/Y/Z轴的位置）：设置粒子在X/Y/Z轴上的位置。
- Radius X/Y/Z（X/Y/Z半径）：设置粒子在X/Y/Z轴上产生的范围大小。
- Physics（物理学）：该选项组主要设置粒子的运动效果，如图7.33所示。

图7.33 【物理学】选项组

- Animation（动画）：在右侧的下拉菜单中可以选择粒子的运动方式。
- Velocity（速度）：设置粒子的发射速度。数值越高，粒子飞散的越高越远。
- Inherit Velocity %（继承的速率）：用来控制子粒子从主粒子继承的速率大小。
- Gravity（重力）：为粒子添加重力。当数值为负值时，粒子向上运动。
- Resistance（阻力）：设置粒子产生时的

阻力。值越大，粒子发射的速度越小。

- Extra（额外）：用来设置粒子的扭曲程度。当Animation（动画）右侧的粒子方式不为Explosive（爆炸）时，Extra（追加）和Extra Angle（追加角度）才可使用。

- Extra Angle（额外角度）：用来设置粒子的旋转角度。

- Particle（粒子）：该选项组主要用来设置粒子的纹理、形状以及颜色如图7.34所示。

图7.34 【粒子】选项组

- Particle Type（粒子类型）：在右侧的下拉菜单中可以选择其中任意一种类型作为产生的粒子的形状。

- Texture（纹理）：用来设置粒子的材质贴图。需要注意的是只有当Particle Type（粒子类型）为纹理时，该项才可使用。

- Max Opacity（最大透明度）：设置粒子的透明度。

- Color Map（颜色贴图）：在右侧的下拉菜单中可以选择粒子贴图的类型。

- Birth Color（产生粒子颜色）：设置刚产生的粒子的颜色。

- Death Color（死亡粒子颜色）：设置即将死亡的粒子的颜色。

- Volume Shade（体积阴影）：为粒子设置阴影。

- Transfer Mode（叠加模式）：设置粒子与粒子之间的叠加模式。

7.2.8 CC Pixel Polly（CC 像素多边形）

该特效可以使图像分割，制作出画面碎裂的效果。该特效的参数设置及前后效果，如图7.35所示。

图7.35 应用CC像素多边形的前后效果及设置

该特效的各项参数含义如下：

- Force（力量）：设置产生破碎时的力量值。

- Gravity（重力）：设置碎片下落时的重力。

- Spinning（旋转）：设置碎片的旋转角度。

- Force Center（力量中心）：设置破碎时力量的中心点的位置。

- Direction Randomness（方向随机）：设置破碎时碎片的方向随机性。

- Speed Randomness（速度随机）：设置碎片运动时速度的随机快慢。

- Grid Spacing（网格间距）：设置碎片的大小。

- Object（对象）：设置产生的碎片样式。在右侧的下拉菜单中可以选择需要的样式进行设置。

- Enable Depth Sort：勾选该复选框，可以改变碎片间的遮挡关系。

7.2.9 CC Rainfall（CC 下雨）

该特效可以模拟真实的下雨效果。该特效的参数设置及前后效果，如图7.36所示。

图7.36 应用CC下雨的前后效果及参数设置

该特效的各项参数含义如下：

- Drops（雨滴）：设置雨滴的数量。值越大，雨滴越多。

- Size（大小）：设置雨滴的大小。
- Scene Depth（景深）：设置场景的深度效果。
- Speed（速度）：设置雨滴下落时的速度。
- Wind（风力）：设置风力的大小。值越大，雨滴的偏移量越大。
- Variation（变异）：设置雨滴的变异量。值越大变异越强烈。
- Spread（传播）：设置雨滴的杂乱程度。值越大越杂乱。
- Color：设置雨滴的颜色。
- Opacity：设置雨滴的透明程度。值越大越不透明。
- Influence（影响）：设置背景反射的影响大小。值越大，影响也越大。
- Spread Width（扩散宽度）：设置扩散宽度。值越大，扩散越宽。
- Spread Height（扩散高度）：设置扩散高度。值越大，扩散越高。
- Transfer Mode（转换模式）：用来设置雨滴的转换模式；可以选择Composite（合成）或Lighten（减弱）。
- Composite With Original（与原始合成）：选择该复选框，可以将雨滴与原始图像合成。
- Appearance（外观）：设置雨滴的外观。
- Offset（偏移）：设置雨滴的偏移位置。
- Ground Level（地面级别）：设置地面位置，即雨滴下落到地面的位置。
- Embed Depth（嵌入深度）：设置雨滴的景深密度。
- Random Seed（随机种子）：设置雨滴的随机程度。

7.2.10 CC Scatterize（CC 散射）

该特效可以将图像变为很多的小颗粒，并加以旋转，使其产生绚丽的效果。该特效的参数设置及前后效果，如图7.37所示。

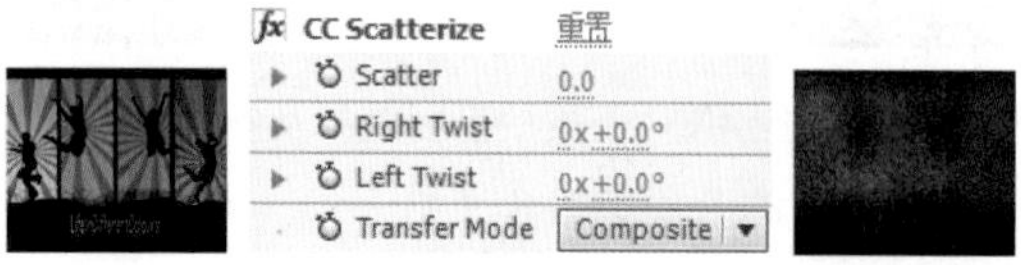

图7.37 应用CC 散射的前后效果及参数设置

该特效的部分选项参数含义如下：

- Scatter（扩散）：设置分散程度。
- Right Twist（从右边开始旋转）：以图像右侧为开始端开始旋转。
- Left Twist（从左边开始旋转）：以图像左侧为开始端开始旋转。
- Transfer Mode（转换模式）：在右侧的下拉菜单中选择碎片间的叠加模式。

7.2.11 CC Snowfall（CC 下雪）

该特效可以模拟自然界中的下雪效果。该特效的参数设置及前后效果，如图7.38所示。

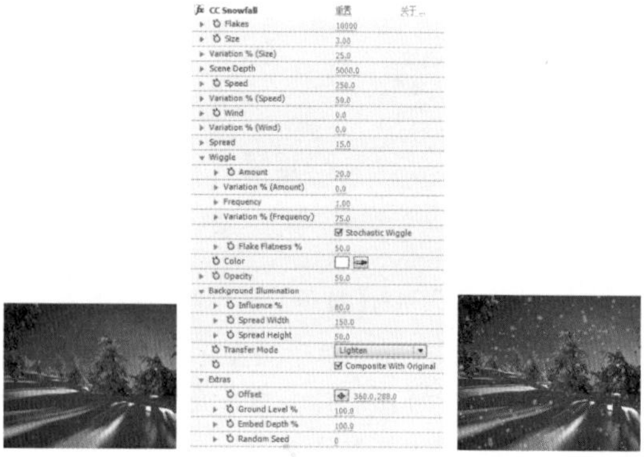

图7.38 应用CC 下雪的前后效果及参数设置

该特效的各项参数含义如下：

- Flakes（雪花）：设置雪花的数量。
- Size（大小）：设置雪花的大小。
- Variation %（Size）（大小变异）：设置雪花大小的变异量。值越大雪花大小变异越强烈。
- Scene Depth（景深）：设置场景的深度效果。
- Speed（速度）：设置雪花下落的速度快慢。
- Variation %（Speed）（速度变异）：设置雪花下落速度的变异量。值越大雪花速度的变异越强烈。
- Wind（风力）：设置风力的大小。值越大，雪花的偏移量越大。
- Variation %（Wind）（风力变异）：设置风力的变异程度。值越大，雪花偏移时产生的变异也越大。
- Spread（传播）：设置雪花的杂乱程度。

值越大越杂乱。

- Amount（数量）：设置雪花摇摆数量。值越大，雪花摇摆的数量越多。
- Variation %（Amount）（数量变异）：设置雪花摇摆的变异数程度。
- Frequency（频率）：设置雪花的摇摆频率。值越大，摇摆的频率也越大。
- Variation %（Frequency）（频率变异）：设置雪花摇摆频率的变异程度。
- Stochastic Wiggle（随机摇摆）：选中该复选框，雪花将产生随机摇摆的效果。
- Color：设置雪花的颜色。
- Opacity：设置雪花的透明程度。值越大越不透明。
- Influence（影响）：设置背景照明的影响大小。值越大，影响也越大。
- Spread Width（扩散宽度）：设置扩散宽度。值越大，扩散越宽。
- Spread Height（扩散高度）：设置扩散高度。值越大，扩散越高。
- Transfer Mode（转换模式）：用来设置雨滴的转换模式；可以选择Composite（合成）或Lighten（减弱）。
- Composite With Original（与原始合成）：选择该复选框，可以将雪花与原始图像合成。
- Offset（偏移）：设置雪花的偏移位置。
- Ground Level（地面级别）：设置地面位置，即雪花下落到地面的位置。
- Embed Depth（嵌入深度）：设置雪花的景深密度。
- Random Seed（随机种子）：设置雪花的随机程度。

7.2.12 CC Star Burst（CC 星爆）

该特效是一个根据指定层的特征分割画面的三维特效，在该特效的X、Y、Z轴上调整图像的Position（位置）、Rotation（旋转）、缩放等的参数，可以使画面产生卡片舞蹈的效果。该特效的参数设置及前后效果，如图7.39所示。

图7.39 应用CC星爆的前后效果及参数设置

该特效的各项参数含义如下：

- Scatter（扩散）：设置球体的分散程度。
- Speed（速度）：设置球体的飞行速度。
- Phase（相位）：设置球体的旋转角度。
- Grid Spacing（网格间距）：设置球体之间的距离。
- Size（尺寸）：设置球体的大小。
- Blend w.Original（混合程度）：设置与原图的混合程度。

7.2.13 波形环境

该特效主要用于创造液体波纹效果。该特效的参数设置如图7.40所示。

图7.40 【波形环境】特效

该特效的部分选项参数含义如下：

- 【视图】：在右侧的下拉菜单中可以选择特效的显示方式。其中包括【高度地图】，如图7.41所示；【线框预览】，如图7.42所示。

图7.41 高度地图

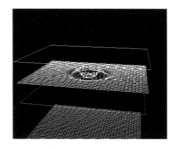

图7.42 线框预览

- 【线框控制】：该选项组的参数主要对线框视图进行控制。
- 【水平/垂直旋转】：设置水平和垂直旋转线框视图。
- 【垂直缩放】：设置线框垂直缩放的距离。
- 【高度映射控制】：该选项组的参数主要对灰度位移图视图进行控制。
- 【亮度】：设置图像的亮度。
- 【对比度】：设置图像的对比度。
- 【灰度系数调整】：通过调节Gamma值控制图像的中间色调。
- 【渲染采光井作为】：在右侧的下拉菜单中选择如何渲染位移图中的采光区域。
- 【透明度】：设置图像的透明度。数值越大，不透明区域大。
- 【模拟】：该特效组中的参数主要用于调节仿真效果。
- 【网格分辨率】：设置灰度图的网格分辨率。数值越高，产生的细节越多，波纹越平滑，模拟效果越逼真。
- 【波形速度】：设置波纹的扩散速度。
- 【阻尼】：设置波纹的阻力大小。
- 【地面】选项组：该选项组主要对波纹的基线进行设置，如图7.43所示。

图7.43 【波形环境】参数设置

- 【地面】：在右侧的下拉菜单中选择一个层，作为基线层。
- 【陡度】：设置指定层对基线的影响程度。
- 【高度】：设置基线层的高度。
- 【波形强度】：设置波形的强度。
- 【创建程序1/2】：该选项组主要对波纹发生器进行设置。
- 【类型】：在右侧的下拉菜单中选择发生器的类型。
- 【位置】：设置发生器的位置，即波纹出现的初始位置。
- 【高度/长度】：设置波纹的高度/长度的值。
- 【宽度】：设置波纹的宽度。当【高度/长度】的值和【宽度】的值相同是，可以产生从圆心向外扩展的涟漪波纹。
- 【角度】：设置波纹的旋转角度。
- 【振幅】：设置波纹的振幅。
- 【频率】：设置波纹的频率。
- 【相位】：设置波纹的相位。

7.2.14 焦散

该特效可以模拟水中反射和折射的自然现象。该特效的参数设置及前后效果，如图7.44所示。

图7.44 应用焦散的前后效果及参数设置

该特效的部分选项参数含义如下：

- 【底部】选项组：通过该选项组的参数，设置应用【焦散】特效的底层。
- 【底部】：在右侧的下拉菜单中选择一个

层作为底层，即水下的图像。在默认情况下底层为当前图层。

- 【缩放】：设置【底部】的缩放大小。当数值为1时，为图层的原始大小；大于1或小于-1时，增大数值，可以将底层放大；小于1或大于-1时，减小数值，可以将底层缩小；当数值为负值时，将反转图层的图像。

- 【重复模式】：缩小底层后，可以在右侧的下拉菜单中选择处理底层中空白区域的方式。其中包括【一次】、【平铺】、【对称】3种方式。

- 【如果图层大小不同】：如果在【底部】右侧的下拉菜单中指定的底层与当前层不同，可以在【如果图层大小不同】右侧的下拉菜单中选择【伸缩以适合】，使底层与当前层的尺寸大小相等；若选择【中心】，则底层的尺寸大小不变，与当前层居中对齐。

- 【模糊】：设置图像的模糊程度。

- 【水】：可以指定一个图层，以指定层的明度为参考，产生水波纹理。

- 【水面】：在右侧的下拉菜单中，可以选择一个层作为水波纹理。

- 【波形高度】：设置波纹的高度。

- 【平滑】：设置波纹的平滑程度。

- 【水深度】：设置波纹的深度。

- 【折射率】：设置水波的折射率。

- 【表面颜色】：设置水波的颜色。

- 【表面不透明度】：设置水波表面的透明度。当纹理透明度为1时，完全显示指定的颜色。

- 【焦散强度】：设置聚光的强度。数值越大，聚光强度越高；该参数值不宜设置过高。

- 【天空】选项组：在该选项组中可以为水波指定一个天空反射层，如图7.45所示。

图7.45 【天空】选项组

- 【天空】：在右侧的下拉菜单中可以选择一个图层作为天空反射层。

- 【灯光】：设置天空层的强度。数值越大，反射效果越明显。

- 【材质】：处理反射边缘。数值越高，边缘越复杂。

7.2.15 卡片动画

该特效是一个根据指定层的特征分割画面的三维特效，在该特效的X、Y、Z轴上调整图像的【位置】、【旋转】、【缩放】等的参数，可以使画面产生卡片动画的效果。该特效的参数设置及前后效果，如图7.46所示。

图7.46 应用卡片动画的前后效果及参数设置

该特效的各项参数含义如下：

- 【行数和列数】：在右侧的下拉菜单中可以选择【独立】和【列数受行数控制】2个方式。在【独立】方式下，【行数】和【列数】的参数设置时相互独立的；在【列数受行数控制】方式下，【列数】的参数由【行数】的参数控制。

- 【行数】/【列数】：设置行/列的数量。

- 【背面图层】：在右侧的下拉菜单中可以指定一个层作为背景图层。

- 【渐变图层1/2】：在右侧的下拉菜单中可以指定卡片的渐变层。

- 【旋转顺序】：在右侧的下拉菜单中可以选择卡片的旋转顺序。

- 【变换顺序】：在右侧的下拉菜单中可以选择卡片的变化顺序。

- 【X/Y/Z位置】：这3个选项组主要控制卡片在X、Y、Z轴上的位置变化，参数设置，如图7.47所示。

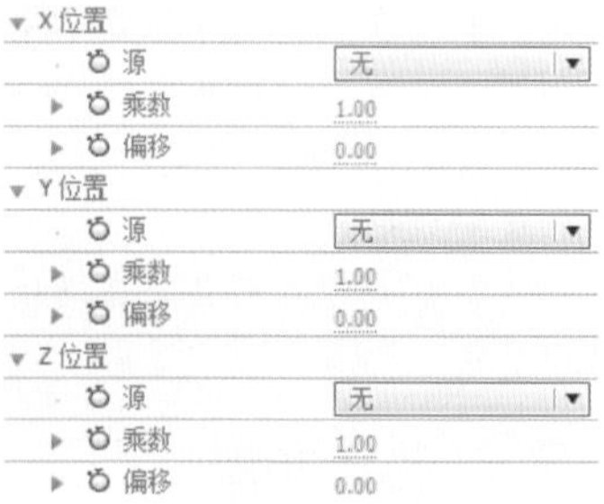

▼ X 位置
- Ö 源 　　　　　　无 ▼
- ▶ Ö 乘数 　　　　　　1.00
- ▶ Ö 偏移 　　　　　　0.00

▼ Y 位置
- Ö 源 　　　　　　无 ▼
- ▶ Ö 乘数 　　　　　　1.00
- ▶ Ö 偏移 　　　　　　0.00

▼ Z 位置
- Ö 源 　　　　　　无 ▼
- ▶ Ö 乘数 　　　　　　1.00
- ▶ Ö 偏移 　　　　　　0.00

图7.47 【X/Y/Z位置】选项组

- ◆ 【源】：用来指定影响卡片的因素。
- ◆ 【乘数】：用于控制影响卡片效果的强弱。
- ◆ 【偏移】：用于调整卡片的位置。
- ● 【摄像机系统】：在右侧的下拉菜单中可以选择用于控制特效的摄像机系统。其中包括【摄像机位置】、【边角定位】、【合成摄像机】3种方式。
- ● 【摄像机位置】：当【摄像机系统】的方式为【摄像机位置】时，该选项组的参数才可使用，如图7.48所示。

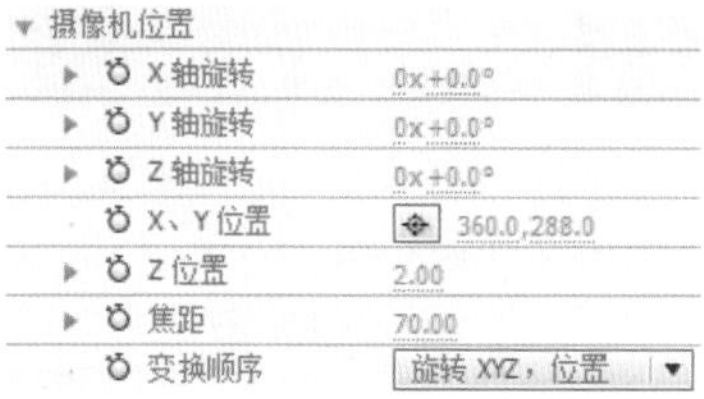

▼ 摄像机位置
- ▶ Ö X 轴旋转 　　　　0x +0.0°
- ▶ Ö Y 轴旋转 　　　　0x +0.0°
- ▶ Ö Z 轴旋转 　　　　0x +0.0°
- Ö X、Y 位置 　　　360.0,288.0
- ▶ Ö Z 位置 　　　　2.00
- ▶ Ö 焦距 　　　　　70.00
- Ö 变换顺序 　　　旋转 XYZ, 位置 ▼

图7.48 【摄像机位置】选项组

- ◆ 【焦距】：用来控制摄像机的焦距。
- ◆ 【变换顺序】：在右侧的下拉菜单中可以选择摄像机的转换顺序。
- ● 【灯光】：在【灯光】选项组中设置灯光的参数，如图7.49所示。

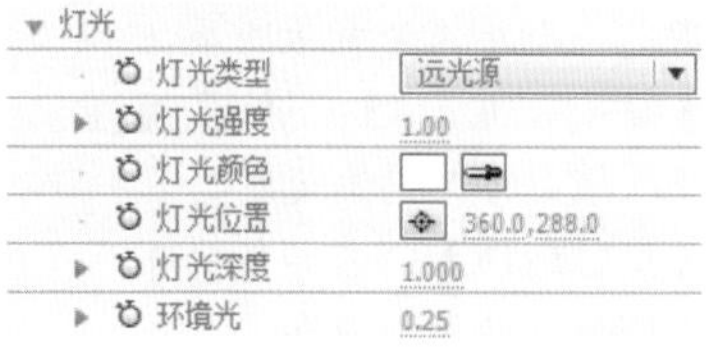

▼ 灯光
- Ö 灯光类型 　　　远光源 ▼
- ▶ Ö 灯光强度 　　　1.00
- Ö 灯光颜色 　　　□ ▶
- Ö 灯光位置 　　　360.0,288.0
- ▶ Ö 灯光深度 　　　1.000
- ▶ Ö 环境光 　　　　0.25

图7.49 【灯光】选项组

- ◆ 【灯光类型】：在右侧的下拉菜单中可以选择【点光源】、【远光源】、【首选合成灯光】中的任意一种，设置照明的方式。
- ◆ 【灯光强度】：设置灯光的强度大小。
- ◆ 【灯光颜色】：设置灯光的颜色。

- ◆ 【灯光位置】：调整灯光的位置。
- ◆ 【灯光深度】：设置灯光在Z轴上的深度位置。
- ◆ 【环境光】：设置环境光的强度。
- ● 【材质】：该选项组的参数，用来设置素材的材质属性如图7.50所示。

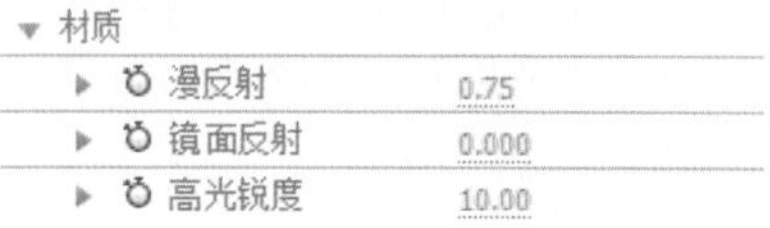

▼ 材质
- ▶ Ö 漫反射 　　　　0.75
- ▶ Ö 镜面反射 　　　0.000
- ▶ Ö 高光锐度 　　　10.00

图7.50 【材质】选项组

- ◆ 【漫反射】：设置漫反射的强度。
- ◆ 【镜面反射】：设置镜面反射的强度。
- ◆ 【高光锐度】：设置高光的锐化度。

7.2.16 粒子运动场

使用该特效可以产生大量相似物体独立运动的画面效果，并且它还是一个功能强大的粒子动画特效。该特效的参数设置及前后效果，如图7.51所示。

图7.51 应用粒子运动场的前后效果及参数设置

该特效的各项参数含义如下：

- ● 【发射】：设置粒子发生器。
- ● 【位置】：设置粒子发生器的位置。
- ● 【每秒粒子数】：设置每秒产生粒子的数量。数值越大，产生的粒子密度越高。
- ● 【方向】：设置粒子发射的方向。
- ● 【随机扩散方向】：设置粒子随机偏离方向的偏离量。
- ● 【速率】：设置粒子的初始发射速度。
- ● 【随机扩散速率】：设置粒子速度的随机量。
- ● 【颜色】：设置粒子的颜色。

- 【粒子半径】：设置字符的大小。
- 【网格】：该选项组主要用于设置网格粒子发生器的参数。
- 【宽度】：设置网格的边框宽度。
- 【高度】：设置网格的边框高度。
- 【粒子交叉】：设置网格区域中水平方向上分布的粒子数。
- 【粒子下降】：设置网格区域中垂直方向上分布的粒子数。
- 【粒子半径】：设置粒子的半径大小。
- 【图层爆炸】：该选项组中的参数可以将目标层分裂为粒子，还可以模拟爆炸、焰火等特效，如图7.52所示。

图7.52 爆炸的参数设置

- ◆ 【引爆图层】：在右侧的下拉菜单中，选择一个图层作为要爆炸的图层。
- ◆ 【新粒子的半径】：为爆炸所产生的粒子设置半径值，需要注意的是，该值必须小于原始层的半径值。
- ◆ 【分散速度】：设置粒子的速度变化范围。
- 【粒子爆炸】：将一个粒子分裂成许多新的粒子。
- 【图层映射】：该选项组可以指定图层作为粒子的贴图，如图7.53所示。
  - ◆ 【使用图层】：设置映射的层。
  - ◆ 【时间偏移类型】：可以选择某一帧开始播放用于产生粒子的层。
  - ◆ 【时间偏移】：设置时间位移效果的参数。
- 【影响】：该项可以指定哪些粒子受选项的影响。
  - ◆ 【粒子来源】：在右侧的下拉菜单中，可以选择粒子发生器。
  - ◆ 【选区映射】：在右侧的下拉菜单中可以选择一个层，根据层的亮度决定哪些粒子受影响。

- 【字符】：设置受当前选项影响的字符的文本区域。
- 【重力】选项组：该选项组是指在指定的方向上影响粒子的运动状态。

图7.53 【重力】选项组参数设置

- ◆ 【重力】：设置重力的影响力大小。
- ◆ 【随机扩散力】：设置重力影响力的随机值范围。
- ◆ 【方向】：设置重力方向。
- 【排斥】：用于控制相邻粒子之间的相互排斥或吸引。
  - ◆ 【力】：设置排斥力的大小。
  - ◆ 【力半径】：设置粒子受到排斥或者吸引的范围。
  - ◆ 【排赤物】：指定作为粒子子集的排斥源或吸引源。
- 【墙】：约束粒子的移动区域，如图7.54所示，可以在右侧的【边界】下拉菜单中选择一个蒙版作为边界墙。

图7.54 【墙】选项组的参数

- 【永久属性映像器】：用于改变粒子属性为最近的值，直到有另一个运算（排斥、重力、墙）修改了粒子。
- 【短暂属性映像器】：用于设置在每一帧后恢复粒子属性为初始值。

7.2.17 泡沫

该特效用于模拟水泡、水珠等流动的液体效果。该特效的参数设置及前后效果，如图7.55所示。

泡沫
视图
草图
制作者
气泡
物理学
缩放
1.000
综合大小
1.000
正在渲染
流动映射
模拟品质
正常
随机植入
1

图7.55 应用水泡的前后效果及参数设置

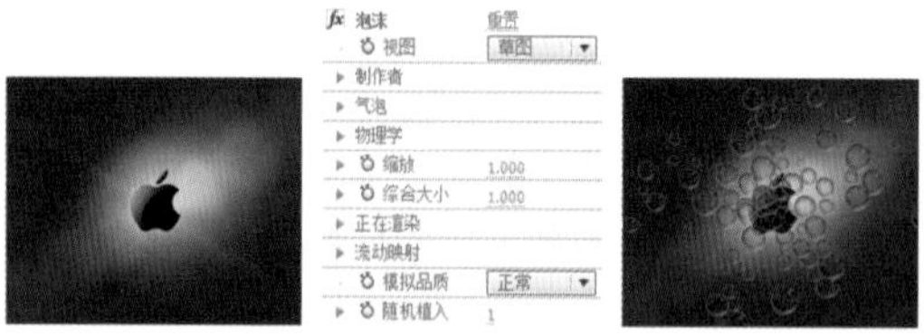

该特效的各项参数含义如下：

- 【视图】：在右侧的下拉菜单中，可以选择【草图】、【草图+流动映射】、【已渲染】中的任意一个。
- 【制作者】：对水泡的粒子发生器进行设置。
  - 【产生点】：设置发生器的位置。
  - 【产生X/Y大小】：分别用来设置发生器的大小。
  - 【产生方向】：设置发生器的旋转角度。
  - 【缩放产生点】：设置缩放发生器的位置。
  - 【产生速率】：设置发射速度。
- 【气泡】：该选项组主要控制水泡的尺寸大小、生命长短以及强度。
  - 【大小】：设置水泡的尺寸大小。数值越大，水泡越大。
  - 【大小差异】：设置水泡的大小差异。数值越大，粒子的大小差异越大；数值为0时，每个粒子的最终大小相同。
  - 【寿命】：设置水泡的生命值。
  - 【气泡生长速度】：设置粒子的生长速度。
  - 【强度】：设置水泡粒子效果的强度。
- 【物理学】：该选项组主要设置粒子的运动效果，如图7.56所示。

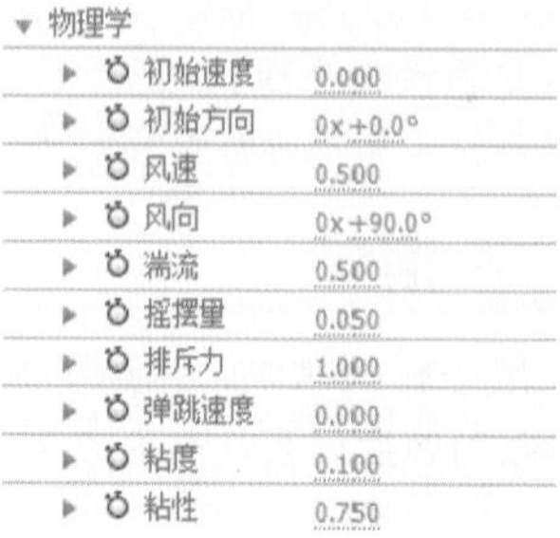

物理学
初始速度
0.000
初始方向
0x+0.0°
风速
0.500
风向
0x+90.0°
湍流
0.500
摇摆量
0.050
排斥力
1.000
弹跳速度
0.000
粘度
0.100
粘性
0.750

图7.56 【物理学】选项组

  - 【初始速度】：设置粒子的初始速度。
  - 【初始方向】：设置粒子的初始方向。
  - 【风速】：设置影响粒子的风速。
  - 【风向】：设置风的方向。
  - 【湍流】：设置粒子的混乱程度。
  - 【摇摆量】：设置粒子的摆动强度。
  - 【排斥力】：设置粒子间的排斥力。数值越大，粒子之间的排斥性越强。
  - 【弹跳速度】：设置粒子的总速率。
  - 【粘度】：设置粒子之间的粘性。数值越小，粒子越密。
  - 【粘性】：设置粒子间的粘着性。
- 【缩放】：对水泡粒子进行缩放。
- 【综合大小】：设置粒子效果的综合尺寸大小。
- 【正在渲染】：该选项组用来设置粒子的渲染属性，如图7.57所示。

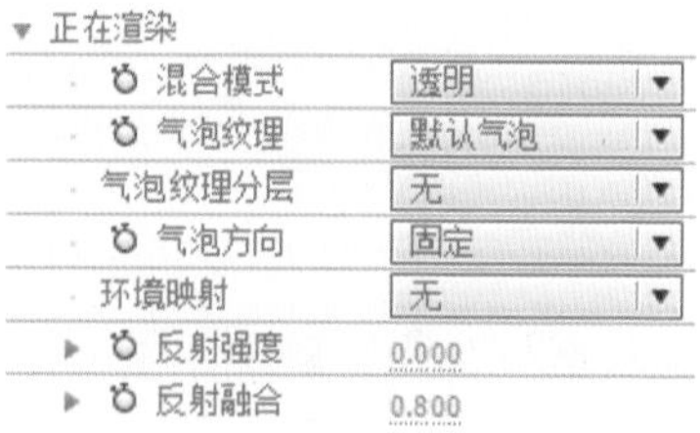

正在渲染
混合模式
透明
气泡纹理
默认气泡
气泡纹理分层
无
气泡方向
固定
环境映射
无
反射强度
0.000
反射融合
0.800

图7.57 【正在渲染】选项组

  - 【混合模式】：设置粒子之间的混合模式。
  - 【气泡纹理】：在右侧的下拉菜单中可以选择粒子的纹理方式。
  - 【气泡纹理图层】：该项只有在【气泡纹理】为【自定义】时才可用。
  - 【气泡方向】：在右侧的下拉菜单中可以选择任意一个方式来设置水泡的方向。
  - 【环境映射】：在右侧的下拉菜单中选择反射层，这样所有的水泡粒子都可以对周围的环境进行反射。
  - 【反射强度】：设置反射的强度。
  - 【反射融合】：设置反射的集中度。
- 【流动映射】：可以在右侧的下拉菜单中选择一个层来影响粒子效果。
  - 【流动映射黑白对比】：控制参考图如何影响粒子效果。
  - 【流动映射匹配】：在右侧的下拉菜单中可以选择【综合】或【屏幕】两个选项来设置参考图的大小。
- 【模拟品质】：设置水泡的仿真程度。
- 【随机植入】：设置水泡的随机种子数。

7.2.18 碎片

该特效可以使图像产生爆炸分散的碎片。该特效的参数设置及前后效果，如图7.58所示。

碎片
重置
视图
线框 + 作用力
渲染
全部
形状
作用力 1
作用力 2
渐变
物理学
纹理
摄像机系统
摄像机位置
摄像机位置
灯光
材质

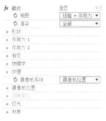

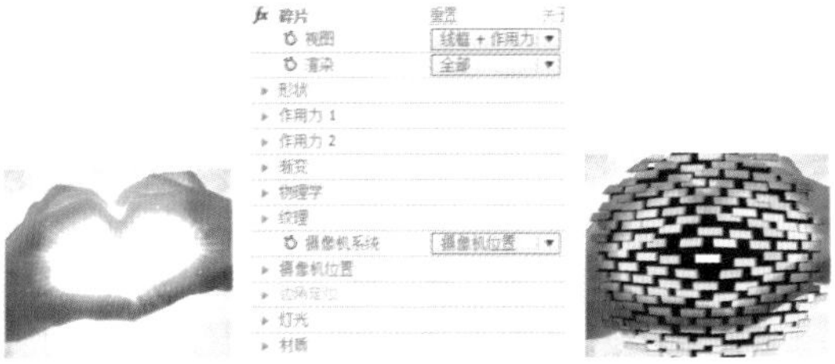

图7.58 应用碎片的前后效果及参数设置

该特效的部分选项参数含义如下：

- 【视图】：在右侧的下拉菜单中，可以选择爆炸效果的显示方式。其中包括【已渲染】、【线框正视图】、【线框】、【线框正视图+作用力】、【线框＋作用力】5个选项。
- 【渲染】：在右侧的下拉菜单中可以选择显示的目标对象。
- 【形状】：该选项组中的参数主要用来设置爆炸时产生的碎片状态。
  - 【图案】：在右侧的下拉菜单中可以选择碎片的形状。
  - 【自定义碎片图】：在右侧的下拉菜单中可以选择一个层作为指定的形状。需要注意的是该项的选择必须是【图案】为【自定义】时才可使用。
  - 【白色拼贴已修复】：勾选该复选框可以使用白色平铺的适配功能。
  - 【重复】：设置碎片的重复数量。
  - 【方向】：设置爆炸的方向。
  - 【源点】：设置碎片的开始位置。
  - 【凸出深度】：设置碎片的厚度。
- 【作用力1/2】：设置爆炸的力场，如图7.59所示。

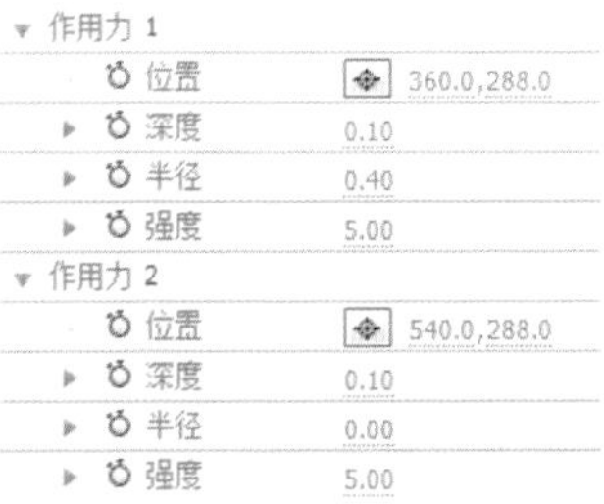

作用力 1
位置
360.0,288.0
深度
0.10
半径
0.40
强度
5.00
作用力 2
位置
540.0,288.0
深度
0.10
半径
0.00
强度
5.00

图7.59 【作用力】选项组

  - 【位置】：设置力的位置。
  - 【深度】：设置力的深度。
  - 【半径】：设置力的半径。数值越大，半径越大，目标受力面积也就越大。
  - 【强度】：设置力的强度。数值越高，碎片分散越远。
- 【渐变】：该选项组的参数主要是通过渐变层来影响爆炸效果。
  - 【碎片阈值】：设置爆炸的阈值。
  - 【渐变图层】：在右侧的下拉菜单中，可以选一个层作为爆炸渐变层。
  - 【反转渐变】：勾选该复选框，可以讲渐变层进行反转。
- 【物理学】：该选项组中的参数主要用来设置爆炸的旋转隧道、坐标轴以及重力。
  - 【旋转速度】：设置爆炸产生碎片的旋转速度。
  - 【倾覆轴】：在右侧的下拉菜单中可以设置爆炸后的碎片如何旋转。
  - 【随机性】：设置碎片分散的随机值。
  - 【粘度】：设置碎片的粘度。
  - 【大规模方差】：设置爆炸碎片集中的百分比。
  - 【重力】：为爆炸碎片添加重力。
  - 【重力方向】：设置碎片爆炸时的方向。
  - 【重力倾向】：为重力设置倾斜度。
- 【纹理】：该选项组主要对碎片粒子的眼神、纹理贴图进行设置，如图7.60所示。

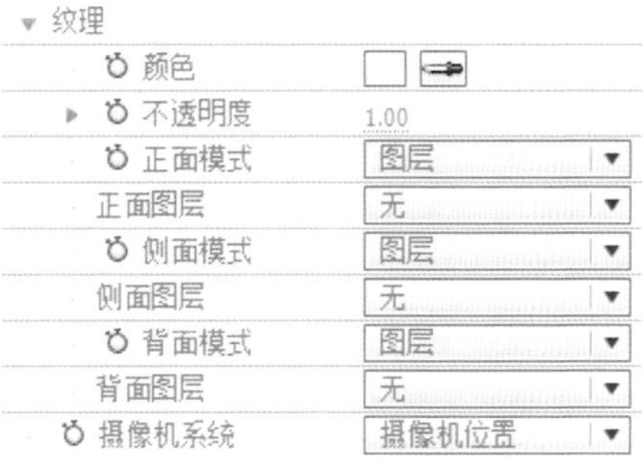

纹理
颜色
不透明度
1.00
正面模式
图层
正面图层
无
侧面模式
图层
侧面图层
无
背面模式
图层
背面图层
无
摄像机系统
摄像机位置

图7.60 【纹理】选项组

- 【摄像机位置】：在右侧的下拉菜单中可以选择控制特效所使用的摄像机系统。

视频讲座7-4：利用卡片动画制作梦幻汇集

 实例解析

本例主要讲解利用【卡片动画】特效制作梦幻汇集效果，完成的动画流程画面，如图7.61所示。

视频分类：软件功能类
工程文件：配套光盘\工程文件\第7章\梦幻汇集
视频位置：配套光盘\movie\视频讲座7-1：利用卡片动画制作梦幻汇集.avi

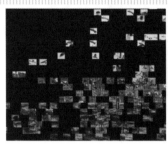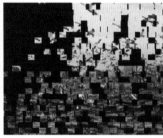

图7.61 动画流程画面

 学习目标

● Card Dance（卡片飞舞）

 操作步骤

AE 01 执行菜单栏中的【文件】|【打开项目】命令，选择配套光盘中的【工程文件\第7章\梦幻汇集\梦幻汇集练习.aep】文件，将【梦幻汇集练习.aep】文件打开。

AE 02 为【背景】层添加【卡片动画】特效。在【效果和预设】面板中展开【模拟】特效组，然后双击【卡片动画】特效。

AE 03 在【效果控件】面板中，修改【卡片动画】特效的参数，从【行数和列数】下拉菜单中选择【独立】，设置【行数】的值为25，分别从【渐变图层1、2】下拉菜单中选择【背景.jpg】层，如图7.62所示。

图7.62 设置【卡片动画】参数

AE 04 将时间调整到00:00:00:00帧的位置，展开【X位置】选项组，从【源】下拉菜单中选择

【红色1】选项，设置【乘数】的值为24，【偏移】的值为11，单击【乘数】和【偏移】左侧的【码表】按钮，在当前位置设置关键帧，合成窗口效果如图7.63所示。

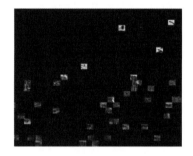

图7.63 设置0秒关键帧的效果

AE 05 将时间调整到00:00:04:11帧的位置，设置【乘数】的值为0，【偏移】的值为0，系统会自动设置关键帧，如图7.64所示。

图7.64 设置关键帧

AE 06 展开【Z位置】选项组，将时间调整到00:00:00:00帧的位置，设置【偏移】的值为10，单击【偏移】左侧的【码表】按钮，在当前位置设置关键帧。

AE 07 将时间调整到00:00:04:11帧的位置，设置【偏移】的值为0，系统会自动设置关键帧，如图7.65所示；合成窗口效果如图7.66所示。

图7.65 设置Z轴位置的参数

图7.66 设置Z轴位置后的效果

AE 08 这样就完成了梦幻汇集的整体制作，按小键盘上的【0】键，即可在合成窗口中预览动画。

视频讲座7-5：利用CC 滚珠操作制作三维立体球

实例解析

本例主要讲解利用CC Ball Action（CC 滚珠操作）特效制作三维立体球效果，完成的动画流程画面，如图7.67所示。

视频分类：软件功能类
工程文件：配套光盘\工程文件\第7章\三维立体球
视频位置：配套光盘\movie\视频讲座7-2：利用CC 滚珠操作制作三维立体球.avi

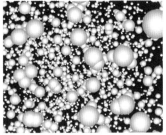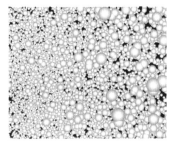

图7.67 动画流程画面

学习目标

● CC Ball Action（CC 滚珠操作）

操作步骤

AE 01 执行菜单栏中的【合成】|【新建合成】命令，打开【合成设置】对话框，设置【合成名称】为【三维立体球】，【宽度】为【720】，【高度】为【576】，【帧速率】为【25】，并设置【持续时间】为00:00:06:00秒。

AE 02 执行菜单栏中的【图层】|【新建】|【纯色】命令，打开【纯色设置】对话框，设置【名称】为【背景】，【颜色】为白色。

AE 03 为【背景】层添加CC Ball Action（CC 滚珠操作）特效。在【效果和预设】面板中展开【模拟】特效组，然后双击CC Ball Action（CC 滚珠操作）特效。

AE 04 在【效果控件】面板中，修改CC Ball Action（CC 滚珠操作）特效的参数，从Rotation Axis（旋转轴）下拉菜单中选择Y Axis（Y 轴），从Twist Property（扭曲特性）下拉菜单中选择Radius（半径）；将时间调整到00:00:00:00帧的位置，设置Scatter（扩散）的值为850，Rotation（旋转）的值为180，Twist Angle（扭曲角度）的值为200，Grid Spacing（网格间隔）的值为6，单击Scatter（扩散）、Rotation（旋

转）、Twist Angle（扭曲角度）、Grid Spacing（网格间隔）左侧的【码表】按钮，在当前位置设置关键帧，合成窗口效果如图7.68所示。

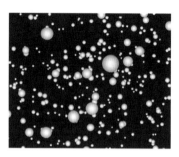

图7.68 设置0秒关键帧后的效果

AE 05 将时间调整到00:00:04:00帧的位置，设置Scatter（扩散）的值为0，Rotation（旋转）的值为0，Twist Angle（扭曲角度）的值为0，Grid

Spacing（网格间隔）的值为0，系统会自动设置关键帧，如图7.69所示。

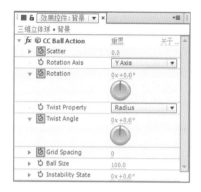

图7.69 设置4秒关键帧

AE 06 这样就完成了三维立体球的整体制作，按小键盘上的【0】键，即可在合成窗口中预览动画。

视频讲座7-6：利用CC 仿真粒子世界制作飞舞小球

实例解析

本例主要讲解利用CC Particle World（CC 仿真粒子世界）特效制作飞舞小球效果，完成的动画流程画面，如图7.70所示。

视频分类：软件功能类
工程文件：配套光盘\工程文件\第7章\飞舞小球
视频位置：配套光盘\movie\视频讲座7-3：利用CC 粒子仿真世界制作飞舞小球.avi

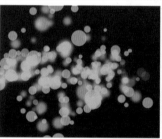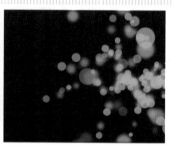

图7.70 动画流程画面

 学习目标

● CC Particle World（CC 仿真粒子世界）

 操作步骤

AE 01 执行菜单栏中的【合成】|【新建合成】命令，打开【合成设置】对话框，设置【合成名称】为【飞舞小球】，【宽度】为【720】，【高度】为【576】，【帧速率】为【25】，并设置【持续时间】为00:00:05:00秒。

AE 02 执行菜单栏中的【图层】|【新建】|【纯色】命令，打开【纯色设置】对话框，设置【名称】为【粒子】，【颜色】为蓝色（R:0；G:198；B:255）。

AE 03 为【粒子】层添加CC Particle World（CC 粒子仿真世界）特效。在【效果和预设】面板中展开【模拟】特效组，然后双击CC Particle World（CC 仿真粒子世界）特效。

AE 04 在【效果控件】面板中，修改CC Particle World（CC 仿真粒子世界）特效的参数，设置

Birth Rate（生长速率）的值为0.6，Longevity（寿命）的值为2.09；展开Producer（发生器）选项组，设置Radius Z（Z轴半径）的值为0.435；将时间调整到00:00:00:00帧的位置，设置Position X（X轴位置）的值为-0.53，Position Y（Y轴位置）的值为0.03，同时单击Position X（X轴位置）和Position Y（Y轴位置）左侧的【码表】按钮，在当前位置设置关键帧。

AE 05 将时间调整到00:00:03:00帧的位置，设置Position X（X轴位置）的值为0.78，Position Y（Y轴位置）的值为0.01，系统会自动设置关键帧，如图7.71所示；合成窗口效果如图7.72所示。

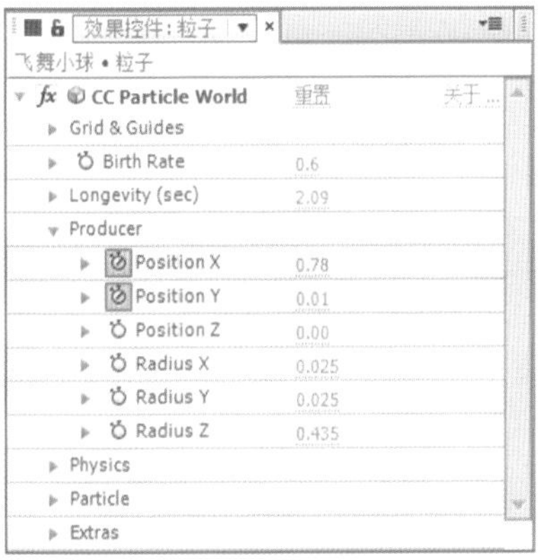

图7.71 设置位置参数

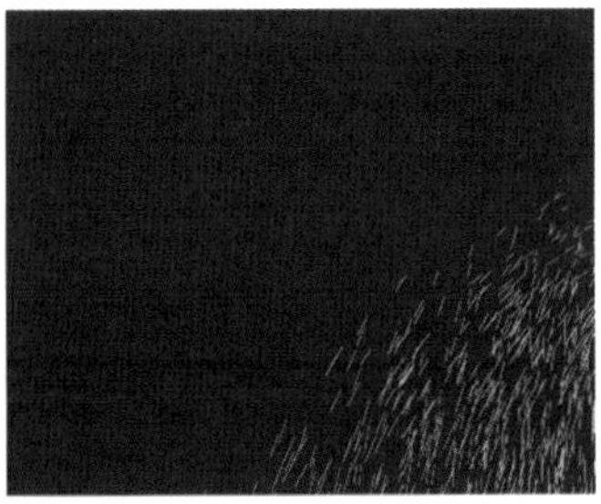

图7.72 设置位置参数后的效果

AE 06 展开Physics（物理学）选项组，从Animation（动画）下拉菜单中选择Viscouse（粘性）选项，设置Velocity（速度）的值为1.06，Gravity（重力）的值为0；展开Particle（粒子）选项组，从Particle Type（粒子类型）下拉菜单中选择Lens Convex（凸透镜）选项，设置Birth Size（生长大小）的值为0.357，Death Size（消逝大小）的值为0.587，如图7.73所示；合成窗口效果如图7.74所示。

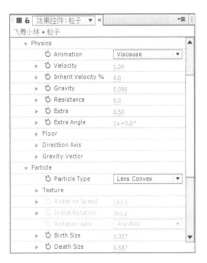

图7.73 设置物理性参数

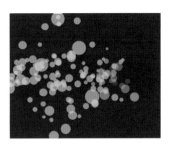

图7.74 设置CC粒子仿真世界后的效果

AE 07 选中【粒子】层，按Ctrl+D组合键复制出另一个图层，将该图层更改为【粒子2】，为【粒子2】文字层添加【快速模糊】特效。在【效果和预设】面板中展开【模糊和锐化】特效组，然后双击【快速模糊】特效。

AE 08 在【效果控件】面板中，修改【快速模糊】特效的参数，设置【模糊度】的值为15。

AE 09 选中【粒子2】层，在【效果控件】面板中，修改CC Particle World（CC 仿真粒子世界）特效的参数，设置Birth Rate（生长速率）的值为1.7，Longevity（寿命）的值为1.87。

AE 10 展开Physics（物理学）选项组，设置Velocity（速度）的值为0.84，如图7.75所示，合成窗口效果如图7.76所示。

图7.75 设置物理学参数

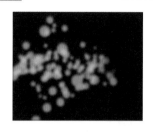

图7.76 设置【粒子2】参数后的效果

AE 11 这样就完成了飞舞小球效果的整体制作，按小键盘上的【0】键，即可在合成窗口中预览动画。

视频讲座7-7：利用CC像素多边形制作风沙汇集

 实例解析

本例主要讲解利用CC Pixel Polly（CC像素多边形）制作风沙汇集效果，完成的动画流程画面，如图7.77所示。

> 视频分类：软件功能类
> 工程文件：配套光盘\工程文件\第7章\风沙汇集动画
> 视频位置：配套光盘\movie\视频讲座7-4：利用CC像素多边形制作风沙汇集.avi

图7.77 动画流程画面

 学习目标

● CC Pixel Polly（CC像素多边形）

 操作步骤

AE 01 执行菜单栏中的【文件】|【打开项目】命令，选择配套光盘中的【工程文件\第7章\风沙汇集动画\风沙汇集动画练习.aep】文件，将【风沙汇集动画练习.aep】文件打开。

AE 02 为【背景】层添加CC Pixel Polly（CC像素多边形）特效。在【效果和预设】面板中展开【模拟】特效组，然后双击CC Pixel Polly（CC像素多边形）特效。

AE 03 在【效果控件】面板中，修改CC Pixel Polly（CC像素多边形）特效的参数，设置Grid Spacing（网格间隔）的值为2，从Object（对象）右侧的下拉菜单中选择Polygon（多边形），如图7.78所示；合成窗口效果如图7.79所示。

图7.78 设置像素多边形参数

图7.79 设置像素多边形效果

AE 04 这样就完成了风沙汇集效果的整体制作，按小键盘上的【0】键，即可在合成窗口中预览动画。

视频讲座7-8：利用CC散射制作碰撞动画

 实例解析

本例主要讲解利用CC Scatterize（CC散射）特效制作碰撞效果，完成的动画流程画面，如图7.80所示。

视频分类：软件功能类
工程文件：配套光盘\工程文件\第7章\碰撞动画
视频位置：配套光盘\movie\视频讲座7-5：利用CC散射制作碰撞动画.avi

图7.80 动画流程画面

 学习目标

● CC Scatterize（CC散射）

操作步骤

AE 01 执行菜单栏中的【文件】|【打开项目】命令，选择配套光盘中的【工程文件\第7章\碰撞动画\碰撞动画练习.aep】文件，将【碰撞动画练习.aep】文件打开。

AE 02 执行菜单栏中的【图层】|【新建】|【文本】命令，输入【Captain America 2】，设置文字字体为Franklin Gothic Heavy，字号为71像素，字体颜色为白色。

AE 03 选中【Captain America 2】层，按Ctrl+D组合键复制出另一个新的文字层，将该图层重命名为【Captain America 3】，如图7.81所示。

图7.81 复制文字层

AE 04 为【Captain America 2】层添加CC Scatterize（CC散射）特效。在【效果和预设】面板中展开【模拟】特效组，然后双击CC Scatterize（CC散射）特效，如图7.82所示。

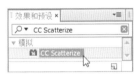

图7.82 添加散射特效

AE 05 在【效果控件】面板中，修改CC Scatterize（CC散射）特效的参数，从Transfer Mode（转换模式）下拉菜单中选择Alpha Add（通道相加）选项；将时间调整到00:00:01:01帧的位置，设置Scatter（扩散）的值为0，单击Scatter（扩散）左侧的【码表】按钮，在当前位置设置关键帧。

AE 06 将时间调整到00:00:02:01帧的位置，设置Scatter（扩散）的值为167，系统会自动设置关键帧，如图7.83所示；合成窗口效果如图7.84所示。

图7.83 设置关键帧

图7.84 设置散射后的效果

AE 07 选中【Captain America 2】层，将时间调整到00:00:01:00帧的位置，按T键打开【不透明度】属性，设置【不透明度】的值为0%，单击【不透明度】左侧的【码表】⏱按钮，在当前位置设置关键帧。

AE 08 将时间调整到00:00:01:01帧的位置，设置【不透明度】的值为100%，系统会自动设置关键帧。

AE 09 将时间调整到00:00:01:11帧的位置，设置【不透明度】的值为100%。

AE 10 将时间调整到00:00:01:18帧的位置，设置【不透明度】的值为0%，如图7.85所示。

图7.85 设置不透明度

AE 11 为【Captain America 3】层添加【梯度渐变】特效。在【效果和预设】面板中展开【生成】特效组，然后双击【梯度渐变】特效。

AE 12 在【效果控件】面板中，修改【梯度渐变】特效的参数，设置【渐变起点】的值为（362，438），【渐变终点】的值为（362，508），从【渐变形状】下拉菜单中选择【线性渐变】选项，如图7.86所示；合成窗口效果如图7.87所示。

图7.86 设置渐变参数

图7.87 设置渐变后的效果

AE 13 选中【Captain America 3】层，将时间调整到00:00:00:00帧的位置，设置【缩放】的值为（3407，3407），单击【缩放】左侧的【码表】⏱按钮，在当前位置设置关键帧。

AE 14 将时间调整到00:00:01:01帧的位置，设置【缩放】的值为（100，100），系统会自动设置关键帧，如图7.88所示；合成窗口效果如图7.89所示。

图7.88 设置缩放关键帧

图7.89 设置缩放后的效果

AE 15 这样就完成了碰撞动画的整体制作，按小键盘上的【0】键，即可在合成窗口中预览动画。

视频讲座7-9：利用碎片制作破碎动画

 实例解析

本例主要讲解利用【碎片】特效制作破碎动画效果，完成的动画流程画面，如图7.90所示。

 视频分类：软件功能类
工程文件：配套光盘\工程文件\第7章\破碎动画
视频位置：配套光盘\movie\视频讲座7-6：利用碎片制作破碎动画.avi

图7.90 动画流程画面

 学习目标

● 【碎片】

 操作步骤

AE 01 执行菜单栏中的【文件】|【打开项目】命令，选择配套光盘中的【工程文件\第7章\破碎动画\破碎动画练习.aep】文件，将【破碎动画练习.aep】文件打开。

AE 02 为【破碎图.tga】层添加【碎片】特效。在【效果和预设】面板中展开【模拟】特效组，然后双击【碎片】特效。

AE 03 在【效果控件】面板中，修改【碎片】特效的参数，在【视图】下拉菜单中选择【已渲染】选项，展开【形状】选项组，从【图案】下拉菜单中选择【玻璃】选项，设置【重复】的值为40，【凸出深度）的值为0.01；展开【作用力 1】选项组，设置【位置】的值为（424，150），如图7.91所示；合成窗口效果如图7.92所示。

图7.91 设置破碎参数

图7.92 设置破碎后效果

AE 04 这样就完成了破碎动画的整体制作，按小键盘上的【0】键，即可在合成窗口中预览动画。

视频讲座7-10:下雨效果

 实例解析

本例主要讲解利用CC Rainfall（CC 下雨）特效制作下雨效果，完成的动画流程画面如图7.93所示。

视频分类：影视仿真类
工程文件：配套光盘\工程文件\第7章\下雨效果
视频位置：配套光盘\movie\视频讲座7-7：下雨效果.avi

图7.93 动画流程画面

 学习目标

● CC Rainfall（CC 下雨）

图7.94 设置CC下雨参数

操作步骤

AE 01 执行菜单栏中的【文件】|【打开项目】命令，选择配套光盘中的【工程文件\第7章\下雨效果\下雨效果练习.aep】文件，将【下雨效果练习.aep】文件打开。

AE 02 为【小路】层添加CC Rainfall（CC 下雨）特效。在【效果和预设】面板中展开【模拟】特效组，然后双击CC Rainfall（CC 下雨）特效。

AE 03 在【效果控件】面板中，修改CC Rainfall（CC下雨）特效的参数，设置Wind（风力）的值为800，【不透明度】的值为100，如图7.94所示，合成窗口效果如图7.95所示。

AE 04 这样就完成了下雨效果的整体制作，按小键盘上的【0】键，即可在合成窗口中预览动画。

图7.95 设置下雨后的效果

视频讲座7-11：下雪效果

 实例解析

本例主要讲解利用CC Snowfall（CC下雪）特效制作下雪动画效果，完成的动画流程画面，如图7.96所示。

 视频分类：影视仿真类
工程文件：配套光盘\工程文件\第7章\下雪动画
视频位置：配套光盘\movie\视频讲座7-8：下雪效果.avi

图7.96 动画流程画面

学习目标

- CC Snowfall（CC下雪）

 操作步骤

AE 01 执行菜单栏中的【文件】|【打开项目】命令，选择配套光盘中的【工程文件\第7章\下雪动画\下雪动画练习.aep】文件，将【下雪动画练习.aep】文件打开。

AE 02 为【背景.jpg】层添加CC Snowfall（CC下雪）特效。在【效果和预设】面板中展开【模拟】特效组，然后双击CC Snowfall（CC下雪）特效。

AE 03 在【效果控件】面板中，修改CC Snowfall（CC下雪）特效的参数，设置Size（大小）的值为12，Speed（速度）的值为250，Wind（风力）的值为80，【不透明度】的值为100，如图7.97所示，合成窗口效果如图7.98所示。

AE 04 这样就完成了下雪效果的整体制作，按小键盘上的【0】键，即可在合成窗口中预览动画。

图7.97 设置下雪参数

图7.98 下雪效果

视频讲座7-12：制作气泡

实例解析

本例主要讲解利用【泡沫】特效制作气泡效果，完成的动画流程画面如图7.99所示。

视频分类：影视仿真类
工程文件：配套光盘\工程文件\第7章\气泡
视频位置：配套光盘\movie\视频讲座7-9：制作气泡.avi

图7.99 动画流程画面

 学习目标

- 泡沫
- 分形杂色
- 置换图

🛠 **操作步骤**

AE 01 执行菜单栏中的【文件】|【打开项目】命令，选择配套光盘中的【工程文件\第7章\气泡\气泡练习.aep】文件，将【气泡练习.aep】文件打开。

AE 02 选择【海底世界】图层，按Ctrl+D组合键复制出另一个图层，将该图层文字更改为【海底背景】。

AE 03 为【海底背景】层添加【泡沫】特效。在【效果和预设】面板中展开【模拟】特效组，然后双击【泡沫】特效。

AE 04 在【效果控件】面板中，修改【泡沫】特效的参数，从【视图】下拉菜单中选择【已渲染】，展开【制作者】选项组，设置【产生点】的值为（345，580），设置【产生X大小】的值为0.45；【产生Y大小】的值为0.45，【产生速率】的值为2。

AE 05 展开【气泡】选项组，设置【大小】的值为1，【大小差异】的值为0.65，【寿命】的值为170，【气泡增长速率】的值为0.01，如图7.100所示；合成窗口效果如图7.101所示。

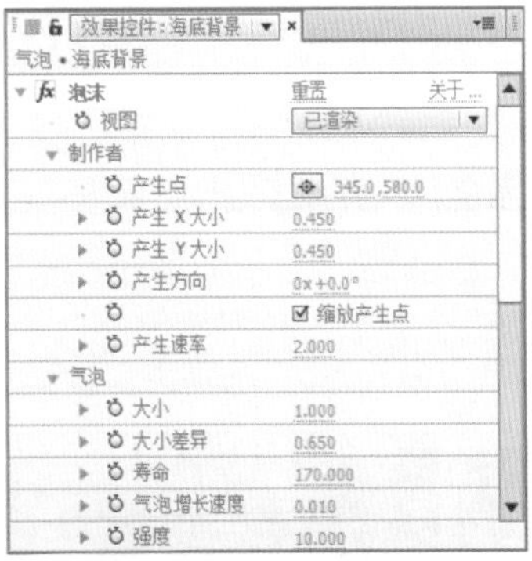

图7.100 水泡参数设置

图7.101 调整参数后的效果

AE 06 展开【物理学】选项组，设置【初始速度】的值为3.3，【摇摆量】的值为0.07。

AE 07 展开【正在渲染】选项组，从【气泡纹理】下拉菜单中选择【水滴珠】，【反射强度】的值为1，【反射融合】值为1，如图7.102所示；合成效果如图7.103所示。

图7.102 渲染和物理属性参数设置

图7.103 调整水泡后的效果

AE 08 执行菜单栏中的【合成】|【新建合成】命令，打开【合成设置】对话框，设置【合成名称】为【置换图】，【宽度】为【720】，【高度】为【576】，【帧速率】为【25】，并设置【持续时间】为00:00:20:00秒。

AE 09 执行菜单栏中的【图层】|【新建】|【纯色】命令，打开【纯色设置】对话框，设置【名称】为【噪波】，【颜色】为黑色。

AE 10 选中【噪波】层添加【分形杂色】特效。在【效果和预设】面板中展开【杂色和颗粒】特效组，然后双击【分形杂色】特效。

AE 11 选中【噪波】层，按S键展开【缩放】属性，单击【缩放】左侧的【约束比例】🔗按钮取消约束，设置【缩放】数值为（200，209），如图7.104所示；合成窗口效果如图7.105所示。

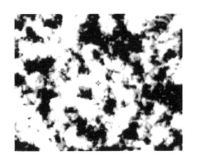

图7.104 缩放设置

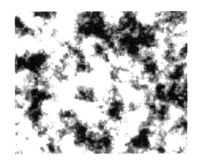

图7.105 缩放设置后的效果

AE 12 在【效果控件】面板中，修改【分形杂色】特效的参数，设置【对比度】的值为448，【亮度】的值为22；展开【变换】选项组，设置【缩放】的值为42，如图7.106所示；合成窗口如图7.107所示。

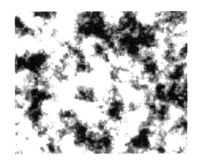

图7.106 参数设置

图7.107 添加后的效果

AE 13 为【噪波】层添加【色阶】特效。在【效果和预设】面板中展开【颜色校正】特效组，然后双击【色阶】特效。

AE 14 在【效果控件】面板中，修改【色阶】特效的参数，设置【输入黑色】的值为95，【灰度系数】的值为0.28，如图7.108所示；合成窗口效果如图7.109所示。

图7.108 参数设置

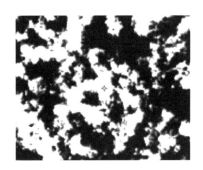

图7.109 添加色阶后的效果

AE 15 选中【噪波】层，将时间调整到00:00:00:00帧的位置，按P键展开【位置】属性，设置【位置】数值为（2，288），单击【位置】左侧的【码表】按钮，在当前位置设置关键帧。

AE 16 将时间调整到00:00:18:24帧的位置，设置【位置】的数值为（718，288），系统会自动设置关键帧，参数设置如图7.110所示。

图7.110 设置位置参数

AE 17 执行菜单栏中的【图层】|【新建】|【调整图层】命令，创建一个调节层。

AE 18 选中【调整图层 1】层，在工具栏中选择【矩形工具】 ▭，在合成窗口中，拖动可绘制一个矩形蒙版区域，合成窗口效果如图7.111所示。按F键展开【蒙版羽化】属性，设置【蒙版羽化】数值为（15，15）。

图7.111 蒙版效果

AE 19 在时间线面板中，设置【噪波】层的【轨道遮罩】为【Alpha 遮罩'调整图层1'】，如图7.112所示，合成窗口如图7.113所示。

图7.112 设置轨道遮罩

图7.113 设置轨道遮罩后的效果

AE 20 打开【气泡】合成，在【项目】面板中，选择【置换图】合成，将其拖动到【气泡】合成的时间线面板中，并放置在底层，如图7.114所示。

图7.114 图层设置

AE 21 选中【海底世界】层。在【效果和预设】面板中展开【扭曲】特效组，然后双击【置换图】特效。

AE 22 在【效果控件】面板中，修改【置换图】特效的参数，从【置换图层】下拉菜单中选择【置换图】，如图7.115所示；合成窗口效果如图7.116所示。

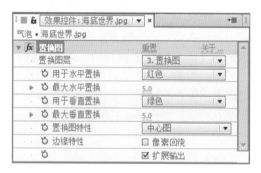

图7.115 置换贴图参数设置

图7.116 修改置换图参数后的效果

AE 23 这样就完成了气泡的整体制作，按小键盘上的【0】键，即可在合成窗口中预览动画。

视频讲座7-13：制作水珠滴落

 实例解析

本例主要讲解利用CC Mr. Mercury（CC 水银滴落）特效制作水珠滴落效果，完成的动画流程画面如图7.117所示。

> 视频分类：影视仿真类
> 工程文件：配套光盘\工程文件\第7章\水珠滴落
> 视频位置：配套光盘\movie\视频讲座7-10：制作水珠滴落.avi

图7.117 动画流程画面

 学习目标

- CC Mr. Mercury（CC 水银滴落）
- 快速模糊

图7.118 设置水银滴落参数

操作步骤

AE 01 执行菜单栏中的【文件】|【打开项目】命令，选择配套光盘中的【工程文件\第7章\水珠滴落\水珠滴落练习.aep】文件，将【水珠滴落练习.aep】文件打开。

AE 02 为【背景】层添加CC Mr. Mercury（CC 水银滴落）特效。在【效果和预设】面板中展开【模拟】特效组，然后双击CC Mr. Mercury（CC 水银滴落）特效。

AE 03 在【效果控件】面板中，修改CC Mr. Mercury（CC 水银滴落）特效的参数，设置Radius X（X轴半径）的值为120，Radius Y（Y轴半径）的值为80，Producer（发生器）的值为（360，0），Velocity（速度）的值为0，Birth Rate（生长速率）的值为0.2，Gravity（重力）的值为0.2，Resistance（阻力）的值为0，从Animation（动画）下拉菜单中选择Direction（方向），从Influence Map（影响）下拉菜单中选择Constant Blobs（恒定滴落），Blob Birth Size（生长大小）的值为0.4，Blob Death Size（消逝大小）的值为0.36，如图7.118所示；合成窗口效果如图7.119所示。

图7.119 设置水银滴落后的效果

AE 04 为【背景】层添加【快速模糊】特效。在【效果和预设】面板中展开【模糊和锐化】特效组，然后双击【快速模糊】特效。

AE 05 在【效果控件】面板中，修改【快速模糊】特效的参数，将时间调整到00:00:02:10帧的位置，设置【模糊度】的值为0，单击【模糊度】左侧的【码表】按钮，在当前位置设置关键帧。

AE 06 将时间调整到00:00:03:00帧的位置，设置【模糊度】的值为15，系统会自动设置关键帧，如图7.120所示；合成窗口效果如图7.121所示。

图7.120 设置快速模糊参数

图7.121 设置快速模糊后的效果

AE 07 为【背景2】层添加【快速模糊】特效。在【效果和预设】面板中展开【模糊和锐化】特效组，然后双击【快速模糊】特效。

AE 08 在【效果控件】面板中，修改【快速模糊】特效的参数，将时间调整到00:00:02:10帧的位置，设置【模糊度】的值为15，单击【模糊度】左侧的【码表】按钮，在当前位置设置关键帧，合成窗口效果如图7.122所示。

图7.122 设置快速模糊后的效果

AE 09 将时间调整到00:00:03:00帧的位置，设置【模糊度】的值为0，系统会自动设置关键帧，如图7.123所示。

图7.123 设置3秒的关键帧

AE 10 这样就完成了水珠滴落的整体制作，按小键盘上的【0】键，即可在合成窗口中预览动画。

视频讲座7-14：泡泡上升动画

 实例解析

本例主要讲解利用CC Bubbles（CC 吹泡泡）制作泡泡上升动画效果，完成的动画流程画面，如图7.124所示。

 视频分类：影视仿真类
工程文件：配套光盘\工程文件\第7章\泡泡上升动画
视频位置：配套光盘\movie\视频讲座7-11：泡泡上升动画.avi

图7.124 动画流程画面

学习目标

● CC Bubbles（CC 吹泡泡）

操作步骤

AE 01 执行菜单栏中的【文件】|【打开项目】命令，选择配套光盘中的【工程文件\第7章\泡泡上升动画\泡泡上升动画练习.aep】文件，将【泡泡上升动画练习.aep】文件打开。

AE 02 执行菜单栏中的【图层】|【新建】|【纯色】命令，打开【纯色设置】对话框，设置【名称】为【载体】，【颜色】为淡黄色（R:254；G:234；B:193）。

AE 03 为【载体】层添加CC Bubbles（CC 吹泡泡）特效。在【效果和预设】面板中展开【模拟】特效组，然后双击CC Bubbles（CC 吹泡泡）特效，合成窗口效果如图7.125所示。

图7.125 添加吹泡泡后的效果

AE 04 这样就完成了泡泡上升动画的整体制作，按小键盘上的【0】键，即可在合成窗口中预览动画。

视频讲座7-15：水波纹效果

实例解析

本例主要讲解利用CC Drizzle（CC 细雨滴）特效制作水波纹动画效果，完成的动画流程画面如图7.126所示。

视频分类：影视仿真类
工程文件：配套光盘\工程文件\第7章\水波纹动画
视频位置：配套光盘\movie\视频讲座7-12：水波纹效果.avi

图7.126 动画流程画面

学习目标

● CC Drizzle（CC 细雨滴）

操作步骤

AE 01 执行菜单栏中的【文件】|【打开项目】命令，选择配套光盘中的【工程文件\第7章\水波纹动画\水波纹动画练习.aep】文件，将【水波纹动画练习.aep】文件打开。

AE 02 为【文字扭曲效果】层添加CC Drizzle（CC 细雨滴）特效。在【效果和预设】面板中展开【模拟】特效组，然后双击CC Drizzle（CC 细雨滴）特效。

AE 03 在【效果控件】面板中，修改CC Drizzle（CC 细雨滴）特效的参数，设置Displacement（置换）的值为28，Ripple Height（波纹高度）的值为156，Spreading（扩展）的值为148，如图7.127所示，合成窗口效果如图7.128所示。

图7.127 设置CC细雨滴参数

图7.128 设置CC细雨滴后效果

AE 04 这样就完成了水波纹效果的整体制作，按小键盘上的【0】键，即可在合成窗口中预览动画。

第8章 内置视频特效

内容摘要

在影视作品中，一般离不开特效的使用，所谓视频特效，就是为视频文件添加特殊的处理，使其产生丰富多彩的视频效果，以更好地表现作品主题，达到视频制作的目的。在After Effects CC中内置了上百种视频特效，掌握各种视频特效的应用是进行视频创作的基础，只有掌握了各种视频特效的应用特点，才能轻松地制作炫丽的视频作品。本章主要对After Effects的【3D通道】、【实用工具】、【扭曲】、【文本】、【时间】、【杂色和颗粒】、【模糊和锐化】、【生成】、【过时】、【过渡】、【透视】、【通道】、【遮罩】、【音频】、【风格化】、特效进行讲解。

教学目标

- 学习视频特效的含义
- 学习视频特效的使用方法
- 掌握视频特效参数的调整
- 掌握特效的复制与粘贴
- 掌握常见视频特效动画的制作技巧

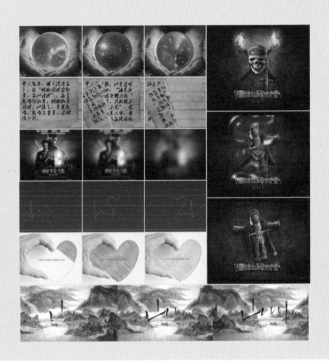

8.1 视频特效的使用方法

要想制作出好的视频作品，首先要了解视频特效的应用。在After Effects CC软件中，使用视频特效的方法有4种。

- 方法1：使用菜单。在时间线面板中，选择要使用特效的层，单击Effect（特效）菜单，然后从子菜单中，选择要使用的某个特效命令即可，Effect（特效）菜单，如图8.1所示。
- 方法2：使用效果和预置面板。在时间线面板中，选择要使用特效的层，然后打开【效果和预设】面板，在特效面板中双击需要的特效即可。【效果和预设】面板如图8.2所示。
- 方法3：使用右键。在时间线面板中，在要使用特效的层上单击鼠标右键，从弹出的快捷菜单中，选择【效果】子菜单中的特效命令即可。
- 方法4：使用拖动。从【效果和预设】面板中，选择某个特效，然后将其拖动到时间线面板中要应用特效的层上即可。

提示

当某层应用多个特效时，特效会按照使用的先后顺序从上到下排列，即新添加的特效位于原特效的下方，如果想更改特效的位置，可以在【效果控件】面板中通过直接拖动的方法，将某个特效上移或下移。不过需要注意的是，特效应用的顺序不同，产生的效果也会不同。

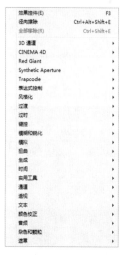

图8.1 Effect（特效）菜单

图8.2 【效果和预设】面板

提示

如果添加特效有误或不再需要该特效，可以选择该特效，然后执行菜单中的【编辑】|【清除】命令，或按Delete键即可将特效删除。

8.2 视频特效的编辑技巧

在应用完视频特效后，接下来就要对特效进行相应的修改，比如特效参数的调整、特效的复制与粘贴、特效的关闭与删除等。

8.2.1 特效参数的调整

在学习了添加特效的方法后，一般特效产生的效果并不能恰恰是想要的效果，这时就要对特效的参数进行再次调整，调整参数可以在两个地方位置来实现。

① 使用【效果控件】面板

在启动After Effects CC软件时，【效果控件】面板默认为打开状态，如果不小心将它关闭了，可以执行菜单中的【窗口】|【效果控件】命令，将该面板打开。选择添加特效后的层，该层使用的特效，就会在该面板中显示出来，通过单击▶按钮，可以将特效中的参数展开，并进行修改，如图8.3所示。

图8.3 【效果控件】面板

② 使用时间线面板

当一个层应用了特效，在时间线面板中，单击层前面的▶按钮，即可将层列表展开，使用同样的方法单击【效果】前的▶按钮，即可展开特效参数并进行修改。如图8.4所示。

图8.4 时间线面板

在【效果控件】面板和时间线面板中，修改特效参数的常用方法有4种：

- 方法1：菜单法。通过单击参数选项右侧的选项区，将弹出一个下拉菜单，从该菜单中，选择要修改的选项即可。

- 方法2：定位点法。一般常用于修改特效的位置，单击选项右侧的 ⊕ 按钮，然后在【合成】窗口中需要的位置单击即可。

- 方法3：拖动或输入法。在特效选项的右侧出现数字类的参数，将鼠标放置在上面，会出现一个双箭头 ⟷，按住鼠标拖动或直接单击该数字，激活状态下直接输入数字即可。

- 方法4：颜色修改法。单击选项右侧的 ▇ 色块，打开【拾色器】对话框，直接在该对话框中选取需要的颜色；还可以单击【吸管】 ▬ 按钮，在【合成】窗口中的图像上，单击吸取需要的颜色即可。

8.2.2 特效的复制与粘贴

相同层的不同位置或不同层之间需要的特效完全一样，这时就可以应用复制粘贴的方法，来快速实现特效设置。操作方法如下：

PS 01 在【效果控件】面板或时间线面板中，选择要复制的特效，然后执行菜单中的【编辑】|【复制】命令，或按Ctrl + C组合键，将特效复制。

PS 02 在时间线面板中，选择要应用特效的层，然后执行菜单中的【编辑】|【粘贴】命令，可按Ctrl + V组合键，将复制的特效粘贴到该层，这样就完成了特效的复制与粘贴。

提示 ?

如果特效只是在本层进行复制粘贴，可以在【效果控件】面板或时间线面板中，选择该特效，然后按Ctrl + D键即可。

8.3 3D通道特效组

【3D通道】特效组主要对图像进行三维方面的修改，所修改的图像要带有三维信息，如Z通道、材质ID号、物体ID号、法线等，通过对这些信息的读取，进行特效的处理。包括【3D通道提取】、EXtractoR（提取）、【ID遮罩】、IDentifier（标识符）、【场深度】、【深度遮罩】和【雾3D】7种特效。

8.3.1 3D通道提取

该特效可以将图像中的3D通道信息提取并进行处理，包括【Z深度】、【对象ID】、【纹理UV】、【曲面法线】、【覆盖范围】、【背景RGB】、【非固定RGB】和【材质ID】，其参数设置面板如图8.5所示。

图8.5 3D通道提取参数设置面板

该特效的各项参数含义如下：

- 【3D通道】：指定要读取的通道信息。
- 【黑场】：指定控制结束点为黑色的值。

- 【白场】：指定控制开始点为白点的值。

8.3.2 EXtractoR（提取）

该特效可以显示图像中的通道信息，并对黑色与白色进行处理。其参数设置面板如图8.6所示。

图8.6 提取参数设置面板

该特效的各项参数含义如下：

- Black Point（黑点）：指定控制结束点为黑色的值。
- White Point（白点）：指定控制开始点为白点的值。

8.3.3 ID遮罩

该特效通过读取图像的物体ID号或材质ID号信息，将3D通道中的指定元素分离出来，制作出遮罩效果。其参数设置面板如图8.7所示。

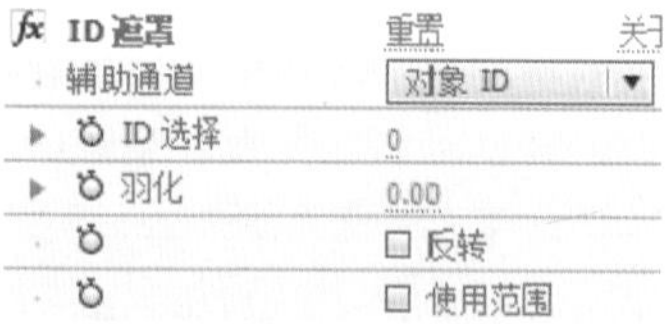

图8.7 ID遮罩参数设置面板

该特效的各项参数含义如下：

- 【辅助通道】：指定分离素材的参考通道。包括【材质ID】和【对象ID】。
- 【ID选择】：选择在图像中的ID值。
- 【羽化】：设置蒙版的柔化程度。
- 【反转】：勾选该复选框，将蒙版区域反转。
- 【使用范围】：勾选该复选框，通过净化蒙版上的像素，获得清晰的蒙版效果。

8.3.4 IDentifier（标识符）

该特效通过读取图像的ID号，将位通道中的指定元素做标志。其参数设置面板如图8.8所示。

图8.8 标识符参数设置面板

该特效的各项参数含义如下：

- Display（显示）：设置标志符的显示效果。
- ID（ID）：选择在图像中的ID值。

8.3.5 场深度

该特效可以模拟摄像机的景深效果，将图像沿Z轴作模糊处理。其参数设置面板如图8.9所示。

图8.9 场深度参数设置面板

该特效的各项参数含义如下：

- 【焦平面】：指定沿Z轴景深的平面。
- 【最大半径】：指定对平面外图像的模糊

程度。

- 【焦平面厚度】：设置景深区域的薄厚程度。
- 【焦点偏移】：指定焦点偏移。

8.3.6 深度遮罩

该特效可以读取3D图像中的Z轴深度，并沿Z轴深度的指定位置截取图像，以产生蒙版效果，其参数设置面板如图8.10所示。

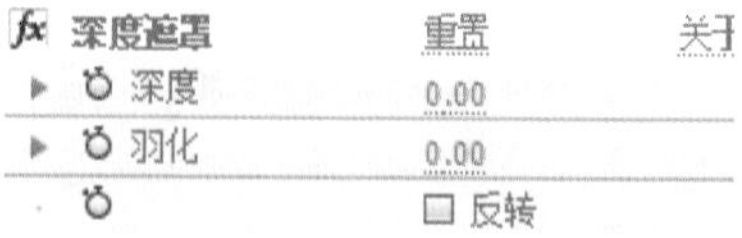

图8.10 深度遮罩参数设置面板

该特效的各项参数含义如下：

- 【深度】：指定沿Z轴截取图像的位置。
- 【羽化】：设置蒙版位置的柔化程度。
- 【反转】：将指定的深度蒙版反转。

8.3.7 雾3D

该特效可以使图像沿Z轴产生雾状效果，以雾化场景。其参数设置面板如图8.11所示。

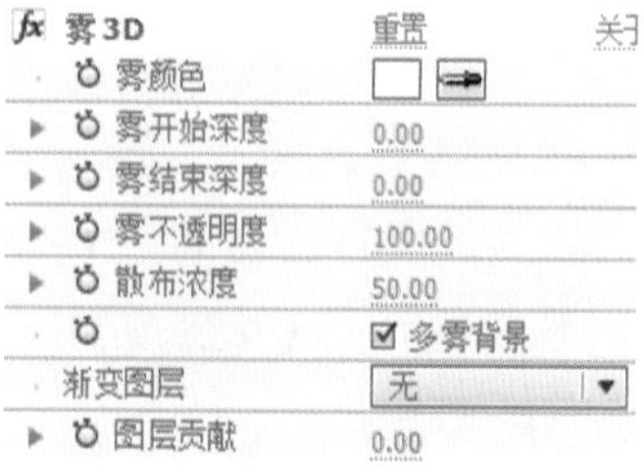

图8.11 雾3D参数设置面板

该特效的各项参数含义如下：

- 【雾颜色】：指定雾的颜色。
- 【雾开始深度】：指定雾开始的位置。
- 【雾结束深度】：指定雾结束的位置。
- 【雾不透明度】：指定雾的透明程度。
- 【散布浓度】：设置雾效果产生的密度大小。
- 【多雾背景】：勾选该复选框，将对层素材的背景进行雾化。
- 【渐变图层】：指定一个层，用来作为渐变以影响雾化效果。
- 【图层贡献】：设置渐变层对雾的影响程度。

8.4 实用工具特效组

【实用工具】特效组主要调整素材颜色的输出和输入设置。常用的特效包括CC Overbrights（CC亮度信息）、【Cineon转换器】、【HDR高光压缩】、【HDR压缩扩展器】和【范围扩散】。

8.4.1 CC Overbrights（CC亮度信息）

该特效主要应用于图像的各种通道信息来提取图片的亮度。应用该特效的参数设置及应用前后效果，如图8.12所示。

图8.12 应用CC亮度信息的前后效果及参数设置

该特效的各项参数含义如下：

- Channel（通道）：在下拉菜单中可以设置各种通道的亮度信息提取。
- Clip Color（修剪颜色）：设置亮度信息的颜色。

8.4.2 Cineon转换器

该特效主要应用于标准线性到曲线对称的转换。应用该特效的参数设置及应用前后效果，如图8.13所示。

图8.13 应用Cineon转换器的前后效果及参数设置

该特效的各项参数含义如下：

- 【转换类型】：指定图像的转换类型。
- 【10位黑场】：设置10位黑点的比重。值越大，黑色区域所占比重越大。
- 【内部黑场】：设置内部黑点的比重。值越小，黑色区域所占比重越大。
- 【10位白场】：设置10位白点的比重。值越小，白色区域所占比重越大。
- 【内部白场】：设置内部白点的比重。值

越小，白色区域所占比重越大。
- 【灰度系数】：设置伽马值的大小。
- 【高光滤除】：设置高光所占比重。值越大，高光所占比重越大。

8.4.3 HDR高光压缩

该特效可以将图像的高动态范围内的高光数据压缩到低动态范围内的图像。应用该特效的参数设置及应用前后效果，如图8.14所示。

图8.14 应用HDR高光压缩的前后效果及参数设置

该特效的各项参数含义如下：

- 【数量】：设置压缩比例。

8.4.4 HDR压缩扩展器

该特效使用压缩级别和扩展级别来调节图像。应用该特效的参数设置及应用前后效果，如图8.15所示。

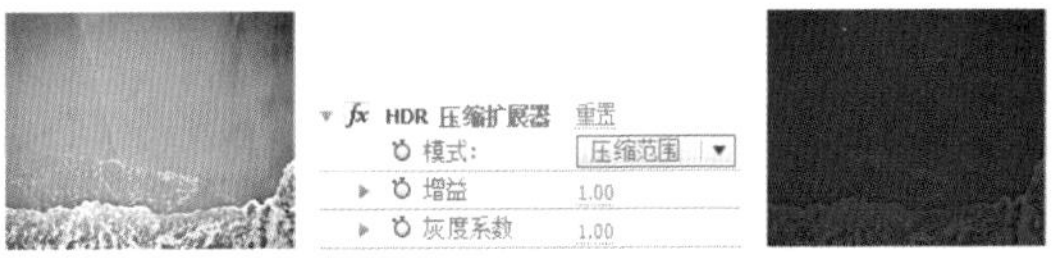

图8.15 应用HDR压缩扩展器的前后效果及参数

该特效的各项参数含义如下：

- 【模式】：设置压缩使用的模式。包括【压缩范围】和【扩展范围】2个选项。
- 【增益】：设置选择模式的色彩增加值。
- 【灰度系数】：设置图像的伽马值。

8.4.5 范围扩散

该特效可以通过增长像素范围来解决其他特效显示的一些问题。例如文字层添加Drop Shadow特效后，当文字层移出合成窗口外面时，阴影也会被遮挡。这时就需要【范围扩散】特效来解决，需要注意的是Grow Bounds（增长范围）特效需在文字层添加Drop Shadow特效前添加。应用该特效的参数设置及应用前后效果，如图8.16所示。

图8.16 应用范围扩散的前后效果及参数设置

该特效中的【像素】选项表示设置像素范围，显示被遮挡的部分。

8.5 扭曲特效组

【扭曲】特效组主要应用不同的形式对图像进行扭曲变形处理。包括如CC Bend It（CC 2点弯曲）、CC Bender（CC 弯曲）、CC Blobbylize（CC 滴状斑点）、CC Flo Motion（CC 液化流动）、CC Griddler（CC 网格变形）、CC Lens（CC 镜头）、CC Page Turn（CC 卷页）、CC Power Pin（CC 四角缩放）、CC Ripple Pulse（CC 波纹扩散）、CC Slant（CC 倾斜）、CC Smear（CC 涂抹）、CC Split（CC 分裂）、CC Split 2（CC 分裂2）、CC Tiler（CC 拼贴）、【贝塞尔曲线变形】、【边角定位】、【变换】、【变形】、【变形稳定器VFX】、【波纹】、【波形变形】、【放大】、【改变形状】、【光学补偿】、【极坐标】、【镜像】、【偏移】、【球面化】、【凸出】、【湍流置换】、【网格变形】、【旋转扭曲】、【液化】、【置换图】、【漩涡条纹】。下面将介绍各种特效的应用方法和含义。

8.5.1 CC Bend It（CC 2点弯曲）

该特效可以利用图像2个边角坐标位置的变化对图像进行变形处理，主要是用来根据需要定位图像，可以拉伸、收缩、倾斜和扭曲图形。应用该特效的参数设置及应用前后效果，如图8.17所示。

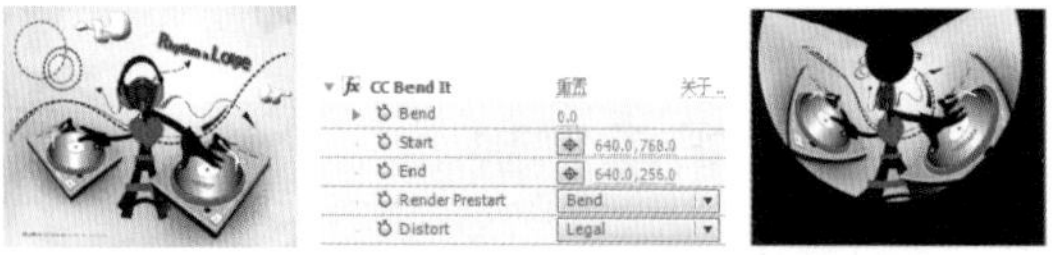

图8.17 应用CC 弯曲的前后效果及参数设置

该特效的各项参数含义如下：

- Bend（弯曲）：设置图像的弯曲程度。
- Start（开始）：设置开始坐标的位置。
- End（结束）：设置结束坐标的位置。

- Render Prestart（渲染前）：从右侧的下拉菜单中，选择一种模式来设置图像起始点的状态。
- Distort（扭曲）：从右侧的下拉菜单中，选择一种模式来设置图像结束点的状态。

8.5.2 CC Bender（CC 弯曲）

该特效可以通过指定顶部和底部的位置对图像进行弯曲处理。应用该特效的参数设置及应用前后效果，如图8.18所示。

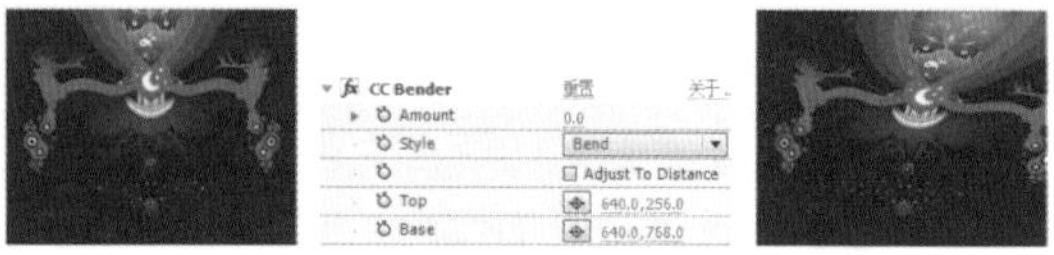

图8.18 应用CC 弯曲的前后效果及参数设置

该特效的各项参数含义如下：

- Amount（数量）：设置图像的扭曲程度。
- Style（样式）：从右侧的下拉菜单中，选择一种模式来设置图像弯曲的方式以及弯曲的圆滑程度。包括Bend、Marilyn、Sharp和Boxer4个选项。
- Adjust To Distance（调整方向）：勾选该复选框，可以控制弯曲的方向。
- Top（顶部）：设置顶部坐标的位置。
- Base（底部）：设置底部坐标的位置。

8.5.3 CC Blobbylize（CC 融化）

该特效主要是通过Blobbiness（滴状斑点）、Light（光）和Shading（阴影）3个特效组的参数来调节图像的滴状斑点效果。应用该特效的参数设置及应用前后效果，如图8.19所示。

图8.19 应用CC 融化的前后效果及参数设置

该特效的各项参数含义如下：

- Blobbiness（滴状斑点）：调整整个图像的扭曲程度与样式。
  - Blob Layer（滴状斑点层）：从右侧的下拉菜单中，可以选择一个层，为特效层指定遮罩层。这里的层即是当前时间线上的某个层。
  - Property（特性）：从右侧的下拉菜单中，可以选择一种特性，来改变扭曲的形状。
  - Softness（柔化）：设置滴状斑点的边缘的柔化程度。
  - Cut Away（剪切）：调整被剪切部分的多少。
- Light（光）：用来调整图像的光强度的大小以及整个图像的色调。
  - Light Intensity（光强度）：调整图像的明暗程度。
  - Light Color（光颜色）：设置光的颜色来调整图像的整体色调。
  - Light Type（光类型）：从右侧的下拉菜单中，可以选择一种光的类型，来改变光照射的方向，包括Distant Light（远距离光）和Point Light（点光）2种类型。
  - Light Height（光线长度）：设置光线的长度来调整图像的曝光度。
  - Light Position（光的位置）：设置高光的位置，此项只有当Light Type（光类型）为Point Light（点光）时，才可被激活使用。
  - Light Direction（光方向）：调整光照射的方向。
- Shading（遮光）：设置图像的明暗程度。

- Ambient（环境）：控制整个图像的明暗程度。
- Diffuse（漫反射）：调整光反射的程度，值越大，反射程度越强，图像越亮。
- Specular（高光反射）：设置图像的高光反射的强度。
- Roughness（边缘粗糙）：调整扭图像的粗糙程度。
- Metal（光泽）：使图像的亮部具有光泽。

视频讲座8-1：利用CC 融化制作融化效果

视频分类：软件功能类
工程文件：配套光盘\工程文件\第8章\融化效果
视频位置：配套光盘\movie\视频讲座8-1：利用CC 融化制作融化效果.avi

本例主要讲解利用CC Blobbylize（CC 融化）特效制作融化效果，通过本例的制作，掌握CC Blobbylize（CC 融化）特效的使用方法。

AE 01 执行菜单栏中的【文件】|【打开项目】命令，选择配套光盘中的【工程文件\第8章\融化效果\融化效果练习.aep】文件，将【融化效果练习.aep】文件打开。

AE 02 执行菜单栏中的【图层】|【新建】|【纯色】命令，打开【纯色设置】对话框，设置【名称】为【背景】，【颜色】为白色。

AE 03 为【载体】层添加CC Blobbylize（CC 融化）特效。在【效果和预设】面板中展开【扭曲】特效组，然后双击CC Blobbylize（CC 融化）特效。

AE 04 在【效果控件】面板中，修改CC Blobbylize（CC 融化）特效的参数，展开Blobbiness（融化层）选项组，设置Sofrness（柔化）的值为27；将时间调整到00:00:00:00帧的位置，设置Cut Away（剪切）的值为0，单击Cut Away（剪切）左侧的【码表】 按钮，在当前位置设置关键帧。

AE 05 将时间调整到00:00:01:13帧的位置，设置Cut Away（剪切）的值为63，系统会自动设置关键帧，如图8.20所示；合成窗口效果如图8.21所示。

图8.20 设置CC融化参数

图8.21 设置CC融化后的效果

AE 06 这样就完成了融化效果的整体制作，按小键盘上的【0】键，即可在合成窗口中预览动画。完成的动画流程画面，如图8.22所示。

图8.22 动画流程画面

8.5.4 CC Flo Motion（CC 液化流动）

该特效可以利用图像2个边角坐标位置的变化对图像进行变形处理。应用该特效的参数设置及应用前后效果，如图8.23所示。

图8.23 应用CC 液化流动的前后效果及参数设置

该特效的各项参数含义如下：

- Kont1（控制点1）：设置控制点1的位置。
- Amount1（数量1）：设置控制点1的位置图像拉伸的重复度。
- Kont2（控制点2）：设置控制点2的位置。
- Amount2（数量2）设置控制点2位置图像拉伸的重复度。
- Tile Edges：不勾选该复选框，图像将按照一定的边缘进行剪切。

- Antialiasing（抗锯齿）：设置拉伸的抗锯齿程度。
- Falloff（衰减）：设置图像拉伸的重复度。值越小，重复度越大；值越大，重复度越小。

8.5.5 CC Griddler（CC 网格变形）

该特效可以使图像产生错位的网格效果。应用该特效的参数设置及应用前后效果，如图8.24所示。

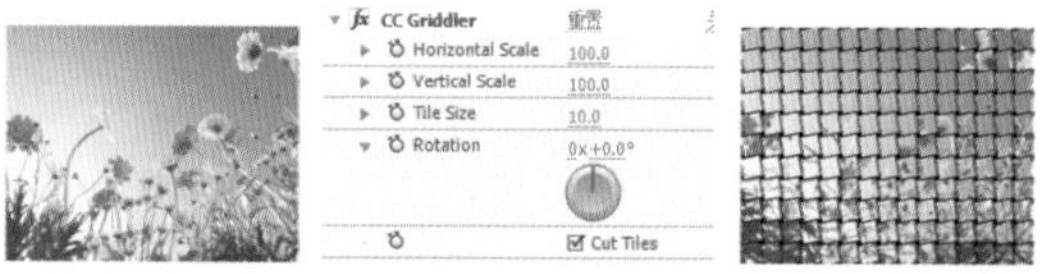

图8.24 应用CC 网格变形的前后效果及参数设置

该特效的各项参数含义如下：

- Horizontal Scale（横向缩放）：设置网格横向的偏移程度。
- Vertical Scale（纵向缩放）：设置网格纵向的偏移程度。
- Tile Size（拼贴大小）：设置方格尺寸的大小。值越大，网格越大；值越小，网格越小。
- Rotation（旋转）：设置网格的旋转程度。
- Cut Tiles（拼贴剪切）：勾选该复选框，网格边缘出现黑边，有凸起的效果。

8.5.6 CC Lens（CC 镜头）

该特效可以使图像变形成为镜头的形状。应用该特效的参数设置及应用前后效果，如图8.25所示。

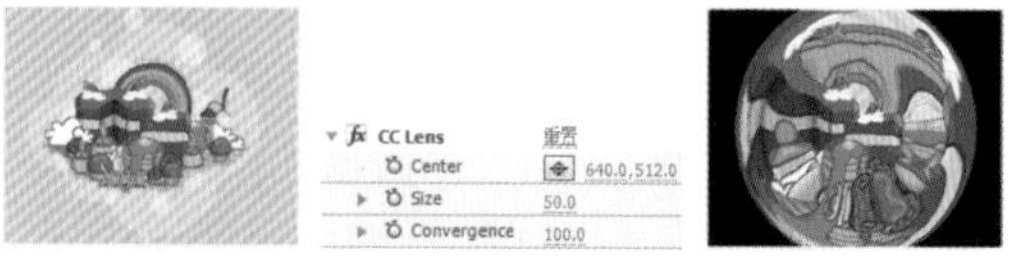

图8.25 应用CC 镜头的前后效果及参数设置

该特效的各项参数含义如下：

- Center（镜头中心）：设置变形中心的位置。
- Size（大小）：设置变形图像的尺寸大小。

- Convergence（会聚）：设置后图像产生向中心会聚的效果。

视频讲座8-2：利用CC镜头制作水晶球

视频分类：软件功能类
工程文件：配套光盘\工程文件\第8章\水晶球
视频位置：配套光盘\movie\视频讲座8-2：
利用CC镜头制作水晶球.avi

本例主要讲解利用CC Lens（CC 镜头）特效制作水晶球效果，通过本例的制作，掌握CC Lens（CC 镜头）特效的使用方法。

AE 01 执行菜单栏中的【文件】|【打开项目】命令，选择配套光盘中的【工程文件\第8章\水晶球\水晶球练习.aep】文件，将【水晶球练习.aep】文件打开。

AE 02 执行菜单栏中的【合成】|【新建合成】命令，打开【合成设置】对话框，设置【合成名称】为【水晶球背景】，【宽度】为【720】，【高度】为【576】，【帧速率】为【25】，并设置【持续时间】为00:00:03:00秒。

AE 03 在【项目】面板中，选择【载体.jpg】素材，将其拖动到【水晶球背景】合成的时间线面板中，选中【载体.jpg】层，按P键打开【位置】属性，按住Alt键单击【位置】左侧的【码表】按钮，在空白处输入【wiggle(1,200)】，如图8.26所示；合成窗口效果如图8.27所示。

图8.26 设置表达式

图8.27 设置表达式后的效果

AE 04 打开【水晶球】合成，在【项目】面板中，选择【水晶球背景】合成，将其拖动到【水晶球】合成的时间线面板中。

AE 05 为【水晶球背景】层添加CC Lens（CC 镜头）特效。在【效果和预设】面板中展开【扭曲】特效组，然后双击CC Lens（CC 镜头）特效。

AE 06 在【效果控件】面板中，修改CC Lens（CC 镜头）特效的参数，设置Size（大小）的值为48，如图8.28所示；合成窗口效果如图8.29所示。

图8.28 设置CC镜头参数

图8.29 设置CC镜头后的效果

AE 07 这样就完成了水晶球的整体制作，按小键盘上的【0】键，即可在合成窗口中预览动画。完成的动画流程画面，如图8.30所示。

图8.30 动画流程画面

8.5.7 CC Page Turn（CC 卷页）

该特效可以使图像产生书页卷起的效果。应用该特效的参数设置及应用前后效果，如图8.31所示。

图8.31 应用CC卷页的前后效果及参数设置

该特效的部分选项的参数含义如下：

- Fold Position（折叠位置）：设置书页卷起的程度。在合适的位置为该项添加关键帧，可以产生书页翻动的效果。
- Fold Direction（折叠方向）：设置书页卷起的方向。
- Fold Radius（折叠半径）：设置折叠时的半径大小。
- Light Direction（光方向）：设置折叠时产生的光的方向。
- Render（渲染）：从右侧的下拉菜单中，选择一种方式来设置渲染的部位。包括Front & Back Page（前&背页）、Back Page（背页）和Front Page（前页）3个选项。
- Back Page（背页）：从右侧的下拉菜单中，选择一个层，作为背页的图案。这里的层即是当前时间线上的某个层。
- Back Opacity（背页透明度）：设置卷起时背页的透明度。

视频讲座8-3：利用CC 卷页制作卷页效果

视频分类：软件功能类
工程文件：配套光盘\工程文件\第8章\卷页效果
视频位置：配套光盘\movie\视频讲座8-3：利用CC 卷页制作卷页效果.avi

本例主要讲解利用CC Page Turn（CC 卷页）特效制作卷页效果，通过本例的制作，掌握CC Page Turn（CC 卷页）特效的使用。

操作步骤

AE 01 执行菜单栏中的【文件】|【打开项目】命令，选择配套光盘中的【工程文件\第8章\卷页效果\卷页效果练习.aep】文件，将【卷页效果练习.aep】文件打开。

AE 02 为【书页1】层添加CC Page Turn（CC 卷页）特效。在【效果和预设】面板中展开【扭曲】特效组，然后双击CC Page Turn（CC 卷页）特效。

AE 03 在【效果控件】面板中，修改CC Page Turn（CC 卷页）特效的参数，设置Fold Direction（折叠方向）的值为-104；将时间调整到00:00:00:00帧的位置，设置Fold Position（折叠位置）的值为

（680，236），单击Fold Position（折叠位置）左侧的【码表】 ⏱ 按钮，在当前位置设置关键帧。

AE 04 将时间调整到00:00:01:00帧的位置，设置Fold Position（折叠位置）的值为（-48，530），系统会自动设置关键帧，如图8.32所示；合成窗口效果如图8.33所示。

图8.32 设置关键帧

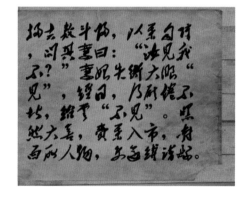

图8.33 设置关键帧后的效果

AE 05 为【书页2】层添加CC Page Turn（CC 卷页）特效。在【效果和预设】面板中展开【扭曲】特效组，然后双击CC Page Turn（CC 卷页）特效。

AE 06 在【效果控件】面板中，修改CC Page Turn（CC 卷页）特效的参数，设置Fold Direction（折叠方向）的值为-104；将时间调整到00:00:01:00帧的位置，设置Fold Position（折叠位置）的值为（680，236），单击Fold Position（折叠位置）左侧的【码表】 ⏱ 按钮，在当前位置设置关键帧。

AE 07 将时间调整到00:00:02:00帧的位置，设置Fold Position（折叠位置）的值为（-48，530），系统会自动设置关键帧，如图8.34所示；合成窗口效果如图8.35所示。

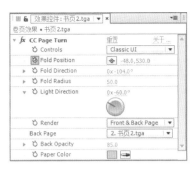

图8.34 设置书页2的关键帧

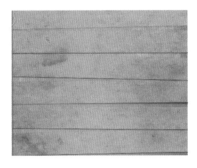

图8.35 设置书页2关键帧后的效果

AE 08 这样就完成了卷页效果的整体制作，按小键盘上的【0】键，即可在合成窗口中预览动画。完成的动画流程画面，如图8.36所示。

图8.36 动画流程画面

8.5.8 CC Power Pin（CC 四角缩放）

该特效可以利用图像4个边角坐标位置的变化对图像进行变形处理，主要是用来根据需要定位图像，可以拉伸、收缩、倾斜和扭曲图形，也可以用来模拟透视效果。当选择CC Power Pin（CC 四角缩放）特效时，在图像上将出现4个控制柄，可以通过拖动这4个控制柄来调整图像的变形。应用该特效的参数设置及应用前后效果，如图8.37所示。

图8.37 应用CC 四角缩放的前后效果及参数设置

该特效的各项参数含义如下：

- Top Left（左上角）：通过单击右侧的 ⊕ 按钮，然后在合成窗口中单击来改变左上角控制点的位置，也可以以输入数值的形式来修改，或选择该特效后，通过在合成窗口中拖动 ⊕ 图标来修改左上角控制点的位置。
- Top Right（右上角）：设置右上角控制点的位置。
- Bottom Left（左下角）：设置左下角控制点的位置。
- Bottom Right（右下角）：设置右下角控制点的位置。
- Perspective（透视）：设置图像的透视强度。
- Expansion（扩充）：设置变形后图像边缘的扩充程度。

8.5.9 CC Ripple Pulse（CC 波纹扩散）

该特效可以利用图像上控制柄位置的变化对图像进行变形处理，在适当的位置为控制柄的中心创建关键帧，控制柄划过的位置会产生波纹效果的扭曲。应用该特效的参数设置及应用前后效果，如图8.38所示。

图8.38 应用CC 波纹扩散的前后效果及参数设置

该特效的各项参数含义如下：

- Center（波纹中心）：设置变形中心的位置。
- Pulse Level（脉冲等级）：设置波纹脉冲的扩展程度。
- Time Span（时间长度）：设置波纹脉冲的时间长度。当Time Span（时间长度）为0时，没有波纹脉冲效果。
- Amplitude（振幅）：设置波纹脉冲的振动幅度。

8.5.10 CC Slant（CC 倾斜）

该特效可以使图像产生平行倾斜的效果。应用该特效的参数设置及应用前后效果，如图8.39所示。

图8.39 应用CC 倾斜的前后效果及参数设置

该特效的各项参数含义如下：

- Slant（倾斜）：设置图像的倾斜程度。
- Stretching（拉伸）：勾选该复选框，可以将倾斜后的图像展宽。
- Height（高度）：设置倾斜后图像的高度。
- Floor（地面）：设置倾斜后图像离视图底部的距离。
- Set Color（设置颜色）：勾选该复选框，可以为图像进行颜色填充。
- Color（颜色）：指定填充颜色。该项只有在勾选Set Color（设置颜色）复选框后才可以使用。

8.5.11 CC Smear（CC 涂抹）

该特效通过调节2个控制点的位置以及涂抹范围的多少和涂抹半径的大小来调整图像，使图像产生变形效果。应用该特效的参数设置及应用前后效果，如图8.40所示。

图8.40 应用CC 涂抹的前后效果及参数设置

该特效的各项参数含义如下：

- From（开始点）：设置涂抹开始点的位置。
- To（结束点）：设置涂抹结束点的位置。
- Reach（涂抹范围）：设置涂抹开始点与结束点之间的范围多少。
- Radius（涂抹半径）：设置涂抹半径的大小。

8.5.12 CC Split（CC 分裂）

该特效可以使图像在2个分裂点之间产生分裂，通过调节Split（分裂）值的大小来控制图像分裂的大小。应用该特效的参数设置及应用前后效果，如图8.41所示。

图8.41 应用CC 分裂的前后效果及参数设置

该特效的各项参数含义如下：

- Point A（分裂点A）：设置分裂点A的位置。
- Point B（分裂点B）：设置分裂点B的位置。
- Split（分裂）：设置分裂的程度。当分裂值为0时，Point A（分裂点A）和Point B（分裂点B）之间无分裂；当分裂值大于0时，Point A（分裂点A）和Point B（分裂点B）之间产生分裂。值越大，分裂越大。Split（分裂）值最大为250。

8.5.13 CC Split 2（CC 分裂2）

该特效与CC Split（CC 分裂）的使用方法相同，只是CC Split 2（CC 分裂2）中可以分别调节分裂点两边的分裂程度。应用该特效的参数设置及应用前后效果，如图8.42所示。

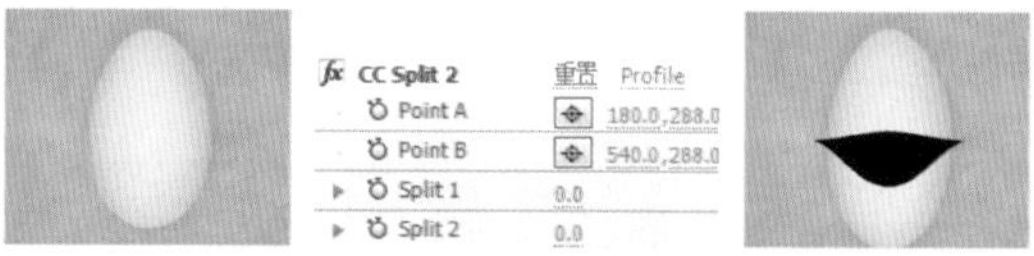

图8.42 应用CC 分裂2的前后效果及参数设置

该特效的各项参数含义如下：

- Point A（分裂点A）：设置分裂点A的位置。
- Point B（分裂点B）：设置分裂点B的位置。
- Split1（分裂1）：设置分裂1的程度。
- Split2（分裂2）：设置分裂2的程度。

8.5.14 CC Tiler（CC 拼贴）

该特效可以将图像进行水平和垂直的拼贴，产生类似在墙上贴瓷砖的效果。应用该特效的参数设置及应用前后效果，如图8.43所示。

图8.43 应用CC 拼贴的前后效果及参数设置

该特效的各项参数含义如下：

- Scale（缩放）：设置拼贴图像的多少。
- Center（拼贴中心）：设置图像拼贴的中心位置。
- Blend w. Original（混合程度）：调整拼贴后的图像与源图像之间的混合程度。

8.5.15 贝塞尔曲线变形

该特效在层的边界上沿一个封闭曲线来变形图像。图像每个角有3个控制点，角上的点为顶点，用来控制线段的位置，顶点两侧的两个点为切点，用来控制线段的弯曲曲率。应用该特效的参数设置及应用前后效果，如图8.44所示。

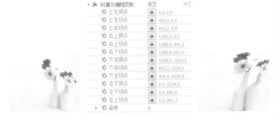

图8.44 应用贝塞尔曲线变形的前后效果及参数

该特效的各项参数含义如下：

- 【上左顶点】：用来设置左上角顶点位置，可以在特效控制面板中，按下 ⊕ 按钮，然后在合成窗口中，单击来改变顶点的位置，也可以通过直接修改数值参数来改变顶点的位置，还可以直接在合成窗口中，拖动 ⊕ 图标来改变顶点的位置。
- 【上左切点】：用来控制左上角左方切点的位置，可以通过修改切点位置来改变线段的弯曲程度。
- 【上右切点】：用来控制左上角右方切点的位置，可以通过修改切点位置来改变线段的弯曲程度。
- 【右上顶点】：用来设置右上角顶点的位置。
- 【右上切点】：用来设置右上角顶点上方切点位置。
- 【右下切点】：用来设置右上角顶点下方切点位置。
- 【下右顶点】：用来设置右下角顶点的位置。

- 【下右切点】：用来设置右下角右方切点的位置。
- 【下左切点】：用来设置右下角左方切点的位置。
- 【左下顶点】：用来设置左下角顶点的位置。
- 【左下切点】：用来设置左下角下方切点的位置。
- 【左上切点】：用来设置左下角上方切点的位置。
- 【品质】：通过拖动滑块或直接输入数值，设置画面的质量，取值范围为1~10，值越大质量最高。

8.5.16 边角定位

该特效可以利用图像4个边角坐标位置的变化对图像进行变形处理，主要是用来根据需要定位图像，可以拉伸、收缩、倾斜和扭曲图形，也可以用来模拟透视效果。当选择【边角定位】特效时，在图像上将出现4个控制柄，可以通过拖动这4个控制柄来调整图像的变形。应用该特效的参数设置及应用前后效果，如图8.45所示。

图8.45 应用边角定位的前后效果及参数设置

该特效的各项参数含义如下：

- 【左上】：通过单击右侧的 ⊕ 按钮，然后在合成窗口中单击来改变左上角控制点的位置，也可以以输入数值的形式来修改，或选择该特效后，通过在合成窗口中拖动 ⊕ 图标来修改左上角控制点的位置。
- 【右上】：设置右上角控制点的位置。
- 【左下】：设置左下角控制点的位置。
- 【右下】：设置右下角控制点的位置。

8.5.17 变换

该特效可以对图像的位置、尺寸、透明度、倾斜度和快门角度等进行综合调整，以使图像产生扭曲变形效果。应用该特效的参数设置及应用前后效果，如图8.46所示。

图8.46 应用变换的前后效果及参数设置

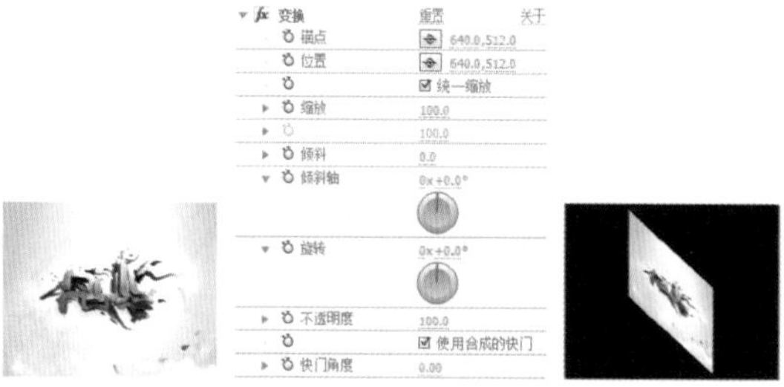

该特效的各项参数含义如下：

- 【锚点】：用来设置图像的定位点坐标。
- 【位置】：用来设置图像的位置坐标。
- 【统一缩放】：勾选该复选框，图像将进行等比缩放。
- 【缩放】：设置图像高度和宽度的缩放。
- 【倾斜】：设置图像的倾斜度。
- 【倾斜轴】：设置倾斜的轴向。
- 【旋转】：设置素材旋转的度数。
- 【不透明度】：设置图像的透明程度。
- 【使用合成的快门】：勾选该复选框，则在运动模糊中使用合成图像的快门角度。
- 【快门角度】：设置运动模糊的快门角度。

8.5.18 变形

该特效可以以变形样式为准，通过参数的修改将图像进行多方面的变形处理，产生如弧形、拱形等形状的变形效果。应用该特效的参数设置及应用前后效果，如图8.47所示。

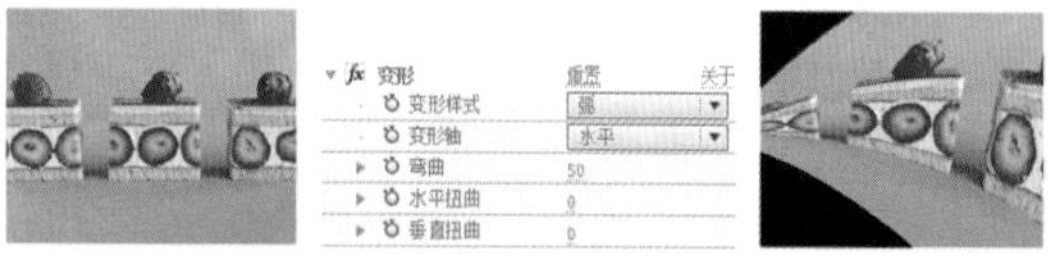

图8.47 应用变形的前后效果及参数设置

该特效的各项参数含义如下：

- 【变形样式】：从右侧的下拉菜单中，可以选择一种变形的样式。
- 【变形轴】：设置变形的轴向。从右侧的下拉菜单中，可以选择水平或垂直选项。
- 【弯曲】：设置图像弯曲变形的程度。值越大，弯曲变形的程度也越大。
- 【水平扭曲】：设置图像水平扭曲的程度。
- 【垂直扭曲】：设置图像垂直扭曲的程度。

8.5.19 变形稳定器VFX

该特效可以自动处理镜头抖晃产生的变形画面，并将其自动校正。此特效主要应用于动画中。如图8.48所示。

图8.48 变形稳定器VFX

该特效的各项参数含义如下：

- 【分析】：单击该按钮，可以对画面的运动进行分析。
- 【取消】：单击该按钮，可以取消分析。
- 【结果】：控制素材的稳定的结果。从右侧的下拉菜单中，可以选择【平滑运动】或【无运动】。
- 【平滑度】：用来控制平滑的程序。数值越大，平滑的越大
- 【方法】：控制稳定剂的类型。可以从右侧的下拉菜单中选择要使用的类型。【位置】将稳定位移；【位置缩放旋转】将稳定位移、缩放、旋转；【透视】将稳定动画的角度；【子空间变形】将稳定子空间扭曲。
- 【取景】：控制对桢的稳定类型。可以从右侧的下拉菜单中选择要使用的类型。【仅稳定】表示仅稳定桢；【稳定、裁剪】表示稳定画面并裁切画面；【稳定、裁剪、自动缩放】表示稳定画面并缩放画面进行裁剪；【稳定、人工合成边缘】表示在稳定的同时对边缘进行合成处理。
- 【最大缩放】：在【取景】下拉菜单中选

择【稳定、裁剪、自动缩放】时，该项才可以使用，用来指定缩放画面时的最大缩放比率。

- 【动作安全边距】：在【取景】下拉菜单中选择【稳定、裁剪、自动缩放】时，该项才可以使用，用来指定活动的安全框百分比。
- 【其他缩放】：指定用来附加缩放的百分比大小。
- 【详细分析】：勾选该复选框，可以启用详细分析。
- 【果冻效应波纹】：设置快门波纹的滚动效果。从右侧的下拉菜单中，可以选择要使用的效果。【自动减少】该项可以进行运动减少操作；【增强减少】该项可以将快门增强并减少滚动。
- 【更少的裁剪 <->平滑更多】：用来指定更少裁剪或更多平滑的百分比。
- 【合成输入范围】：设置合成输入的范围，以秒为单位。
- 【合成边缘羽化】：指定合成边缘的羽化大小。
- 【合成边缘裁剪】：通过【左侧】、【项部】、【右侧】、【底部】参数，控制合成边缘的裁剪范围。
- 【隐藏警告横幅】：勾选该复选框，可以将警告栏隐藏。

8.5.20 波纹

该特效可以使图像产生类似水面波纹的效果。应用该特效的参数设置及应用前后效果，如图8.49所示。

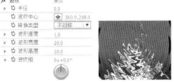

图8.49 应用波纹的前后效果及参数设置

该特效的各项参数含义如下：

- 【半径】：设置产生波纹的大小。
- 【波纹中心】：设置波纹产生的中心点位置。

- 【转换类型】：设置波纹的类型。可以从右侧的下拉菜单中，选择一种类型，包括【不对称】表示产生的波纹不对称，且产生较强的变形效果；【对称】表示产生较对称的波纹效果，且变形效果比较柔和。
- 【波形速度】：设置波纹的扩散速度。
- 【波形宽度】：设置两个波峰之间的距离，即波纹的宽度。
- 【波形高度】：设置波峰的高度。
- 【波纹相】：设置波纹产生的位置。利用该项可以制作波纹的波动动画。

8.5.21 波形变形

该特效可以使图像产生一种类似水波浪的扭曲效果。应用该特效的参数设置及应用前后效果，如图8.50所示。

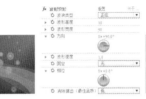

图8.50 应用波形变形的前后效果及参数设置

该特效的各项参数含义如下：

- 【波浪类型】：可从右侧的下拉菜单中，选择波浪的类型，如圆形、正弦、方形等。
- 【波形高度】：设置波浪的高度。
- 【波形宽度】：设置波浪的宽度。
- 【方向】：设置波浪偏移的角度方向。
- 【波形速度】：设置波浪的移动速度。
- 【固定】：控制波浪的边界是否应用特效，或哪些边界应用特效。
- 【相位】：设置波浪的位置。
- 【消除锯齿（最佳品质）】：可从右侧的下拉菜单中，选择图形的抗锯齿质量，【低】或【高】。

8.5.22 放大

该特效可以使图像产生类似放大镜的扭曲变形效果。应用该特效的参数设置及应用前后效果，如图8.51所示。

图8.51 应用放大的前后效果及参数设置

该特效的各项参数含义如下：

- 【形状】：从右侧的下拉菜单中，选择放大镜的形状，可以选择【圆形】或【正方形】。
- 【中心】：可以在特效控制面板中，按下【中心】右侧的 按钮，然后在合成窗口中，单击来改变中心点的位置，也可以通过直接修改数值参数来改变中心点的位置。
- 【放大率】：用来调整放大镜的倍数。值越大，放大倍数也越大。
- 【链接】：用来设置放大镜与放大倍数的关系，有3个选择，【无】、【大小至放大率】表示放大到放大镜的大小、【大小和羽化至放大率】表示放大到羽化大小。
- 【大小】：用来设置放大镜的大小。
- 【羽化】：用来设置放大镜的边缘柔化程度。
- 【不透明度】：用来设置放大镜的透明程度。
- 【缩放】：从右侧的下拉菜单中，选择一种缩放的比例设置，包括【标准】表示正常缩放效果、【柔和】表示图像产生一定的柔化效果、【散布】表示图像边缘产生分散效果。
- 【混合模式】：从右侧的下拉菜单中，可以选择放大区域与原图的混合模式，和层模式设置相同。

8.5.23 改变形状

该特效需要可以借助几个蒙版，通过重新限定图像形状，产生变形效果。其参数设置面板，如图8.52所示。

图8.52 改变形状参数设置面板

该特效的各项参数含义如下：

- 【源蒙版】：从右侧的下拉菜单中，选择要变形的蒙版。
- 【目标蒙版】：从右侧的下拉菜单中，选择变形目标蒙版。
- 【边界蒙版】：从右侧的下拉菜单中，指定变形的边界蒙版区域。
- 【百分比】：设置变形的百分比程度。
- 【弹性】：控制图像与蒙版形状的过渡程度。
- 【对应点】：显示源蒙版和目标蒙版对应点的数量。对应点越多，渲染时间越长。
- 【计算密度】：设置变形的过渡方式。从右侧的下拉菜单中可以选择一种方式，包括【分离】表示在第1帧中计算变形，产生最精确的变形效果，但需要较长的渲染时间；【线性】表示关键帧间产生平稳变化；【平滑】表示使用平滑方式进行变形过渡。

8.5.24 光学补偿

该特效可以使画面沿指定点水平、垂直或对角线产生光学变形，制作类似摄像机的透视效果。应用该特效的参数设置及应用前后效果，如图8.53所示。

图8.53 应用光学补偿的前后效果及参数设置

该特效的各项参数含义如下：

- 【视场】：设置镜头的视野范围。值越大，光学变形程度越大。
- 【反转镜头扭曲】：将光学变形的镜头变形效果反向处理。
- 【FOV方向】：从右侧的下拉菜单中，选择一种观察方向。包括【水平】、【垂直】和【对角】3个选项。
- 【视图中心】：设置观察的中心点位置。
- 【最佳像素】：勾选该复选框，将对变形的像素进行最佳优化处理。
- 【调整大小】：对反转后的光学变形的大小进行调整。

8.5.25 极坐标

该特效可以将图像的直角坐标和极坐标进行相互转换，产生变形效果。应用该特效的参数设置及应用前后效果，如图8.54所示。

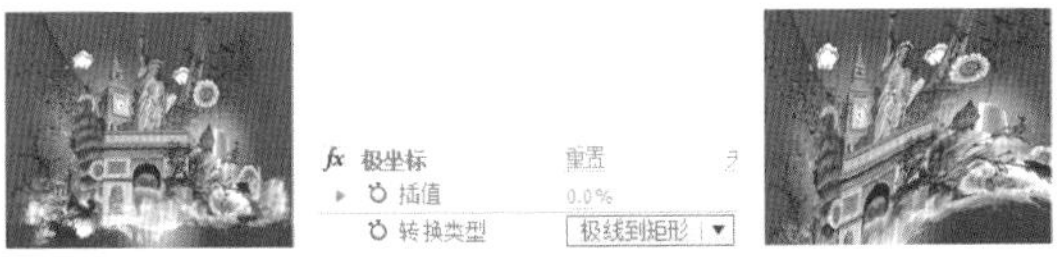

图8.54 应用极坐标的前后效果及参数设置

该特效的各项参数含义如下：

- 【插值】：用来设置应用极坐标时的扭曲变形程度。
- 【转换类型】：用来切换坐标类型，可从右侧的下拉菜单中选择【矩形到极线】或【极线到矩形】。

8.5.26 镜像

该特效可以按照指定的方向和角度将图像沿一条直线分割为两部分，制作出镜像效果。应用该特效的参数设置及应用前后效果，如图8.55所示。

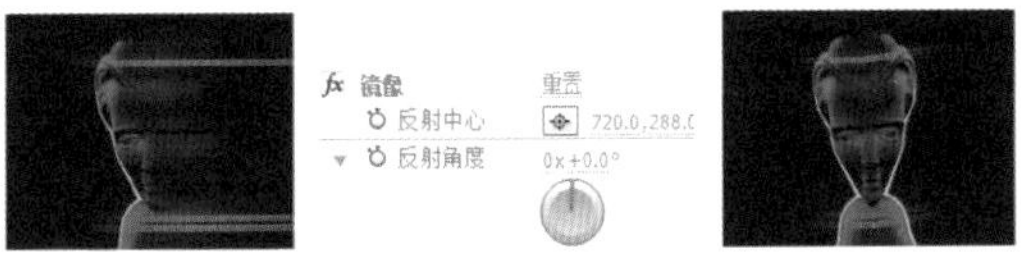

图8.55 应用镜像的前后效果及参数设置

该特效的各项参数含义如下：

- 【反射中心】：用来调整反射中心点的坐标位置。
- 【反射角度】：用来调整反射角度。

8.5.27 偏移

该特效可以对图像自身进行混合运动，产生半透明的位移效果。应用该特效的参数设置及应用前后效果，如图8.56所示。

图8.56 应用偏移的前后效果及参数设置

该特效的各项参数含义如下：

- 【将中心转换为】：用来调整偏移中心点的坐标位置。

- 【与原始图像混合】：设置偏移图像与原图像间的混合程度。当值为100%时，将显示原图。

8.5.28 球面化

该特效可以使图像产生球形的扭曲变形效果。应用该特效的参数设置及应用前后效果，如图8.57所示。

图8.57 应用球面化的前后效果及参数设置

该特效的各项参数含义如下：

- 【半径】：用来设置变形球体的半径。
- 【球面中心】：用来设置变形球体中心点的坐标。

8.5.29 凸出

该特效可以使物体区域沿水平轴和垂直轴扭曲变形，制作类似通过透镜观察对象的效果。应用该特效的参数设置及应用前后效果，如图8.58所示。

图8.58 应用凸出效果的前后效果及参数设置

该特效的各项参数含义如下：

- 【水平半径】：设置凹凸镜的水平半径大小。
- 【垂直半径】：设置凹凸镜的垂直半径大小。
- 【凸出中心】：设置凹凸镜的中心位置。
- 【凸出高度】：设置凹凸的深度，正值为凸出，负值为凹进。
- 【锥形半径】：用来设置凹凸面的隆起或凹陷程度。值越大，隆起或凹陷的程度也就越大。
- 【消除锯齿（仅最佳品质）】：从右侧的下拉菜单中，设置图像的边界平滑程度。【低】表示低质量；【高】表示高质量，不过该项只用于高质量图像。

- 【固定】：勾选【固定所有边缘】复选框，控制边界不进行凹凸处理。

8.5.30　湍流置换

该特效可以使图像产生各种凸起、旋转等动荡不安的效果。应用该特效的参数设置及应用前后效果，如图8.59所示。

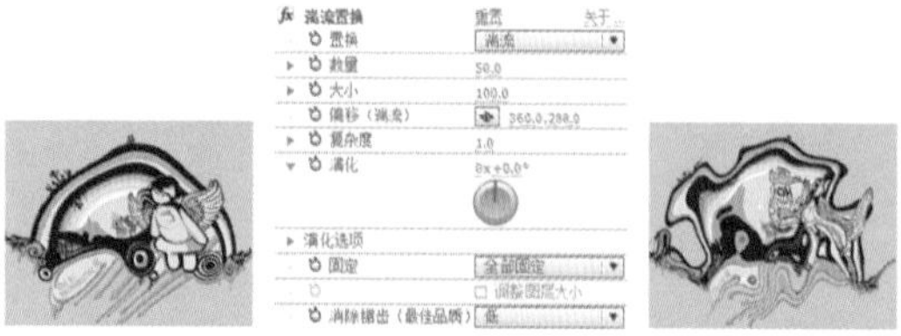

图8.59　应用动荡置换的前后效果及参数设置

该特效的各项参数含义如下：

- 【置换】：可以从右侧的下拉菜单中，选择一种置换变形的方式。
- 【数量】：设置变形扭曲的数量。值越大，变形扭曲越严重。
- 【大小】：设置变形扭曲的大小程度。值越大，变形扭曲幅度也越大。
- 【偏移（湍流）】：设置动荡变形的坐标位置。
- 【复杂度】：设置动荡变形的复杂程度。
- 【演化】：设置变形的成长程度。
- 【固定】：可以从右侧的下拉菜单中，选择用于边界的控制选项。
- 【消除锯齿（最佳品质）】：可从右侧的下拉菜单中，选择图形的抗锯齿质量，【低】或【高】。

8.5.31　网格变形

该特效在图像上产生一个网格，通过控制网格上的贝塞尔点来使图像变形，对于网格变形的效果控制，更多的是在合成图像中通过鼠标拖曳网格的贝塞尔点来完成。应用该特效的参数设置及应用前后效果，如图8.60所示。

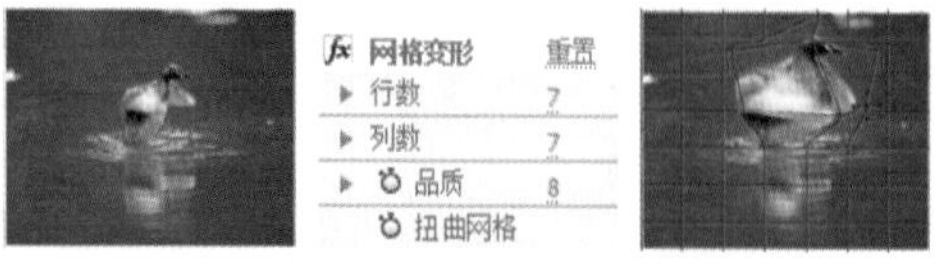

图8.60　应用网格变形的前后效果及参数

该特效的各项参数含义如下：

- 【行数】：用来设置网格的行数。
- 【列数】：用来设置网格的列数。
- 【品质】：控制图像与网格形状的混合程度。值越大，混合程度越平滑。
- 【扭曲网格】：该选项主要用于网格变形的关键帧动画制作。

8.5.32　旋转扭曲

该特效可以使图像产生一种沿指定中心旋转变形的效果。应用该特效的参数设置及应用前后效果，如图8.61所示。

图8.61　应用旋转扭曲的前后效果及参数设置

该特效的各项参数含义如下：

- 【角度】：设置图像旋转的角度。值为正数时，按顺时针旋转；值为负数时，按逆时针旋转。
- 【旋转扭曲半径】：设置图像旋转的半径值。
- 【旋转扭曲中心】：设置图像旋转的中心点坐标位置。

8.5.33　液化

该特效通过工具栏中的相关工具，直接拖动鼠标来扭曲图像，使图像产生自由的变形效果。应用该特效的参数设置及应用前后效果，如图8.62所示。

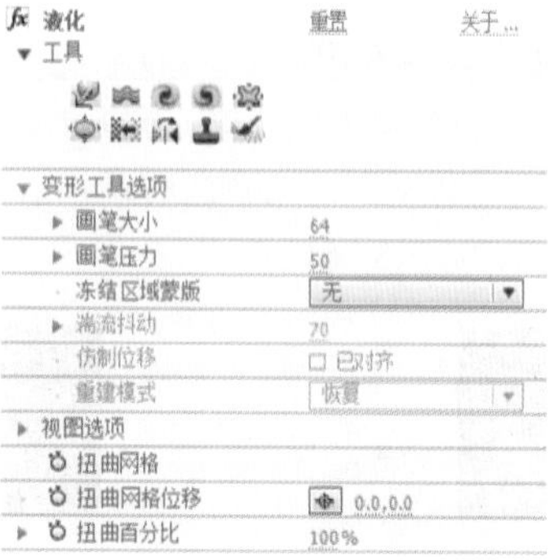

图8.62　液化参数设置面板

该特效的各项参数含义如下:

- 变形工具:单击该工具图标后,在显示的图像中拖动鼠标,可以使图像产生变形效果。如图8.63所示为使用变形工具后的图像前后效果。

图8.63 图像变形前后效果

- 湍流工具:单击该工具图标后,在显示的图像中拖动鼠标,可以使图像产生紊乱效果,如图8.64所示。

图8.64 图像紊乱前后效果

- 顺时针旋转工具:单击该工具图标后,在图像上拖动鼠标或按住鼠标不动,可以顺时针扭曲图像。
- 逆时针旋转工具:单击该工具图标后,在图像上拖动鼠标或按住鼠标不动,可以逆时针扭曲图像。顺/逆时针扭曲图像的前后效果,如图8.65所示。

图8.65 顺/逆时针扭曲图像的前后效果

- 收缩工具:单击该工具图标后,在图像上拖动鼠标或按住鼠标不动,可以使图像产生收缩效果。
- 膨胀工具:单击该工具图标后,在图像上拖动鼠标或按住鼠标不动,可以使图像产生膨胀效果。收缩/膨胀图像的前后效果,如图8.66所示。

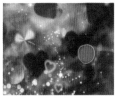

图8.66 收缩/膨胀图像的前后效果

- 移动像素工具:该工具与变形工具的用法很相似,只不过变形工具像素的移动是按照鼠标移动的方向,而移动像素工具是沿着鼠标绘制垂直的方向移动像素。使用移动像素工具前后的图像效果,如图8.67所示。

图8.67 使用移动像素工具前后的图像效果

- 对称工具:通过在一定的位置拖动鼠标,可以使图像产生反射效果。应用对称工具前后的效果,如图8.68所示。

图8.68 应用对称工具前后的效果

- 克隆工具:单击该工具图标后,按住Alt键,在图像中应用特效的位置单击,然后在图像的其他位置单击鼠标,即可将特效应用到当前位置,以克隆原特效效果。
- 重建工具:在图像中修改过的位置拖动鼠标,可以将当前鼠标指针经过处的图像恢复为原始状态。
- 【画笔大小】:用来设置笔触的大小。值越大,笔触半径也越大。
- 【画笔压力】:用来设置笔触的压力大小。值越大,变形程度就越大。
- 【冻结区域蒙版】:通过指定蒙版,可以冻结变形的一个范围。
- 【湍流抖动】:该选项只在选择 湍流

工具时可用，用来设置紊乱的程度，值越大，紊乱效果也越大。

- 【仿制位移】：勾选【已对齐】复选框，在应用克隆工具时，特效将以对齐的形式应用。只在选择 🖳 克隆工具时可用。
- 【重建模式】：可以从右侧的下拉菜单中，选择一种重建的方式。该项只在选择 ✎ 重建工具时可用。
- 视图选项：【视图选项】中包括【视图网格】、【网格大小】、【网格颜色】。
  - ◆ 【视图网格】：勾选该复选框，将显示网络，以辅助精确变形操作。
  - ◆ 【网络大小】：从右侧的下拉菜单中选择网格的显示大小。包括【小】、【中】和【大】3个选项。
  - ◆ 【网格颜色】：从右侧的下拉菜单中，选择网格的颜色。包括【红色】、【黄色】、【绿色】、【青色】、【蓝色】、【洋红色】和【灰色】7个选项。
- 【扭曲网格】：利用此项可以为变形制作动画效果。
- 【扭曲网格位移】：设置变形效果的位置偏移。
- 【扭曲百分比】：设置变形的百分比率，值越大，变形效果越明显。

8.5.34 置换图

该特效可以指定一个层作为置换贴图层，应用贴图置换层的某个通道值对图像进行水平或垂直方向的变形。应用该特效的参数设置及应用前后效果，如图8.69所示。

图8.69 应用置换图的前后效果及参数设置

该特效的各项参数含义如下：

- 【置换图层】：从右侧的下拉菜单中，可以选择一个层，作为置换层。这里的层即是当前时间线上的某个层。
- 【用于水平置换】：可以从右侧的下拉菜单中，选择一个用于水平置换的通道。
- 【最大水平置换】：设置最大水平变形的置换程度，以像素为单位。值越大，置换效果越明显。
- 【用于垂直置换】：可以从右侧的下拉菜单中，选择一个用于垂直置换的通道。
- 【最大垂直置换】：设置最大垂直变形的置换程度，以像素为单位。值越大，置换效果越明显。
- 【置换图特性】：从右侧的下拉菜单中，选择一种置换的方式。【中心图】表示置换图像与特效图像中心对齐；【伸缩对应图以适合】表示将置换图像拉伸以匹配特效图像，使其与特效图像层大小一致；【拼贴图】表示将置换层以平铺的形式填满整个特效层。
- 【边缘特性】：勾选【像素回绕】复选框，将覆盖边缘像素。
- 【扩展输出】：勾选该复选框，将使用扩展输出。

8.5.35 漩涡条纹

该特效通过一个蒙版来定义涂抹笔触，另一个蒙版来定义涂抹范围，通过改变涂抹笔触的位置和旋转角度产生一个类似蒙版的特效生成框，以此框来涂抹当前图像，产生变形效果。应用该特效的参数设置及应用前后效果，如图8.70所示。

图8.70 应用漩涡条纹的前后效果及参数设置

该特效的各项参数含义如下：

- 【源蒙版】：从右侧的下拉菜单中，选择要产生变形的源蒙版。
- 【边界蒙版】：从右侧的下拉菜单中，指定变形的边界蒙版范围。

- 【蒙版位移】：设置特效生成框的偏移位置。
- 【蒙版旋转】：设置特效生成框的旋转角度。
- 【蒙版缩放】：设置特效生成框的大小。
- 【百分比】：设置涂抹变形的百分比程度。
- 【弹性】：控制图像与特效涂抹的过渡程度。
- 【计算密度】：设置变形的过渡方式。从右侧的下拉菜单中可以选择一种方式，包括【分离】表示在第1帧中计算变形，产生最精确的变形效果，但需要较长的渲染时间；【线性】表示关键帧间产生平稳变化；【平滑】表示使用平滑有方式进行变形过渡。

8.6 文本特效组

【文本】特效组主要是辅助文字工具来添加更多更精彩的文字特效。包括【编号】和【时间码】2种特效。

8.6.1 编号

该特效可以生成多种格式的随机或顺序数，可以编辑时间码、十六进制数字、当前日期等，并且可以随时间变动刷新，或者随机乱序刷新。应用该特效的参数设置及应用前后效果，如图8.71所示。

图8.71 应用编号的前后效果及参数设置

这里的很多参数与【基本文字】的参数用法相同，这里不再赘述，只讲解不同的参数含义：

- 【格式】：该选项组主要用来设置数字效果的类型格式。
- 【类型】：设置数字的显示类型。
- 【随机值】：将数值设置为随机效果。
- 【数值/位移/随机最大】：指定数字的显示内容。
- 【小数位数】：设置小数点后的位数。
- 【当前时间 / 日期】：勾选该复选框，将自动显示出当前的计算机时间、日期或当前时间帧位置等信息。

8.6.2 时间码

该特效可以在当前层上生成一个显示时间的

码表效果，以动画形式显示当前播放动画的时间长度。应用该特效的参数设置及应用前后效果，如图8.72所示。

图8.72 应用时间码的前后效果及参数设置

该特效的各项参数含义如下：

- 【显示格式】：设置码表显示的格式。【SMPTE 时：分：秒：帧】表示以标准的时间显示；【帧编号】表示以累加帧数值方式显示；【英尺＋帧（35mm）】表示以英尺＋帧的方式显示；【英尺＋帧（16mm）】表示以英尺＋帧的方式显示。
- 【时间源】：设置时间来源。
- 【时间单位】：设置时间码以哪种帧速率显示。
- 【丢帧】：勾选该复选框，可以使时间码用掉帧方式显示。
- 【开始帧】：设置初始帧。
- 【文本位置】：设置时间码在屏幕中的位置。
- 【文字大小】：设置时间码文字的大小。
- 【文本颜色】：设置时间码文字的颜色。
- 【显示方框】：勾选该复选框，添加文本背景。
- 【方框颜色】：设置文本背景的颜色。
- 【不透明度】：设置方框颜色的不透明度。
- 【在原始图像上合成】：保留原合成的图像。

8.7 时间特效组

【时间】特效组主要用来控制素材的时间特性，并以素材的时间作为基准。包括CC Force Motion Blur（CC 强力运动模糊）、CC Time Blend（CC 时间混合）、CC Time Blend FX（CC 时间混合FX）、CC Wide Time（CC 时间工具）、【残影】、【色调分离时间】、【时差】和【时间置换】特效。各种特效的应用方法和含义如下。

8.7.1 CC Force Motion Blur（CC强力运动模糊）

该特效可以使运动的物体产生模糊效果。应用该特效的参数设置及应用前后效果，如图8.73所示。

图8.73 应用CC 强力运动模糊的前后效果及参数

该特效的各项参数含义如下：

- Motion Blur Samples（运动模糊采样）：设置运动模糊的程度。
- Override Shutter：取消勾选该复选框，将不产生模糊效果。
- Shutter Angle（百叶窗角度）：增大数值，可以使图像产生更强烈的运动模糊效果。
- Native Motion Blur（自然运动模糊）：在右侧的下拉菜单中，选择Off选项表示关闭运动模糊，选择On选项表示打开运动模糊。

8.7.2 CC Time Blend（CC 时间混合）

该特效可以通过转换模式的变化，产生不同的混合现象。应用该特效的参数设置及应用前后效果，如图8.74所示。

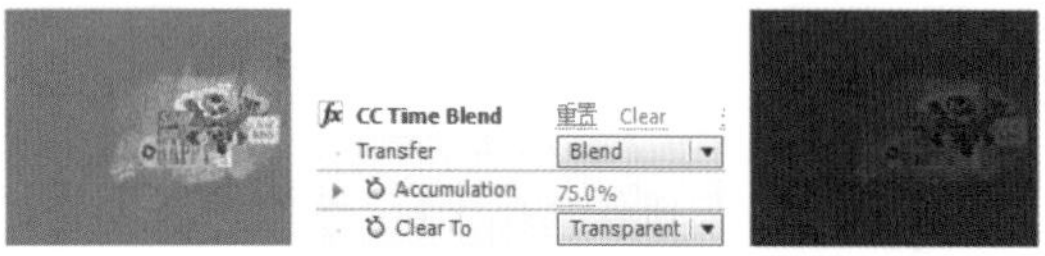

图8.74 应用CC 时间混合的前后效果及参数

该特效的各项参数含义如下：

- Transfer（转换）：从右侧的下拉菜单中，可以选择用于混合的模式。
- Accumulation（累积）：设置与源图像的累积叠加效果。值越小，源图像越明显；值越大，源图像越不明显。
- Clear To（清除）：从右侧的下拉菜单中，选择Transparent（透明），则会产生混合模式；选择Current Frame（当前帧），则在当前时间没有混合模式。

8.7.3 CC Time Blend FX（CC 时间混合FX）

该特效与CC Time Blend（CC 时间混合）特效的使用方法相同，只是需要在Instence右侧的下拉菜单中选择Paste选项，各项参数才可使用，具体操作在这里就不再赘述。应用该特效的参数设置及应用前后效果，如图8.75所示。

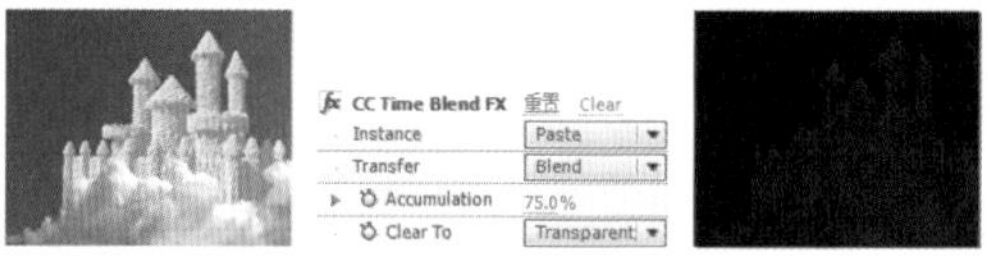

图8.75 应用CC 时间混合 FX的前后效果及参数

8.7.4 CC Wide Time（CC 时间工具）

该特效可以设置图像前方与后方的重复数量，使其产生连续的重复效果，该特效只对运动的素材起作用。应用该特效的参数设置及应用前后效果，如图8.76所示。

图8.76 应用CC 时间工具的前后效果及参数

该特效的各项参数含义如下：

- Forward Steps（前方步数）：设置图像前方的重复数量。
- Backward Steps（后方步数）：设置图像后方的重复数量。

- Native Motion Blur（自然运动模糊）：在右侧的下拉菜单中，选择Off选项表示关闭运动模糊，选择On选项表示打开运动模糊。

8.7.5 残影

该特效可以将图像中不同时间的多个帧组合起来同时播放，产生重复效果，该特效只对运动的素材起作用。应用该特效的参数设置及应用前后效果，如图8.77所示。

图8.77 应用残影的前后效果及参数设置

该特效的各项参数含义如下：

- 【残影时间（秒）】：设置两个混合图像之间的时间间隔，负值将会产生一种拖尾效果，单位为秒。
- 【残影数量】：设置重复产生的数量。
- 【起始强度】：设置开始帧的强度。
- 【衰减】：设置图像重复的衰退情况。
- 【残影运算符】：设置重复图形的混合模式。

8.7.6 色调分离时间

该特效是将素材锁定到一个指定的帧率，从而产生跳帧播放的效果。应用该特效的参数设置及应用前后效果，如图8.78所示。

图8.78 应用色调分离时间的前后效果及参数

该特效中的【帧速率】选项表示设置帧速率的大小，以便产生跳帧播放效果。

8.7.7 时差

通过特效层与指定层之间像素的差异比较，而产生该特效效果。应用该特效的参数设置及应用前后效果，如图8.79所示。

图8.79 应用时差的前后效果及参数设置

该特效的各项参数含义如下：

- 【目标】：指定与当前层比较的目标层。
- 【时间偏移量（秒）】：设置两层的时间偏移大小，单位为秒。
- 【对比度】：设置两层间的对比程度。
- 【绝对差值】：勾选该复选框，将使用像素绝对差异功能。
- 【Alpha 通道】：设置Alpha通道的混合模式。

8.7.8 时间置换

该特效可以在特效层上，通过其他层图像的时间帧转换图像像素使图像变形，产生特效。可以在同一画面中反映出运动的全过程。应用的时候要设置映射图层，然后基于图像的亮度值，将图像上明亮的区域替换为几秒钟以后该点的像素。应用该特效的参数设置及应用前后效果，如图8.80所示。

图8.80 应用时间置换的前后效果及参数设置

该特效的各项参数含义如下：

- 【时间置换图层】：指定用于时间帧转换的层。
- 【最大移位时间】：设置图像置换需要的最大时间。单位为秒。
- 【时间分辨率】：设置每秒置换的图像像素量。
- 【如果图层大小不同】：如果指定层和特效层尺寸不同，勾选右侧的【伸缩对应图以适合】选项，将拉伸指定层以匹配特效层。

8.8 杂色和颗粒特效组

　　【杂色和颗粒】特效组主要对图像进行了杂点颗粒的添加设置。共包括11种特效：【分形杂色】、【蒙尘与划痕】、【匹配颗粒】、【添加颗粒】、【湍流杂色】、【移除颗粒】、【杂色】、【杂色Alpha】、【杂色HLS】、【杂色HLS自动】和【中间值】。各种特效的应用方法和含义如下。

8.8.1 分形杂色

　　该特效可以轻松制作出各种的云雾效果，并可以通过动画预置选项，制作出各种常用的动画画面，其功能相当强大。应用该特效的参数设置及应用前后效果，如图8.81所示。

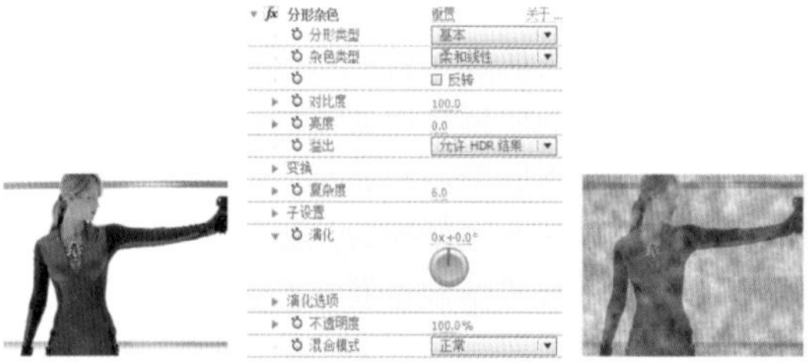

图8.81 应用分形噪波的前后效果及参数设置

该特效的各项参数含义如下：

- 【分形类型】：设置分形的类型，可以通过此选项，快速制作出常用的分形效果。
- 【杂色类型】：设置噪波类型。包括【块】、【线性】、【柔和线性】和【样条】4个选项。
- 【反转】：勾选该复选框，可以将图像信息进行反转处理。
- 【对比度】：设置图像的对比程度。
- 【亮度】：设置图像的明亮程度。
- 【溢出】：设置图像边缘溢出部分的修整方式。包括【剪切】、【柔和固定】和【反绕】、【允许HDR效果】3个选项。

- 【变换】：该选项组主要控制图像的噪波的大小、旋转角度、位置偏移等设置。其选项组参数，如图8.82所示。

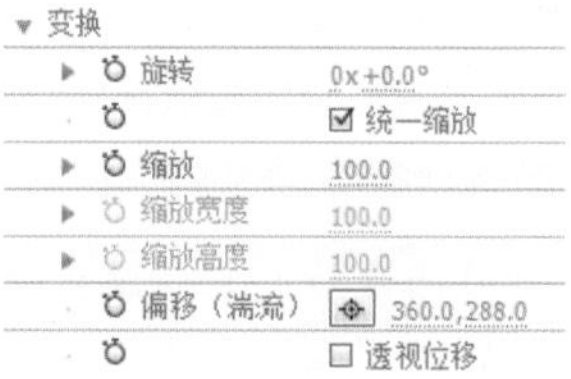

图8.82 转换选项组

- ◆ 【旋转】：设置噪波图案的旋转角度。
- ◆ 【统一缩放】：勾选该复选框，对噪波图案进行宽度、高度的等比缩放。
- ◆ 【缩放】：设置图案的整体大小。在勾选【统一缩放】复选框时可用。
- ◆ 【缩放宽度/高度】：在没有勾选【统一缩放】复选框时，可以通过这两个选项，分别设置噪波图案的宽度和高度大小。
- ◆ 【偏移(湍流)】：设置噪波的动荡位置。
- ◆ 【透视位移】：勾选该复选框，将启用透视偏移功能。
- 【复杂度】：设置分形噪波的复杂程度。值越大，噪波越复杂。
- 【子设置】：该选项组主要对子分形噪波的强度、大小、旋转等参数进行设置，其选项组参数，如图8.83所示。

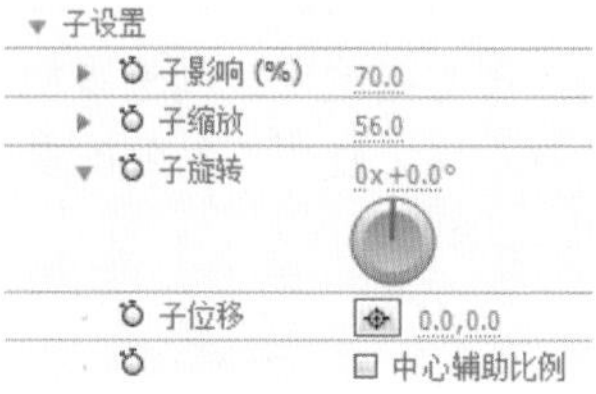

图8.83 【子设置】选项组

◆ 【子影响】：设置子分形噪波的影响力。值越大，子分形噪波越明显。

◆ 【子缩放】：设置子分形噪波的尺寸大小。

◆ 【子旋转】：设置子分形噪波的旋转角度。

◆ 【子位移】：设置子分形噪波的位置偏移量。

◆ 【中心辅助比例】：勾选该复选框，将启用中心扩散功能。

● 【演化】：设置分形噪波图案的进化演变。

● 【演化选项】：该选项组主要对噪波的进化演变进行设置，包括循环和随机的设置。

● 【不透明度】：设置噪波图案的透明程度。

● 【混合模式】：设置分形噪波与原图像间的叠加模式，与层的混合模式用法相同。

8.8.2 蒙尘与划痕

该特效可以为图像制作类似蒙尘和划痕的效果。应用该特效的参数设置及应用前后效果，如图8.84所示。

图8.84 应用蒙尘与划痕的前后效果及参数设置

该特效的各项参数含义如下：

● 【半径】：用来设置蒙尘和划痕的半径值。

● 【阀值】：设置蒙尘和划痕的极限，值越大，产生的蒙尘和划痕效果越不明显。

● 【在Alpha通道上运算】：勾选该复选框，将该效果应用在Alpha通道上。

8.8.3 匹配颗粒

该特效与【添加颗粒】很相似，不过该特效可以通过取样其他层的杂点和噪波，添加当前层的杂点效果，并可以进行再次的调整。该特效中的许多参数与【添加颗粒】相同，这里不再赘述，只讲解不同的部分。应用该特效的参数设置及应用前后效果，如图8.85所示。

图8.85 应用匹配颗粒的前后效果及参数设置

该特效的各项参数含义如下：

● 【查看模式】：可分为【预览】、【杂色样本】、【补偿范例】、【混合遮罩】、【最终输出】。

● 【杂色源图层】：选择作为噪波取样的源层。

● 【预览区域】：在此选项中包括【中心】、【宽度】、【高度】、【显示方框】、【方框颜色】。

● 【中心】：设置中心点的位置。

● 【宽度】：设置宽度的值。

● 【高度】：设置高度的值。

● 【显示方框】：勾选【显示方框】复选框时，预览区域周围将显示方框。

● 【补偿现有杂色】：在取样噪波的基础上，对噪波进行补偿设置。

● 【方框颜色】：选择方框的颜色。

● 【颜色】：设置预览区域的颜色。

● 【单色】：设置一种颜色。

● 【饱和度】：设置色相饱和度的值。

● 【色调量】：设置色调的数值。

● 【色调颜色】：设置颜色值。

● 【混合模式】：包括【胶片】、【相乘】、【相加】、【滤色】、【叠加】。

● 【阴影】：设置阴影的值。

● 【中间调】：设置中间调的值。

● 【高光】：设置高光的值。

● 【中点】：设置中点的值。

● 【通道平衡】：设置每个通道的值，包括【红色阴】、【红色中】、【红色高】、【绿色阴】、【绿色中】、【绿色高】、【蓝色阴】、【蓝色中】、【蓝色高】。

● 【采样】：通过其选项组，可以设置采样帧、采样数量、采样尺寸等。

● 【动画】：通过其选项组，设置【动画速度】、【动画流畅】、【随机植入】的值。

8.8.4 添加颗粒

该特效可以将一定数量的杂色以随机的方式添加到图像中。应用该特效的参数设置及应用前后效果，如图8.86所示。

图8.86 应用添加颗粒的前后效果及参数设置

该特效的各项参数含义如下：

- 【查看模式】：设置视图预览的模式。
- 【预设】：可以从右侧的下拉菜单中，选择一种默认的添加杂点的设置。
- 【预览区域】：该选项组主要对预览的范围进行设置。该项只有在【查看模式】项选择【预览】命令时才能看出效果。
- 【中心】：设置预览范围的中心点位置。
- 【宽度】：设置预览范围的宽度值。
- 【高度】：设置预览范围的高度值。
- 【显示方框】：显示预览范围的边框线。
- 【方框颜色】：设置预览范围边框线的颜色。
- 【微调】：该选项组主要对杂点的强度、大小、柔化等参数进行调整设置。
- 【强度】：设置杂点的强度。值越大，杂点效果越强烈。
- 【大小】：设置杂点的尺寸大小。值越大，杂点也越大。
- 【柔和度】：设置杂点的柔化程度。值越大，杂点变的越柔和。
- 【长宽比】：设置杂点的屏幕高宽比。较小的值产生垂直拉伸效果，较大的值产生水平拉伸效果。
- 【通道强度】：设置图像R、G、B通道强度。
- 【通道大小】：设置图像R、G、B通道大小。
- 【颜色】：该选项组主要设置杂点的颜色。可以将杂点设置成单色，也可以改变杂点的颜色。
- 【应用】：该选项组主要设置杂点的混合

模式、阴影、中间调、高光和中点、通道平衡的设置。

- 【动画】：该选项组主要设置杂点的动画速度、平滑和随机效果。
- 【与原始图像混合】：该选项组主要设置添加的杂点图像与原图像间的混合设置。

8.8.5 湍流杂色

该特效与【分形噪波】的使用方法及参数设置相同，在这里就不再赘述。应用该特效的参数设置及应用前后效果，如图8.87所示。

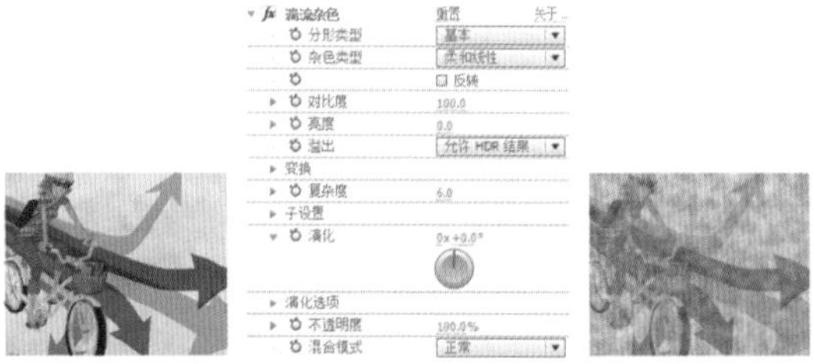

图8.87 应用分形噪波的前后效果及参数设置

8.8.6 移除颗粒

该特效常用于人物的降噪处理，是一个功能相当强大的工具，在降噪方面独树一帜，通过简单的参数修改，或者不修改参数，都可以对带有杂点、噪波的照片进行美化处理。应用该特效的参数设置及应用前后效果，如图8.88所示。

图8.88 应用移除颗粒的前后效果及参数设置

该特效的各项参数含义如下：

- 【查看模式】：选择视图的模式。
- 【预览区域】：当【查看模式】选择【预览】选项时，此项才可以发挥作用。其选项组参数在前面的参数中已经讲过，这里不再赘述。
- 【杂色深度减低设置】：该选项组参数，主要对图像的降噪量进行设置，可以对整个图像控制，也可以对R、G、B通道中的噪波进行控制。
- 【微调】：该选项组中的参数，主要对噪波进行精细调节，如色相、纹理、噪波大小固态区域等进行精细调节。

- 【临时过滤】：该选项组控制是否开启实时过滤功能，并可以控制过滤的数量和运动敏感度。
- 【钝化蒙版】：该选项组可以通过锐化数量、半径和阈值，来控制图像的反锐利化蒙版程度。
- 【采样】：该选项组可以控制采样情况，如采样原点、数量、大小和采样区等。
- 【与原始图像混合】：该选项组设置原图与降噪图像的混合情况。

8.8.7 杂色

该特效可以在图像颜色的基础上，为图像添加噪波杂点。应用该特效的参数设置及应用前后效果，如图8.89所示。

图8.89 应用杂色的前后效果及参数设置

该特效的各项参数含义如下：

- 【杂色数量】：设置噪波产生的数量。值越大，产生的噪波也就越多。
- 【杂色类型】：用来设置噪波是单色还是彩色。勾选【使用杂色】复选框，可以将噪波设置成彩色效果。
- 【剪切】：设置修剪值。勾选【剪切结果值】复选框，可以对不符合的色彩进行修剪。

8.8.8 杂色Alpha

该特效能够在图像的Alpha通道中，添加噪波效果。应用该特效的参数设置及应用前后效果，如图8.90所示。

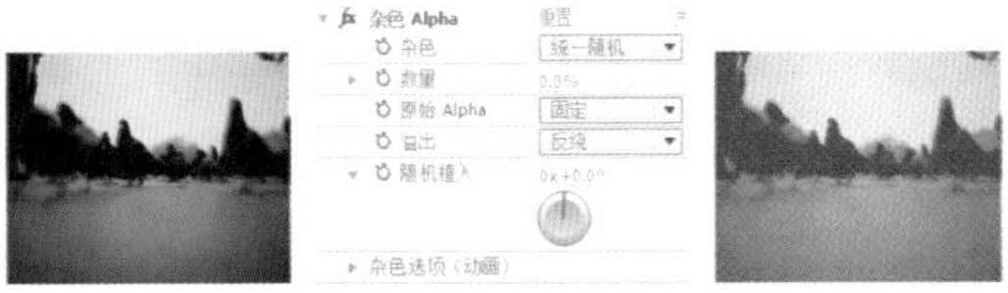

图8.90 应用杂色Alpha的前后效果及参数设置

该特效的各项参数含义如下：

- 【杂色】：设置噪波产生的方式。
- 【数量】：设置噪波的数量大小。值越

大，噪波的数量越多。
- 【原始Alpha】：设置噪波与原始Alpha通道的混合模式。
- 【溢出】：设置噪波溢出的处理方式。
- 【随机植入】：设置噪波的随机种子数。
- 【杂色选项（动画）】：勾选【循环杂色】复选框，可以启动循环动画选项，并通过【循环】选项来设置循环的次数。

8.8.9 杂色HLS

该特效可以通过调整色相、亮度和饱和度来设置噪波的产生位置。应用该特效的参数设置及应用前后效果，如图8.91所示。

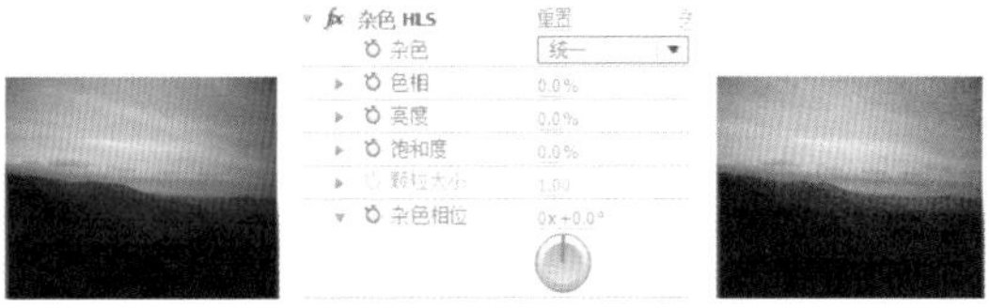

图8.91 应用杂色HLS的前后效果及参数设置

该特效的各项参数含义如下：

- 【杂色】：设置噪波产生的方式。
- 【色相】：设置噪波的色彩变化。
- 【亮度】：设置噪波在亮度中生成的数量多少。
- 【饱和度】：设置噪波的饱和度变化。
- 【颗粒大小】：设置杂点的大小。只有在【杂色】选项中，选择【颗粒】选项，此项才可以修改。
- 【杂色相位】：设置噪波的位置变化。

8.8.10 杂色HLS自动

该特效与【杂色HLS】的应用方法很相似，只是通过参数的设置可以自动生成噪波动画。应用该特效的参数设置及应用前后效果，如图8.92所示。

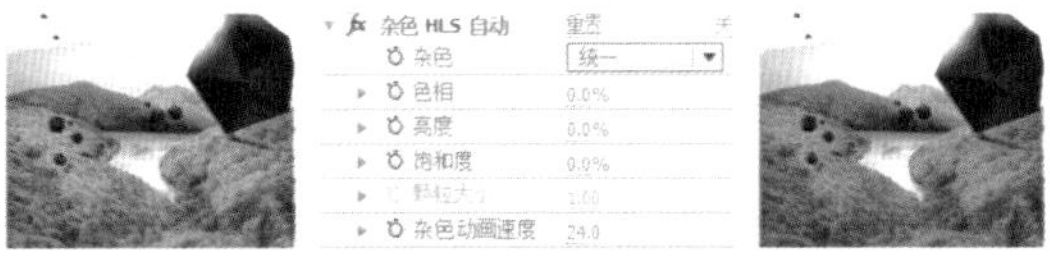

图8.92 应用杂色HLS自动的前后效果及参数

其参数与【杂色HLS】大部分相同，相同的部分不再赘述，不同的参数【杂色动画速度】的含义为：通过修改该参数，可以修改噪波动画的变化速度。值越大，变化速度越快。

8.8.11 中间值

该特效可以通过混合图像像素的亮度来减少图像的杂色，并通过指定的半径值内图像中性的色彩替换其他色彩。此特效在消除或减少图像的动感效果时非常有用。应用该特效的参数设置及应用前后效果，如图8.93所示。

图8.93 应用中间值的前后效果及参数设置

该特效的各项参数含义如下：

- 【半径】：设置中性色彩的半径大小。
- 【在Alpha通道上运算】：将特效效果应用到Alpha通道上。

8.9 模糊和锐化特效组

【模糊和锐化】特效组主要是对图像进行各种模糊和锐化处理，如CC Cross Blur（CC交叉模糊）、CC Radial Blur（CC 放射模糊）、CC Radial Fast Blur（CC 快速放射模糊）、CC Vector Blur（CC矢量模糊）、【定向模糊】、【钝化蒙版】、【方框模糊】、【复合模糊】、【高斯模糊】、【减少交错闪烁】、【径向模糊】、【快速模糊】、【锐化】、【摄像机镜头模糊】、【双向模糊】、【通道模糊】和【智能模糊】，各种特效的应用方法和含义介绍如下。

8.9.1 CC Cross Blur（CC 交叉模糊）

该特效可以通过设置水平或垂直半径创建十字形模糊效果。应用该特效的参数设置及应用前后效果，如图8.94所示。

图8.94 应用CC交叉模糊的前后效果及参数设置

该特效的各项参数含义如下：

- Radius X（X轴半径）：设置水平模糊的程度。
- Radius Y（Y轴半径）：设置垂直模糊的程度。
- Transfer Mode（转换模式）：设置模糊的转换模式，可以从右侧的下拉菜单中选择要转换的模式。
- Repeat Edge Pixels（重复边缘像素）：选择该复选框，模糊时超出画面的部分将以重复边缘像素的形式显示出来。

8.9.2 CC Radial Blur（CC 放射模糊）

该特效可以将图像按多种放射状的模糊方式进行处理，使图像产生不同模糊效果，应用该特效的参数设置及应用前后效果，如图8.95所示。

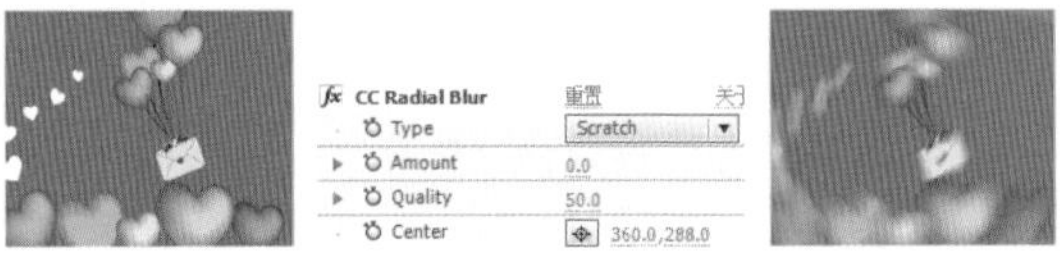

图8.95 应用CC 放射模糊的前后效果及参数设置

该特效的各项参数含义如下：

- Type（模糊方式）：从右侧的下拉菜单中，可以选择设置模糊的方式。包括Straight Zoom、Fading Zoom、Centered、Rotate、和Scratch5个选项。
- Amount（数量）：用来设置图像的旋转层数，值越大，层数越多。
- Qualiy（质量）：用来设置模糊的程度，值越大，模糊程度越大，最小值为10。
- Center（模糊中心）：用来指定模糊的中心点位置，可以直接修改参数来改变中心点位置，也可以单击参数前方的按钮，然后在【合成】窗口中通过单击鼠标来设置中心点。

8.9.3 CC Radial Fast Blur（CC 快速放射模糊）

该特效可以产生比CC 放射模糊更快的模糊效果。应用该特效的参数设置及应用前后效果，如图8.96所示。

图8.96 应用CC快速放射模糊的前后效果及参数

该特效的各项参数含义如下：

- Center（模糊中心）：用来指定模糊的中心点位置，可以直接修改参数来改变中心点位置，也可以单击参数前方的 ⊕ 按钮，然后在【合成】窗口中通过单击鼠标来设置中心点。
- Amount（数量）：用来设置模糊的程度，值越大，模糊程度也越大。Zoom（爆炸叠加方式）：从右侧的下拉菜单中，可以选择设置模糊的方式。包括standard（标准）、Brightest（变亮）和Darkest（变暗）3个选项。

8.9.4 CC Vector Blur （CC矢量模糊）

该特效可以通过Type（模糊方式）对图像进行不同样式的模糊处理。应用该特效的参数设置及应用前后效果，如图8.97所示。

图8.97 应用CC矢量模糊的前后效果及参数设置

该特效的各项参数含义如下：

- Type（模糊方式）：从右侧的下拉菜单中，可以选择设置模糊的方式。包括Natural（自然）、Constant Length（固定长度）、Perpendicular（垂直）、Direction Center（方向中心）和Direction Fading（方向衰减）5个选项。
- Amount（数量）：用来设置模糊的程度，值越大，模糊程度也越大。
- Angle Offset（角度偏移）：用来设置模糊的偏移角度。
- Ridge smoothness（转数）：用来设置图像边缘的模糊转数，值越大，转数越多。
- Vector Map（矢量图）：从右侧的下拉菜单中，可以选择进行模糊的图层。模糊层亮度高的区域模糊程度就大些，模糊层亮度低的区域模糊程度就小些。

- Property（特性）：从右侧的下拉菜单中，可以选择设置通道的方式。包括Red、Green、Blue、Alpha、Luminance、Lightness、Hue和Saturation8个选项。
- Map Softness（柔化图像）：用来设置图像的柔化程度，值越大，柔化程度也越大。

8.9.5 定向模糊

该特效可以指定一个方向，并使图像按这个指定的方向进行模糊处理，可以产生一种运动的效果。应用该特效的参数设置及应用前后效果，如图8.98所示。

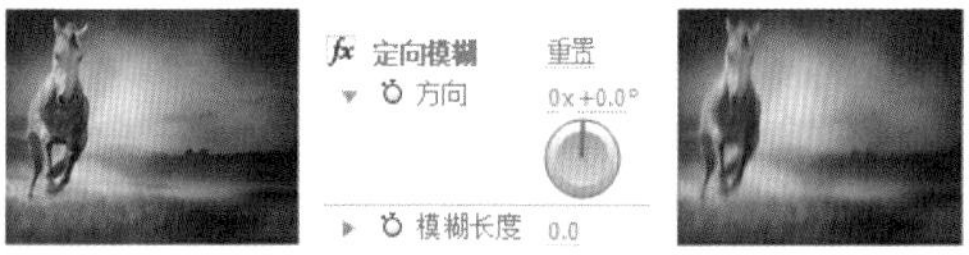

图8.98 应用方向模糊的前后效果及参数设置

该特效的各项参数含义如下：

- 【方向】：用来设置模糊的方向。
- 【模糊长度】：用来调整模糊的大小程度。

8.9.6 钝化蒙版

该特效与锐化命令相似，用来提高相邻像素的对比程度，从而达到图像清晰度的效果。和【锐化】不同的是，它不对颜色边缘进行突出，看上去是整体对比度增强。应用该特效的参数设置及应用前后效果，如图8.99所示。

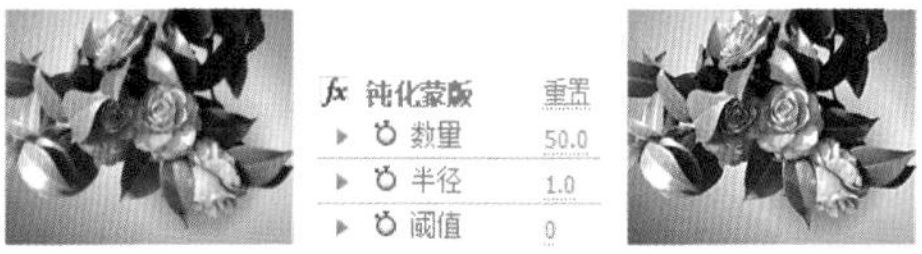

图8.99 应用钝化蒙版的前后效果及参数设置

该特效的各项参数含义如下：

- 【数量】：设置锐化的程度，值越大锐化程度也越大。
- 【半径】：设置颜色边缘受调整的像素范围，值越大受调整的范围就越大。
- 【阈值】：设置边界的容差，调整容许的对比度范围，避免调整整个画面的对比度而产生杂点，值越大受影响的范围就越小。

8.9.7 方框模糊

该特效将图像按盒子的形状进行模糊处理，在图像的四周形成一个盒状的边缘效果，应用该特效的参数设置及应用前后效果，如图8.100所示。

图8.100 应用方框模糊的前后效果及参数设置

该特效的各项参数含义如下：

- 【模糊半径】：设置方框模糊的半径大小，值越大图像越模糊。
- 【迭代】：设置模糊的重复次数，值越大图像模糊的次数越多，图像越模糊。
- 【模糊方向】：从右侧的下拉菜单中，可以选择设置模糊的方向。包括【水平和垂直】、【水平】或【垂直】3个选项。
- 【重复边缘像素】：勾选该复选框，当模糊范围超出画面时，对边缘像素进行重复模糊，这样可以保持边缘的清晰度。

视频讲座8-4：利用方框模糊制作图片模糊

视频分类：软件功能类
工程文件：配套光盘\工程文件\第8章\方框模糊
视频位置：配套光盘\movie\视频讲座8-4：利用方框模糊制作图片模糊.avi

本例主要讲解利用【方框模糊】特效制作图片模糊，通过本例的制作，掌握【方框模糊】特效的使用方法。

PS 01 执行菜单栏中的【文件】|【打开项目】命令，选择配套光盘中的【工程文件\第8章\方框模糊\方框模糊练习.aep】文件，将【方框模糊练习.aep】文件打开。

PS 02 为【钢铁侠】层添加【方框模糊】特效。在【效果和预设】面板中展开【模糊和锐化】特效组，然后双击【方框模糊】特效。

PS 03 在【效果控件】面板中，修改【方框模糊】特效的参数，将时间调整到00:00:00:00帧的位置，设置【模糊半径】的值为0，【迭代】的值为1，单击【模糊半径】和【迭代】左侧的

【码表】按钮，在当前位置设置关键帧，如图8.101所示；合成窗口效果如图8.102所示。

图8.101 设置0秒关键帧

图8.102 设置方框模糊特效前效果

PS 04 将时间调整到00:00:01:15帧的位置，设置【模糊半径】的值为16，【迭代】的值为6，系统会自动设置关键帧，如图8.103所示；合成窗口效果如图8.104所示。

图8.103 设置1秒15帧关键帧

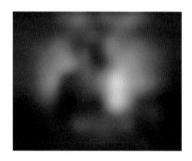

图8.104 设置方框模糊关键帧后效果

PS 05 这样就完成了方框模糊的整体制作，按小键盘上的【0】键，即可在合成窗口中预览动画。完成的动画流程画面，如图8.105所示。

图8.105 动画流程画面

8.9.8 复合模糊

该特效可以根据指定的层画面的亮度值，对应用特效的图像进行模糊处理，用一个层去模糊另一个层效果。应用该特效的参数设置及应用前后效果，如图8.106所示。

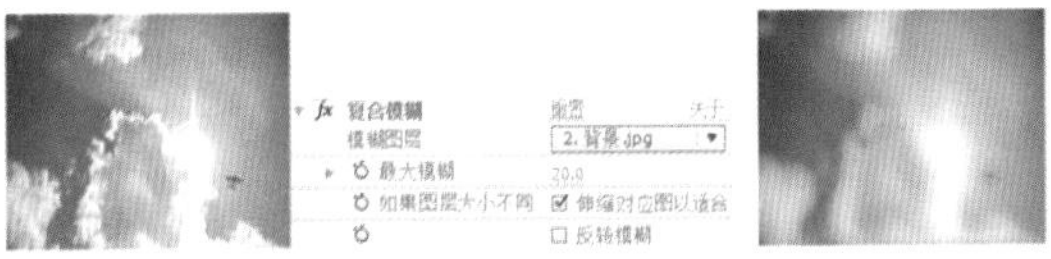

图8.106 应用复合模糊的前后效果及参数设置

该特效的各项参数含义如下：

- 【模糊图层】：可从右侧的下拉菜单中选择进行模糊的对照层，以进行模糊处理。模糊层亮度高的区域模糊程度就大些，模糊层亮度低的区域模糊程度就小些。
- 【最大模糊】：设置最大模糊程度值，以像素为单位，值越大，模糊程度越大。
- 【如果图层大小不同】：如果模糊层和特效层尺寸不同，勾选右侧的【伸缩对应图以适合】复选框，将拉伸模糊层。
- 【反转模糊】：勾选该复选框，将模糊效果反相处理。

8.9.9 高斯模糊

该特效是通过高斯运算在图像上产生大面积的模糊效果。应用该特效的参数设置及应用前后，效果如图8.107所示。

图8.107 应用高斯模糊的前后效果及参数设置

该特效的各项参数含义如下：

- 【模糊度】：用来调整模糊的程度。
- 【模糊方向】：从右侧的下拉菜单中，选择用来设置模糊的方向。包括【水平和垂直】、【水平】、【垂直】3个选项。

8.9.10 减少交错闪烁

该特效用于降低过高的垂直频率，消除超过安全级别的行间闪烁，使图像更适合在隔行扫描设置（如NTSC视频）上使用。一般常用值在1~5之间，值过大会影响图像效果。其参数设置面板如图8.108所示。

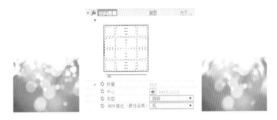

图8.108 减少交错闪烁参数设置面板

该特效参数【柔和度】用来设置图像的柔化程度，以减小闪烁。

8.9.11 径向模糊

该特效可以模拟摄像机快速变焦和旋转镜头时所产生的模糊效果。应用该特效的参数设置及应用前后效果，如图8.109所示。

图8.109 应用径向模糊的前后效果及参数设置

该特效的各项参数含义如下：

- 【数量】：用来设置模糊的程度，值越大，模糊程度也越大。
- 【中心】：用来指定模糊的中心点位置，可以直接修改参数来改变中心点位置，也可以单击参数前方的按钮，然后在【合成】窗口中通过单击鼠标来设置中心点。
- 【类型】：从右侧的下拉菜单中，可以选择设置模糊的方式。选择【旋转】选项，图像呈圆周模糊效果；选择【缩放】选项，图像呈爆炸放射状模糊效果。
- 【消除锯齿（最佳品质）】：用于设置反锯齿的作用，【高】表示高质量；【低】表示低质量。

8.9.12 快速模糊

该特效可以产生比高斯模糊更快的模糊效果。应用该特效的参数设置及应用前后效果，如图8.110所示。

图8.110 应用快速模糊的前后效果及参数设置

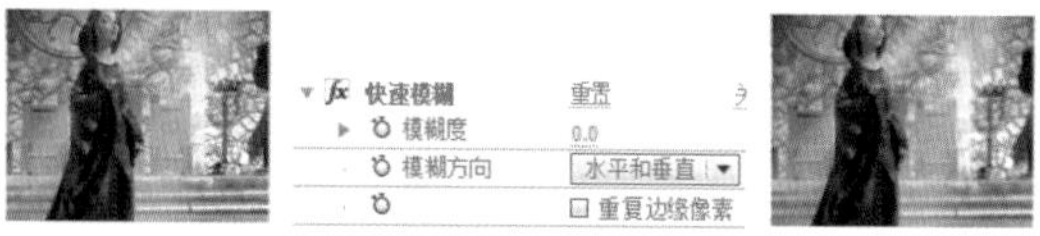

该特效的各项参数含义如下：

- 【模糊度】：用来调整模糊的程度。
- 【模糊方向】：从右侧的下拉菜单中，选择用来设置模糊的方向。包括【水平和垂直】、【水平】、【垂直】3个选项。
- 【重复边缘像素】：勾选该复选框，可以排除图像边缘模糊。

8.9.13 锐化

该特效可以提高相邻像素的对比程度，从而达到图像清晰度的效果。应用该特效的参数设置及应用前后效果，如图8.111所示。该特效参数【锐化量】用于调整图像的锐化强度，值越大锐化程度越大。

图8.111 应用锐化的前后效果及参数设置

8.9.14 摄像机镜头模糊

该特效是运用摄像机原理，将物体进行模糊处理，如图8.112所示。

图8.112 应用【摄像机镜头模糊】的前后效果及参数设置

该特效的各项参数含义如下：

- 【模糊半径】：设置方框模糊的半径大小，值越大图像越模糊。
- 【光圈属性】：属性栏里控制着【形

状】，【圆度】，【长宽比】，【旋转】，【衍射条纹】。

- 【模糊图】：设置模糊映射的选项
- 【图层】：从右侧的下拉菜单中，可以选择设置模糊的图层。
- 【声道】：控制模糊的类型，分别有【明亮度】、【红色】、【绿色】、【蓝色】、【通道】。
- 【位置】：从右侧的下拉菜单中，可以设置为【图居中】或【拉伸图以适合】。
- 【模糊焦距】：可以设置对图像的焦距感。
- 【反转模糊图】：勾选此选项和取消勾选此选项，模糊的位置不同。
- 【高光】：控制高光的属性。
- 【增益】：增加高光的强度。
- 【阈值】用于调整黑白的比例大小。值越大，黑色占的比例越多；值越小，白色点的比例越多。
- 【饱和度】：设置饱和度的值。
- 【边缘特性】：勾选其右侧的【重复边缘像素】复选框，可以排除图像边缘模糊。
- 【使用【线性】工作空间】使用使用线性进行模糊。

8.9.15 双向模糊

该特效将图像按左右对称的方向进行模糊处理，应用该特效的参数设置及应用前后效果，如图8.113所示。

图8.113 应用双向模糊的前后效果及参数设置

该特效的各项参数含义如下：

- 【半径】：设置模糊的半径大小，值越大模糊程度也越大。
- 【阈值】：设置模糊的容差，值越大模糊的范围也越大。
- 【彩色化】：勾选该复选框，可以显示源图像的颜色。

8.9.16 通道模糊

该特效可以分别对图像的红、绿、蓝或Alpha这几个通道进行模糊处理。应用该特效的参数设置及应用前后效果，如图8.114所示。

图8.114 应用通道模糊的前后效果及参数设置

该特效的各项参数含义如下：

- 【红色/绿色/蓝色/Alpha模糊度】：设置红、绿、蓝或Alpha通道模糊程度。
- 【边缘特性】：勾选其右侧的【重复边缘像素】复选框，可以排除图像边缘模糊。
- 【模糊方向】：从右侧的下拉菜单中，可以选择模糊的方向设置。包括【水平和垂直】、【水平】或【垂直】3个选项。

8.9.17 智能模糊

该特效在你选择的距离内搜索计算不同的像素，然后使这些不同的像素产生相互渲染的效果，并对图像的边缘进行模糊处理。应用该特效的参数设置及应用前后效果，如图8.115所示。

图8.115 应用精确模糊的前后效果及参数设置

该特效的各项参数含义如下：

- 【半径】：设置模糊的半径大小，值越大模糊程度也越大。
- 【阈值】：设置模糊的容差，值越大模糊的范围也越大。
- 【模式】：从右侧的下拉菜单中，可以选择不同模糊的模式。其中有3个选项，【正常】表示一般的边缘模糊处理；【仅限边缘】表示用黑白效果勾画出影像中明显的轮廓；【叠加边缘】表示把影像中明显的轮廓色描绘出来。

8.10 生成特效组

【生成】特效组可以在图像上创造各种常见的特效，如闪电、圆、镜头光晕等，还可以对图像进行颜色填充，如4色渐变、滴管填充等。该特效组主要包括CC Glue Gun（CC 喷胶器）、CC Light Burst 2.5（CC 光线爆裂2.5）、CC Light Rays（CC 光芒放射）、CC Light Sweep（CC 扫光效果）、CC Threads（CC线状穿梭）、【单元格图案】、【分形】、【高级闪电】、【勾画】、【光束】、【镜头光晕】、【描边】、【棋盘】、【四色渐变】、【梯度渐变】、【填充】、【涂写】、【椭圆】、【网格】、【无线电波】、【吸管填充】、【写入】、【音频波形】、【音频频谱】、【油漆桶】、【圆形】。

8.10.1 CC Glue Gun（CC 喷胶器）

该特效可以使图像产生一种水珠的效果。应用该特效的参数设置及应用前后效果，如图8.116所示。

图8.116 应用CC 喷胶器的前后效果及参数设置

该特效的各项参数含义如下：

- Brush Position（画笔位置）：设置画笔中心点的位置。
- Stroke Width（笔触宽度）：设置画笔笔触的宽度。
- Reflection（反射）：使图像向中心会聚。
- Strength（强度）：设置图像的大小。

8.10.2 CC Light Burst 2.5（CC 光线爆裂2.5）

该特效可以使图像产生光线爆裂的效果，使其有镜头透视的感觉。应用该特效的参数设置及应用前后效果，如图8.117所示。

图8.117 应用CC 光线爆裂2.5的前后效果及参数

该特效的各项参数含义如下：

- Center（中心）：设置爆裂中心点的位置。
- Intensity（亮度）：设置光线的亮度。
- Ray Length（光线强度）：设置光线的强度。
- Burst（爆炸）：从右侧的下拉菜单中，可以选择一个选项，来设置爆裂的方式。包括Straight、Fade和Center三种方式。
- Set Colur（设置颜色值）:设置颜色的值。
- Colur（颜色）:选择发光的颜色。

8.10.3 CC Light Rays（CC 光芒放射）

该特效可以利用图像上不同的颜色产生不同的光芒，使其产生放射的效果。应用该特效的参数设置及应用前后效果，如图8.118所示。

图8.118 应用CC 光芒放射 的前后效果及参数

该特效的各项参数含义如下：

- Intensity（亮度）：设置光芒放射的亮度。
- Center（中心）：设置放射的中心点位置。
- Radius（半径）：设置光芒的放射半径。
- Warp Softness（柔化光芒）：设置光芒的柔化程度。
- Shape（形状）：从右侧的下拉菜单中，选择一个选项，来设置光芒的形状。包括Round（圆形）、Square（方形）2种形状。
- Direction（方向）：设置光芒的方向。当Shape（形状）为Square（方形）时，此项才被激活。

- Color from Source（颜色来源）：勾选该复选框，光芒会呈放射状。
- Allow Brightening（中心变亮）：勾选该复选框，光芒中心变亮。
- Color（颜色）：设置光芒的填充颜色。当取消勾选Color from Source（颜色来源）时此项才可以使用。
- Transfer Mode（转换模式）：从右侧的下拉菜单中，可以选择一个选项，来设置光芒与源图像的叠加模式。

8.10.4 CC Light Sweep（CC 扫光效果）

该特效可以为图像创建光线，光线以某个点为中心，向一边以擦除的方式运动，产生扫光的效果。其参数设置及图像显示效果，如图8.119所示。

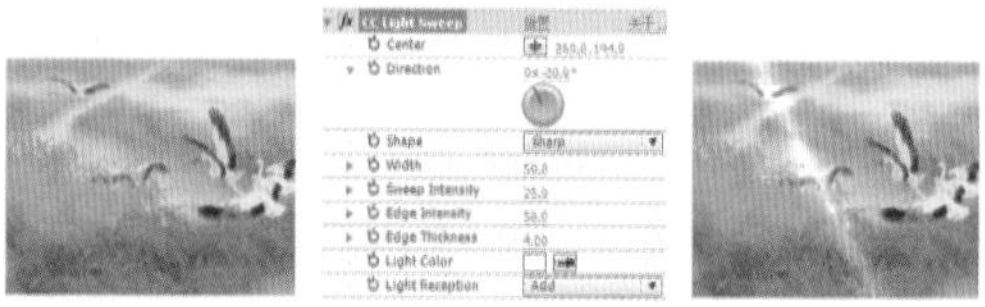

图8.119 应用CC 扫光效果的前后效果及参数

该特效的各项参数含义如下：

- Center（中心点）：设置扫光的中心点位置。
- Direction（方向）：设置扫光的旋转角度。
- Shape（形状）：从右侧的下拉菜单中，可以选择一个选项，来设置光线的形状。包括Linear（线性）、Smooth（光滑）和Sharp（锐利）3个选项。
- Width（宽度）：设置扫光的宽度。
- Sweep Intensity（扫光亮度）：调节扫光的亮度。
- Edge Intensity（边缘亮度）：调节光线与图像边缘相接触时的明暗程度。
- Edge Thickness（边缘厚度）：调节光线与图像边缘相接触时的光线厚度。
- Light Color（光线颜色）：设置产生的光线的颜色。
- Light Reception（光线接收）：用来设置光线与源图像的叠加方式。

8.10.5 CC Threads（CC线状穿梭）

该特效可以为图像添加一个CC 线状穿梭效果。其参数设置及图像显示效果，如图8.120所示。

图8.120 应用CC线状穿梭的前后效果及参数设置

该特效的各项参数含义如下：

- Width（宽度）：设置线的宽度。
- Height（高度）：设置线的高度。
- Overlaps（重叠）：设置线穿梭重叠的位置。
- Direction（方向）：设置线穿梭重叠的方向。
- Center（中心）：调节线穿梭的中心位置。
- Coverage（范围）：调节光线穿梭覆盖的范围大小。
- Shadowing（阴影）：调节光线穿梭交叉的阴影。
- Texture（纹理）：调节光线穿梭的纹理深度。

8.10.6 单元格图案

该特效可以将图案创建成单个图案的拼合体，添加一种类似于细胞的效果。应用该特效的参数设置及应用前后效果，如图8.121所示。

图8.121 应用单元格图案的前后效果及参数设置

该特效的各项参数含义如下：

- 【单元格图案】：从右侧的下拉菜单中，选择一种细胞的图案样式。

- 【反转】：勾选该复选框，将反转细胞图案效果。
- 【对比度】：设置细胞图案之间的对比度。
- 【溢出】：设置细胞图案边缘溢出部分的修整方式。包括【剪切】、【柔和固定】和【反绕】3个选项。
- 【分散】：设置细胞图案的分散程度。如果值为0，将产生整齐的细胞图案排列效果。
- 【大小】：设置细胞图案的大小尺寸。值越大，细胞图案也越大。
- 【偏移】：设置细胞图案的位置偏移。
- 【平铺选项】：模拟陶瓷效果的相关设置。【启用平铺】表示启用瓷砖效果；【水平/垂直单元格】用来设置细胞水平/垂直方向上的排列数量。
- 【演化】：细胞的进化变化设置，利用该项可以制作出细胞的扩展运动动画效果。
- 【演化选项】：设置图案的各种扩展变化。【循环演化】表示启用循环进化命令；【循环】设置循环次数；【随机植入】设置随机的动画速度。

8.10.7 分形

该特效可以用来模拟细胞体，制作分形效果。Fractal在几何学中的含义是不规则的碎片形。应用该特效的参数设置及应用前后效果，如图8.122所示。

图8.122 应用分形的前后效果及参数设置

该特效的各项参数含义如下：

- 【设置选项】：选择分形样式。
- 【等式】：选择分形的计算方程式。
- 【曼德布罗特】：通过其选项组的参数，设置分形的转换效果。
- 【X（真实的）/Y（虚构的）】：设置分形在X、Y轴上的位置。

- 【放大率】：设置分形的绽放倍率。
- 【扩展限制】：设置分形的溢出极限。
- 【朱莉娅】：该选项组与【曼德布罗特】选项组相同，主要对分形进行软化设置。
- 【反转后偏移】：设置分形的反向X、Y轴向上的偏移。
- 【颜色】：控制分形的颜色设置。
- 【叠加】：勾选该复选框，对分形进行特效叠加。
- 【透明度】：勾选该复选框，为特效叠加设置透明度。
- 【调板】：设置分形使用的调色板样式。
- 【色相】：设置分形的颜色。
- 【循环步骤】：设置分形颜色的循环次数。
- 【循环位移】：设置循环颜色的偏移量。
- 【边缘高亮（强制LQ）】：将分形的边缘高亮显示。
- 【过采样方式】：设置分形质量的采样方式。
- 【过采样因素】：设置采样因素的数量。

8.10.8 高级闪电

该特效可以模拟产生自然界中的闪电效果，并通过参数的修改，产生各种闪电的形状。应用该特效的参数设置及应用前后效果，如图8.123所示。

图8.123 应用高级闪电的前后效果及参数设置

该特效的各项参数含义如下：

- 【闪电类型】：从右侧的下拉菜单中，选择一种闪电的形状。
- 【源点】：设置闪电产生的位置。
- 【方向】：设置闪电的方向和结束位置。
- 【传导率状态】：设置闪电的传导性状态，修改参数可以让闪电产生随机的闪动效果。

- 【核心设置】：用来设置闪电主干和分支的粗细、透明度和颜色。其选项组中，【核心半径】设置闪电主干和分支的半径大小；【核心不透明度】设置闪电主干和分支的透明程度；【核心颜色】设置闪电主干和分支的颜色。
- 【发光设置】：用来设置闪电外围辐射发光的半径、透明度和颜色。【发光半径】设置闪电外置的发光范围大小；【发光不透明度】设置闪电外置辐射发光的透明程度；【发光颜色】设置闪电发光的颜色。
- 【Alpha 障碍】：设置Alpha通道对闪电的影响。
- 【湍流】：设置闪电的骚乱程度。
- 【分叉】：设置闪电的分支数量。
- 【衰减】：设置闪电分支的消亡程度。
- 【主核心衰减】：勾选该复选框，在设置【衰减】参数时，影响闪电主干的消亡。
- 【在原始图像上合成】：将闪电效果与应用特效的图像进行合成，这样可以显示出图像效果。
- 【专家设置】：该选项组中包含更多的闪电专业级设置，对闪电进行更加细化的设置。
- 【复杂度】：设置闪电的复杂程度。
- 【最小分叉距离】：调整闪电分支延展长度和稀密度。
- 【终止阈值】：调整闪电的终止极限。值越大，闪电产生的越强；值越小，闪电产生的越弱。
- 【仅主核心碰撞】：勾选该复选框，将只有闪电的主干部分发生碰撞。
- 【分形类型】：设置闪电的分散类型。
- 【核心消耗】：设置闪电主干核心衰减程度。值越大，主干核心衰减越明显。
- 【分叉强度】：设置闪电分支强度变化。
- 【分叉变化】：设置分支变化范围。

8.10.9 勾画

该特效类似Photoshop 软件中的查找边缘，能够将图像的边缘描绘出来，还可以按照蒙版进行描绘，当然，还可以通过指定其他层来描绘当前图像。应用该特效的参数设置及应用前后效果，如图8.124所示。

图8.124 应用勾画的前后效果及参数设置

该特效的各项参数含义如下：

- 【描边】：选择描绘的方式。包括【图像等高线】，此项可以通过【图像等高线】选项组中的【输入图层】来设置描绘层；【蒙版/路径】，此项可以通过【蒙版和路径】选项组中【路径】选项来设置描绘路径。
- 【图像等高线】：控制图像描绘的相关设置。
- 【输入图层】：指定一个用来描绘的层。
- 【反转输入】：勾选该复选框，将反转输入描边区域。
- 【如果图层大小不同】：如果描绘和当前层尺寸不同，选项【中心】选项可以将描绘层与当前层居中对齐；选择【伸缩以适合】选项，将拉伸描绘层与当前层匹配。
- 【通道】：设置描绘的目标通道。
- 【阈值】：设置描绘的通道极限。
- 【预模糊】：对描绘的线条进行柔化处理。
- 【容差】：设置描绘边缘像素的容差值。
- 【渲染】：显示渲染时显示的描绘效果。
- 【选定等高线】：对选择的描绘线进行设置。
- 【设置较短的等高线】：对描绘中较短的轮廓进行设置。包括【相同数目片断】和【少数片断】2个选项。
- 【蒙版/路径】：可以通过【蒙版】选项，选择一个蒙版路径进行描绘。
- 【片段】选项组：对描绘的线段进行设置。其选项组参数，如图8.125所示。

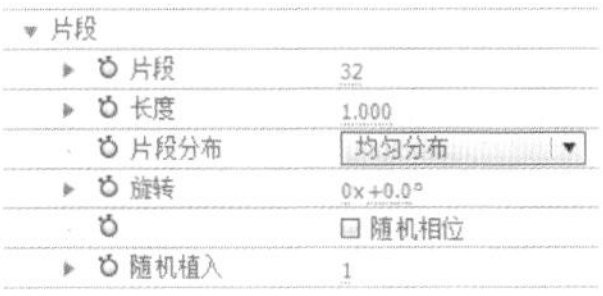

图8.125 【片段】选项组

- ◆ 【片段】：设置描绘的线段数量。值越大，线段分的数量越多。
- ◆ 【长度】：设置描绘的线段长度。值越大，线段越长。
- ◆ 【片段分布】：设置线段的分布方式。包括【成簇分布】和【均匀分布】2个选项。
- ◆ 【旋转】：设置线段的旋转角度，可以通过修改角度值来控制线段的位置。
- ◆ 【随机相位】：勾选该复选框，可以将线段位置随机分布。
- ◆ 【随机植入】：设置线段相位随机的种子数。
- 【正在渲染】选项组：设置线段渲染的相关设置，包括线段的颜色、宽度、硬度、透明程度等。其选项组中的参数如图8.126所示。

图8.126 【正在渲染】选项组

- 【混合模式】：设置描绘效果与当前层的混合模式。【透明】表示只显示描绘效果；【超过】表示在图像上显示描绘效果；【曝光不足】表示在图像下面显示描绘效果；【模版】表示将描绘作为模版使用，描绘范围内的图像将显示，其他部分将透明。
- 【颜色】：设置描绘线段的颜色。
- 【宽度】：设置描绘线的宽度。值越大，线段越粗。
- 【硬度】：设置描绘线的硬度。值越大，线段边缘越清晰。
- 【起使点不透明度】：设置描绘开始位置的透明程度。
- 【中点不透明度】：设置描绘线中间点部分的透明程度。
- 【中点位置】：设置描绘线中间点的位置。
- 【结束点不透明度】：设置描绘线结束位置的透明程度。

视频讲座8-5：利用勾画制作心电图效果

视频分类：软件功能类
工程文件：配套光盘\工程文件\第8章\心电图动画
视频位置：配套光盘\movie\视频讲座8-5：利用勾画制作心电图效果.avi

本例主要讲解利用【勾画】特效制作心电图效果，通过本例的制作，掌握【勾画】特效的使用方法。

AE 01 执行菜单栏中的【合成】|【新建合成】命令，打开【合成设置】对话框，设置【合成名称】为【心电图动画】，【宽度】为【720】，【高度】为【576】，【帧速率】为【25】，并设置【持续时间】为00:00:10:00秒。

AE 02 执行菜单栏中的【图层】|【新建】|【纯色】命令，打开【纯色设置】对话框，设置【名称】为【渐变】，【颜色】为黑色。

AE 03 为【渐变】层添加【梯度渐变】特效。在【效果和预设】面板中展开【生成】特效组，然后双击【梯度渐变】特效。

AE 04 在【效果控件】面板中，修改【梯度渐变】特效的参数，设置【起始颜色】为深蓝色（R:0；G:45；B:84），【结束颜色】为墨绿色（R:0；G:63；B:79），如图8.127所示；合成窗口效果如图8.128所示。

图8.127 设置渐变参数

图8.128 设置渐变后的效果

AE 05 执行菜单栏中的【图层】|【新建】|【纯色】命令，打开【纯色设置】对话框，设置【名称】为【网格】，【颜色】为黑色。

AE 06 为【网格】层添加【网格】特效。在【效果和预设】面板中展开【生成】特效组，然后双击【网格】特效。

AE 07 在【效果控件】面板中，修改【网格】特效的参数，设置【锚点】的值为（360，277），在【大小依据】下拉菜单中选择【宽度和高度滑块】选项，【宽度】的值为15，【高度】的值为55，【边界】的值为1.5，如图8.129所示；合成窗口效果如图8.130所示。

图8.129 设置网格参数

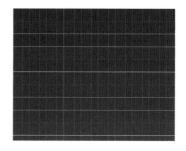

图8.130 设置网格后的效果

AE 08 执行菜单栏中的【图层】|【新建】|【纯色】命令，打开【纯色设置】对话框，设置【名称】为【描边】，【颜色】为黑色。

AE 09 在时间线面板中，选中【描边】层，在工具栏中选择【钢笔工具】，在文字层上绘制一个路径，如图8.131所示。

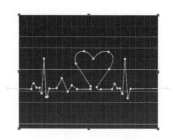

图8.131 绘制路径

AE 10 为【描边】层添加【勾画】特效。在【效果和预设】面板中展开【生成】特效组,然后双击【勾画】特效,如图8.132所示。

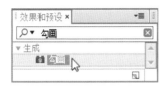

图8.132 添加勾画特效

AE 11 在【效果控件】面板中,修改【勾画】特效的参数,设置从【描边】下拉菜单中选择【蒙版/路径】选项;展开【蒙版/路径】选项组,从【路径】下拉菜单中选择【蒙版1】;展开【片段】选项组,设置【片段】的值为1,【长度】的值为0.5;将时间调整到00:00:00:00帧的位置,设置【旋转】的值为0,单击【旋转】左侧的【码表】按钮,在当前位置设置关键帧,如图8.133所示。

图8.133 设置0秒关键帧

AE 12 将时间调整到00:00:09:22帧的位置,设置【旋转】的值为323,系统会自动设置关键帧,如图8.134所示。

图8.134 设置9秒22帧关键帧

AE 13 展开【正在渲染】选项组,从【混合模式】下拉菜单中选择【透明】选项,设置【颜色】为绿色(R:0;G:150;B:25),【硬度】的值为0.14,【起始点不透明度】的值为0,【中点不透明度】的值为1,【中点位置】的值为0.366,【结束点不透明度】的值为1,如图8.135

所示;合成窗口效果如图8.136所示。

图8.135 设置勾画参数

图8.136 设置勾画参数后的效果

AE 14 为【描边】层添加【发光】特效。在【效果和预设】面板中展开【风格化】特效组,然后双击【发光】特效。

AE 15 在【效果控件】面板中,修改【发光】特效的参数,设置【发光阈值】的值为43,【发光半径】的值为13,【发光强度】的值为1.5,从【发光颜色】下拉菜单中选择【A和B颜色】选项,【颜色 A】为白色,【颜色 B】为亮绿色(R:111;G:255;B:128),如图8.137所示;合成窗口效果如图8.138所示。

图8.137 设置发光参数

图8.138 设置发光后的效果

AE 16 这样就完成了心电图效果的整体制作，按小键盘上的【0】键，即可在合成窗口中预览动画。完成的动画流程画面如图8.139所示。

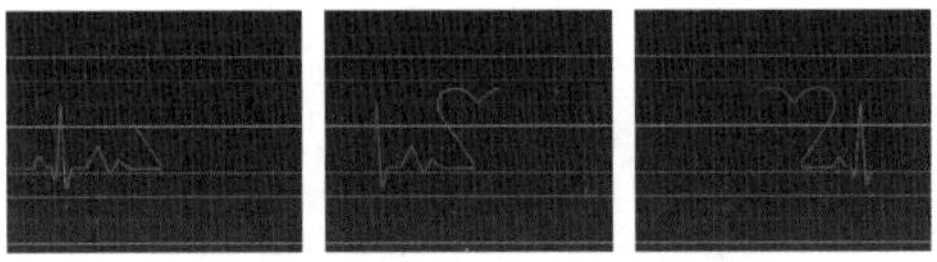

图8.139 动画流程画面

8.10.10 光束

该特效可以模拟激光束移动，制作出瞬间划过的光速效果。比如流星、飞弹等。应用该特效的参数设置及应用前后效果，如图8.140所示。

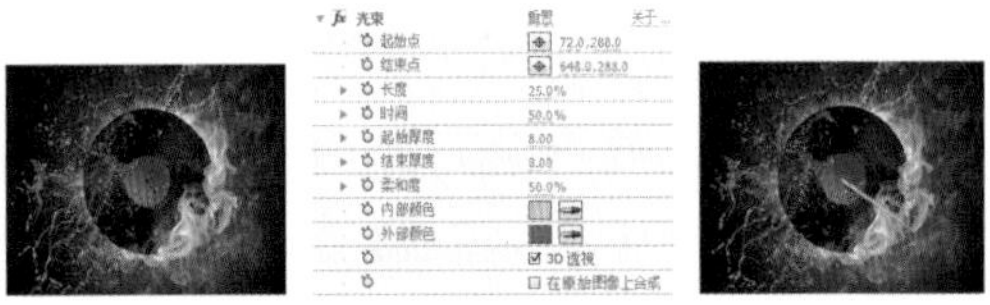

图8.140 应用激光的前后效果及参数设置

该特效的各项参数含义如下：

- 【起始点】：设置激光的起始位置。
- 【结束点】：设置激光的结束位置。
- 【长度】：设置激光束的长度。
- 【时间】：设置激光从开始位置到结束位置所用的时长。
- 【起始厚度】：设置激光起点位置的宽度。
- 【柔和度】：设置激光边缘的柔化程度。
- 【内部颜色】：设置激光的内部颜色，类似图像填充颜色。
- 【外部颜色】：设置激光的外部颜色，类似图像描边颜色。
- 【3D透视】：勾选该复选框，允许激光进行三维透视效果。
- 【在原始图像上合成】：勾选该复选框，

将声波线显示在原图像上，以避免声波线将原图像覆盖。

8.10.11 镜头光晕

该特效可以模拟强光照射镜头，在图像上产生光晕效果。应用该特效的参数设置及应用前后效果，如图8.141所示。

图8.141 应用镜头光晕的前后效果及参数设置

该特效的各项参数含义如下：

- 【光晕中心】：设置光晕发光点的位置。
- 【光晕亮度】：用来调整光晕的亮度。
- 【镜头类型】：用于选择模拟的镜头类型，有三种透镜焦距：【50-300毫米变焦】是产生光晕并模仿太阳光的效果；【35毫米定焦】是只产生强烈的光，没有光晕；【105毫米定焦】是产生比前一种镜头更强的光。
- 【与原始图像混合】：设置光晕与原图像的混合百分比。

8.10.12 描边

该特效可以沿指定路径或蒙版产生描绘边缘，可以模拟手绘过程。应用该特效的参数设置及应用前后效果，如图8.142所示。

图8.142 应用描边的前后效果及参数设置

该特效的各项参数含义如下：

- 【路径】：选择当前图像中的某个蒙版，用来描绘边缘。
- 【所有蒙版】：勾选该复选框，将描绘当前图像中的所有蒙版。
- 【顺序描边】：勾选该复选框，在描边的过程中，将按照绘制的先后顺序进行描绘。如果不勾选该复选框，所有的蒙版将同时描边。

- 【颜色】：设置描绘边缘的颜色。
- 【画笔大小】：设置笔触的粗细。
- 【画笔硬度】：设置画笔边缘的硬度。值越大，边缘硬度也越大。
- 【不透明度】：设置画笔笔触的透明程度。
- 【起始】：设置描绘边缘的起始位置，通过该项可以设置动画产生绘画过程。
- 【结束】：设置描绘边缘的结束位置。
- 【间距】：设置笔触间的间隔距离，应用大的数值将产生点状描边效果。
- 【绘画样式】：设置笔触描绘的对象。包括【在原始图像上】此项表示笔触直接在原图像上进行描绘；【在透明背景上】此项将在黑色背景上进行描绘；【显示原始图像】此项将以类似蒙版的形式显示背景图像。与【在原始图像上】相反。

8.10.13 棋盘

该特效可以为图像添加一种类似于棋盘格的效果。应用该特效的参数设置及应用前后效果，如图8.143所示。

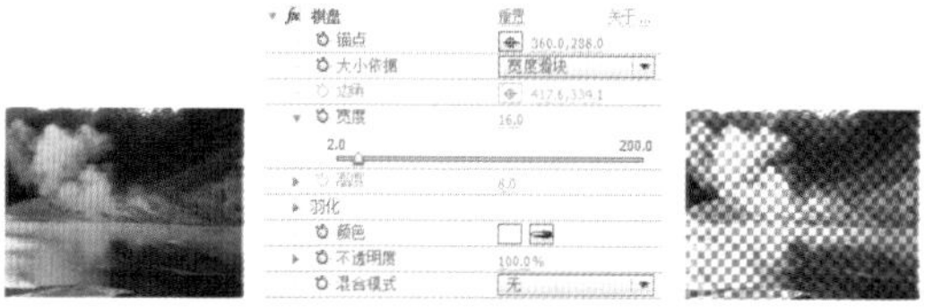

图8.143 应用棋盘格的前后效果及参数设置

- 【锚点】：设置棋盘格的位置。
- 【大小依据】：设置棋盘格的尺寸大小。包括【边角点】、【宽度滑块】和【宽度和高度滑块】3个选项。
- 【边角】：通过后面的参数设置，修改棋盘格的边角位置及棋盘格大小。只有在【大小依据】选项选择Corner【边角点】项时，此项才可以应用。
- 【宽度】：在【大小依据】选项中选择【宽度滑块】项时，该项可以修改整个棋盘格等比例缩放；在【大小依据】选项中选择【宽度和高度滑块】项时，该项可以修改棋盘格的宽度大小。
- 【高度】：修改棋盘格的高度大小。只有在【大小依据】选项中选择【宽和高度滑块】项时，此项才可以应用。

- 【羽化】：通过其选项组可以设置棋盘格子水平和垂直边缘的柔化程度。
- 【颜色】：设置棋盘格的颜色。
- 【不透明度】：设置棋盘格的不透明程度。
- 【混合模式】：设置渐变色与原图像间的叠加模式，与层的混合模式用法相同。

8.10.14 四色渐变

该特效可以在图像上创建一个4色渐变效果，用来模拟霓虹灯，流光异彩等梦幻的效果。应用该特效的参数设置及应用前后效果，如图8.144所示。

图8.144 应用四色渐变的前后效果及参数设置

该特效的各项参数含义如下：

- 【位置和颜色】：用来设置4种颜色的中心点和各自的颜色。可以通过其选项中的【点1/2/3/4】来设置颜色的位置，通过【颜色1/2/3/4】来设置4种颜色。
- 【混合】：设置4种颜色间的融合度。
- 【抖动】：设置各种颜色的杂点效果。值越大，产生的杂点越多。
- 【不透明度】：设置4种颜色的透明度。
- 【混合模式】：设置渐变色与原图像间的叠加模式，与层的混合模式用法相同。

8.10.15 梯度渐变

该特效可以产生双色渐变效果，能与原始图像相融合产生渐变特效。应用该特效的参数设置及应用前后效果，如图8.145所示。

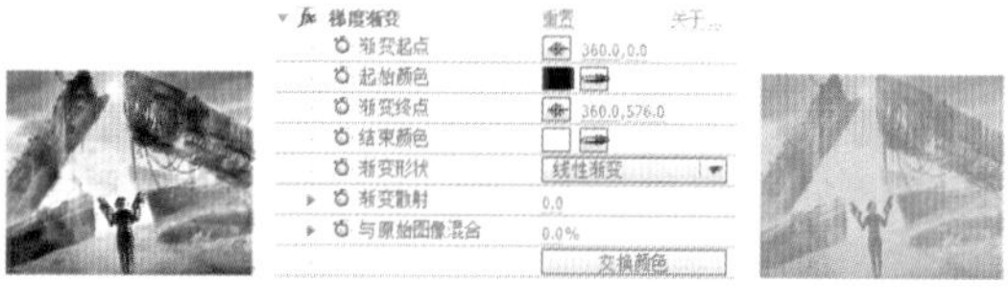

图8.145 应用渐变的前后效果及参数设置

该特效的各项参数含义如下：

- 【渐变起点】：设置渐变开始的位置。
- 【起始颜色】：设置渐变开始的颜色。
- 【渐变终点】：设置渐变结束的位置。
- 【结束颜色】：设置渐变结束的颜色。
- 【渐变形状】：选择渐变的方式。包括【线性渐变】和【径向渐变】两种方式。
- 【渐变散射】：设置渐变的扩散程度。值过大时将产生颗粒效果。
- 【与原始图像混合】：设置渐变颜色与原图像的混合百分比。

8.10.16 填充

该特效向图层的蒙版中填充颜色，并通过参数修改填充颜色的羽化和透明度。应用该特效的参数设置及应用前后效果，如图8.146所示。

图8.146 应用填充的前后效果及参数设置

该特效的各项参数含义如下：

- 【填充蒙版】：选择要填充的蒙版。如果当前图像中没有蒙版，将会填充整个图像层。
- 【所有蒙版】：勾选该复选框，将填充层中的所有蒙版。
- 【颜色】：设置填充的颜色。
- 【反转】：将填充范围反转。如果填充的是整个图像层，反转后将变成黑色。
- 【水平羽化】：设置蒙版填充的水平柔和程度。
- 【垂直羽化】：设置蒙版填充的垂直柔和程度。
- 【不透明度】：设置填充颜色的透明度。

8.10.17 涂写

该特效可以根据蒙版形状，制作出各种潦草的涂写效果，并自动产生动画。应用该特效的参数设置及应用前后效果，如图8.147所示。

图8.147 应用涂写的前后效果及参数设置

该特效的各项参数含义如下：

- 【涂抹】：设置当前层中参与涂写的蒙版，可以是某一个，也可以是全部蒙版。
- 【蒙版】：当【涂抹】选择【单个蒙版】选项时，此项才被激活。通过该项右侧的下拉菜单，可以设置参与涂写的蒙版。
- 【填充类型】：选择蒙版的填充方式。包括【内部】、【中心边缘】、【在边缘内】、【外面边缘】、【左边】和【右边】6个选项。
- 【边缘选项】：设置边缘填充时边框的设置。
- 【颜色】：设置涂写的描边颜色。
- 【不透明度】：设置涂写笔触的透明程度。
- 【角度】：设置涂写的角度。
- 【描边宽度】：设置笔触的宽度。
- 【描边选项】：其选项组用来控制笔触的弯曲、间距和杂乱等的程度。
- 【曲度】：设置涂写转角的弯曲程度。
- 【曲度变化】：设置笔触弯曲的变化程度。
- 【间距】：设置笔触间距的大小。
- 【间距变化】：设置笔触间距的变化程度。
- 【路径重叠】：设置笔触间的重叠程度。
- 【路径重叠变化】：设置路径重叠的杂乱变化程度。
- 【起始】：设置笔触绘制的开始位置。
- 【结束】：设置笔触绘制的结束位置。
- 【摆动类型】：设置笔触的扭动形式。
- 【摇摆/秒】：设置二次抖动的数量。
- 【随机植入】：设置笔触抖动的随机数值。

● 【合成】：设置笔触与原图像间的混合情况。包括【在原始图像上】将显示背景图像；【在透明背景上】将使背景变成黑色；【显示原始图像】将以类似蒙版的形式显示背景图像。与【在原始图像上】相反。

视频讲座8-6：利用涂写制作手绘效果

视频分类：软件功能类
工程文件：配套光盘\工程文件\第8章\手绘效果
视频位置：配套光盘\movie\视频讲座8-6：利用涂写制作手绘效果.avi

本例主要讲解利用【涂写】特效制作手绘效果，通过本例的制作，掌握【涂写】特效的使用技巧。

AE 01 执行菜单栏中的【文件】|【打开项目】命令，选择配套光盘中的【工程文件\第8章\手绘效果\手绘效果练习.aep】文件，将【手绘效果练习.aep】文件打开。

AE 02 执行菜单栏中的【图层】|【新建】|【纯色】命令，打开【纯色设置】对话框，设置【名称】为【心】，【颜色】为白色。

AE 03 选择【心】层，在工具栏中选择【钢笔工具】，在文字层上绘制一个心形路径，如图8.148所示。

图8.148 绘制路径

AE 04 为【心】层添加【涂写】特效。在【效果和预设】面板中展开【生成】特效组，然后双击【涂写】特效。

AE 05 在【效果控件】面板中，修改【涂写】特效的参数，从【蒙版】下拉菜单中选择【蒙版1】选项，设置【颜色】的值为红色（R:255；G:20；B:20），【角度】的值为129。【描边宽度】的值为1.6；将时间调整到00:00:01:22帧的位置，设置【不透明度】的值为100%，单击【不透明度】左侧的【码表】按钮，在当前位置设置

关键帧。

AE 06 将时间调整到00:00:02:06帧的位置，设置【不透明度】的值为1%，系统会自动设置关键帧，如图8.149所示。

图8.149 设置不透明度关键帧

AE 07 将时间调整到00:00:00:00帧的位置，设置【结束】的值为0%，单击【结束】左侧的【码表】按钮，在当前位置设置关键帧。

AE 08 将时间调整到00:00:01:00帧的位置，设置【结束】的值为100%，系统会自动设置关键帧，如图8.150所示；合成窗口效果如图8.151所示。

图8.150 设置结束关键帧

图8.151 设置结束后的效果

AE 09 这样就完成了手绘效果的整体制作，按小键盘上的【0】键，即可在合成窗口中预览动画。完成的动画流程画面，如图8.152所示。

图8.152 动画流程画面

8.10.18 椭圆

该特效可以为图像添加一个椭圆圆形的图案，并可以利用椭圆圆形图案制作蒙版效果。应用该特效的参数设置及应用前后效果，如图8.153所示。

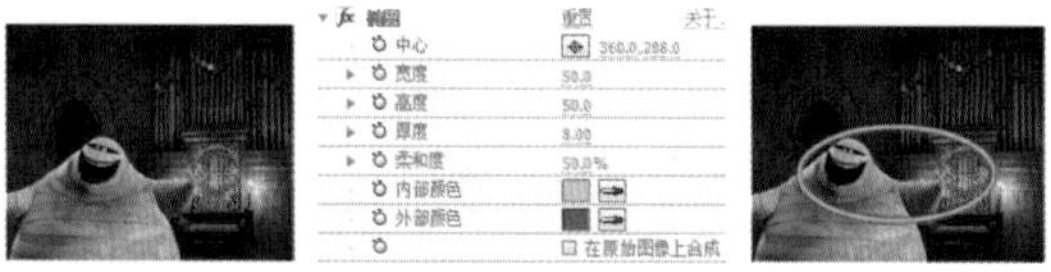

图8.153 应用椭圆的前后效果及参数设置

该特效的各项参数含义如下：

- 【中心】：用来设置椭圆中心点的位置。
- 【宽度】、【高度】：分别用来设置椭圆的两个轴长。
- 【厚度】：用来设置椭圆的厚度，即环形的宽度。
- 【柔和度】：设置椭圆的边缘柔和度。
- 【内部颜色】：设置椭圆圆环的内部颜色，类似图像填充颜色。
- 【外部颜色】：设置椭圆圆环的外部颜色，类似图像描边颜色。
- 【在原始图像上合成】：勾选该复选框，将椭圆显示在原图像上。

8.10.19 网格

该特效可以为图像添加网格效果。应用该特效的参数设置及应用前后效果，如图8.154所示。

图8.154 应用网格的前后效果及参数设置

该特效的各项参数含义如下：

- 【锚点】：通过右侧的参数，可以调整网格水平和垂直的网格数量。
- 【大小依据】：从右侧的下拉菜单中，可以选择不同的起始点。根据选择的不同，会激活下方不同的选项。包括【边角点】、【宽度滑块】和【宽度和高度滑块】3个选项。

- 【边角】：通过后面的参数设置，修改网格的边角位置及网格的水平和垂直数量。只有在【大小依据】选项选择【边角点】项时，此项才可以应用。
- 【宽度】：在【大小依据】选项选择【宽度滑块】项时，该项可以修改整个网格的比例缩放；在【大小依据】选项选择【宽和高度滑块】项时，该项可以修改网格的宽度大小。
- 【高度】：修改网格的高度大小。只有在【大小依据】选项选择【宽和高度滑块】项时，此项才可以应用。
- 【边界】：设置网格的粗细。
- 【羽化】：通过其选项组可以设置网格线水平和垂直边缘的柔化程度。
- 【反转网格】：勾选该复选框，将反转显示网格效果。
- 【颜色】：设置网格线的颜色。
- 【不透明度】：设置网格的不透明程度。
- 【混合模式】：设置网格与原图像间的叠加模式，与层的混合模式用法相同。

8.10.20 无线电波

该特效可以为带有音频文件的图像创建无线电波，无线电波以某个点为中心，向四周以各种图形的形式扩散，产生类似电波的图像。其参数设置及图像显示效果，如图8.155所示。

图8.155 应用无线电波的前后效果及参数设置

该特效的各项参数含义如下：

- 【产生点】：设置无线电波的发射点位置。

- 【参数设置为】：选择参数设置的位置。【生成】为起点位置；【每帧】为每一帧位置。
- 【渲染品质】：设置渲染图像的质量。值越大，图像质量越高。
- 【波浪类型】：设置电波的显示类型。包括【多边形】、【图像等高线】和【蒙版】3个选项。
- 【多边形】：当【波浪类型】选择【多边形】选项时，该项被激活。
- 【边】：设置多边形的边数。
- 【曲线大小】：设置多边形边角的圆角化大小。
- 【曲线弯曲度】：设置多边形边角的弯曲程度。
- 【星形】：勾选该复选框，将多边形转变成星形效果。
- 【星深度】：设置星形的角度内缩深度。
- 【图像等高线】：当【波浪类型】选择【图像等高线】选项时，该项被激活。如图8.156所示。

图8.156 图像等高线选项组

- ◆ 【源图层】：选择一个作为无线电波来源的层。
- ◆ 【源中心】：设置来源图像的中心位置。
- ◆ 【值通道】：设置无线电波的目标通道。
- ◆ 【反转输入】：将输入效果反转。
- ◆ 【值阈值】：设置电波的运动极限。
- ◆ 【预模糊】：设置无线电波的平滑程度。
- ◆ 【容差】：设置图像产生无线电波的容差度。
- ◆ 【等高线】：调整多边形轮廓效果。
- 【蒙版】：当【波浪类型】选择【蒙版】选项时，该项被激活。可以通过其下的

Mask菜单，选择一个蒙版形状，作为电波的形状。

- 【波动】：该选项组主要对无线电波的运动状态进行控制。其选项组参数，如图8.157所示。

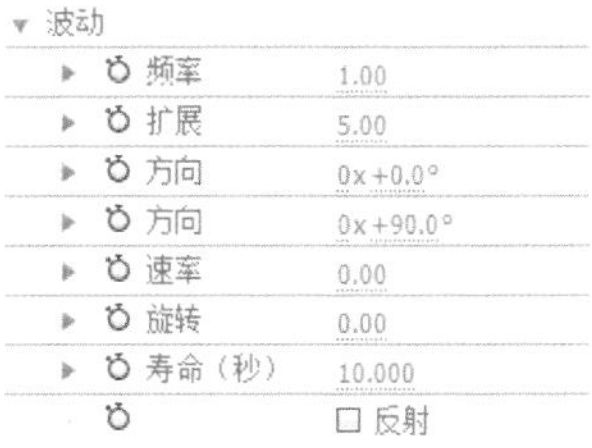

图8.157 【波动】选项组

- ◆ 【频率】：设置电波的频率高低。值越大，发出的电波越多。
- ◆ 【扩展】：设置电波间距离的扩展大小。值越大，电波间的扩展距离就越大。
- ◆ 【方向】：控制电波的旋转。
- ◆ 【方向】：控制电波的方向。
- ◆ 【速率】：改变电波的旋转速度。
- ◆ 【旋转】：控制电波的扭曲程度。值越大，扭曲程度越大。
- ◆ 【寿命（秒）】：设置无线电波的消亡极限。
- ◆ 【反射】：启用波动的反射功能。
- 【描边】：该选项组主要控制无线电波的轮廓线。其选项组参数，如图8.158所示。

图8.158 【描边】选项组

- ◆ 【配置文件】：设置电波的轮廓形状。
- ◆ 【颜色】：设置电波的轮廓颜色。
- ◆ 【不透明度】：设置电波的透明程度。
- ◆ 【淡入时间】：设置电波的淡入时间。
- ◆ 【淡出时间】：设置电波的淡出时间。
- ◆ 【开始宽度】：设置电波的起始宽度。
- ◆ 【末端宽度】：设置电波的结束宽度。

视频讲座8-7：旋转的星星

视频分类：软件功能类
工程文件：配套光盘\工程文件\第8章\旋转的星星
视频位置：配套光盘\movie\视频讲座8-7：旋转的星星.avi

本例主要讲解利用【无线电波】特效制作旋转的星星效果，通过本例的制作，掌握【无线电波】特效的使用技巧。

AE 01 执行菜单栏中的【合成】|【新建合成】命令，打开【合成设置】对话框，设置【合成名称】为【星星】，【宽度】为【720】，【高度】为【576】，【帧速率】为【25】，并设置【持续时间】为00:00:10:00秒。

AE 02 执行菜单栏中的【图层】|【新建】|【纯色】命令，打开【纯色设置】对话框，设置【名称】为【五角星】，【颜色】为黑色。

AE 03 为【五角星】层添加【无线电波】特效。在【效果和预设】面板中展开【生成】特效组，然后双击【无线电波】特效。

AE 04 在【效果控件】面板中，修改【无线电波】特效的参数，设置【渲染品质】的值为10；展开【多边形】选项组，设置【边】的值为6，【曲线大小】的值为0.5，【曲线弯曲度】的值为0.25，选中【星形】复选框，设置【星深度】的值为-0.3；展开【波动】选项组，设置【旋转】的值为40；展开【描边】选项组，设置【颜色】为白色，如图8.159所示；合成窗口效果如图8.160所示。

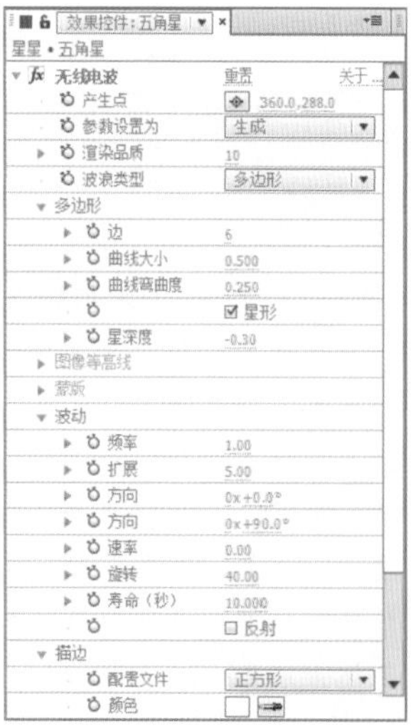

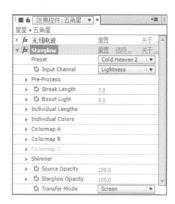

图8.159 设置无线电波参数

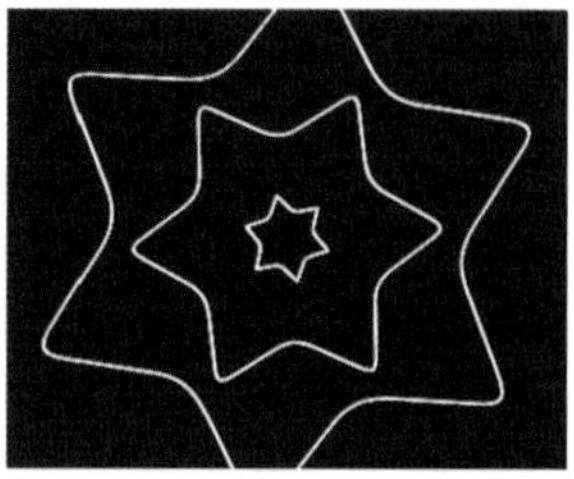

图8.160 设置无线电波参数后的效果

AE 05 为【五角星】层添加Starglow（星光）特效。在【效果和预设】面板中展开Trapcode特效组，然后双击Starglow（星光）特效。

AE 06 在【效果控件】面板中，修改Starglow（星光）特效的参数，在Preset（预设）下拉菜单中选择Cold Heaven2（冷天2）选项，设置Streak Length（光线长度）的值为7，如图8.161所示；合成窗口效果如图8.162所示。

图8.161 设置星光参数

图8.162 设置星光参数后的效果

AE 07 这样就完成了旋转的星星整体动画的制作，按小键盘上的【0】键，即可在合成窗口中预览动画。完成的动画流程画面如图8.163所示。

图8.163 动画流程画面

8.10.21 吸管填充

该特效可以直接利用取样点在图像上吸取某种颜色，使用图像本身的某种颜色进行填充，并可调整颜色的混和程度。应用该特效的参数设置及应用前后效果，如图8.164所示。

图8.164 应用滴管填充的前后效果及参数设置

该特效的各项参数含义如下：

- 【采样点】：用来设置颜色的取样点。
- 【采样半径】：用来设置颜色的容差值。
- 【平均像素颜色】：可从右侧的下拉菜单中，选择平均像素颜色的方式。
- 【保持原始Alpha】保持原始图像的Alpha通道。
- 【与原始图像混合】：设置采样颜色与原图像的混合百分比。

8.10.22 写入

该特效是用画笔在一层中绘画，模拟笔迹和绘制过程，它一般与表达式合用，能表示出精彩的图案效果。应用该特效的参数设置及应用前后效果，如图8.165所示。

图8.165 应用【写入】的前后效果及参数设置

该特效的各项参数含义如下：

- 【画笔位置】：用来设置画笔的位置。通过在不同时间修改关键帧位置，可以制作出【写入】动画效果。
- 【颜色】：用来设置画笔的绘画颜色。
- 【画笔大小】：用来设置画笔的笔触粗细。
- 【画笔硬度】：用来设置画笔笔触的柔化程度。

- 【画笔不透明度】：用来设置画笔绘制时的颜色透明度。
- 【描边长度（秒）】：设置画笔笔触的描边色度。
- 【画笔间距（秒）】：用来设置画笔笔触间的间距大小。设置较大的值，可以将画笔笔触设置成点状效果。
- 【绘画时间属性】：设置绘画时的属性。包括颜色、透明等在绘制时，是否将其应用到每个关键帧或整个动画中。
- 【画笔时间属性】：设置画笔的属性。包括大小、硬度等，在绘制时是否将其应用到每个关键帧或整个动画中。
- 【绘画样式】：设置【写入】的样式。包括【在原始图像上】，此项表示笔触直接在原图像上进行【写入】；【在透明背景上】，此项将在黑色背景上进行【写入】；【显示原始图像】，此项将以类似蒙版的形式显示背景图像。与【在原始图像上】相反。

视频讲座8-8：利用【写入】制作动画文字

视频分类：软件功能类
工程文件：配套光盘\工程文件\第8章\动画文字
视频位置：配套光盘\movie\视频讲座8-8：利用【写入】制作动画文字.avi

本例主要讲解利用【写入】特效制作动画文字效果，通过本例的制作，掌握【写入】特效的使用方法。

AE 01 执行菜单栏中的【文件】|【打开项目】命令，选择配套光盘中的【工程文件\第8章\动画文字\动画文字练习.aep】文件，将【动画文字练习.aep】文件打开。

AE 02 为【山川】层添加【颜色键】特效。在【效果和预设】面板中展开【键控】特效组，然后双击【颜色键】特效。

AE 03 在【效果控件】面板中，修改【颜色键】特效的参数，设置【主色】为白色，【颜色容差】的值为255，如图8.166所示；合成窗口效果如图8.167所示。

图8.166 设置颜色键参数

图8.167 设置颜色键参数后的效果

AE 04 为【山川】层添加【简单阻塞工具】特效。在【效果和预设】面板中展开【遮罩】特效组，然后双击【简单阻塞工具】特效。

AE 05 在【效果控件】面板中，修改【简单阻塞工具】特效的参数，设置【阻塞遮罩】的值为1，如图8.168所示；合成窗口效果如图8.169所示。

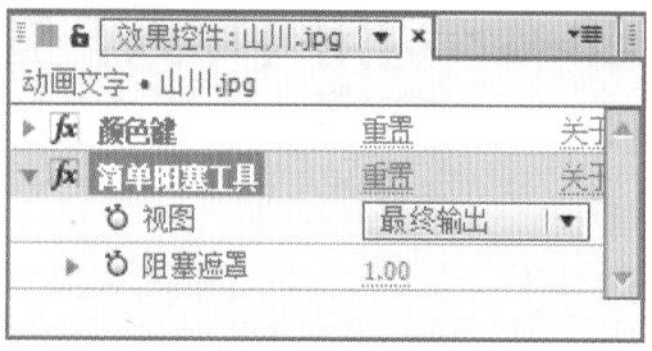

图8.168 设置简易阻塞工具参数

图8.169 设置简易阻塞参数后的效果

AE 06 为【山川】层添加【写入】特效。在【效果和预设】面板中展开【生成】特效组，然后双击【写入】特效。

AE 07 在【效果控件】面板中，修改【写入】特效的参数，设置【画笔大小】的值为16，从【绘画样式】右侧的下拉菜单中选择【显示原始图像】；将时间调整到00:00:00:00帧的位置，【画笔位置】的值为（175，23），单击【画笔位置】左侧的【码表】按钮，在当前位置设置关键帧，如图8.170所示。

图8.170 0秒关键帧设置

AE 08 根据文字的笔画效果多次调整时间，设置不同的画笔位置，直到将所有的文字【写入】完成，系统会自动设置关键帧，如图8.171所示。

图8.171 5秒关键帧设置

AE 09 选中【山川】层，将时间调整到00:00:00:00帧的位置，按S键展开【缩放】属性，设置【缩放】数值为（200，200），单击【缩放】左侧的【码表】按钮，在当前位置设置关键帧。

AE 10 将时间调整到00:00:01:00帧的位置，设置【缩放】数值为（100，100），系统会自动设置关键帧，如图8.172所示。

图8.172 关键帧设置

AE 11 选中【山水画】层，将时间调整到00:00:00:00帧的位置，按P键打开【位置】属性，设置【位置】数值为（223，202），单击【位置】左侧的【码表】按钮，在当前位置设置关键帧。

AE 12 将时间调整到00:00:04:24帧的位置，设置【位置】数值为（497，202），系统会自动设置关键帧，如图8.173所示；合成窗口效果如图8.174所示。

图8.173 设置位置关键帧

图8.174 设置位置后的效果

AE 13 这样就完成了动画文字的整体制作，按小键盘上的【0】键，即可在合成窗口中预览动画。完成的动画流程画面如图8.175所示。

图8.175 动画流程画面

8.10.23 音频波形

该特效可以利用声音文件，以波形振幅方式显示在图像上，并可通过自定路径，修改声波的显示方式，形成丰富多彩的声波效果。应用该特效的参数设置及应用前后效果，如图8.176所示。

图8.176 应用音波前后效果及参数设置

该特效的各项参数含义如下：

- 【音频层】：从右侧的下拉菜单中，选择一个合成中的声波参考层。声波参考层要首先添加到时间线中才可以应用。
- 【起始点】：在没有应用Path选项情况下，指定声波图像的起点位置。
- 【结束点】：在没有应用Path选项情况下，指定声波图像的终点位置。

- 【路径】：选择一条路径，让波形沿路径变化。在应用前可以用蒙版工具在当前图像上绘制一个路径，然后选择这个路径，便可产生沿路径变化效果，应用前后的效果。
- 【显示的范例】：设置声波频率的采样数，值越大，显示的波形越复杂。
- 【最大高度】：以像素为单位，指定声波显示的最大振幅。值越大，振幅就越大，声波的显示也就越高。
- 【音频持续时间（毫秒）】：指定声波保持时长，以毫秒为单位。
- 【音频偏移（毫秒）】：指定显示声波的偏移量，以毫秒为单位。
- 【厚度】：设置声波线的粗细程度。
- 【柔和度】：设置声波线的软边程度。值越大，声波线边缘越柔和。
- 【随机植入（模拟）】：设置声波线的随机数量值。
- 【内部颜色】：设置声波线的内部颜色，类似图像填充颜色。
- 【外部颜色】：设置声波线的外部颜色，类似图像描边颜色。
- 【波形选项】：指定波形的显示方式。
- 【显示选项】：可以从右侧的下拉菜单中，设置声波线的显示方式。选择【数字】显示数字式；【模拟谱线】显示模拟谱线式；【模拟频点】显示模拟频点式。
- 【在原始图像上合成】：勾选该复选框，将声波线显示在原图像上，以避免声波线将原图像覆盖。

视频讲座8-9：利用音频波形制作电光线效果

视频分类：软件功能类
工程文件：配套光盘\工程文件\第8章\电光线效果
视频位置：配套光盘\movie\视频讲座8-9：利用音频波形制作电光线效果.avi

本例主要讲解【音频波形】特效制作电光线效果，通过本例的制作，掌握【音频波形】特效的使用技巧。

AE 01 执行菜单栏中的【文件】|【打开项目】命令，选择配套光盘中的【工程文件\第8章\电光线效果\电光线效果练习.aep】文件，将【电光线效果练习.aep】文件打开。

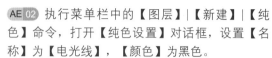

AE 02 执行菜单栏中的【图层】|【新建】|【纯色】命令，打开【纯色设置】对话框，设置【名称】为【电光线】，【颜色】为黑色。

AE 03 为【电光线】层添加【音频波形】特效。在【效果和预设】面板中展开【生成】特效组，然后双击【音频波形】特效。

AE 04 在【效果控件】面板中，修改【音频波形】特效的参数，在【音频层】下拉菜单中选择【音频.mp3】，【起始点】的值为（64，366），【结束点】的值为（676，370），【显示的范例】值为80，【最大高度】的值为300，【音频持续时间】的值为900，【厚度】的值为6，【内部颜色】为白色，【外部颜色】为青色（R:0；G:174；B:255），如图8.177所示；合成窗口效果如图8.178所示。

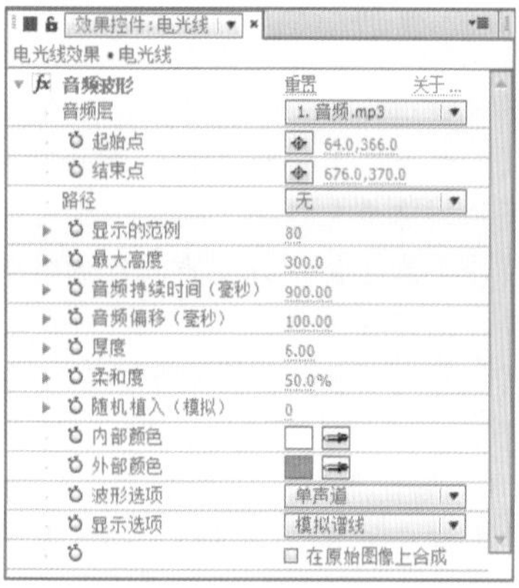

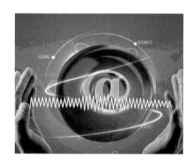

图8.177 设置音波参数

8.10.24 音频频谱

该特效可以利用声音文件，将频谱显示在图像上，可以通过频谱的变化，了解声音频率，可将声音作为科幻与数位的专业效果表示出来，更可提高音乐的感染力。应用该特效的参数设置及应用前后效果，如图8.180所示。

图8.180 声谱的前后效果及参数设置

该特效的各项参数含义如下：

- 【音频层】：从右侧的下拉菜单中，选择一个合成中的音频参考层。音频参考层要首先添加到时间线中才可以应用。
- 【起始点】：在没有应用Path选项情况下，指定音频图像的起点位置。
- 【结束点】：在没有应用Path选项情况下，指定音频图像的终点位置。
- 【路径】：选择一条路径，让波形沿路径变化。在应用前可以用蒙版工具在当前图像上绘制一个路径，然后选择这个路径，便可产生沿路径变化效果，应用前后的效果，如图8.181所示。

图8.181 应用路径的前后效果及参数设置

- 【使用极坐标路径】：勾选该复选框，频谱线将从一点出发以发射状显示。
- 【起始频率】：设置参考的最低音频频率。以HZ为单位。
- 【结束频率】：设置参考的最高音频频率。以HZ为单位。

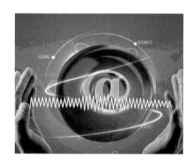

图8.178 设置音波后的效果

AE 05 这样就完成了电光线效果的整体制作，按小键盘上的【0】键，即可在合成窗口中预览动画。完成的动画流程画面如图8.179所示。

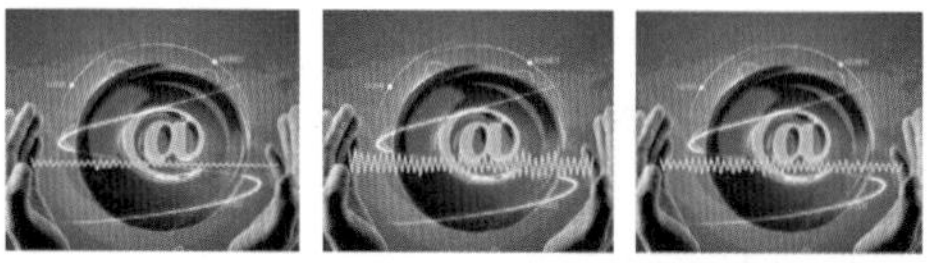

图8.179 动画流程画面

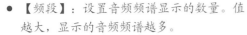

- 【频段】：设置音频频谱显示的数量。值越大，显示的音频频谱越多。
- 【最大高度】：指定频谱显示的最大振幅。值越大，振幅就越大，频谱的显示也就越高。以像素为单位。
- 【音频持续时间（毫秒）】：指定频谱保持时长，以毫秒为单位。
- 【音频偏移（毫秒）】：指定显示频谱的偏移量，以毫秒为单位。
- 【厚度】：设置频谱线的粗细程度。
- 【柔和度】：设置频谱线的软边程度。值越大，频谱线边缘越柔和。
- 【内部颜色】：设置频谱线的内部颜色，类似图像填充颜色。
- 【外部颜色】：设置频谱线的外部颜色，类似图像描边颜色。
- 【混合叠加颜色】：勾选该复选框，在频谱线产生相互重叠时，设置其产生混合效果。
- 【色相插值】：设置频谱线的插值颜色，能够产生多彩的频谱线效果。
- 【动态色相】：勾选该复选框，应用【色相插值】时，开始颜色将偏移到显示频率范围中最大的频率。
- 【颜色对称】：勾选该复选框，应用【色相插值】时，频谱线的颜色将以对称的形式显示。
- 【显示选项】：可以从右侧的下拉菜单中，设置频谱线的显示方式。选择【数字】显示数字式；【模拟谱线】显示模拟谱线式；【模拟频点】显示模拟频点式。3种不同的频谱线显示效果，如图8.182所示。

数字式　　　模拟谱线式　　模拟频点式

图8.182 频谱线的3种显示效果

- 【面选项】：设置频谱线的显示位置，可以选择半边或整个波形显示。包括【A面】、【B面】和【A和B面】3个选项，显示的不同效果，如图8.183所示。

A边　　　　　B边　　　　　两边

图8.183 频谱线的3种显示位置

- 【持续时间平均化】：设置频谱线显示的平均化效果，可以产生齐整的频谱变化，而减小随机状态。
- 【在原始图像上合成】：勾选该复选框，将频谱线显示在原图像上，以避免频谱线将原图像覆盖。

8.10.25 油漆桶

该特效可以在指定的颜色范围内填充设置好的颜色，模拟油漆填充效果。应用该特效的参数设置及应用前后效果，如图8.184所示。

图8.184 应用油漆桶的前后效果及参数设置

该特效的各项参数含义如下：

- 【填充点】：用来设置填充颜色的位置。
- 【填充选择器】：可以从右侧的下拉菜单中，选择一种填充的形式。
- 【容差】：用来设置填充的范围。
- 【查看阈值】：勾选该复选框，可以将图像转换成灰色图像，以观察容差范围。
- 【描边】：可以从右侧的下拉菜单中，选择一种笔画类型。并可以通过下方的参数来调整笔画的效果。
- 【反转填充】：勾选该复选框，将反转当前的填充区域。
- 【颜色】：设置用来填充的颜色。
- 【不透明度】：设置填充颜色的不透明程度。
- 【混合模式】：设置网格与原图像间的叠加模式，与层的混合模式用法相同。

8.10.26 圆形

该特效可以为图像添加一个圆形或环形的图案，并可以利用圆形图案制作蒙版效果。应用该特效的参数设置及应用前后效果，如图8.185所示。

图8.185 应用圆的前后效果及参数设置

该特效的各项参数含义如下：

- 【中心】：用来设置圆形中心点的位置。
- 【半径】：用来设置圆形的半径大小。

- 【边缘】：设置圆形的边缘形式。
- 【未使用】：根据边缘选项的不同而改变，用来修改边缘效果。
- 【羽化】：用来设置圆边缘的羽化程度。
- 【反转圆形】：勾选该复选框，将圆形空白与填充位置进行反转。
- 【颜色】：
- 【不透明度】：用来设置圆形的透明度。
- 【混合模式】：设置渐变色与原图像间的叠加模式，与层的混合模式用法相同。

8.11 过时特效组

【过时】特效组保存之前版本的一些特效。包括【基本3D】、【基本文字】、【路径文本】和【闪光】特效。

8.11.1 基本3D

该特效用于在三维空间内变换图像。应用该特效的参数设置及应用前后效果，如图8.186所示。

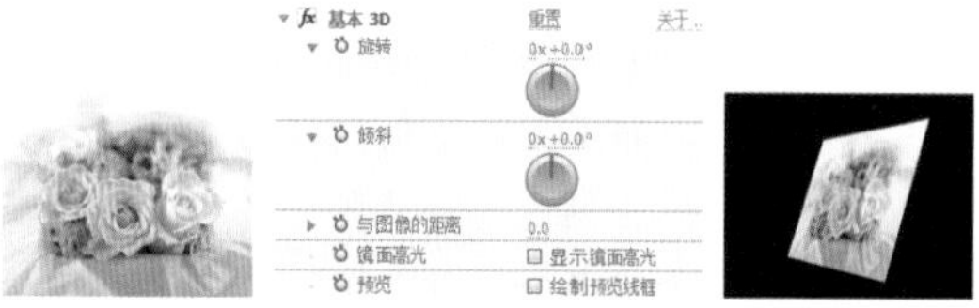

图8.186 应用基础3D的参数及前后效果

下面介绍合成窗口中【基本3D】特效工具栏的工具含义及应用：

- 【旋转】：将图片沿深度方向旋转。
- 【倾斜】：沿自身上下轴向旋转。
- 【与图像的距离】：设置图像的深度距离。
- 【镜面高光】：是否勾选【显示镜面高光】。
- 【预览】：是否勾选【绘制预览线框图】。

8.11.2 基本文字

该特效可以创建基础文字。应用该特效的参数设置，如图8.187所示。

图8.187 应用基础文字的参数

下面介绍合成窗口中【基本文字】特效工具栏的工具含义及应用：

- 【位置】：用来控制输入的文字在合成窗口里面的水平和垂直位置。
- 【填充和描边】：设置文字的填充和描边。
- 【显示选项】：可以设置文字为【仅填充】、【仅描边】、【在描边上填充】、【在填充上描边】四种方式。
- 【填充颜色】：设置填充的颜色。
- 【描边颜色】：设置描边的颜色。
- 【描边宽度】：设置描边的宽度。
- 【大小】：修改文字字号的大小。
- 【字符间距】：修改文字的间距大小。
- 【行距】：修改文字段落的行间距。
- 【在原始图像上合成】：保留原合成的图像。

8.11.3 路径文本

该特效用于沿着路径描绘文字。应用该特效的参数设置及应用前后效果，如图8.188所示。

图8.188 应用【路径文本】的参数

下面介绍合成窗口中【路径文本】特效工具栏的工具含义及应用：

- 【信息】：显示文字字体、文字长度和路径长度这3个信息。
- 【路径选项】：路径的参数设置。
- 【形状类型】：形状类型的选择，包括【贝塞尔曲线】、【圆形】、【循环】和【线】4种形状类型。
- 【控制点】：关联点属性的有关设置。
- 【自定义路径】：自定义选择路径，可以通过使用钢笔工具绘制路径。
- 【反转路径】：将路径的首尾进行调换。
- 【填充和描边】：设置文字的填充和描边。
- 【选项】：可以设置文字为【仅填充】、【仅描边】、【在描边上填充】、【在填充上描边】4种方式。
- 【填充颜色】：设置填充的颜色。
- 【描边颜色】：设置描边的颜色。
- 【描边宽度】：设置描边的宽度。
- 【字符】：字符参数。
- 【大小】：修改文字字号的大小。
- 【字符间距】：修改文字的间距大小。
- 【字偶间距】：设置字距值。
- 【方向】：可以修改每个字的方向。
- 【水平切变】：设置水平方向上的倾斜。
- 【水平缩放】：设置水平上的缩放。
- 【垂直缩放】：设置垂直上的缩放。
- 【段落】：关于段落的参数设置。
- 【对齐方式】：设置对齐方式，包括【左对齐】、【右对齐】、【居中对齐】和

【强制对齐】四种方式。

- 【左边距】：设置左侧留一定数值的空白。
- 【右边距】：设置右侧留一定数值的空白。
- 【行距】：设置行之间的距离。
- 【基线位移】：设置关于基线的偏移。
- 【在原始图像上合成】：保留原合成的图像。

8.11.4 闪光

该特效用于模拟电弧与闪电。应用该特效的参数设置及应用前后效果，如图8.189所示。

图8.189 应用【闪电】的参数

下面介绍合成窗口中【闪光】特效工具栏的工具含义及应用：

- 【起始点】：设置闪电的起始点位置。
- 【结束点】：设置闪电的结束点位置。
- 【区段】：设置闪电转折点数量。
- 【振幅】：设置闪电整体的幅度。
- 【细节级别】：设置闪电的等级。
- 【细节振幅】：设置闪电各转折的幅度。
- 【设置分支】：闪电分支的整体设置。
- 【再分支】：闪电分支的各节设置。
- 【分支角度】：调整分叉的角度。
- 【分支线段长度】：调整分叉段的长度。
- 【分支线段】：设置分叉的段数。
- 【分支宽度】：设置分叉的宽度。
- 【速度】：设置闪电变化的速度。
- 【稳定性】：设置闪电的稳定性。
- 【固定端点】：是否需要固定的结束点，可以制作无限延伸的闪电效果。
- 【宽度】：闪电的粗细设置。

- 【宽度变化】：粗细的变化设置。
- 【核心宽度】：内部深色区域的宽度。
- 【外部颜色】：闪电外部的颜色。
- 【内部颜色】：闪电内部的颜色。
- 【拉力】：设置闪电的拉力程度。
- 【拉力方向】：设置闪电的拉力方向。
- 【随机植入】：随机变化的设置。
- 【混合模式】：与背景的混合模式，包括【正常】、【相加】和【滤色】三种方式。
- 【模拟】：是否勾选【在每一帧处重新运行】。

8.12 过渡特效组

【过渡】特效组主要用来制作图像间的过渡效果。包括CC Glass Wipe（CC 玻璃擦除）、CC Grid Wipe（CC 网格过渡）、CC Image Wipe（CC 图像擦除）、CC Jaws（CC 锯齿）、CC Light Wipe（CC 发光过渡）、CC Line Sweep（CC 线扫描）、CC Radial ScaleWipe（CC 放射缩放擦除）、CC Scale Wipe（CC 缩放擦除）、CC Twister（CC 扭曲）、CC WarpoMatic（CC 自动翘曲过渡）、【百叶窗】、【光圈擦除】、【渐变擦除】、【径向擦除】、【卡片擦除】、【块溶解】和【线性擦除】。各种特效的应用方法和含义如下。

8.12.1 CC Glass Wipe（CC 玻璃擦除）

该特效可以使图像产生类似玻璃效果的扭曲现象。应用该特效的参数设置及应用前后效果，如图8.190所示。

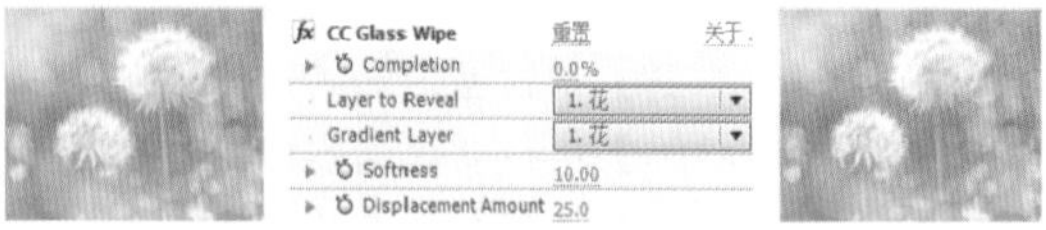

图8.190 应用CC 玻璃擦除的前后效果及参数

该特效的各项参数含义如下：

- Transition Completion（转换程度）：用来设置图像扭曲的程度。
- Layer to Revel（显示层）：当前显示层。
- Gradient Layer（渐变层）：指定一个渐变层。。
- Softness（柔化）：设置扭曲效果的柔化程度。

- Displacement Amount（置换值）：设置扭曲的偏移程度。

视频讲座8-10：利用CC玻璃擦除特效制作转场动画

视频分类：软件功能类
工程文件：配套光盘\工程文件\第8章\转场动画
视频位置：配套光盘\movie\视频讲座8-10：利用CC玻璃擦除特效制作转场动画.avi

本例主要讲解利用CC Glass Wipe（CC玻璃擦除）特效制作转场动画效果，通过本例的制作，掌握CC Glass Wipe（CC玻璃擦除）特效的使用技巧。

AE 01 执行菜单栏中的【文件】|【打开项目】命令，选择配套光盘中的【工程文件\第8章\转场动画\转场动画练习.aep】文件，将【转场动画练习.aep】文件打开。

AE 02 选择【图1.jpg】层。在【效果和预设】面板中展开【过渡】特效组，然后双击CC Glass Wipe（CC 玻璃擦除）特效。

AE 03 在【效果控件】面板中，修改CC Glass Wipe（CC 玻璃擦除）特效的参数，从Layer to Reveal（显示层）下拉菜单中选择【图2】选项，从Gradient Layer（渐变层）下拉菜单中选择【图1】选项，设置Softness（柔化）的值为23，Displacement Amount（置换值）的值为13；将时间调整到00:00:00:00帧的位置，设置Completion（完成）的值为0%，单击Completion（完成）左侧的【码表】按钮，在当前位置设置关键帧。

AE 04 将时间调整到00:00:01:13帧的位置，设置Completion（完成）的值为100%，系统会自动设置关键帧，如图8.191所示；合成窗口效果如图8.192所示。

图8.191 设置CC玻璃擦除参数

图8.192 设置CC玻璃擦除参数后的效果

AE 05 这样就完成了利用CC Glass Wipe（CC玻璃擦除）特效制作转场动画的整体制作，按小键盘上的【0】键，即可在合成窗口中预览动画。完成的动画流程画面，如图8.193所示。

图8.193 动画流程画面

8.12.2 CC Grid Wipe（CC 网格擦除）

该特效可以将图像分解成很多的小网格，以网格的形状来显示擦除图像效果。应用该特效的参数设置及应用前后效果，如图8.194所示。

图8.194 应用CC 网格擦除的前后效果及参数

该特效的各项参数含义如下：

- Completion（完成）：用来设置图像过渡的程度。

- Center（中心）：用来设置网格的中心点的位置。
- 【旋转】：设置网格的旋转角度。
- Border（边界）：设置网格的边界位置。
- Tiles（拼贴）：设置网格的大小。值越大，网格越小；值越小，网格越大。
- Shape（形状）：用来设置整体网格的擦除形状。从右侧的下拉菜单中，可以根据需要选择Doors（门）、Radial（径向）和Rectangle（矩形）3种形状中的其中一种，来进行擦除。
- Reverse Transition（反转变换）：勾选该复选框，可以将网格与图像区域进行转换，使擦除的形状相反。

8.12.3 CC Image Wipe（CC 图像擦除）

该特效是通过特效层与指定层之间像素的差异比较，而产生以指定层的图像产生擦除的效果。应用该特效的参数设置及应用前后效果，如图8.195所示。

图8.195 应用CC 图像擦除的前后效果及参数

该特效的各项参数含义如下：

- Completion（完成）：用来设置图像擦除的程度。
- Border Softness（边界柔化）：设置指定层图像的边缘柔化程度。
- Auto Softness（自动柔化）：勾选该复选框，指定层的边缘柔化程度将在Border Softness（边界柔化）的基础上进一步柔化。
- Gradient（渐变）：指定一个渐变层。Layer（层）：从右侧的下拉菜单中，可以选择一层，作为擦除时的指定层。Property（特性）：从右侧的下拉菜单中，选择一种用于运算的通道。Blur（模糊）：设置指定层图像的模糊程度。Inverse Gradient（反转渐变）：勾选该复选框，可以将指定层的擦除图像按照其特性的设置进行反转。

8.12.4 CC Jaws（CC 锯齿）

该特效可以以锯齿形状将图像一分为二进行切换，产生锯齿擦除的图像效果。应用该特效的参数设置及应用前后效果，如图8.196所示。

图8.196 应用CC 锯齿的前后效果及参数设置

该特效的各项参数含义如下：

- Completion（完成）：用来设置图像过渡的程度。
- Center（中心）：用来设置锯齿的中心点的位置。
- Direction（方向）：设置锯齿的旋转角度。
- Height（高度）：设置锯齿的高度。
- Width（宽度）：设置锯齿的宽度。
- Shape（形状）：用来设置锯齿的形状。从右侧的下拉菜单中，可以根据需要选择一种形状来进行擦除。包括Spikes、RoboJaw、Block和Waves4种形状。

8.12.5 CC Light Wipe（CC 光线擦除）

该特效运用圆形的发光效果对图像进行擦除。应用该特效的参数设置及应用前后效果，如图8.197所示。

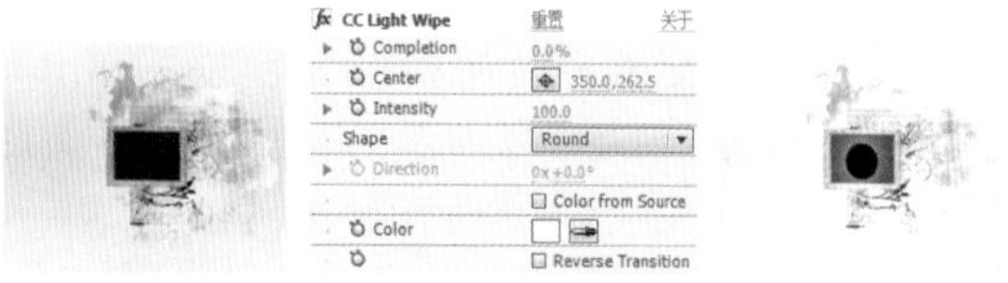

图8.197 应用CC 光线擦除的前后效果及参数

该特效的各项参数含义如下：

- Completion（完成）：用来设置图像过渡的程度。
- Center（中心）：用来设置中心点的位置。
- Intensity（亮度）：设置发光的强度。
- Shape（形状）：用来设置擦除的形状。包括Doors（门）、Round（圆形）和Square（正方形）3种形状。
- Direction（方向）：设置擦除的方向。此项当Shape（形状）为Doors（门）或Square（正方形）时才进而使用。
- Color from Source（颜色来源）：勾选该复选框，发光亮度会降低。
- Color（颜色）：用来设置发光的颜色。
- Reverse Transition（反转变换）：勾选该复选框，可以将发光擦除的黑色区域与图像区域进行转换，使擦除反转。

视频讲座8-11：利用CC 光线擦除制作转场效果

视频分类：软件功能类
工程文件：配套光盘\工程文件\第8章\过渡转场
视频位置：配套光盘\movie\视频讲座8-11：利用CC 光线擦除制作转场效果.avi

本例主要讲解利用CC Light Wipe（CC 光线擦除）特效制作转场效果，通过本例的制作，掌握CC Light Wipe（CC 光线擦除）特效的使用技巧。

 01 执行菜单栏中的【文件】|【打开项目】命令，选择配套光盘中的【工程文件\第8章\过渡转场\过渡转场练习.aep】文件，将【过渡转场练习.aep】文件打开。

 **02** 选择【图1.jpg】层，在【效果和预设】面板中展开【过渡】特效组，然后双击CC Light Wipe（CC 光线擦除）特效。

 03 在【效果控件】面板中，修改CC Light Wipe（CC 光线擦除）特效的参数，从Shape（形状）下拉菜单中选择Doors（门）选项，选中Color from Source（颜色来源）复选框；将时间调整到00:00:00:00帧的位置，设置Completion（完成）的值为0%，单击Completion（完成）左侧的【码表】按钮，在当前位置设置关键帧。

AE 04 将时间调整到00:00:02:00帧的位置，设置Completion（完成）的值为100%，系统会自动设置关键帧，如图8.198所示；合成窗口效果如图8.199所示。

图8.198 设置CC 光线擦除参数

图8.199 设置CC 光线擦除后效果

AE 05 这样就完成了利用CC 光线擦除制作转场效果的整体制作，按小键盘上的【0】键，即可在合成窗口中预览动画。完成的动画流程画面，如图8.200所示。

图8.200 动画流程画面

8.12.6 CC Line Sweep （CC线扫描）

该特效可以以一条直线为界线进行切换，产生线性擦除的效果。应用该特效的参数设置及应用前后效果，如图8.201所示。

图8.201 应用CC线扫描的前后效果及参数设置

该特效的各项参数含义如下：

- Completion（完成）：设置图像擦除的程度。
- Direction（方向）：设置线性扫描的角度。
- Thickness（厚度）：设置擦除时的边缘的厚重程度。
- Slant（斜面）：设置擦除的斜面效果。
- Flip Direction（反转方向）：选中该复选框，可以反转擦除的方向。

8.12.7 CC Radial ScaleWipe （CC径向缩放擦除）

该特效可以使图像产生旋转缩放擦除效果。应用该特效的参数设置及应用前后效果，如图8.202所示。

图8.202 应用CC径向缩放擦除的前后效果及参数

该特效的各项参数含义如下：

- Completion（完成）：用来设置图像过渡的程度。
- Center（中心）：用来设置放射的中心点的位置。
- Reverse Transition（反向转换）：勾选该复选框，可以将擦除的黑色区域与图像区域进行转换，使擦除反转。

视频讲座8-12：利用CC径向缩放擦除制作转场动画

视频分类：软件功能类
工程文件：配套光盘\工程文件\第8章\动画转场
视频位置：配套光盘\movie\视频讲座8-12：利用CC径向缩放擦除制作转场动画.avi

本例主要讲解利用CC Radial ScaleWipe（CC径向缩放擦除）特效制作转场动画效果，通过本例的制作，掌握CC Radial ScaleWipe（CC径向缩放擦除）特效的使用方法。

AE 01 执行菜单栏中的【文件】|【打开项目】命令，选择配套光盘中的【工程文件\第8章\动画

转场\动画转场练习.aep】文件，将【动画转场练习.aep】文件打开。

AE 02 选择【图1.jpg】层，在【效果和预设】面板中展开【过渡】特效组，然后双击CC Radial ScaleWipe（CC径向缩放擦除）特效。

AE 03 在【效果控件】面板中，修改CC Radial ScaleWipe（CC径向缩放擦除）特效的参数，选中Reverse Transition（反向转换）复选框，设置Center（中心）的值为（304，230）；将时间调整到00:00:00:00帧的位置，设置Completion（完成）的值为0%，单击Completion（完成）左侧的码表按钮，在当前位置设置关键帧。

AE 04 将时间调整到00:00:01:19帧的位置，设置Completion（完成）的值为100%，系统会自动设置关键帧，如图8.203所示；合成窗口效果如图8.204所示。

图8.203 设置CC径向缩放擦除参数

图8.204 设置CC径向缩放擦除后效果

AE 05 这样就完成了利用CC径向缩放擦除制作转场动画的整体制作，按小键盘上的【0】键，即可在合成窗口中预览动画。完成的动画流程画面，如图8.205所示。

图8.205 动画流程画面

8.12.8 CC Scale Wipe（CC 缩放擦除）

该特效通过调节拉伸中心点的位置以及拉伸的方向，使其产生拉伸的效果。应用该特效的参数设置及应用前后效果，如图8.206所示。

图8.206 应用CC 缩放擦除的前后效果及参数

该特效的各项参数含义如下：

- Stretch（拉伸）：设置图像的拉伸程度。值越大，拉伸越明显。
- Center（中心）：设置拉伸中心点的位置。
- Direction（方向）：设置拉伸的旋转角度。

8.12.9 CC Twister（CC 扭曲）

该特效可以使图像产生扭曲的效果，应用Backside（背面）选项，可以将图像进行扭曲翻转，从而显示出选择图层的图像。应用该特效的参数设置及应用前后效果，如图8.207所示。

图8.207 应用CC 扭曲的前后效果及参数设置

该特效的各项参数含义如下：

- Completion（完成）：设置图像扭曲的程度。
- Backside（背面）：设置扭曲背面的图像。
- Shading（阴影）：勾选该复选框，扭曲的图像将产生阴影。
- Center（中心）：设置扭曲图像中心点的位置。
- Axis（坐标轴）：设置扭曲的旋转角度。

8.12.10 CC WarpoMatic（CC 溶解）

该特效可以使图像间通过如亮度、对比度产生不同的融合过渡效果效果。应用该特效的参数设置及应用前后效果，如图8.208所示。

图8.208 应用CC 溶解的前后效果及参数

该特效的各项参数含义如下：

- Completion（完成）：设置图像过渡的程度。
- Layer to Reveal（展现层）：设置用来产生过渡效果的层。从右侧的下拉菜单中，指定要产生过渡效果的层。
- Reactor（反应器）：设置反应过渡的反应器。包括Brightness（亮度）、Contrast Differeces（对比差异）、Brightness Differences（亮度差异）和Local Differences（局部差异）。
- Smoothness（平滑）：设置产生过渡效果的平滑程度。值越大越平滑。
- Warp Amount（弯曲量）：设置变形的弯曲数量。
- Warp Direction（弯曲方向）：设置过渡变形的方向。可以选择Joint（联合）、Opposing（反向）和Twisting（扭转）。
- Blend Span（混合程度）：设置过渡层间的混合程度。

8.12.11 百叶窗

该特效可以使图像间产生百叶窗过渡的效果。应用该特效的参数设置及应用前后效果，如图8.209所示。

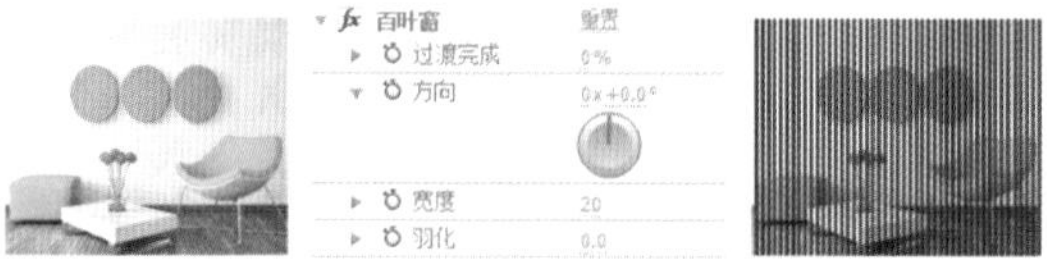

图8.209 应用百叶窗的前后效果及参数设置

该特效的各项参数含义如下：

- 【过渡完成】：用来设置图像擦除的程度。
- 【方向】：设置百叶窗切换的方向。
- 【宽度】：设置百叶窗的叶片的宽度。
- 【羽化】：设置擦除时的边缘羽化程度。

8.12.12 光圈擦除

该特效可以产生多种形状从小到大擦除图像的效果。应用该特效的参数设置及应用前后效果，如图8.210所示。

图8.210 应用形状擦除的前后效果及参数设置

该特效的各项参数含义如下：

- 【光圈中心】：指定形状中心点的位置。
- 【点光圈】：设置形状的顶点数量。
- 【外径】：设置形状的外部半径大小。
- 【使用内径】：勾选该复选框，可以启用形状的内部半径，创建出星形效果。
- 【内径】：设置形状的内部半径大小。
- 【旋转】：设置形状的旋转角度。
- 【羽化】：设置形状边缘的柔和程度。

8.12.13 渐变擦除

该特效可以使图像间产生梯度擦除的效果。应用该特效的参数设置及应用前后效果，如图8.211所示。

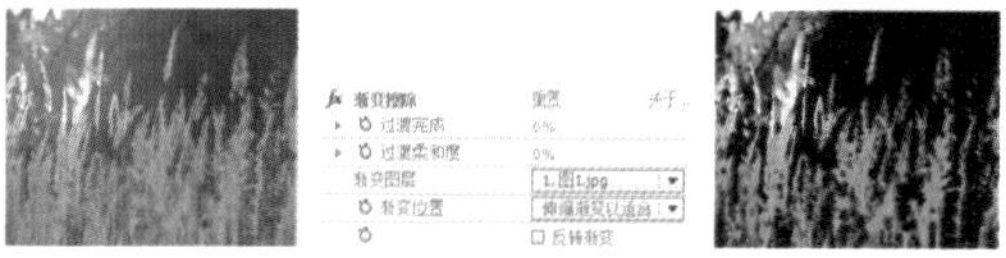

图8.211 应用梯度擦除的前后效果及参数设置

该特效的各项参数含义如下：

- 【过渡完成】：用来设置图像过渡的程度。
- 【过渡柔和度】：用来设置过渡的柔化程度。
- 【渐变图层】：指定一个渐变层。
- 【渐变位置】：指定过渡的方式。
- 【反转渐变】：勾选该复选框，可以使图像产生反向过渡。

8.12.14 径向擦除

该特效可以模拟表针旋转擦除的效果。应用该特效的参数设置及应用前后效果，如图8.212所示。

图8.212 应用径向擦除的前后效果及参数设置

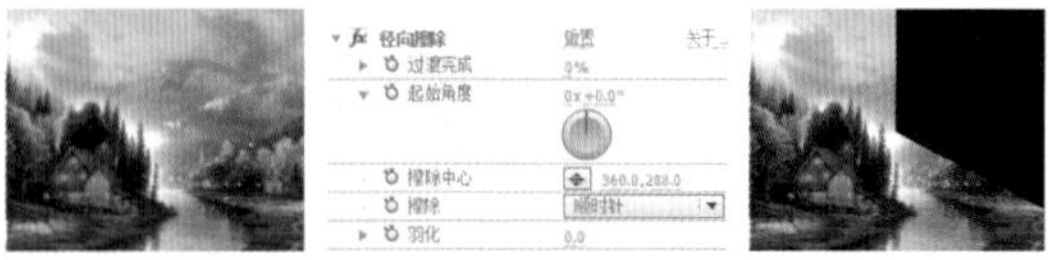

该特效的各项参数含义如下：

- 【过渡完成】：设置图像擦除的程度。
- 【起始角度】：设置擦除时的开始角度。
- 【擦除中心】：调整擦除时的表针中心点位置。
- 【擦除】：从右侧的下拉菜单中，可以选择擦除时的方向。包括【顺时针】、【逆时针】或【两者兼有】3个选项供选择。
- 【羽化】：设置擦除时的边缘羽化程度。

视频讲座8-13：利用径向擦除制作笔触擦除动画

视频分类：软件功能类
工程文件：配套光盘\工程文件\第8章\笔触擦除动画
视频位置：配套光盘\movie\视频讲座8-13：利用径向擦除制作笔触擦除动画.avi

本例主要讲解利用【径向擦除】特效制作路笔触擦除动画效果，通过本例的制作，掌握【径向擦除】特效的使用技巧。

AE 01 执行菜单栏中的【文件】|【打开项目】命令，选择配套光盘中的【工程文件\第8章\笔触擦除动画\笔触擦除动画练习.aep】文件，将【笔触擦除动画练习.aep】文件打开。

AE 02 选择【笔触.tga】层，在【效果和预设】面板中展开【过渡】特效组，然后双击【径向擦除】特效。

AE 03 在【效果控件】面板中，修改【径向擦除】特效的参数，从【擦除】下拉菜单中选择【逆时针】选项，【羽化】的值为50；将时间调整到00:00:00:00帧的位置，设置【过渡完成】的值为100%，单击【过渡完成】左侧的码表 按钮，在当前位置设置关键帧。

AE 04 将时间调整到00:00:01:15帧的位置，设置【过渡完成】的值为0%，系统会自动设置关键帧，如图8.213所示；合成窗口效果如图8.214所示。

图8.213 设置径向擦除参数

图8.214 设置径向擦除后的效果

AE 05 这样就完成了【利用径向擦除制作笔触擦除动画】的整体制作，按小键盘上的【0】键，即可在合成窗口中预览动画。完成的动画流程画面，如图8.215所示。

图8.215 动画流程画面

8.12.15 卡片擦除

该特效可以将图像分解成很多的小卡片，以卡片的形状来显示擦除图像效果。应用该特效的参数设置及应用前后效果，如图8.216所示。

图8.216 应用卡片擦除的前后效果及参数设置

该特效的各项参数含义如下:

- 【过渡完成】: 用来设置图像过渡的程度。
- 【过渡宽度】: 设置在切换过程中使用的图形面积。值越大, 切换的范围也越大。
- 【背面图层】: 指定切换后显示的图层。
- 【行数和列数】: 设置行和列切换的方式。包括【独立】和【列数受行数控制】2个选项。
- 【行数】: 设置行的数量。
- 【列数】: 设置列的数量。
- 【卡片缩放】: 设置缩放卡片的大小。
- 【反转轴】: 设置卡片翻动的轴向。
- 【翻转方向】: 设置卡片翻转的方向。
- 【翻转顺序】: 设置卡片的翻转顺序。
- 【渐变图层】: 指定一个渐变层。
- 【随机时间】: 设置随机变化的时间值。
- 【随机植入】: 设置随机变化的种子数量。
- 【摄像机系统】: 设置使用的摄像机系统。
- 【摄像机位置】: 该选项组用来设置摄像机的位置、旋转和缩放等。
- 【灯光】: 该选项组用来设置灯光的类型、亮度、颜色等。
- 【材质】: 该选项组用来设置卡片的材质和对灯光的反射处理。
- 【位置抖动】: 通过3个轴向的抖动量和抖动速度的设置, 使卡片产生位置抖动动画。
- 【旋转抖动】: 通过3个轴向的抖动量和抖动速度的设置, 使卡片产生旋转抖动动画。

视频讲座8-14: 利用卡片擦除制作拼合效果

视频分类: 软件功能类
工程文件: 配套光盘\工程文件\第8章\拼合效果
视频位置: 配套光盘\movie\视频讲座8-14: 利用卡片擦除制作拼合效果.avi

本例主要讲解利用【卡片擦除】特效制作拼合效果, 通过本例的制作, 掌握【卡片擦除】特效的使用方法。

AE 01 执行菜单栏中的【文件】|【打开项目】命令, 选择配套光盘中的【工程文件\第8章\拼合效果\拼合效果练习.aep】文件, 将【拼合效果练习.aep】文件打开。

AE 02 选择【图.jpg】层, 在【效果和预设】面板中展开【过渡】特效组, 然后双击【卡片擦除】特效。

AE 03 在【效果控件】面板中, 修改【卡片擦除】特效的参数, 将时间调整到00:00:00:08帧的位置, 设置【过渡完成】的值为30%, 【过渡宽度】的值为100%, 单击【过渡完成】和【过渡宽度】左侧的【码表】按钮, 在当前位置设置关键帧, 合成窗口效果, 如图8.217所示。

图8.217 设置关键帧后效果

AE 04 将时间调整到00:00:01:20帧的位置, 设置【过渡完成】的值为100%, 【过渡宽度】的值为0%, 系统会自动设置关键帧, 如图8.218所示。

图8.218 设置1秒20帧关键帧

AE 05 从【翻转轴】下拉菜单中选择【随机】选项, 从【翻转方向】下拉菜单中选择【正向】选项。

AE 06 展开【摄像机位置】选项组, 设置【焦距】的值为65; 将时间调整到00:00:00:00帧的位置, 设置【Z轴旋转】的值为1x, 单击【Z轴旋转】左侧的【码表】按钮, 在当前位置设置关键帧。

AE 07 将时间调整到00:00:01:22帧的位置, 设置【Z轴旋转】的值为0, 系统会自动设置关键帧, 如图8.219所示; 合成窗口效果如图8.220所示。

图8.219 设置摄像机位置的参数

图8.220 设置摄像机位置后的效果

AE 08 选择【图.jpg】层，在【效果和预设】面板中展开Trapcode特效组，双击Shine（光）特效。

AE 09 在【效果控件】面板中，修改Shine（光）特效的参数，展开Pre-Process（预处理）选项组，将时间调整到00:00:00:00帧的位置，设置Source Point（源点）的值为（-24，286），单击Source Point（源点）左侧的【码表】 按钮，在当前位置设置关键帧。

AE 10 将时间调整到00:00:00:13帧的位置，设置Source Point（源点）的值为（546，406），系统会自动设置关键帧。

AE 11 将时间调整到00:00:01:06帧的位置，设置Source Point（源点）的值为（613，336）。

AE 12 将时间调整到00:00:01:20帧的位置，设置Source Point（源点）的值为（505，646），如图8.221所示；合成窗口效果如图8.222所示。

图8.222 设置源点参数后的效果

AE 13 展开Shimmer（微光）选项组，设置Amount（数量）的值为180，Boost Light（光线亮度）的值为6.5；展开Colorize（着色）选项组，将时间调整到00:00:01:20帧的位置，设置Highlights（高光）为白色，单击Highlights（高光）左侧的码表 按钮，在当前位置设置关键帧。

AE 14 将时间调整到00:00:01:22帧的位置，设置Highlights（高光）为深蓝色（R:0；G:15；B:83），系统会自动设置关键帧。

AE 15 从Transfer Mode（转换模式）下拉菜单中选择Screen（屏幕）选项，如图8.223所示；合成窗口效果如图8.224所示。

图8.223 设置混合模式

图8.221 设置源点参数

图8.224 设置混合模式后的效果

AE 16 这样就完成了【利用卡片擦除制作拼合效果】的整体制作，按小键盘上的【0】键，即可在合成窗口中预览动画。完成的动画流程画面，如图8.225所示。

图8.225 动画流程画面

8.12.16 块溶解

该特效可以使图像间产生块状溶解的效果。应用该特效的参数设置及应用前后效果，如图8.226所示。

图8.226 应用块状溶解的前后效果及参数设置

该特效的各项参数含义如下：

- 【过渡完成】：用来设置图像过渡的程度。

- 【块宽度】：用来设置块的宽度。
- 【块高度】：用来设置块的高度。
- 【羽化】：用来设置块的羽化程度。
- 【柔化边缘（最佳品质）】：勾选该复选框，将高质量的柔化边缘。

8.12.17 线性擦除

该特效可以模拟线性擦除的效果。应用该特效的参数设置及应用前后效果，如图8.227所示。

图8.227 应用线性擦除的前后效果及参数设置

该特效的各项参数含义如下：

- 【过渡完成】：用来设置图像擦除的程度。
- 【擦除角度】：设置擦除时的开始角度。
- 【羽化】：设置擦除时的边缘羽化程度。

8.13 透视特效组

【透视】特效组可以为二维素材添加三维效果，主要用于制作各种透视效果。包括3D摄像机追踪器、3D眼镜、CC Cylinder（CC 圆柱体）、CC Sphere（CC 球体）、CC Spotlight（CC 聚光灯）、边缘斜面、径向阴影、投影和斜面Alpha。

8.13.1 3D眼镜

该特效可以将两个层的图像合并到一个层中，并产生三维效果。应用该特效的参数设置及应用前后效果，如图8.228所示。

图8.228 应用3D眼镜的前后效果及参数设置

下面介绍3D眼镜特效含义及应用：

- 【左视图】：设置左边显示的图像。
- 【右视图】：设置右边显示的图像。
- 【垂直对齐】：设置图像为垂直对齐。
- 【单位】：设置图像聚焦的偏移量。
- 【左右互换】：勾选该复选框，将图像的左右视图进行交换。
- 【3D视图】：可以从右侧的下拉菜单中，选择一种3D视图的模式。
- 【平衡】：对3D视图中的颜色显示进行平衡处理。

8.13.2 CC Cylinder（CC 圆柱体）

该特效可以使图像呈圆柱体状卷起，使其产生立体效果。应用该特效的参数设置及应用前后效果，如图8.229所示。该特效中Light和Shading特效组的使用方法，在前面的特效中已经讲解过，这里就不再赘述。

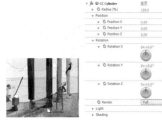

图8.229 应用CC 圆柱体的前后效果及参数设置

该特效的各项参数含义如下：

- Radius（半径）：设置圆柱体的半径大小。
- 【位置】：调节圆柱体在画面中的位置变化。Position X（X轴位置）：调节圆柱体在X轴上的位置变化。Position Y（Y轴位置）：调节圆柱体在Y轴上的位置变化。Position Z（Z轴位置）：调节圆柱体在Z轴上的位置变化。
- 【旋转】：设置圆柱体的旋转角度。
- Render（渲染）：用来设置圆柱体的显示。在右侧的下拉菜单中，可以根据需要选择Full（整体）、Outside（外部）和Inside（内部）3个选项中的任意一个。

8.13.3 CC Sphere（CC 球体）

该特效可以使图像呈球体状卷起。应用该特效的参数设置及应用前后效果，如图8.230所示。该特效中Rotation、Light和Shading特效组的使用方法，在前面的特效中已经讲解过，这里就不再赘述。

图8.230 应用CC 球体的前后效果及参数设置

该特效的各项参数含义如下：

- Radius（半径）：设置球体的半径大小。
- Offset（偏移）：设置球体的位置变化。
- Render（渲染）：用来设置球体的显示。在右侧的下拉菜单中，可以根据需要选择Full（整体）、Outside（外部）和Inside（内部）3个选项中的任意一个。

视频讲座8-15：利用CC 球体制作地球自转

视频分类：软件功能类
工程文件：配套光盘\工程文件\第8章\地球自转动画
视频位置：配套光盘\movie\视视频讲座8-15：利用CC 球体制作地球自转.avi

本例主要讲解利用CC Sphere（CC 球体）特效制作地球自转效果，通过本例的制作，掌握CC Sphere（CC 球体）特效的使用方法。

AE 01 执行菜单栏中的【文件】|【打开项目】命令，选择配套光盘中的【工程文件\第8章\地球自转动画\地球自转动画练习.aep】文件，将【地球自转动画练习.aep】文件打开。

AE 02 选择【世界地图.jpg】层，按S键打开【缩放】属性，设置【缩放】的值为（36，36）。为【世界地图.jpg】层添加【色相/饱和度】特效。在【效果和预设】面板中展开【颜色校正】特效组，然后双击【色相/饱和度】特效。

AE 03 在【效果控件】面板中，修改【色相/饱和度】特效的参数，设置【主色相】的值为1x+14，【主饱和度】的值为100，如图8.231所示；合成窗口效果如图8.232所示。

图8.231 设置色相/饱和度参数

图8.232 设置色相/饱和度后的效果

AE 04 为【世界地图.jpg】层添加CC Sphere（CC 球体）特效。在【效果和预设】面板中展开【透视】特效组，然后双击CC Sphere（CC 球体）特效。

AE 05 在【效果控件】面板中，修改CC Sphere（CC 球体）特效的参数，展开Rotation（旋转）选项组，将时间调整到00:00:00:00帧的位置，设置Rotation Y（Y轴旋转）的值为0，单击RotationY（Y轴旋转）左侧的【码表】⏱按钮，在当前位置设置关键帧，如图8.233所示。

图8.233 设置0秒关键帧

AE 06 将时间调整到00:00:04:24帧的位置，设置Rotation Y（Y轴旋转）的值为1x，系统会自动设置关键帧，如图8.234所示。

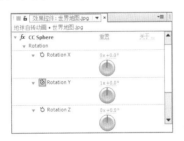

图8.234 设置4秒24帧关键帧

AE 07 设置Radius（半径）的值为360，展开Shading（阴影）选项组，设置Ambient（环境光）的值为0，Specular（反光）的值为33，Roughness（粗糙度）的值为0.227，Metal（质感）的值为0，如图8.235所示；合成窗口效果如图8.236所示。

图8.235 设置球体参数

图8.236 设置球体后的效果

AE 08 这样就完成了地球自转的整体制作，按小键盘上的【0】键，即可在合成窗口中预览动画。完成的动画流程画面，如图8.237所示。

图8.237 动画流程画面

8.13.4 CC Spotlight（CC 聚光灯）

该特效可以为图像添加聚光灯效果，使其产生逼真的被灯照射的效果。应用该特效的参数设置及应用前后效果，如图8.238所示。

图8.238 应用CC 聚光灯的前后效果及参数设置

该特效的各项参数含义如下：

- From（开始）：设置聚光灯开始点的位置，可以控制灯光范围的大小。

- To（结束）：设置聚光灯结束点的位置。
- Height（高度）：设置灯光的倾斜程度。
- ConeAngle（锥角）：设置灯光的半径大小。
- Edge Softness（边缘柔化）：设置灯光的边缘柔化程度。
- Color（颜色）：设置灯光的填充颜色。
- Intensity（亮度）：设置灯光以外部分的透明度。
- Render（渲染）：设置灯光与源图像的叠加方式。

8.13.5 边缘斜面

该特效可以使图像边缘产生一种立体效果，其边缘产生的位置是由Alpha通道来决定。应用该特效的参数设置及应用前后效果，如图8.239所示。

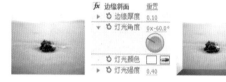

图8.239 应用斜边的前后效果及参数设置

该特效的各项参数含义如下：

- 【边缘厚度】：设置边缘斜角的厚度。
- 【灯光角度】：设置模拟灯光的角度。
- 【灯光颜色】：选择模拟灯光的颜色。
- 【灯光强度】：设置灯光照射的强度。

8.13.6 径向阴影

该特效同【投影】特效相似，也可以为图像添加阴影效果，但比投影特效在控制上有更多的选择，【径向阴影】根据模拟的灯光投射阴影，看上去更加符合现实中的灯光阴影效果。应用该特效的参数设置及应用前后效果，如图8.240所示。

图8.240 应用径向阴影的前后效果及参数

该特效的各项参数含义如下：

- 【阴影颜色】：设置图像中阴影的颜色。
- 【不透明度】：设置阴影的透明度。
- 【光源】：设置模拟灯光的位置。

- 【投影距离】：设置阴影的投射距离。
- 【柔和度】：设置阴影的柔和程度。
- 【渲染】：设置阴影的渲染方式。
- 【颜色影响】：设置周围颜色对阴影的影响程度。
- 【仅阴影】：勾选该复选框，将只显示阴影而隐藏投射阴影的图像。
- 【调整图层大小】：设置阴影层的尺寸大小。

8.13.7 投影

该特效可以为图像添加阴影效果，一般应用在多层文件中。应用该特效的参数设置及应用前后效果，如图8.241所示。

图8.241 应用投影的前后效果及参数设置

该特效的各项参数含义如下：

- 【阴影颜色】：设置图像中阴影的颜色。
- 【不透明度】：设置阴影的透明度。
- 【方向】：设置阴影的方向。
- 【距离】：设置阴影离原图像的距离。
- 【柔和度】：设置阴影的柔和程度。
- 【仅阴影】：勾选【仅阴影】复选框，将只显示阴影而隐藏投射阴影的图像。

8.13.8 斜面Alpha

该特效可以使图像中Alpha通道边缘产生立体的边界效果。应用该特效的参数设置及应用前后效果，如图8.242所示。

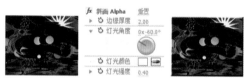

图8.242 应用斜面Alpha的前后效果及参数设置

该特效的各项参数含义如下：

- 【边缘厚度】：设置边缘斜角的厚度。
- 【灯光角度】：设置模拟灯光的角度。
- 【灯光颜色】：选择模拟灯光的颜色。
- 【灯光强度】：设置灯光照射的强度。

8.14 通道特效组

【通道】特效组用来控制、抽取、插入和转换一个图像的通道，对图像进行混合计算，通道包含各自的颜色分量（RGB）、计算颜色值（HSL）和透明值（Alpha）。【通道】特效组共包括13种特效：CC Composite（CC 合成）、【反转】、【复合运算】、【固态层合成】、【混合】、【计算】、【设置通道】、【设置遮罩】、【算术】、【通道合成器】、【移除颜色遮罩】、【转换通道】、【最小/最大】。各种特效的应用方法和含义如下。

8.14.1 CC Composite（CC 合成）

该特效可以通过与源图像合成的方式来对图像进行调节。应用该特效的参数设置及应用前后效果，如图8.243所示。

图8.243 应用CC 合成的前后效果及参数设置

该特效的各项参数含义如下：

- Opacity（不透明度）：用来设置源图像的不透明度。
- Composite Original（与源图像合成）：从右侧的下拉菜单中，可以选择不同的叠加方式对图像进行调节。
- RGB Only（仅显示RGB）：勾选该复选框，仅显示RGB。

8.14.2 反转

该特效可以将指定通道的颜色反转成相应的补色。应用该特效的参数设置及应用前后效果，如图8.244所示。

图8.244 应用反转的前后效果及参数设置

该特效的各项参数含义如下：

- 【通道】：选择用于反相的通道，可以是图像颜色的单一通道也可以是整个颜色通道。
- 【与原始图像混合】：调整反转后的图像与原图像之间的混合程度。

8.14.3 复合运算

该特效通过通道和模式应用以及和其他视频轨道图像的复合，制作出复合的图像效果。应用该特效的参数设置及应用前后效果，如图8.245所示。

图8.245 应用复合算法的前后效果及参数设置

该特效的各项参数含义如下：

- 【第二个源图层】：可以从右侧的下拉菜单中，选择一个层与当前特效层作复合运算。
- 【运算符】：可以从右侧的下拉菜单中，选择一种模式进行复合操作。
- 【在通道上运算】：可以从右侧的下拉菜单中，选择一个用于复合的通道。
- 【溢出特性】：从右侧的下拉菜单中，选择用于图像溢出的处理，可以选择【剪切】、【回绕】或【缩放】。
- 【伸缩第二个源以适合】：如果源图像层与特效图像大小不适合，勾选该复选框可以将源图像层以拉伸的方式进行与特效层匹配大小。

● 【与原始图像混合】：设置复合运算后的图像与原图像间的混合比例，值越大越接近原图。

8.14.4 固态层合成

该特效可以指定当前层的透明度，也可以指定一种颜色通过层模式和透明度的设置来合成图像。应用该特效的参数设置及应用前后效果，如图8.246所示。

图8.246 应用固态合成的前后效果及参数设置

该特效的各项参数含义如下：

● 【源不透明度】：设置当前特效层的透明度，值越大图像越透明。

● 【颜色】：设置合成的颜色，可以使用吸管工具在图像上吸取颜色，也可以通过单击颜色块，打开拾色器对话框来指定颜色。

● 【不透明度】：设置指定颜色的透明度，值越大越不透明。

● 【混合模式】：从右侧的下拉菜单中，选择一种模式，设置指定颜色与图像的混合模式，模式的含义与前面章节讲过的相同，这里不再赘述。

8.14.5 混合

该特效将两个层中的图像按指定方式进行混合，以产生混合后的效果。该特效应用在位于上方的图像上，有时叫该层为特效层，让其与下方的图像（混合层）进行混合，构成新的混合效果。应用该特效的参数设置及应用前后效果，如图8.247所示。

图8.247 应用混合的前后效果及参数设置

该特效的各项参数含义如下：

● 【与图层混合】：可以从右侧的下拉菜单中，选择一个与特效层进行混合。

● 【模式】：从右侧的下拉菜单中，选择一种混合的模式。包括【交叉淡化】表示在两个图像中作淡入淡出效果；【仅颜色】表示以混合层为基础，着色特效图像；【仅色调】表示以混合层的色调为基础，彩色化特效图像；【仅变暗】表示将特效层中较混合层亮的像素颜色加深；【仅变亮】与【仅变暗】相反。

● 【与原始图像混合】：设置混合特效与原图像间的混合比例，值越大越接近原图。

● 【如果图层大小不同】：如果两层中的图像尺寸大小不相同，可以从右侧的下拉菜单中，选择一个选项进行设置。【居中】表示混合层与特效层中心对齐；【伸缩以适合】表示拉伸混合层以适应特效层。

8.14.6 计算

该特效与【混合】有相似之处，但比混合有更多的选项操作，通过通道和层的混合产生多种特效效果。应用该特效的参数设置及应用前后效果，如图8.248所示。

图8.248 应用计算的前后效果及参数设置

该特效的各项参数含义如下：

● 【输入通道】：可从右侧的下拉菜单中选择一个用于混合计算的通道。

● 【反转输入】：勾选该复选框，可以将通道进行反转操作。

● 【第二个图层】：可以从右侧的下拉菜单中选择一个视频轨道用于另一个层的混合

计算。

- 【第二个图层通道】：可以从右侧的下拉菜单中选择一个用于另一层混合计算的通道。
- 【第二个图层不透明度】：用于调整图像的混合透明程度。
- 【反转第二个图层】：勾选该复选框，可以对另一层通道进行反转操作。
- 【伸缩第二个图层以适合】：如果另一层与原图像大小不适合，勾选该复选框可以将另一层拉伸对齐。
- 【混合模式】：可从右侧的下拉菜单中，选择一种用于混合的模式。
- 【保持透明度】：勾选该复选框，将启用保护透明区域。

8.14.7 设置通道

该特效可以复制其他层的通道到当前颜色通道中。比如，从源层中选择某一层后，在通道中选择一个通道，就可以将该通道颜色应用到源层图像中。应用该特效的参数设置及应用前后效果，如图8.249所示。

图8.249 应用通道设置的前后效果及参数设置

该特效的各项参数含义如下：

- 【源图层1 / 2 / 3 / 4】：从右侧的下拉菜单中，可以选择一个要复制通道的层。
- 【将源1/2/3/4设置为红色/绿色/蓝色/Alpha】（设置RGBA通道到源层通道）：从右侧的下拉菜单中，选择用于源层要被复制的RGBA通道。
- 【如果图层大小不同】：如果两层中的图像尺寸大小不相同，勾选【伸缩图层以适合】复选框，表示拉伸复制通道的层与源

层相匹配。

8.14.8 设置遮罩

该特效可以将其他图层的通道设置为本层的遮罩，通常用来创建运动遮罩效果。应用该特效的参数设置及应用前后效果，如图8.250所示。

图8.250 应用遮罩设置的前后效果及参数设置

该特效的各项参数含义如下：

- 【从图层获取遮罩】：从右侧的下拉菜单中，选择用来遮罩的层。
- 【用于遮罩】：从右侧的下拉菜单中，选择用于遮罩的操作通道。
- 【反转遮罩】：勾选该复选框，将遮罩效果进行反转。
- 【如果图层大小不同】：如果两层中的图像尺寸大小不相同，勾选【伸缩遮罩以适合】复选框，表示拉伸遮罩层与特效层相匹配；勾选【将遮罩与原始图像合成】复选框，表示将遮罩层和原层图像合成作为新的遮罩层；【预乘遮罩图层】：设置合成蒙版层与背景层。

8.14.9 算术

该特效利用对图像中的红、绿、蓝通道进行简单的运算，对图像色彩效果进行控制。应用该特效的参数设置及应用前后效果，如图8.251所示。

图8.251 应用通道算法的前后效果及参数设置

该特效的各项参数含义如下：

- 【运算符】：可以从右侧的下拉菜单中选择一种用来进行通道运算的方式，即不同的通道算法。包括【与】、【或】和【异或】选项为逻辑运算方式；【相加】、【相减】和【差值】选项为基础函数运算方式；【最小值】和【最大值】选项；【上界】和【下界】选项在任何高于或低于指定值的地方关闭通道；【限制】选项用来设置关闭通道的值界限；【相乘】和【滤色】选项用来设置图像的模式叠加。

- 【红/绿/蓝色值】：分别用来调整红色、绿色、蓝色通道的数值。

- 【剪切】：勾选【剪切结果值】复选框，可以防止对最终颜色值超出限定范围。

8.14.10 通道合成器

该特效可以通过指定某层的图像的颜色模式或通道、亮度、色相等信息来修改源图像，也可以直接通过模式的转换或通道、亮度、色相等的转换，来修改源图像。其修改可以通过【自】和【收件人】的对应关系来修改。应用该特效的参数设置及图像前后效果，如图8.252所示。

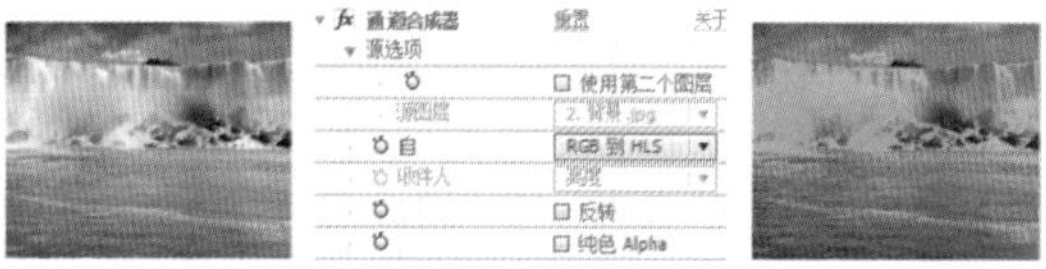

图8.252 应用通道组合器的前后效果及参数设置

该特效的各项参数含义如下：

- 【源选项】：通过其选项组中的选项来修改图像。【使用第二个图层】勾选该复选框可以使用多层来参于修改图像；【源图层】从右侧的下拉菜单中，可以选择用于修改的源层，该层通过其他参数的设置对特效层图像进行修改。

- 【自】：从右侧的下拉菜单中，选择一个颜色转换信息以修改图像。

- 【收件人】：从右侧的下拉菜单中，选择一个用来转换的信息，只有在【自】选项选择的是单个信息时，此项才可以应用，表示图像从【自】选择的信息转换到【收件人】信息。如【自】选择【红色】，【收件人】选择【仅绿色】，表示源图像

中的红色通道修改成绿色通道效果。

- 【反转】：勾选该复选框，将设置的通道信息进行反转。如图像转换后为黑白效果，通过勾选该复选框，图像将变成白黑效果。

- 【纯色Alpha】：使用固态层通道信息。

8.14.11 移除颜色遮罩

该特效用来消除或改变蒙版的颜色，常用于删除带有Premultiplied Alpha通道的蒙版颜色。应用该特效的参数设置及应用前后效果，如图8.253所示。该特效的参数【背景颜色】可以单击右侧的颜色块，打开拾色器来改变颜色，也可以利用吸管在图像中吸取颜色，以删除或修改蒙版中的颜色。

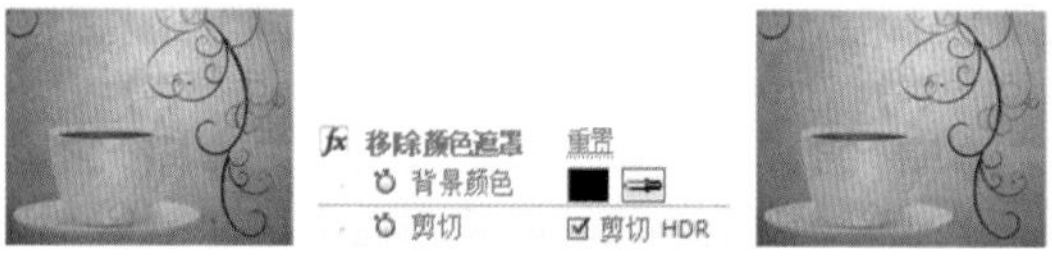

图8.253 应用删除颜色蒙版的前后效果及参数设置

8.14.12 转换通道

该特效用来在本层的RGBA通道之间转换，主要对图像的色彩和亮暗产生效果，也可以消除某种颜色。应用该特效的参数设置及应用前后效果，如图8.254所示。

图8.254 应用通道转换的前后效果及参数设置

该特效的各项参数含义如下：

- 【从获取Alpha】：从右侧的下拉菜单中，选择一个通道来替换Alpha通道。

- 【从获取红/绿/蓝色】：从右侧的下拉菜单中，选择一个通道来替换红/绿/蓝通道。

8.14.13 最小/最大

该特效能够以最小、最大值的形式减小或放大某个指定的颜色通道，并在许可的范围内填充指定的颜色。应用该特效的参数设置及应用前后效果，如图8.255所示。

图8.255 应用最小最大值的前后效果及参数设置

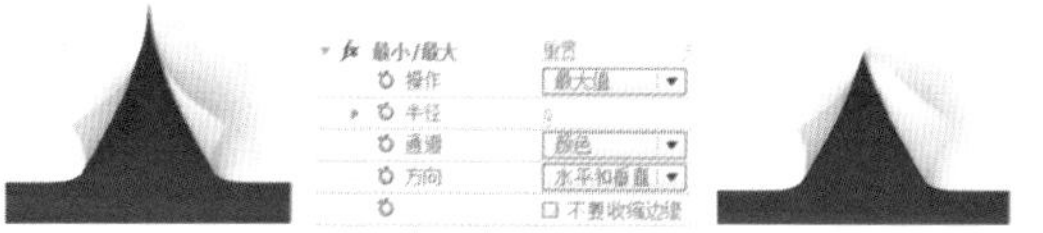

该特效的各项参数含义如下：

- 【操作】：从右侧的下拉菜单中，选择用于颜色通道的填充方式。【最小值】表示以最暗的像素值进行填充；【最大值】表示以最亮的像素值进行填充；【先最小值再最大值】表示先进行最小值的运算填充，再进行最大值的运算填充；【先最大值再最小值】表示先进行最大值运算填充，再进行最小值运算填充。

- 【半径】：设置进行运算填充的半径大小，即作用的效果程度。

- 【通道】：从右侧的下拉菜单中，选择用来运算填充的通道，选择【红色】、【绿色】、【蓝色】或Alpha通道表示只对选择的单独通道运算填充；【颜色】表示只影响颜色通道；【Alpha和颜色】表示对所有的通道进行运算填充。

- 【方向】可以从右侧的下拉菜单中，选择运算填充的方向。【水平和垂直】表示运算填充所有的图像像素；【仅水平】表示只进行水平方向的运算填充；【仅垂直】表示只进行垂直方向的运算填充。

8.15 遮罩特效组

　　【遮罩】特效组包含mocha shape、【调整柔和遮罩】、【调整实边遮罩】、【简单阻塞工具】、【遮罩阻塞工具】5种特效，利用蒙版特效可以将带有Alpha通道的图像进行收缩或描绘的应用。

8.15.1 mocha shape（摩卡形状）

　　该特效主要是为抠像层添加形状或颜色遮罩效果，以便对该遮罩做进一步动画抠像，应用该特效的参数设置及应用前后效果，如图8.256所示。

图8.256 应用该特效的前后效果及参数设置

该特效的各项参数含义如下：

- Blend mode（混合模式）：设置抠像层的混合模式。
- Invert（反选）：启用该选项，将对抠图区域进行反转设置。
- Render Edge Width（渲染边缘宽度）：启用该选项，将对抠像边缘的宽度进行渲染。
- Render type（渲染类型）：设置抠像区域

的类型。
- Shape colour（蒙版颜色）：设置蒙版的颜色效果。
- Opacity【不透明度】：设置抠图区域与背景图像的融合程度。

8.15.2 调整柔和遮罩

　　该特效主要通过丰富的参数属性来调整蒙版与背景之间的衔接过度，是画面过度的更加柔和，应用该特效的参数设置及应用前后效果，如图8.257所示。

图8.257 应用【调整柔和遮罩】的前后效果及参数设置

8.15.3 调整实边遮罩

　　该特效主要通过丰富的参数属性来调整蒙版与背景之间的衔接过渡，使画面过渡的更加柔和。该特效的参数设置及应用前后效果如图8.258所示。

图8.258 应用【调整实边遮罩】的前后效果及参数设置

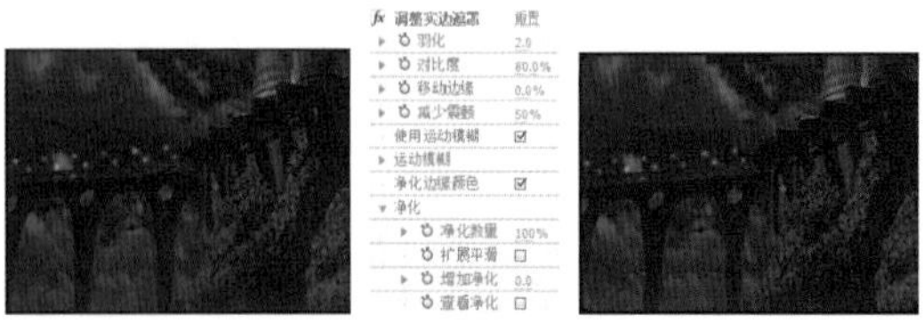

- 【羽化】：设置边缘模糊度的值。
- 【对比度】：设置对比度的值。
- 【移动边缘】：设置边缘偏移的大小。
- 【减少震颤】：设置边缘的震颤。
- 【使用运动模糊】：选择该复选框，启用运动模糊。
- 【运动模糊】：选择【运动模糊选项】的时候，【运动模糊】才可以使用。设置运动模糊相关参数。
- 【净化边缘颜色】：选择该复选框，可以启用下面的【净化】选项，设置边缘颜色的净化。
- 【净化】：选中【净化边缘颜色】的时候，该选项才可以使用。
- 【净化数量】：设置净化的数量。
- 【扩展平滑的地方】：选择该复选框，可以扩展平滑的地方。
- 【增加净化半径】：设置净化半径的程度。
- 【查看净化地图】：选择该复选框，可以启用净化地图。

8.15.4 简单阻塞工具

该特效与【蒙版阻塞】相似，只能作用于Alpha通道，使用增量缩小或扩大蒙版的边界，以此来创建蒙版效果。应用该特效的参数设置及应用前后效果，如图8.259所示。

图8.259 应用简易阻塞的前后效果及参数设置

该特效的各项参数含义如下：

- 【视图】：选择显示图像的最终效果。包括【最终输出】表示以图像为最终输出效果；【遮罩】表示以蒙版为最终输出效果。
- 【阻塞遮罩】：设置蒙版的阻塞程度。正值图像收缩，负值图像扩展。

8.15.5 遮罩阻塞工具

该特效主要用于对带有Alpha通道的图像控制，可以收缩和描绘Alpha通道图像的边缘，修改边缘的效果。应用该特效的参数设置及应用前后效果，如图8.260所示。

图8.260 应用蒙版阻塞的前后效果及参数设置

该特效的各项参数含义如下：

- 【几何柔和度1／2】：设置边缘的柔化程度1次／2次。
- 【阻塞1／2】：设置阻塞的数量1次／2次。正值图像收缩，负值图像扩展。
- 【灰色阶柔和度1／2】：设置边缘的柔和程度1次／2次。值越大，边缘柔和程度越强烈。
- 【迭代】：设置蒙版收缩或描绘边缘的重复次数。

8.16 音频特效组

音频特效主要是对声音进行特效方面的处理，以此来制作不同效果的声音特效，比如回声、降噪等。After Effects为用户提供了10多种音频特效，以供用户更好地控制音频文件。包括【变调与合声】、【参数均衡】、【倒放】、【低音和高音】、【调制器】、【高通/低通】、【混响】、【立体声混合器】、【延迟】和【音调】。

8.16.1 变调与合声

该特效包括两个独立的音频效果：【变调】用来设置变调效果，通过拷贝失调的声音或者对原频率做一定的位移，通过对声音分离的时间和音调深度的调整，产生颤动、急促的声音。【合声】用来设置和声效果，可以为单个乐器或单个声音增加深度，听上去像是有很多声音混合，产生合唱的效果。【变调与合声】参数设置面板如图8.261所示。

图8.261 变调与合声参数设置面板

该特效的各项参数含义如下：

● 【语音分离时间（ms）】：设置声音的分离时间，单位是毫秒，每个分离的声音是原音的延时效果声音。较低的数值用于【变调】特效，较高的数值用于【和声】效果。

● 【语音】：用来设置和声的数量值。

● 【调制速率】：用来设置调制声音速度的比率，以Hz为单位，指定频率调制。

● 【调制深度】：用来设置调制声音频率的深度。

● 【语音相变】：设置和声的声音相位变化。

● 【反转相位】：勾选该复选框，将声音相位反转。

● 【立体声】：勾选该复选框，将声音设置为立体声效果。

● 【干输出】：设置不经修饰的原始声音输出的百分比。

● 【湿输出】：设置经过修饰的效果音输出的百分比

8.16.2 参数均衡

该特效主要是用来精确调整一段音频素材的音调，而且还可以较好地隔离特殊的频率范围，强化或衰减指定的频率，对于增强音乐的效果特别有效。【参数均衡】参数设置面板如图8.262所示。

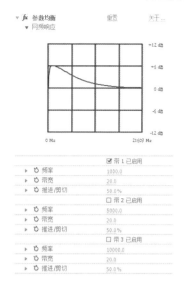

图8.262 参数均衡器参数设置面板

该特效的各项参数含义如下：

● 【网频响应】：音频参数的设置，以曲线形式显示，水平方向表示频率范围，垂直表示增益值。

● 【带1/2/3已启用】：勾选不同的复选框，打开不同的频率曲线显示，最多可以使用3条，系统将以不同的颜色显示，通过下面的相应参数可以调整曲线效果。

● 【频率】：设置调整的频率点，该频率指明了所设定带宽中心的峰值。

● 【带宽】：保持制定波段频率的宽度，即在一个宽频率中创立一个低的设置和在一个窄频率中创立一个高的设置。

● 【推进/剪切】：调整增益值，设置在一定的带宽范围内对频率振幅的增长或切除量。

8.16.3 倒放

该特效可以将音频素材进行倒带播放，即将音频文件从后往前播放，产生倒放效果，它没有太多的参数设置，Backwards（倒带）参数设置面板如图8.263所示。

图8.263 倒带参数设置面板

勾选【互换声道】复选框，可以将音频素材的左右声道交换，它只适用于双声道。

8.16.4 低音和高音

该特效可以将音频素材中的低音和高音部分的音频进行单独调整，将低音和高音中的音频增大或降低，【低音和高音】参数设置面板如图8.264所示。

图8.264 低音和高音参数设置面板

该特效的各项参数含义如下：

- 【低音】：用来增加或降低音频中的低音部分，正值表示增加，负值表示降低。
- 【高音】：用来增加或降低音频中的高音部分，正值表示增加，负值表示降低。

8.16.5 调制器

该特效通过改变声音的变化频率和振幅来设置声音的颤音效果。调制器参数设置面板如图8.265所示。

图8.265 调制器参数设置面板

该特效的各项参数含义如下：

- 【调制类型】：从右侧的下拉菜单中，可以选择颤音类型有【正弦】或【三角形】。
- 【调制速率】：设置调节声音的比率，单位为HZ。
- 【调制深度】：设置声音的调节深度。
- 【振幅变调】：设置声音的振幅。

8.16.6 高通/低通

该特效通过设置一个音频值，只让高于或低于这个频率的声音通过，这样，可以将不需要的低音或高音过滤掉。【高通/低通】参数设置面板如图8.266所示。

图8.266 高-低通滤波参数设置面板

该特效的各项参数含义如下：

- 【滤镜选项】：从右侧的下拉菜单中，可以选择器选项：【高通】或【低通】。
- 【屏蔽频率】：用来设置中止的音频值，在【滤镜选项】中选择【高通】选项，将低于该值的音频设置为静音；在【滤镜选项】中选择【低通】，将高于该值的音频设置为静音。
- 【干输出】：设置不经修饰的原始声音输出的百分比。
- 【湿输出】：设置经过修饰的效果音输出的百分比。

8.16.7 混响

该特效可以将一个音频素材制作出一种模仿室内播放音频声音的效果。【混响】参数设置面板如图8.267所示。

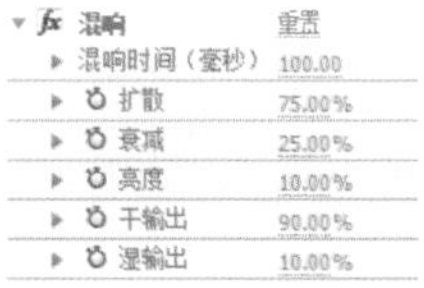

图8.267 混响参数设置面板

该特效的各项参数含义如下：

- 【混响时间（毫秒）】：用来设置信号发出到回响之间的时间，以毫秒为单位。
- 【扩散】：设置声音向四周的扩散量。
- 【衰减】：指定声音的消失过程的时间。
- 【亮度】：设置音频中保留的细节数量。
- 【干输出】：设置不经修饰的原始声音输出的百分比。
- 【湿输出】：设置经过修饰的效果音输出的百分比。

8.16.8 立体声混合器

该特效通过对一个层的音量大小和相位的调整，混合音频层上的左右声道，模拟左右立体声混音装置。【立体声混合器】参数设置面板如图8.268所示。

图8.268 立体声混合器参数设置面板

该特效的各项参数含义如下：

- 【左声道级别】：设置左声道音量的混合大小。
- 【右声道级别】：设置右声道音量的混合大小。
- 【向左平移】：将立体声信号从左声道转到右声道。
- 【向右平移】：将立体声信号从右声道转到左声道。
- 【反转相位】：勾选该复选框，将转换两个声道的相位。

8.16.9 延迟

该特效可以设置声音在一定的时间后重复，制作出回声的效果，以添加音频素材的回声特效，【延迟】参数设置面板如图8.269所示。

图8.269 延时参数设置面板

该特效的各项参数含义如下：

- 【延迟时间（毫秒）】：设置回声的延迟时间，即与原声间的时间间隔，单位为毫秒。
- 【延迟量】：设置回声中音频延迟的数量，值越大，延迟数量越多。

- 【反馈】：设置一个将延时信号附加到前面的延时上的百分比，从而产生一个多重回声的效果。
- 【干输出】：设置不经修饰的原始声音输出的百分比。
- 【湿输出】：设置经过修饰的效果音输出的百分比。

8.16.10 音调

该特效可以轻松合成固定音调，产生各种常见的科技声音。比如隆隆声、铃声、警笛声和爆炸声等，可以通过修改5个音调产生和弦，以产生各种声音。【音调】参数设置面板如图8.270所示。

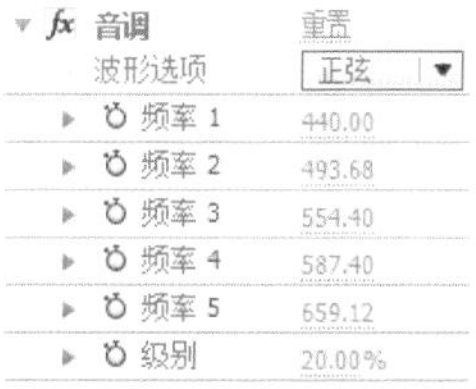

图8.270 音调参数设置面板

该特效的各项参数含义如下：

- 【波形选项】：从右侧的下拉菜单中，可以选择使用不同的波形默认类型，包括【正弦】、【三角形】、【锯子】和【正方形】。
- 【频率1/2/3/4/5】：分别设置5个音调的频率点，通过不同的参数设置，产生不同的音频效果。
- 【级别】：改变音频的振幅。

8.17 风格化特效组

【风格化】特效组主要模仿各种绘画技巧，使图像产生丰富的视觉效果，包括CC Burn Film（CC燃烧效果）、CC Glass（CC玻璃）、CC Kaleida（CC万花筒）、CC Mr.Smoothie（CC平滑）、CC Plastic（CC塑料）、CC RepeTile（CC边缘拼贴）、CC Threshold（CC阈值）、CC Threshold RGB（CC阈值RGB）【彩色浮雕】、【查找边缘】、【动态拼贴】、【发光】、【浮雕】、【画笔描边】、【卡通】、【马赛克】、【毛边】、【散布】、【色调分离】、【闪光灯】、【纹理化】、【阈值】。各种特效的应用方法和含义如下。

8.17.1 CC Burn Film（CC 燃烧效果）

该特效可以模拟火焰燃烧时边缘变化的效果，从而使图像消失。应用该特效的参数设置及应用前后效果，如图8.271所示。

图8.271 应用CC 燃烧效果的前后效果及参数

该特效的各项参数含义如下:

- Burn（燃烧）：调节图像中黑色区域的面积。为其添加关键帧，可以制作出画面燃烧的效果。
- Center（中心）：设置燃烧中心点的位置。
- Random Seed（随机种子）：调节燃烧时黑色区域的变化速度，需要添加关键帧，才能看到效果。

8.17.2 CC Glass（CC 玻璃）

该特效通过查找图像中物体的轮廓，从而产生玻璃凸起的效果。应用该特效的参数设置及应用前后效果，如图8.272所示。

图8.272 应用CC 玻璃的前后效果及参数设置

该特效的各项参数含义如下:

- Surface（表面）：使图像产生玻璃效果。
- Bump Map（凹凸贴图）：从右侧的下拉菜单中，选择一个图层，作为产生的玻璃效果的图案纹理。
- Property（特性）：从右侧的下拉菜单中，选择一种用于运算的通道。
- Softness（柔化）：用来设置图像柔化程度。
- Height（高度）：设置产生的玻璃效果的范围。
- Displacement（置换）：设置图案的变形的程度。

8.17.3 CC Kaleida（CC 万花筒）

该特效可以将图像进行不同角度的变换，使

画面产生各种不同的图案。应用该特效的参数设置及应用前后效果，如图8.273所示。

图8.273 应用CC 万花筒的前后效果及参数设置

该特效的各项参数含义如下:

- Center（中心）：设置图像的中心点位置。
- Size（大小）：设置变形后的图案的大小。
- Mirroring（镜像）：改变图案的形状。从右侧的下拉菜单中，选择一个选项，作为变形的形状。
- 【旋转】：改变旋转地角度，画面中的图案也会随之改变。

视频讲座8-16：万花筒效果

视频分类：软件功能类
工程文件：配套光盘\工程文件\第8章\万花筒动画
视频位置：配套光盘\movie\视频讲座8-16：万花筒效果.avi

本例主要讲解利用CC Kaleida（CC 万花筒）特效制作万花筒动画效果，通过本例的制作，掌握CC Kaleida（CC 万花筒）特效的使用技巧。

AE 01 执行菜单栏中的【文件】|【打开项目】命令，选择配套光盘中的【工程文件\第8章\万花筒动画\万花筒动画练习.aep】文件，将【万花筒动画练习.aep】文件打开。

AE 02 为【花.jpg】层添加CC Kaleida（CC 万花筒）特效。在【效果和预设】面板中展开【风格化】特效组，然后双击CC Kaleida（CC 万花筒）特效。

AE 03 将时间调整到00:00:00:00帧的位置，在【效果控件】面板中，修改CC Kaleida（CC万花筒）特效的参数，设置Size（大小）的值为20，【旋转】的值为0，单击Size（大小）和【旋转】左侧的码表 按钮，在当前位置设置关键帧。

AE 04 将时间调整到00:00:02:24帧的位置，设置Size（大小）的值为37，【旋转】的值为212，系统会自动设置关键帧，如图8.274所示；合成窗口效果如图8.275所示。

图8.274 设置万花筒参数

图8.275 设置万花筒后效果

AE 05 这样就完成了万花筒效果的整体制作，按小键盘上的【0】键，即可在合成窗口中预览动画。完成的动画流程画面，如图8.276所示。

图8.276 动画流程画面

8.17.4 CC Mr.Smoothie（CC 平滑）

该特效应用通道来设置图案变化，通过相位的调整来改变图像效果。该特效的参数设置及前后效果，如图8.277所示。

图8.277 应用CC 平滑的前后效果及参数设置

该特效的各项参数含义如下：

- Property（特性）：从右侧的下拉菜单中，选择一种用于运算的通道。
- Smoothness（平滑）：调节平滑后图像的融合程度。值越大，融合程度越高。值越小，融合程度越低。

- Sample A（取样 A）：设置取样点A的位置。
- Sample B（取样 B）：设置取样点B的位置。
- Phase（相位）：设置图案的变化。
- Color Loop（颜色循环）：设置图像中颜色的循环变化。

8.17.5 CC RepeTile（CC 边缘拼贴）

该特效可以将图像的边缘进行水平和垂直的拼贴，产生类似于边框的效果。应用该特效的参数设置及应用前后效果，如图8.278所示。

图8.278 应用边缘拼贴的前后效果及参数设置

该特效的各项参数含义如下：

- Expand Right（扩展右侧）：扩展图像右侧的拼贴。
- Expand Left（扩展左侧）：扩展图像左侧的拼贴。
- Expand Down（扩展下部）：扩展图像下部的拼贴。
- Expand Up（扩展上部）：扩展图像上部的拼贴。
- Tiling（拼贴）：从右侧的下拉菜单中，可以选择拼贴类型。
- Blend Borders（融合边缘）：设置边缘拼贴与源图像的融合程度。

8.17.6 CC Threshold（CC 阈值）

该特效可以将图像转换成高对比度的黑白图像效果，并通过级别的调整来设置黑白所占的比例。应用该特效的参数设置及应用前后效果，如图8.279所示。

图8.279 应用CC 阈值的前后效果及参数设置

该特效的各项参数含义如下：

- Threshold（阈值）：用于调整黑白的比例大小。值越大，黑色占的比例越多；值越小，白色点的比例越多。
- Channel（通道）：从右侧的下拉菜单中，选择用来运算填充的通道，选择Luminance（亮度）通道，表示对亮度通道运算填充；RGB通道表示只对RGB通道运算填充；Saturation（饱和度）表示只影响饱和度通道；Alpha表示只对Alpha通道进行运算填充。
- Invert（反转）：勾选该复选框，可以将黑白信息对调。
- Blend W. Original（混合程度）：设置复合运算后的图像与原图像间的混合比例，值越大越接近原图。

8.17.7 CC Threshold RGB（CC 阈值RGB）

该特效只对图像的RGB通道进行运算填充。应用该特效的参数设置及应用前后效果，如图8.280所示。

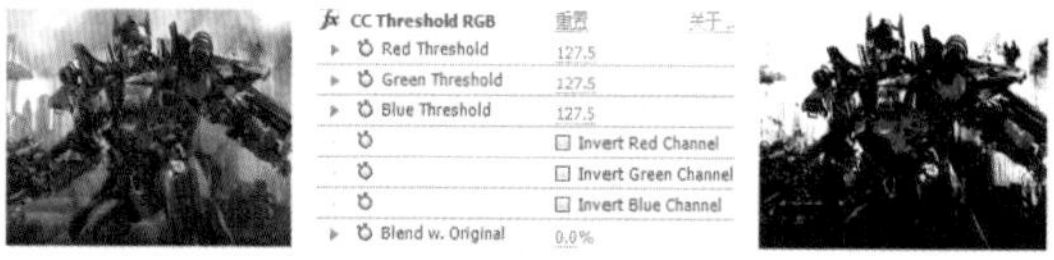

图8.280 应用CC 阈值 RGB的前后效果及参数

该特效的各项参数含义如下：

- Red Threshold（红色阈值）：用于调整红色在图像中所占的比例大小。值越大，红色占的比例越少；值越小，红色占的比例越多。
- Green Threshold（绿色阈值）：用于调整绿色在图像中所占的比例大小。值越大，绿色占的比例越少；值越小，绿色占的比例越多。
- Blue Threshold（蓝色阈值）：用于调整蓝色在图像中所占的比例大小。值越大，蓝色占的比例越少；值越小，蓝色占的比例越多。
- Invert Red Channel（反转红色通道）：勾选该复选框，可以将图像中的红色信息与其他颜色的信息进行反转。

- Invert Green Channel（反转绿色通道）：勾选该复选框，可以将图像中的绿色信息与其他颜色的信息进行反转。
- Invert Blue Channel（反转蓝色通道）：勾选该复选框，可以将图像中的蓝色信息与其他颜色的信息进行反转。
- Blend W. Original（混合程度）：设置复合运算后的图像与原图像间的混合比例，值越大越接近原图。

8.17.8 彩色浮雕

该特效通过锐化图像中物体的轮廓，从而产生彩色的浮雕效果。应用该特效的参数设置及应用前后效果，如图8.281所示。

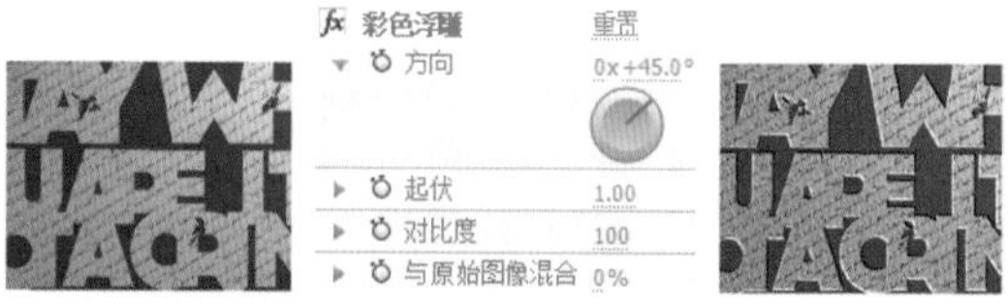

图8.281 应用彩色浮雕的前后效果及参数设置

该特效的各项参数含义如下：

- 【方向】：调整光源的照射方向。
- 【起伏】：设置浮雕凸起的高度。
- 【对比度】：设置浮雕的锐化程度。
- 【与原始图像混合】：设置浮雕效果与原始素材的混合程度。值越大越接近原图。

8.17.9 查找边缘

该特效可以对图像的边缘进行勾勒，从而使图像产生类似素描或底片效果。应用该特效的参数设置及应用前后效果，如图8.282所示。

图8.282 应用查找边缘的前后效果及参数设置

该特效的各项参数含义如下：

- 【反转】：将当前的颜色转换成它的补色效果。
- 【与原始图像混合】：设置描边效果与原始素材的融合程度。值越大越接近原图。

视频讲座8-17：利用查找边缘制作水墨画

视频分类：软件功能类
工程文件：配套光盘\工程文件\第8章\水墨画效果
视频位置：配套光盘\movie\视频讲座8-17：利用查找边缘制作水墨画.avi

本例主要讲解利用【查找边缘】特效制作水墨画效果，通过本例的制作，掌握【查找边缘】特效的使用方法。

AE 01 执行菜单栏中的【文件】|【打开项目】命令，选择配套光盘中的【工程文件\第8章\水墨画效果\水墨画效果练习.aep】文件，将【水墨画效果练习.aep】文件打开。

AE 02 选中【背景】层，将时间调整到00:00:00:00帧的位置，按P键打开【位置】属性，设置【位置】数值为（427，288），单击【位置】左侧的【码表】按钮，在当前位置设置关键帧。

AE 03 将时间调整到00:00:03:00帧的位置，设置【位置】数值为（293，288），系统会自动设置关键帧，如图8.283所示。

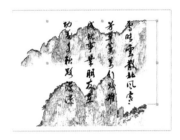

图8.283 设置位置关键帧

AE 04 为【背景】层添加【查找边缘】特效。在【效果和预设】面板中展开【风格化】特效组，然后双击【查找边缘】特效。

AE 05 为【背景】层添加【色调】特效。在【效果和预设】面板中展开【颜色校正】特效组，然后双击【色调】特效。

AE 06 在【效果控件】面板中，修改【色调】特效的参数，设置【将黑色映射到】为棕色（R:61；G:28；B:28），【着色数量】的值为77%，如图8.284所示；合成窗口效果如图8.285所示。

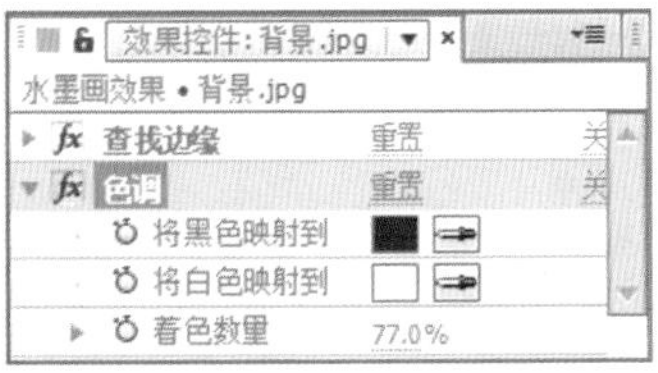

图8.284 设置浅色调参数

图8.285 设置浅色调后的效果

AE 07 选中【字.tga】层，按S键打开【缩放】属性，设置【缩放】的值为（75，75）；在工具栏中选择【矩形工具】，绘制一个矩形路径，按F键打开【蒙版羽化】的值为（50，50）；将时间调整到00:00:00:00帧的位置，按M键打开【蒙版路径】属性，单击【蒙版路径】左侧的码表按钮，在当前位置设置关键帧，如图8.286所示。

图8.286 设置0秒蒙版形状

AE 08 将时间调整到00:00:01:14帧的位置，将矩形路径从左向右拖动，系统会自动设置关键帧，如图8.287所示。

图8.287 设置1秒14帧蒙版形状

AE 09 这样就完成了水墨画效果的整体制作，按小键盘上的【0】键，即可在合成窗口中预览动画。完成的动画流程画面，如图8.288所示。

图8.288 动画流程画面

8.17.10 动态拼贴

该特效可以将图像进行水平和垂直的拼贴，产生类似在墙上贴瓷砖的效果。应用该特效的参数设置及应用前后效果，如图8.289所示。

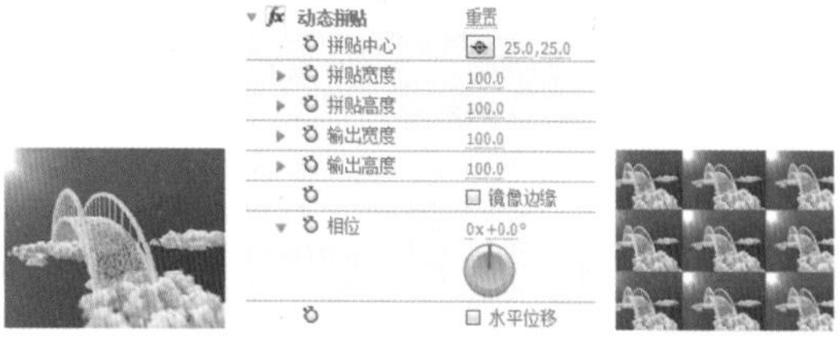

图8.289 应用运动拼贴的前后效果及参数设置

该特效的各项参数含义如下：

- 【拼贴中心】：设置拼贴的中心点位置。
- 【拼贴宽度】：设置拼贴图像的宽度大小。
- 【拼贴高度】：设置拼贴图像的高度大小。
- 【输出宽度】：设置图像输出的宽度大小。
- 【输出高度】：设置图像输出的高度大小。
- 【镜像边缘】：勾选该复选框，将对拼贴的图像进行镜像操作。
- 【相位】：设置垂直拼贴图像的位置。
- 【水平位移】：勾选该复选框，可以通过修改【相位】值来控制拼贴图像的水平位置。

8.17.11 发光

该特效可以寻找图像中亮度比较大的区域，然后对其周围的像素进行加亮处理，从而产生发光效果。应用该特效的参数设置及应用前后效果，如图8.290所示。

图8.290 应用发光的前后效果及参数设置

该特效的各项参数含义如下：

- 【发光基于】：选择辉光建立的位置。包括【Alpha通道】和【颜色通道】。
- 【发光阈值】：设置产生发光的极限。值越大，发光的面积越大。
- 【发光半径】：设置发光的半径大小。
- 【发光强度】：设置发光的亮度。
- 【合成原始项目】：设置发光与原图像的合成方式。
- 【发光操作】：设置发光与原图的混合模式。
- 【发光颜色】：设置发光的颜色。
- 【颜色循环】：设置发光颜色的循环方式。
- 【颜色循环】：设置发光颜色的循环次数。
- 【色彩相位】：设置发光颜色的位置。
- 【A和B中心点】：设置两种颜色的中心点位置。
- 【颜色A】：设置颜色A的颜色。
- 【颜色B】：设置颜色B的颜色。
- 【发光维度】：设置发光的方式。可以选择【水平和垂直】、【水平】和【垂直】。

8.17.12 浮雕

该特效与【彩色浮雕】的效果相似，只是产生的图像浮雕为灰色，没有丰富的彩色效果。他们的各项参数都相同，这里不再赘述。应用该特效的参数设置及应用前后效果，如图8.291所示。

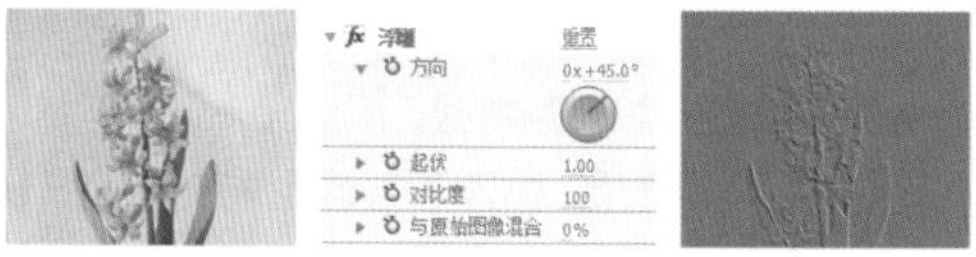

图8.291 应用浮雕的前后效果及参数设置

8.17.13 画笔描边

该特效对图像应用画笔描边效果，使图像产生一种类似画笔绘制的效果。应用该特效的参数设置及应用前后效果，如图8.292所示。

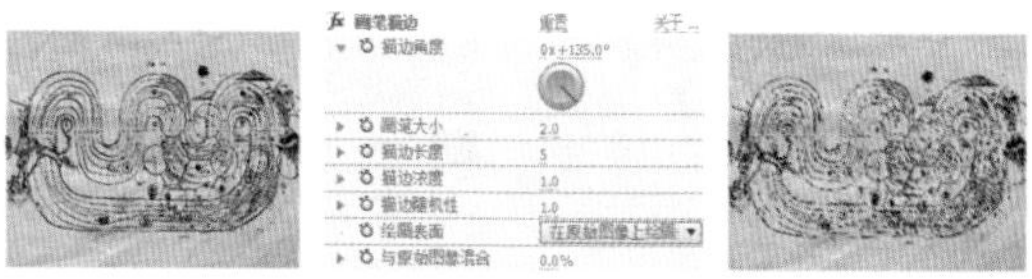

图8.292 应用画笔描边的前后效果及参数设置

该特效的各项参数含义如下：

- 【描边角度】：设置画笔描边的角度。
- 【画笔大小】：设置画笔笔触的大小。
- 【描边长度】：设置笔触的描绘长度。
- 【描边浓度】：设置笔画的笔触稀密程度。
- 【描边随机性】：设置笔画的随机变化量。
- 【绘画表面】：从右侧的下拉菜单中，选择用来设置描绘表面的位置。
- 【与原始图像混合】：设置笔触描绘图像与原图像间的混合比例，越值大越接近原图。

8.17.14 卡通

该特效通过填充图像中的物体，从而产生卡通效果。应用该特效的参数设置及应用前后效果，如图8.293所示。

图8.293 应用卡通的前后效果及参数设置

该特效的各项参数含义如下：

- 【渲染】：设置图像的渲染模式。从右侧的下拉菜单中，可以根据需要选择【填充】、【边缘】和【填充和边缘】3个中的任意一项。
- 【细节半径】：设置图像上一些小细节的大小。
- 【细节阈值】：设置图像上黑色部分范围的多少。
- 【填充】：设置卡通图案的填充效果和填充的柔化程度。当【渲染】为【填充】或【填充和边缘】时，此项才可使用。
- 【边缘】：用来调节卡通图案的边缘效果。【阈值】：设置黑色边缘所占比例的多少。【宽度】：设置边缘的宽度。【柔和度】：设置边缘的柔化程度。【不透明度】：设置卡通图案的透明度。
- 【高级】：对图案进行跟高级的处理。【边缘增强】：进一步设置边缘的厚度。

值越大，边缘越细；值越小，边缘越厚。
【边缘黑色阶】：调节图案上黑色部分所占的比例。【边缘对比度】：用来调节白色区域所占的比例。

8.17.15 马赛克

该特效可以将画面分成若干的网格，每一格都用本格内所有颜色的平均色进行填充，使画面产生分块式的马赛克效果。应用该特效的参数设置及应用前后效果，如图8.294所示。

图8.294 应用马赛克的前后效果及参数设置

该特效的各项参数含义如下：

- 【水平块】：设置水平方向上马赛克的数量。
- 【垂直块】：设置垂直方向上马赛克的数量。
- 【锐化颜色】：勾选该复选框，将会使画面效果变得更加清楚。

8.17.16 毛边

该特效可以将图像的边缘粗糙化，制作出一种粗糙效果。应用该特效的参数设置及应用前后效果，如图8.295所示。

图8.295 应用粗糙边缘的前后效果及参数设置

该特效的各项参数含义如下：

- 【边缘类型】：可从右侧的下拉菜单中，选择用于粗糙边缘的类型。
- 【边缘颜色】：指定边缘粗糙时所使用的颜色。
- 【边界】：用来设置边缘的粗糙程度。
- 【边缘锐度】：用来设置边缘的锐化程度。

- 【分形影响】：用来设置边缘的不规则程度。
- 【比例】：用来设置不规则碎片的大小。
- 【伸缩宽度和高度】：用来设置边缘碎片的拉伸强度。正值水平拉伸；负值垂直拉伸。
- 【偏移（湍流）】：用来设置边缘在拉伸时的位置。
- 【复杂度】：用来设置边缘的复杂程度。
- 【演化】：用来设置边缘的角度。
- 【演化选项】：该选项组控制进化的循环设置。
- 【循环演化】：勾选该复选框，启用循环进化功能。
- 【循环】：设置循环的次数。
- 【随机植入】：设置循环进化的随机性。

8.17.17 散布

该特效可以将图像分离成颗粒状，产生分散效果。应用该特效的参数设置及应用前后效果，如图8.296所示。

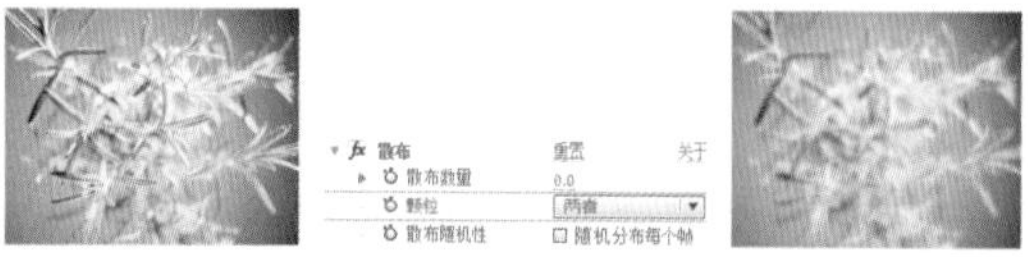

图8.296 应用扩散的前后效果及参数设置

该特效的各项参数含义如下：

- 【散布数量】：设置分散的大小。值越大，分散的数量越大。
- 【颗粒】：设置杂点的方向位置。有【两者】、【水平】、【垂直】3个选项供选择。
- 【散布随机性】：勾选【随机分布每个帧】复选框，将每一帧都进行随机分散。

8.17.18 色彩分离

该特效可以将图像中的颜色信息减小，产生颜色的分离效果，可以模拟手绘效果。应用该特效的参数设置及应用前后效果，如图8.297所示。

图8.297 应用色彩分离的前后效果及参数设置

该特效的各项参数含义如下：

- 【级别】：设置颜色分离的级别。值越小，色彩信息就越少，分离效果越明显。

8.17.19 闪光灯

该特效可以模拟相机的闪光灯效果，使图像自动产生闪光动画效果，这在视频编辑中非常常用。应用该特效的参数设置及应用前后效果，如图8.298所示。

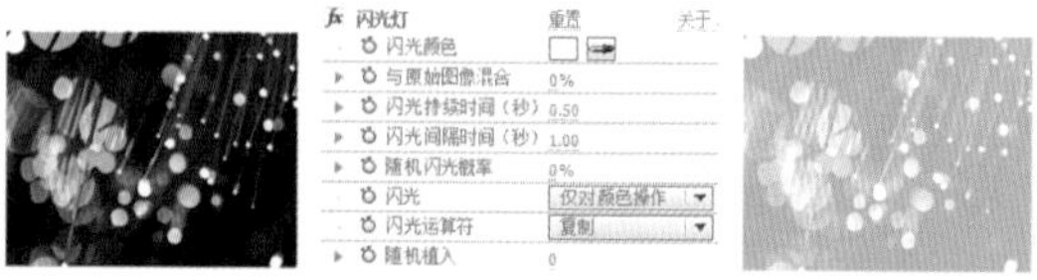

图8.298 应用闪光灯的前后效果及参数设置

该特效的各项参数含义如下：

- 【闪光颜色】：设置闪光灯的闪光颜色。
- 【与原始图像混合】：设置闪光效果与原始素材的融合程度。越值大越接近原图。
- 【闪光持续时间（秒）】：设置闪光灯的持续时间，单位为秒。
- 【闪光间隔时间（秒）】：设置闪光灯两次闪光之间的间隔时间，单位为秒。
- 【随机闪光概率】：设置闪光灯闪光的随机概率。
- 【闪光】：设置闪光的方式。【仅对颜色操作】表示在所有通道中显示闪烁特效；【使图层透明】表示只在透明层上显示闪烁特效。
- 【闪光运算符】：设置闪光的运算方式。
- 【随机植入】：设置闪光的随机种子量。值越大，颜色产生的透明度越高。

8.17.20 纹理化

该特效可以在一个素材上显示另一个素材的纹理。应用时将两个素材放在不同的层上，两个相邻层的素材必须在时间上有重合的部分，在重合的部分就会产生纹理效果。应用该特效的参数设置及应用前后效果，如图8.299所示。

图8.299 应用纹理的前后效果及参数设置

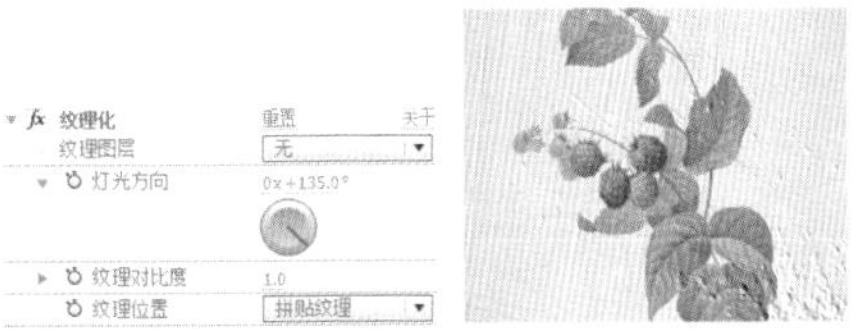

该特效的各项参数含义如下：

- 【纹理图层】：选择一个层作为纹理并映射到当前特效层。
- 【灯光方向】：设置光照的方向。
- 【纹理对比度】：设置纹理的强度。
- 【纹理位置】：指定纹理的应用方式。包括3个选项：【拼贴纹理】指重复纹理图案；【居中纹理】指将纹理图案的中心定位在应用此特效的素材中心，纹理图案的大小不变；【拉伸纹理以适合】指将纹理图案的大小进行调整，使他与应用该特效的素材大小一致。

8.17.21 阈值

该特效可以将图像转换成高对比度的黑白图像效果，并通过级别的调整来设置黑白所占的比例。应用该特效的参数设置及应用前后效果，如图8.300所示。

图8.300 应用阈值的前后效果及参数设置

该特效的各项参数含义如下：

- 【级别】：用于调整黑白的比例大小。值越大，黑色占的比例越多；值越小，白色点的比例越多。

第 9 章 颜色校正与跟踪稳定技术

内容摘要

图像的处理经常需要对图像颜色进行调整，色彩的调整主要是通过对图像的明暗、对比度、饱和度以及色相的调整，来达到改善图像质量的目的，以更好地控制影片的色彩信息，制作出理想的视频画面效果。在影视特技的制作过程中以及在背景抠像的后期制作中，要经常用到跟踪与稳定技术。

本章将After Effects CC中颜色校正和跟踪稳定技术特效命令进行了详细的讲解，并重点讲解了几个校正色彩的实例，使影片的色调、饱和度和亮度等信息更加理想化。让读者在掌握理论的同时掌握颜色校正及美化的处理技巧。同时对跟踪与稳定进行介绍，主要包括【摇摆器】的使用、【动态草图】的使用、【平滑】面板以及Tracker（跟踪面板）的参数设置；最后通过实例对跟踪与稳定进行深入讲解。

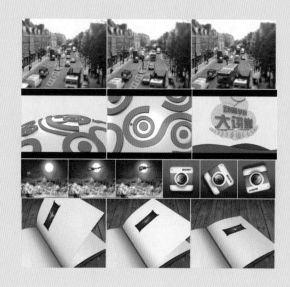

教学目标

- 了解色彩调整的应用
- 学习各种颜色校正的含义及使用方法
- 掌握利用颜色校正美化图像的技巧
- 掌握颜色校正动画的制作方法

- 学习摇摆器的使用方法
- 学习运动草图的使用
- 掌握运动跟踪和运动稳定的使用方法和技巧

9.1 色彩调整的应用方法

要使用色彩调整特效进行图像处理，首先要学习色彩调整的使用方法，应用颜色校正的操作方法如下：

AE 01 在时间线面板中选择要应用色彩调整特效的层。

AE 02 在【效果和预设】面板中展开【颜色校正】特效组，然后双击其中的某个特效选项。

AE 03 打开【效果控件】面板，修改特效的相关参数。

9.2 使用颜色校正特效组

在图像处理过程中经常需要进行图像颜色调整工作，比如调整图像的色彩、色调、明暗度及对比度等。在After Effects CC软件中提供了许多调整图像色调和平衡色彩的命令，包括【CC Color Neutralizer（色彩中和）】、【CC Color Offset（CC色彩偏移）】、【CC Kernel（核心）】、【CC Toner（CC调色）】、【PS任意映射】、【保留颜色】、【更改为颜色】、【更改颜色】、【广播颜色】、【黑色和白色】、【灰度系数/基值/增益】、【可选颜色】、【亮度和对比度】、【曝光度】、【曲线】、【三色调】、【色调】、【色调均化】、【色光】、【色阶】、【色阶(单独控件)】、【色相/饱和度】、【通道混合器】、【颜色链接】、【颜色平衡】、【颜色平衡（HLS）】、【颜色稳定器】、【阴影/高光】、【照片滤镜】、【自动对比度】、【自动色阶】、【自动颜色】、【自然饱和度】。本节将详细介绍有关图像颜色校正命令的使用方法。

9.2.1 CC Color Offset（色彩偏移）

该特效主要是对图像的Red（红）、Green（绿）、Blue（蓝）相位进行调节。应用该特效的参数设置及应用前后效果，如图9.1所示。

图9.1 应用CC色彩偏移的前后效果及参数设置

该特效的各项参数含义如下：

- Red / Green / Blue Phase（红色/绿色/蓝色相位）：用来调节图像的红色/绿色/蓝色相位。
- Overflow（溢出）：用来设置充满方式。可以选择Warp（弯曲）、Solarize（曝光）或Polarize（分裂）。

9.2.2 CC Toner（CC调色）

该特效通过对图像的高光颜色、中间色调和阴影颜色的调节来改变图像的颜色。应用该特效的参数设置及应用前后效果，如图9.2所示。

图9.2 应用CC调色的前后效果及参数设置

该特效的各项参数含义如下：

- Highlights（高光）：利用色块或吸管来设置图像的高光颜色。
- Midtones（中间）：利用色块或吸管来设置图像的中间色调。
- Shadows（阴影）：利用色块或吸管来设置图像的阴影颜色。
- Blend w. Original（混合初始状态）：用来调整与原图的混合。

9.2.3 PS任意映射

该特效应用在Photoshop的映像设置文件上，通过相位的调整来改变图像效果。该特效的参数设置及前后效果，如图9.3所示。

图9.3 应用PS曲线图的前后效果及参数设置

该特效的各项参数含义如下：

- 【相位】：用来调整颜色的相位位置。
- 【应用相位图到通道】：勾选该复选框，将相位图应用到图像的通道上。

9.2.4 保留颜色

该特效可以通过设置颜色来指定图像中保留的颜色，将其他的颜色转换为灰度效果。为了突出紫色的花朵，将保留颜色设置为花朵的紫色，而其他颜色就转换成了灰度效果。该特效的参数设置及应用前后效果，如图9.4所示。

图9.4 应用保留颜色的前后效果及参数设置

该特效的各项参数含义如下：

- 【脱色量】：控制保留颜色以外颜色的脱色百分比。

- 【要保留的颜色】：通过右侧的色块或吸管来设置图像中需要保留的颜色。

- 【容差】：调整颜色的容差程度，值越大，保留的颜色就越多。

- 【边缘柔和度】：调整保留颜色边缘的柔和程度。

- 【匹配颜色】：设置匹配颜色模式。

9.2.5 更改为颜色

该特效通过颜色的选择可以将一种颜色直接改变为另一颜色，在用法上与【更改颜色】特效有很大的相似之处。应用该特效的参数设置及应用前后效果，如图9.5所示。

图9.5 应用转换颜色的前后效果及参数设置

该特效的各项参数含义如下：

- 【自】：利用色块或吸管来设置需要替换的颜色。

- 【收件人】：利用色块或吸管来设置替换的颜色。

- 【更改】：从右侧的下拉菜单中，选择替换颜色的基准.可供选择的有【色相】、【色相和亮度】、【色相和饱和度】，【色相、亮度和饱和度】几个选项。

- 【更改方式】：设置颜色的替换方式，可以是【设置为颜色】或【变换为颜色】。

- 【容差】：设置【色相】、【亮度】、【饱和度】。

- 【柔和度】：设置替换颜色后的柔和程度。

- 【查看校正遮罩】：勾选该复选框，可将替换后的颜色变为蒙版形式。

9.2.6 更改颜色

该特效可以通过【更改颜色】右侧的色块或吸管来设置图像中的某种颜色，然后通过色相、饱和度和亮度等对图像进行颜色的改变。应用该特效的参数设置及应用前后效果，如图9.6所示。

图9.6 应用改变颜色的前后效果及参数设置

该特效的各项参数含义如下：

- 【视图】：设置校正颜色的形式，可以选择【校正的图层】和【颜色校正蒙版】。

- 【色相变换】、【亮度变换】、【饱和度变换】：分别调整色相、亮度和饱和度的变换。

- 【要更改的颜色】：设置要改变的颜色。

- 【匹配容差】：用来设置颜色的差值范围。

- 【匹配柔和度】：用来设置颜色的柔和度。

- 【匹配颜色】：用来设置匹配颜色，可以选择【使用RGB】、【使用色相】或【使用色度】。

- 【反转颜色校正蒙版】：勾选该复选框，可以仅转当前改变的颜色值区域。

9.2.7 广播颜色

该特效主要对影片像素的颜色值进行测试，因为电脑本身与电视播放色彩有很大的差别，电视设备仅能表现某个幅度以下的信号，使用该特效就可以测试影片的亮度和饱和度是否在某个幅度以下的信号安全范围内，以免发生不理想的电视画面效果。应用该特效的参数设置及应用前后效果，如图9.7所示。

图9.7 应用广播颜色的前后效果及参数设置

该特效的各项参数含义如下：

- 【广播区域设置】：可以用右侧的下拉菜单中，选择广播的制式，分为NTSC制和PAL制。

- 【确保颜色安全的方式】：从右侧的下拉菜单中，可以选择一种获得安全色彩的方式：【降低明亮度】选项可以减少图像像素的明亮度；【降低饱和度】选项可以减少图像像素的饱和度，以降低图像的彩色度；【抠出不安全区域】选项使不安全的图像像素透明；【抠出安全区域】选项使安全的图像像素透明。

- 【最大信号振幅】：设置信号的安全范围，超出的将被改变。

9.2.8 黑色和白色

该特效主要用来处理各种黑白图像，创建各种风格的黑白效果，且可编辑性很强。它还可以通过简单的色调应用，如图9.8所示，将彩色图像或灰度图像处理成单色图像。

图9.8 应用黑白的前后效果及参数设置

9.2.9 灰度系数/基值/增益

该特效可以对图像的各个通道值进行控制，以细致地改变图像的效果。应用该特效的参数设置及应用前后效果，如图9.9所示。

图9.9 应用灰度系数/基值/增益的前后效果及参数

该特效的各项参数含义如下：

- 【黑色伸缩】：控制图像中的黑色像素。
- 【红色灰度系数】：控制颜色通道曲线形状。
- 【红/绿/蓝基值】：设置通道中最小输出值，主要控制图像的暗部部分
- 【红/绿/蓝增益】：设置通道的最大输出值，主要控制图像的亮区部分。

9.2.10 可选颜色

该特效可对图像中的只等颜色进行校正，以调整图像中不平衡的颜色，其最大的好处就是可以单独调整某一种颜色，而不影响其他颜色，如图9.10所示。

图9.10 应用可选颜色的前后效果及参数设置

9.2.11 亮度和对比度

该特效主是对图像的亮度和对比度进行调节。应用该特效的参数设置及应用前后效果，如图9.11所示。

图9.11 应用亮度和对比度的前后效果及参数设置

该特效的各项参数含义如下：

- 【亮度】：用来调整图像的亮度，正值亮度提高，负值亮度降低。
- 【对比度】：用来调整图像色彩的对比程度，正值加强色彩对比度，负值减弱色彩对比度。

9.2.12 曝光度

该特效用来调整图像的曝光程度，可以通过通道的选择来设置图像曝光的通道。应用该特效的参数设置及应用前后效果，如图9.12所示。

图9.12 应用曝光的前后效果及参数设置

该特效的各项参数含义如下：

- 【通道】：从右侧的下拉菜单中，选择要曝光的通道，【主要通道】表示调整整个图像的色彩；【单个通道】可以通过下面的参数，分别调整RGB的某个通道值。
- 【主】：用来调整整个图像的色彩。【曝光度】用来调整图像曝光程度；【偏移】用来调整曝光的偏移程度；【灰度系数校正】用来调整图像伽马值范围。

- 【红色】、【绿色】、【蓝色】：分别用来调整图像中红、绿、蓝通道值，其中的参数与【主】的相同。

9.2.13 曲线

该特效可以通过调整曲线的弯曲度或复杂度，来调整图像的亮区和暗区的分布情况。应用该特效的参数设置及应用前后效果，如图9.13所示。

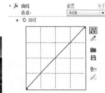

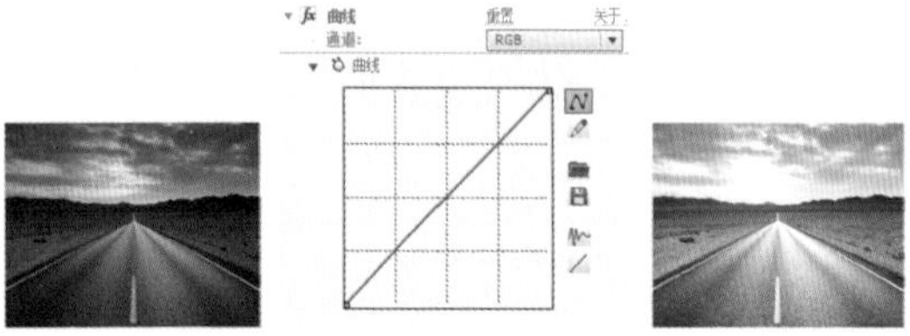

图9.13 应用曲线的前后效果及参数设置

该特效的各项参数含义如下：

- 【通道】从右侧的下拉菜单中，指定调整图像的颜色通道。
- ▒ 曲线工具：可以在其左侧的控制区线条上单击添加控制点，手动控制点可以改变图像的亮区和暗区的分布，将控制点拖出区域范围之外，可以删除控制点。
- ▒ 铅笔工具：可以在左侧的控制区内单击拖动，绘制一条曲线来控制图像的亮区和暗区分布效果。
- ▒ 打开：单击该按钮，将打开存储的曲线文件，用打开的原曲线文件来控制图像。
- ▒ 保存：保存调整好的曲线，以便以后打开来使用。
- ▒ 平滑：单击该按钮，可以对设置的曲线进行平滑操作，多次单击，可以多次对曲线进行平滑。
- ▒ 直线：单击该按钮，可以将调整的曲线恢复为初始的直线效果。

9.2.14 三色调

该特效与CC Toner（CC调色）的应用方法相同。该特效的参数设置及前后效果，如图9.14所示。

图9.14 应用三色调的前后效果及参数设置

该特效的各项参数含义如下：

- 【高光】：利用色块或吸管来设置图像的高光颜色。
- 【中间调】：利用色块或吸管来设置图像的中间色调。
- 【阴影】：利用色块或吸管来设置图像的阴影颜色。
- 【与原始图像混合】：用来调整与原图的混合。

9.2.15 色调

该特效可以通过指定的颜色对图像进行颜色映射处理。应用该特效的参数设置及应用前后效果，如图9.15所示。

图9.15 应用色调的前后效果及参数设置

该特效的各项参数含义如下：

- 【将黑色映射到】：用来设置图像中黑色和灰色颜色映射的颜色。
- 【将白色映射到】：用来设置图像中白色映射的颜色。
- 【着色数量】：用来设置色调映射时的映射百分比程度。

9.2.16 色调均化

该特效可以通过色调均化中的RGB、【亮度】或【Photoshop样式】种方式对图像进行色彩补偿，使图像色阶平均化。应用该特效的参数设置及应用前后效果，如图9.16所示。

图9.16 应用补偿的前后效果及参数设置

该特效的各项参数含义如下：

- 【色调均化】：用来设置用于补偿的方式，可以选择RGB、【亮度】或【Photoshop样式】。
- 【色调均化量】：用来设置用于补偿的百分比总量。

9.2.17 色光

该特效可以将色彩以自身为基准按色环颜色变化的方式周期变化，产生梦幻彩色光的填充效果。应用该特效的参数设置及应用前后效果，如图9.17所示。

图9.17 应用彩光的前后效果及参数设置

该特效的各项参数含义如下：

- 【输入相位】：该选项中有很多其他的选项，应用比较简单，主要是对彩色光的相位进行调整。
- 【输出循环】：通过【使用预设调板】可以选择预置的多种色样来改变色彩；【输出循环】可以调节三角色块来改变图像中对应的颜色，在色环的颜色区域单击，可以添加三角色块，将三角色块拉出色环即可删除三角色块；通过【循环重复次数】可以控制彩色光的色彩重复次数。
- 【修改】：可以从右侧的下拉菜单中，选择修改色环中的某个颜色或多个颜色，以控制彩色光的颜色信息。
- 【选择像素】：通过【匹配颜色】来指定彩色光影响的颜色；通过【匹配容差】可以指定彩色光影响的颜色范围；通过【匹配柔和度】可以调整彩色光颜色间的过渡平滑程度；通过【匹配模式】可以指定一种影响彩色光的模式。

- 【蒙版】：可以指定一个用于控制彩色光的蒙版层。
- 【与原始图像混合】：设置修改图像与原图像的混合程度。

9.2.18 色阶

该特效将亮度、对比度和伽马等功能结合在一起，对图像进行明度、阴暗层次和中间色彩的调整。该特效的参数设置及前后效果，如图9.18所示。

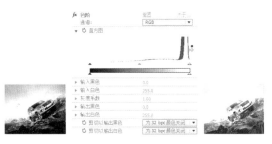

图9.18 应用色阶的前后效果及参数设置

该特效的各项参数含义如下：

- 【通道】：用来选择要调整的通道。
- 【直方图】：显示图像中像素的分布情况，上方的显示区域，可以通过拖动滑块来调色。X轴表示亮度值从左边的最暗（0）到最右边的最亮（225），Y轴表示某个数值下的像素数量。黑色▲滑块是暗调色彩；白色△滑块是亮调色彩；灰色▲滑块，可以调整中间色调。拖动下方区域的滑块可以调整图像的亮度，向右拖动黑色▲滑块可以消除在图像当中最暗的值，向左拖动白色△滑块则可以消除在图像当中最亮的值。
- 【输入黑色】：指定输入图像暗区值的阈值数量，输入的数值将应用到图像的暗区。
- 【输入白色】：指定输入图像亮区值的阈值，输入的数值将应用到图像的亮区范围。
- 【灰度系数】：设置输出的中间色调，相当于【直方图】中灰色▲滑块。
- 【输出黑色】：设置输出的暗区范围。
- 【输出白色】：设置输出的亮区范围。
- 【剪切以输出黑色】：用来修剪暗区输出。
- 【剪切以输出白色】：用来修剪亮区输出。

9.2.19 色阶（单独控件）

该特效与【色阶】应用方法相同，只是在控制图像的亮度、对比度和伽马值时，对图像的通道进行单独的控制，更细化了控制的效果。该特效的各项参数含义与【色阶】应用相同，这里不再赘述。该特效的参数设置及前后效果，如图9.19所示。

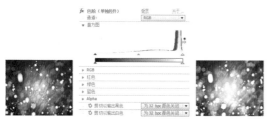

图9.19 应用单独色阶控制的前后效果及参数设置

9.2.20 色相/饱和度

该特效可以控制图像的色彩和色彩的饱和度，还可以将多彩的图像调整成单色画面效果，做成单色图像。该特效的参数设置及前后效果，如图9.20所示。

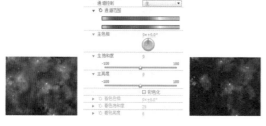

图9.20 应用色相/饱和度的前后效果及参数设置

该特效的各项参数含义如下：

- 【通道控制】：在其右侧的下拉菜单中，可以选择需要修改的颜色通道。
- 【通道范围】：通过下方的颜色预览区，可以看到颜色调整的范围。上方的颜色预览区显示的是调整前的颜色；下方的颜色预览区显示的是调整后的颜色。
- 【主色相】：调整图像的主色调，与【通道控制】选择的通道有关。
- 【主饱和度】：调整图像颜色的浓度。
- 【主亮度】：调整图像颜色的亮度。
- 【彩色化】：勾选该复选框，可以为灰度图像增加色彩，也可以将多彩的图像转换成单一的图像效果。同时激活下面的选项。

- 【着色色相】：调整着色后图像的色调。
- 【着色饱和度】：调整着色后图像的颜色浓度。
- 【着色亮度】：调整着色后图像的颜色亮度。

9.2.21 通道混合器

该特效主要通过修改一个或多个通道的颜色值来调整图像的色彩。应用该特效的参数设置及应用前后效果，如图9.21所示。

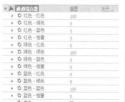

图9.21 应用通道混合的前后效果及参数设置

该特效的各项参数含义如下：

- 红色-红色、红色-绿色……：表示图像RGB模式，分别调整红、绿、蓝3个通道，表示在某个通道中其他颜色所占的比率，其他类推。
- 红色-恒量、绿色-恒量……：设置一个常量，确定几个通道的原始数值，添加到前面颜色的通道中，最终效果就是其他通道计算的结果和。
- 【单色】：勾选该复选框项，图像将变成灰色。

9.2.22 颜色链接

该特效将当前图像的颜色信息覆盖在当前层上，以改变当前图像的颜色，通过透明度的修改，可以使图像有透过玻璃看画面的效果。应用该特效的参数设置及应用前后效果，如图9.22所示。

图9.22 应用颜色链接的前后效果及参数设置

该特效的各项参数含义如下：

- 【源图层】：在右侧的下拉菜单中，可以选择需要调整颜色的层。
- 【示例】：从右侧的下拉菜单中，可以选择一种默认的样品来调节颜色。

- 【剪切】：设置调整的程度。
- 【不透明度】：设置所调整颜色的透明程度。

9.2.23 颜色平衡

该特效通过调整图像暗部、中间色调和高光的颜色强度来调整素材的色彩均衡。应用该特效的参数设置及应用前后效果，如图9.23所示。

图9.23 应用颜色平衡的前后效果及参数设置

该特效的各项参数含义如下：

- 【阴影红色平衡】、【阴影绿色平衡】、【阴影蓝色平衡】：这几个选项主要用来调整图像暗部的RGB色彩平衡。
- 【中间调红色平衡】、【中间调绿色平衡】、【中间调蓝色平衡】：这几个选项主要用来调整图像的中间色调的RGB色彩平衡。
- 【高光红色平衡】、【高光绿色平衡】、【高光蓝色平衡】：这几个选项主要用来调整图像的高光区的RGB色彩平衡。
- 【保持发光度】：勾选该复选框，当修改颜色值时，保持图像的整体亮度值不变。

9.2.24 颜色平衡（HLS）

该特效与【颜色平衡（HLS）】很相似，不同的是该特效不是调整图像的RGB而是HLS，即调整图像的色相、亮度和饱和度各项参数，以改变图像的颜色。应用该特效的参数设置及应用前后效果，如图9.24所示。

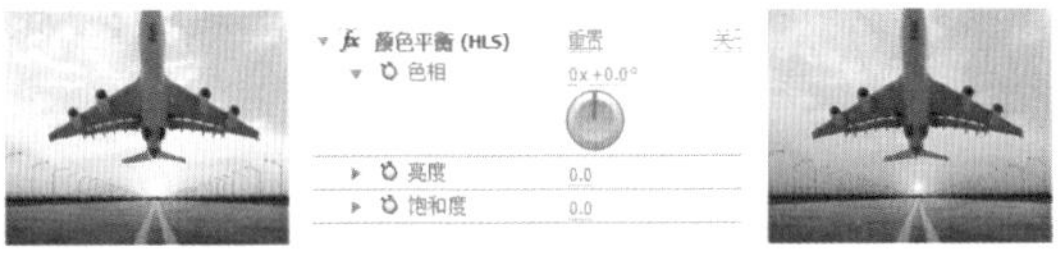

图9.24 应用色彩平衡的前后效果及参数设置

该特效的各项参数含义如下：

- 【色相】：调整图像的色调。

- 【亮度】：调整图像的明亮程度。
- 【饱和度】：调整图像色彩的浓度。

9.2.25 颜色稳定器

该特效通过选择不同的稳定方式，然后在指定点通过区域添加关键帧对色彩进行设置。应用该特效的参数设置及应用前后效果，如图9.25所示。

图9.25 应用颜色稳定器的前后效果及参数设置

该特效的各项参数含义如下：

- 【稳定】：从右侧的下拉菜单中，可以选择稳定的方式：Brightness（亮度）表示在画面中设置一个黑点稳定亮度；【色阶】表示通过画面中设置的黑点和白点来稳定画面色彩；Curves（曲线）表示通过在画面中设置黑点、中间点和白点来稳定画面色彩。
- 【黑场】：设置一个保持不变的暗点。
- 【中点】：在亮点和暗点中间设置一个保持不变的中间色调。
- 【白场】：设置一个保持不变的亮点。
- 【样本大小】：设置采样区域的大小尺寸。

9.2.26 阴影/高光

该特效用于对图像中的阴影和高光部分进行调整。应用该特效的参数设置及应用前后效果，如图9.26所示。

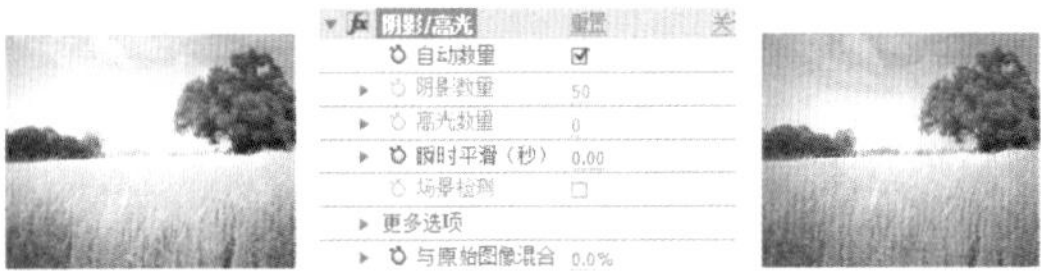

图9.26 应用阴影/高光的前后效果及参数设置

该特效的各项参数含义如下：

- 【自动数量】：勾选该复选框，对图像进行自动阴影和高光的调整。应用此项后，【阴影数量】和【高光数量】将不能使用。
- 【阴影数量】：用来调整图像的阴影数量。

- 【高光数量】：用来调整图像的高光数量。
- 【瞬时平滑】：用来设置时间滤波的秒数。只有勾选了【自动数量】，此项才可以应用。
- 【场景检测】：勾选该复选框，将进行场景检测。
- 【更多选项】：可以通过展开参数对阴影和高光的数量、范围、宽度、色彩进行了更细致的修改。
- 【与源始图像混合】：用来调整与原图的混合。

9.2.27 照片滤镜

该特效可以将图像调整成照片级别，以使其看上去更加逼真。该特效的参数设置及应用前后效果，如图9.27所示。

图9.27 应用照片过滤器的前后效果及参数设置

该特效的各项参数含义如下：

- 【滤镜】：可以在右侧的下拉菜单中，选择一个用于过滤的预设，也可以选择自定义来设置过滤颜色。
- 【颜色】：当在【滤镜】中选择【自定义】时，该项才可以用，用来设置一种过滤的颜色。
- 【密度】：用来设置过渡器与图像的混合程度。
- 【保持发光度】：勾选该复选框，在应用过滤器时，将保持图像的亮度不变。

9.2.28 自动对比度

该特效将对图像的自动对比度进行调整，如果图像值和自动对比度的值相近，应用该特效后图像变化效果较小。应用该特效的参数设置及应用前后效果，如图9.28所示。该特效的各项参数含义与自动色彩的参数含义相同，这里不再赘述。

图9.28 应用自动对比度的前后效果及参数设置

9.2.29 自动色阶

该特效对图像进行自动色阶的调整，如果图像值和自动色阶的值相近，应用该特效后图像变化效果较小。应用该特效的参数设置及应用前后效果，如图9.29所示。该特效的各项参数含义与自动色彩的参数含义相同，这里不再赘述。

图9.29 应用自动色阶的前后效果及参数设置

9.2.30 自动颜色

该特效将对图像进行自动色彩的调整，图像值如果和自动色彩的值相近，图像应用该特效后变化效果较小。应用该特效的参数设置及应用前后效果，如图9.30所示。

图9.30 应用自动颜色的前后效果及参数设置

该特效的各项参数含义如下：

- 【瞬时平滑（秒）】：用来设置时间滤波的时间秒数。
- 【场景检测】：勾选其复选框，将进行场景检测。
- 【修剪黑色】：设置图像的黑场。
- 【修剪白色】：设置图像的白场。
- 【对齐中性中间调】：勾选其复选框，将对中间色调进行吸附设置。
- 【与原如图像混合】：设置混合的初始状态。

9.2.31 自然饱和度

该特效在调节图像饱和度的时候会保护已经饱和的像素，即在调整时会大幅增加不饱和像素的饱和度，而对已经饱和的像素只做很少、很细微的调整，这样不但能够增加图像某一部分的色彩，而且还能使整幅图像饱和度正常，如图9.31所示。

图9.31 应用自然饱和度的前后效果及参数设置

视频讲座9-1：制作黑白图像

实例解析

本例主要讲解利用【黑色和白色】特效制作黑白图像效果，完成的动画流程画面，如图9.32所示。

视频分类：颜色校正类
工程文件：配套光盘\工程文件\第9章\黑白图像
视频位置：配套光盘\movie\视频讲座9-1：制作黑白图像.avi

图9.32 动画流程画面

学习目标

● 【黑色和白色】

操作步骤

AE 01 执行菜单栏中的【文件】|【打开项目】命令，选择配套光盘中的【工程文件\第9章\黑白图像\黑白图像练习.aep】文件，将【黑白图像练习.aep】文件打开，合成窗口效果9.33所示。

AE 02 为【图.jpg】层添加【黑色和白色】特效。在【效果和预设】面板中展开【颜色校正】特效组，然后双击【黑色和白色】特效，合成窗口效果如图9.34所示。

图9.33 特效前效果　　图9.34 特效后效果

AE 03 在时间线面板中，选中【图.jpg】层，在工具栏中选择【矩形工具】，绘制一个矩形路径，设置【蒙版羽化】的值为（118，118）；将时间调整到00:00:00:00帧的位置，单击【蒙版路径】左侧的【码表】按钮，在当前位置设置关键帧，如图9.35所示。

AE 04 将时间调整到00:00:01:24帧的位置，选择左侧的两个锚点并向右拖动，系统会自动设置关键帧，如图9.36所示。

图9.35 关键帧前　　　图9.36 关键帧后

AE 05 这样就完成了黑白图像的整体制作，按小键盘上的【0】键，即可在合成窗口中预览动画。

视频讲座9-2：改变影片颜色

 实例解析

本例主要讲解利用【更改为颜色】特效制作改变影片颜色效果，完成的动画流程画面，如图9.37所示。

视频分类：颜色校正类
工程文件：配套光盘\工程文件\第9章\改变影片颜色
视频位置：配套光盘\movie\视频讲座9-2：改变影片颜色.avi

图9.37 动画流程画面

 学习目标

● 【更改为颜色】

 操作步骤

AE 01 执行菜单栏中的【文件】|【打开项目】命令，选择配套光盘中的【工程文件\第9章\改变影片颜色\改变影片颜色练习.aep】文件，将【改变影片颜色练习.aep】文件打开。

AE 02 为【动画学院大讲堂.mov】层添加【更改为颜色】特效。在【效果和预设】面板中展开【颜色校正】特效组，然后双击【更改为颜色】特效。

AE 03 在【效果控件】面板中，修改【更改为颜色】特效的参数，设置【自】为蓝色（R:0；G:55；B:235），如图9.38所示，合成窗口效果如图9.39所示。

图9.38 设置参数

图9.39 设置参数后效果

AE 04 这样就完成了改变影片颜色的整体制作，按小键盘上的【0】键，即可在合成窗口中预览动画。

视频讲座9-3：校正颜色

 实例解析

本例主要讲解利用【色阶】特效校正颜色，完成的动画流程画面，如图9.40所示。

视频分类：颜色校正类
工程文件：配套光盘\工程文件\第9章\校正颜色
视频位置：配套光盘\movie\视频讲座9-3：校正颜色.avi

图9.40 动画流程画面

 学习目标

● 【色阶】

操作步骤

AE 01 执行菜单栏中的【文件】|【打开项目】命令，选择配套光盘中的【工程文件\第9章\校正颜色\校正颜色练习.aep】文件，将【校正颜色练习.aep】文件打开。

AE 02 在时间线面板中，选择【图】层，按Ctrl+D组合键复制出另一个新的图层，将该图层重命名为【图2】。

AE 03 为【图2】层添加【色阶】特效。在【效果和预设】面板中展开【颜色校正】特效组，然后双击【色阶】特效。

AE 04 在【效果控件】面板中，修改【色阶】特效的参数，设置【输入黑色】的值为79，如图9.41所示。合成窗口效果如图9.42所示。

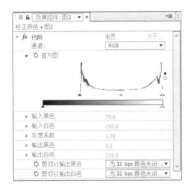

图9.41 设置色阶参数

图9.42 设置色阶后的效果

AE 05 在时间线面板中，将时间调整到00:00:00:00帧的位置，选择【图】层，在工具栏中选择【矩形工具】，如图9.43所示。在图层上绘制一个长方形路径，按M键打开【蒙版路径】属性，单击【蒙版路径】左侧的【码表】按钮，在当前位置设置关键帧。

AE 06 将时间调整到00:00:02:00帧的位置，选择左侧的路径锚点并向右拖动，系统会自动设置关键帧，如图9.44所示。

图9.43 绘制矩形路径　图9.44 设置蒙版后的效果

AE 07 这样就完成了校正颜色的整体制作，按小键盘上的【0】键，即可在合成窗口中预览动画。

9.3 使用摇摆器

【摇摆器】可以在现有关键帧的基础上，自动创建随机关键帧，并产生随机的差值，使属性产生偏差并制作成动画效果，这样可以通过摇摆器来控制关键帧的数量，还可以控制关键帧间的平滑效果及方向，是制作随机动画的理想工具。

执行菜单栏中的【窗口】|【摇摆器】命令，打开【摇摆器】面板，如图9.45所示。

图9.45 【摇摆器】面板及说明

【摇摆器】面板中各选项的使用说明如下：

- 【应用到】：在右侧的下拉菜单中，有两个选项命令供选择：【空间路径】表示关键帧动画随空间变化；【时间图表】表示关键帧动画随时间进行变化。

- 【杂色类型】：在右侧的下拉菜单中，也有两个选项命令供选择：【平滑】表示关键帧动画间将产生平缓的变化过程；【成锯齿状】表示关键帧动画间将产生大幅度的变化。

- 【维数】：在右侧的下拉菜单中有4个选项命令供选择：【X】表示动画产生在水平位置，即X轴向；【Y】表示动画产生在垂直位置，即Y轴向；【所有相同】表示在每个维数上产生相同的变化，可以看到动画在相同轴向上都有相同变化效果；【全部独立】表示在每个维数上产生不同的变化，可以看到动画在相同轴向上产生杂乱的变化效果。

- 【频率】：表示系统每秒产生的动画频率，可以理解为增加多少个关键帧；数值越大，产生的关键帧越多，变化也越大。

- 【数量级】：表示动画变化幅度的大小，值越大，变化的幅度也越大。

视频讲座9-4：随机动画

视频分类：软件功能类
工程文件：配套光盘\工程文件\第9章\随机动画
视频位置：配套光盘\movie\视频讲座9-4：随机动画.avi

通过上面的讲解，认识了【摇摆器】应用的基础知识。下面通过实例，来讲解摇摆器的应用，并利用摇摆器制作随机的动画。通过制作动画，学习关键帧的创建及选择，掌握摇摆器的应用。

AE 01 执行菜单栏中的【合成】|【新建合成】命令，打开【合成设置】对话框，参数设置如图9.46所示。

图9.46 【合成设置】对话框

AE 02 执行菜单栏中的【文件】|【导入】|【文件】命令，打开【导入文件】对话框，选择配套光盘中的【工程文件\ 第9章 \花朵.jpg】文件，然后将其添加到时间线中。

AE 03 在时间线面板中，单击选择【花朵.jpg】层，然后按Ctrl + D组合键，为其复制一个副本，并重命名【花朵2】，如图9.47所示。

图9.47 展开列表项

AE 04 单击工具栏中的【矩形工具】按钮，然后在【合成】窗口的中间位置，拖动绘制一个矩形蒙版，为了更好地看到绘制效果，将最下面的层隐藏，如图9.48所示。

图9.48 绘制矩形蒙版区域

AE 05 在时间线面板中，将设置时间为00:00:00:00帧的位置，分别单击【位置】和【缩放】左侧的【码表】按钮，在当前时间位置添加关键帧，如图9.49所示。

图9.49 00:00:00:00帧处添加关键帧

AE 06 按End键，将时间调整到结束位置，即00:00:03:24帧位置，在时间线面板中，单击【位置】和【缩放】属性左侧的【在当前时间添加或移除关键帧】按钮，在00:00:03:24时间帧处，添加一个延时帧，如图9.50所示。

图9.50 00:00:03:24帧处添加延时帧

AE 07 下面来制作位置随机移动动画。在【位置】名称处单击，选择【位置】属性中的所有关键帧。如图9.51所示。

图9.51 选择关键帧

AE 08 执行菜单栏中的【窗口】|【摇摆器】命令，打开【摇摆器】面板，在【应用到】右侧的下拉菜单中选择【空间路径】命令；在【杂色类型】右侧的下拉菜单中选择【平滑】命令；在【维数】右侧的下拉菜单中选择X表示动画产生在水平位置；并设置【频率】的值为5，【数量级】的值为300，如图9.52所示。

图9.52 摇摆器参数设置

AE 09 设置完成后，单击【应用】按钮，在选择的两个关键帧中，将自动建立关键帧，以产生摇摆动画的效果，如图9.53所示。

图9.53 使用摇摆器后的效果

AE 10 此时，从【合成】窗口中，可以看到蒙版矩形的直线运动轨迹，并可以看到很多的关键帧控制点，如图9.54所示。

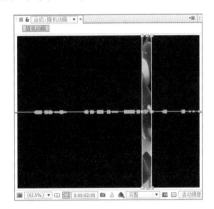

图9.54 关键帧控制点效果

AE 11 利用上面的方法，选择【缩放】右侧的两个关键帧，设置摇摆器的参数，将【数量级】设置为120，以减小变化的幅度，如图9.55所示。

图9.55 摇摆器参数设置

AE 12 设置完成后，单击【应用】按钮，在选择的两个关键帧中，将自动建立关键帧，以产生摇摆动画的效果，如图9.56所示。

图9.56 缩放关键帧效果

AE 13 将隐藏的层显示，然后设置上层的【混合模式】为【屏幕】模式，以产生较亮的效果，如图9.57所示。

图9.57 修改层模式

AE 14 这样，就完成了随机动画的制作，按空格键或小键盘上的【0】键，可以预览动画的效果，其中的几帧画面，如图9.58所示。

图9.58 动画预览效果

9.4 动态草图

运用运动草图命令，可以以绘图的形式随意地绘制运动路径，并根据绘制的轨迹自动创建关键帧，制作出运动动画效果。

执行菜单栏中的【窗口】|【动态草图】命令，打开【动态草图】面板，如图9.59所示。

图9.59 【动态草图】面板

在【动态草图】面板中，各选项的使用说明如下：

- 【捕捉速度】：通过百分比参数，设置捕捉的速度，值越大，捕捉的动画越快，速度也越快。
- 【平滑】：设置动画的平滑程度，值越大动画越平滑。
- 【显示】：用来设置捕捉时，图像的显示情况：【线框】表示在捕捉时，图像以线框的形式显示，只显示图像的边缘框架，以更好地控制动画的线路；【背景】表示在捕捉时，合成预览时显示下

一层的图像效果，如果不选择该项，将显示黑色的背景。

- 【开始】：表示当前时间滑块所在的位置，也是捕捉动画开始的位置。
- 【持续时间】表示当前合成文件的持续时间。
- 【开始捕捉】：单击该按钮，鼠标将变成十字形，在合成窗口中，按住鼠标拖动可以制作捕捉动画，动画将以拖动的线路为运动路径，沿拖动线路运动。

视频讲座9-5：飘零树叶

视频分类：软件功能类
工程文件：配套光盘\工程文件\第9章\飘零树叶
视频位置：配套光盘\movie\视频讲座9-5：飘零树叶.avi

本例主要讲解利用【动态草图】制作飘零树叶效果，掌握【动态草图】的应用技巧。

AE 01 执行菜单栏中的【文件】|【打开项目】命令，选择配套光盘中的【工程文件\第9章\运动草图\运动草图.aep】文件，将文件打开。

AE 02 选择【树叶】层，执行菜单栏中的【窗口】|【动态草图】命令，打开【动态草图】面板，设置【捕捉速度为】为100%，【显示】为【线框】，如图9.60所示。

图9.60 参数设置

图9.62 设置运动草图后的效果

AE 03 将时间调整到00:00:00:00帧的位置，选择【树叶】层，然后单击【动态草图】面板中的【开始捕捉】按钮，从【合成】窗口上方单击并拖动鼠标，绘制一个曲线路径，如图9.61所示。

AE 05 为了减少动画的复杂程度，下面来修改动画的关键帧数量。在时间线面板中，选择树叶的【位置】属性上的所有关键帧，执行菜单栏中的【窗口】|【平滑器】命令，打开【平滑器】面板，设置【容差】的值为6，如图9.63所示。

图9.61 绘制路径

图9.63 平滑器面板

AE 06 设置好容差后，单击【应用】按钮，可以从展开的树叶列表选项中看到关键帧的变化效果，从合成窗口中，也可以看出曲线的变化效果，如图9.64所示。

提示

在鼠标拖动绘制时，从时间线面板中，可以看到时间滑块随拖动在向前移动，并可以在【合成】窗口预览绘制的路径效果。拖动鼠标的速度，直接影响动画的速度，拖动得越快，产生的动画速度也越快；拖动得越慢，产生动画的速度也越慢，如果想使动画与合成的持续时间相同，就要注意拖动的速度与时间滑块的运动过程。

图9.64 设置平滑后的效果

AE 07 这样就完成了飘零树叶的整体制作，按小键盘上的【0】键，即可在合成窗口中预览动画。完成的动画流程画面，如图9.65所示。

AE 04 拖动完成后，按空格键或小键盘上的0键，可以预览动画的效果，其中的几帧画面如图9.62所示。

图9.65 动画流程画面

9.5 运动跟踪与运动稳定

运动跟踪是根据对指定区域进行运动的跟踪分析，并自动创建关键帧，将跟踪的结果应用到其他层或效果上，制作出动画效果。比如让燃烧的火焰跟随运动的球体，给天空中的飞机吊上一个物体并随飞机飞行，给翻动镜框加上照片效果。不过，跟踪只对运动的影片进行跟踪，不会对单帧静止的图像实行跟踪。

运动稳定是对前期拍摄的影片进行画面稳定的处理,用来消除前期拍摄过程中出现的画面抖动问题,使画面变平稳。

运动跟踪和运动稳定在影视后期处理中应用相当广泛。不过,一般在前期的拍摄中,摄像师就要注意:拍摄时跟踪点的设置,设置合适的跟踪点,可以使后期的跟踪动画制作更加容易。

9.5.1 跟踪器面板

After Effects CC对运动跟踪和运动稳定设置,主要在【跟踪器】面板中进行,对动画进行运动跟踪的方法有以下2种:

- 方法1:在时间线面板中选择要跟踪的层,然后执行菜单栏中的【动画】|【跟踪运动】命令,即可对该层运用跟踪。
- 方法2:在时间线面板中选择要跟踪的层,单击【跟踪器】面板中的【跟踪运动】或【稳定运动】按钮,即可对该层运用跟踪。

当对某层启用跟踪命令后,就可以在【跟踪器】面板中设置相关的跟踪参数,【跟踪器】面板如图9.66所示。

图9.66 【跟踪器】面板

【跟踪器】面板中的参数含义如下:

- 【跟踪运动】按钮:可以对选定的层运用运动跟踪效果。
- 【稳定运动】按钮:可以对选定的层运用运动稳定效果。
- 【运动源】:可以从右侧的下拉菜单中,选择要跟踪的层。
- 【当前跟踪】:当有多个跟踪时,从右侧的下拉菜单中,选择当前使用的跟踪器。
- 【跟踪类型】:从右侧的下拉菜单中,选择跟踪器的类型。包括【稳定】对画面稳定进行跟踪;【变换】对位置、旋转或缩

放进行跟踪;【平行边角定位】对平面中的倾斜和旋转进行跟踪,但无法跟踪透视,只需要有3个点即可进行跟踪;【透视边角定位】对图像进行透视跟踪;【原始】对位移进行跟踪,但是其跟踪计算结果只能保存在原图像属性中,在表达式中可以调用这些跟踪数据。

- 【位置】:使用位置跟踪。
- 【旋转】:使用旋转跟踪。
- 【缩放】:使用缩放跟踪。
- 【编辑目标】按钮:单击此按钮,打开【运动目标】对话框,如图9.67所示,可以指定跟踪传递的目标层。

图9.67 【运动目标】对话框

- 【选项】按钮:单击此按钮,打开【动态跟踪器选项】对话框,对跟踪器进行更详细的设置,如图9.68所示。

图9.68 【运动跟踪器选项】对话框

- 【分析】:用来分析跟踪。包括◀|【向后分析一个帧】、◀【向后分析】、▶【向前分析】、|▶【向前分析一个帧】。
- 【重置】按钮:如果对跟踪不满意,单击该按钮,可以将跟踪结果清除,还原为初始状态。
- 【应用】按钮:如果对跟踪满意,单击该按钮,应用跟踪结果。

9.5.2 跟踪范围框

当对图像应用跟踪命令时，将打开该素材层的层窗口，并在素材上出现一个由两个方框和一个十字形标记点组成的跟踪对象，这就是跟踪范围框，该框的外方框为搜索区域，里面的方框为特征区域，十字形标记点为跟踪点，如图9.69所示。

图9.69 跟踪范围框

● 搜索区域：定义下一帧的跟踪范围。搜索区域的大小与要跟踪目标的运动速度有关，跟踪目标的运动速度越快，搜索区域就应该越大。

● 特征区域：定义跟踪目标的特征范围。After Effects CC 记录当前特征区域内的亮度、色相、形状等特征，在后续关键帧中以这些特征进行匹配跟踪。一般情况下，在前期拍摄时都会注意跟踪点的设置。

● 跟踪点：在图像中显示为一个十字形，此点为关键帧生成点，是跟踪范围框与其他层之间的链接点。

提示 ?

在使用选择工具时，将光标放在跟踪范围框内的不同位置，将显示不同的效果。显示的不同，操作时对范围框的改变也不同：⊕表示可以移动整个跟踪范围框；⊾表示可以移动搜索区域；⊾表示可以移动跟踪点的位置；⊕表示可以移动特征区域和搜索区域；▶表示可以拖动改变方框的大小或形状。

视频讲座9-6：位移跟踪动画

视频分类：跟踪与稳定类
工程文件：配套光盘\工程文件\第9章\位移跟踪动画
视频位置：配套光盘\movie\视频讲座9-6：位移跟踪动画.avi

下面制作一个礼物跟踪动画，让其跟踪一

个驾车的圣诞老人作位移跟踪，通过本实例的制作，学习位移跟踪的设置方法，学习蒙版的应用及设置。具体的操作步骤如下：

AE 01 执行菜单栏中的【文件】|【打开项目】命令，弹出【打开】对话框，选择配套光盘中的【工程文件\第9章\位移跟踪动画\位移跟踪动画练习.aep】文件，如图9.70所示。

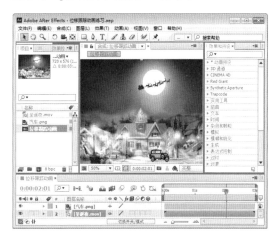

图9.70 位移跟踪动画练习文件

AE 02 为【圣诞夜.mov】添加运动跟踪。在时间线面板中，将时间调整到00:00:00:00帧的位置，单击选择【圣诞夜.mov】层，然后执行菜单栏中的【动画】|【跟踪运动】命令，为【圣诞夜.mov】层添加运动跟踪。设置【运动源】为【圣诞夜.mov】，参数设置如图9.71所示。

图9.71 参数设置

AE 03 选择【圣诞夜.mov】层，单击跟踪参数设置面板上的【跟踪运动】按钮，在合成面板上选择适合的像素区域进行跟踪，然后在【合成】窗口中移动跟踪范围框，并调整搜索区域和特征区域的位置，如图9.72所示。

图9.72 设置跟踪点

AE 04 调整好搜索区域和特征区域的位置后，单击【向前分析】▶ 按钮，进行跟踪，如图9.73所示。

图9.73 调整跟踪范围框的位置

AE 05 对跟踪进行分析，分析完成后，可以通过拖动时间滑块来查看跟踪的效果，如果在某些位置跟踪出现错误，可以将时间滑块拖动到错误的位置，再次调整跟踪范围框的位置及大小，然后单击【向前分析】▶ 按钮，对跟踪进行再次分析，直到合适为止。

提示 ❓

由于读者前期跟踪范围框的设置不一定与作者相同，所以错误出现的位置可能不同，但修改的方法是一样的，只需要拖动到错误的位置，修改跟踪范围框，然后再次分析即可，如果分析后还有错误，可以多次分析，直到满意为止。

AE 06 修改错误后，再次拖动时间滑块，可以看到跟踪已经达到满意效果，如图9.74所示。

图9.74 修改跟踪错误

AE 07 跟踪完成后，单击【跟踪器】面板中【编辑目标】按钮，选择需要添加跟踪结果的图层，如图9.75所示。

图9.75 运动目标

AE 08 添加完目标后，单击【跟踪器】面板中【应用】按钮，应用跟踪结果，如图9.76所示，直接单击【确定】按钮即可。效果如图9.77所示。

图9.76 设置轴向　　　　图9.77 画面效果

AE 09 修改汽车的位置及角度。从【合成】窗口中可以看到，汽车的位置及角度并不是想象的那样，下面就来修改它的位置和角度，在时间线面板中，首选展开【汽车】层【变换】参数列表，先在空白位置单击，取消所有关键帧的选择，将时间调整到00:00:00:00帧位置，然后按键盘上的R键，修改【旋转】值为-17，如图9.78所示。

图9.78 添加效果

AE 10 这样，就完成了位移跟踪动画的制作，按空格键或小键盘上的0键，可以预览动画的效果，其中的几帧画面如图9.79所示。

图9.79 位移跟踪动画中的几帧画面效果

视频讲座9-7：旋转跟踪动画

视频分类：跟踪与稳定类

工程文件：配套光盘\工程文件\第9章\旋转跟踪

视频位置：配套光盘\movie\视频讲座9-7：旋转跟踪动画.avi

下面制作一个标志跟踪动画，让其跟踪一个镜头作旋转跟踪，通过本实例的制作，学习旋转跟踪的设置方法，具体的操作步骤如下。

AE 01 打开工程文件。执行菜单栏中的【文件】|【打开项目】命令，弹出【打开】对话框，选择配套光盘中的【工程文件\第9章\旋转跟踪\旋转跟踪动画练习.aep】文件，如图9.80所示。

图9.80 旋转跟踪动画练习文件

AE 02 为【旋转跟踪】层添加运动跟踪。在时间

线面板中，单击选择【旋转跟踪】层，然后单击【跟踪器】面板中的【跟踪运动】按钮，为【旋转跟踪】层添加运动跟踪。勾选【旋转】复选框，参数设置，如图9.81所示。

图9.81 参数设置

AE 03 按Home键，将时间调整到00:00:00:00帧位置，然后在【合成】窗口中，调整【跟踪点 1】和【跟踪点 2】的位置，并调整搜索区域和特征区域的位置，如图9.82所示。

图9.82 跟踪点

AE 04 在【跟踪器】面板中，单击【向前分析】▶按钮，对跟踪进行分析，分析完成后，可以通过拖动时间滑块来查看跟踪的效果，如果在某些位置跟踪出现错误，可以将时间滑块拖动到错误的位置，再次调整跟踪范围框的位置及大小，然后单击【向前分析】▶按钮，对跟踪进行再次分析，直到合适为止。分析后，在【合成】窗口中可以看到产生了很多的关键帧，如图9.83所示。

图9.83 关键帧效果

AE 05 拖动时间滑块，可以看到跟踪已经达到满意效果，这时可以单击【跟踪器】面板中的【编辑目标】按钮，打开【运动目标】对话框，设置图层为【标志.psd】，如图9.84所示。

图9.84 【运动目标】对话框

AE 06 设置完成后，单击【确定】按钮，完成跟踪目标的指定，然后单击【跟踪器】面板中【应用】按钮，应用跟踪结果，这时将打开【动态跟踪器应用选项】对话框，如图9.85所示，直接单击【确定】按钮即可，画面效果如图9.86所示。

图9.85 【动态跟踪器应用　　图9.86 画面效果
选项】对话框

AE 07 修改文字的角度。从【合成】窗口中可以看到，文字的角度不太理想，在时间线面板中，首选展开【标志.psd】层【变换】参数列表，先在空白位置单击，取消所有关键帧的选择，将时间调整到00:00:00:00帧位置，先修改【旋转】，将标志摆正，再修改【锚点】的值，直到将文字位置摆正即可，如图9.87所示。

图9.87 参数设置

在应用完跟踪命令后，在时间线面板中，展开参数列表时，跟踪关键帧处于选中状态，此时不能直接修改参数，因为这样会造成所有选择关键帧的连动作用，使动画产生错乱。这时，可以先在空白位置单击鼠标，取消所有关键帧的选择，再单独修改某个参数即可。

AE 08 这样，就完成了旋转跟踪动画的制作，按空格键或小键盘上的0键，可以预览动画的效果，其中的几帧画面如图9.88所示。

图9.88 旋转跟踪动画效果

视频讲座9-8：透视跟踪动画

视频分类：跟踪与稳定类
工程文件：配套光盘\工程文件\第9章\透视跟踪动画
视频位置：配套光盘\movie\视频讲座9-8：透视跟踪动画.avi

本例主要讲解利用【跟踪运动】制作透视跟踪动画效果。通过本例的制作，学习【透视边角定位】的使用。

AE 01 执行菜单栏中的【文件】|【打开项目】命令，选择配套光盘中的【工程文件\第9章\透视跟踪动画\透视跟踪动画练习.aep】文件，将【透视跟踪动画练习.aep】文件打开。

AE 02 在时间线面板中，单击选择【书页.mov】层，然后单击【跟踪器】面板中的【跟踪运动】按钮，为【书页.mov】层添加运动跟踪。在【跟踪类型】下拉菜单中，选择【透视边角定位】选项，对图像进行透视跟踪，如图9.89所示。

图9.89 跟踪参数设置

AE 03 按Home键，将时间调整到00:00:00:00帧位置，然后在【合成】窗口中，分别移动【跟踪点1】、【跟踪点2】、【跟踪点3】、【跟踪点4】的跟踪范围框到镜框4个角的位置，并调整搜索区域和特征区域的位置，如图9.90所示。

图9.90 移动跟踪范围框

AE 04 【跟踪器】面板中，单击【向前分析】▶按钮，对跟踪进行分析，分析完成后，可以通过拖动时间滑块来查看跟踪的效果，如果在某些位置跟踪出现错误，可以将时间滑块拖动到错误的位置，再次调整跟踪范围框的位置及大小，然后单击【向前分析】▶按钮，对跟踪进行再次分析，直到合适为止。分析后，在【合成】窗口中可以看到产生了很多的关键帧，如图9.91所示。

图9.91 关键帧效果

AE 05 拖动时间滑块，可以看到跟踪已经达到满意效果，这时可以单击【跟踪器】面板中的【编辑目标】按钮，打开【运动目标】对话框，设置跟踪目标层为【炫目动画.mov】，如图9.92所示。

图9.92 【运动目标】对话框

AE 06 设置完成后，单击【确定】按钮，完成跟踪目标的指定，然后单击【跟踪器】面板中【应用】按钮。

AE 07 这时，从时间线面板中，可以看到由于跟踪而自动创建的关键帧效果，如图9.93所示。

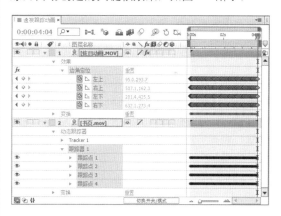

图9.93 关键帧效果

AE 08 这样就完成了透视跟踪动画的整体制作，按小键盘上的【0】键，即可在合成窗口中预览动画。完成的动画流程画面，如图9.94所示。

图9.94 动画流程画面

视频讲座9-9：稳定动画效果

视频分类：跟踪与稳定类
工程文件：配套光盘\工程文件\第9章\稳定动画
视频位置：配套光盘\movie\视频讲座9-9：透视跟踪动画.avi

本例主要讲解利用【变形稳定器 VFX】特效稳定动画画面的方法，掌握【变形稳定器 VFX】特效的使用技巧。

AE 01 执行菜单栏中的【文件】|【打开项目】命令，选择配套光盘中的【工程文件\第9章\稳定动画\稳定动画练习.aep】文件，将【稳定动画练习.aep】文件打开。

AE 02 为【视频素材.avi】层添加【变形稳定器 VFX】特效。在【效果和预设】面板中展开【扭曲】特效组，然后双击【变形稳定器 VFX】特效，合成窗口效果如图9.95所示。

图9.95 添加特效后的效果

AE 03 在【效果控件】面板中，可以看到【变形稳定器 VFX】特效的参数，系统会自动进行稳定计算，如图9.96所示，计算完成后的合成窗口效果，如图9.97所示。

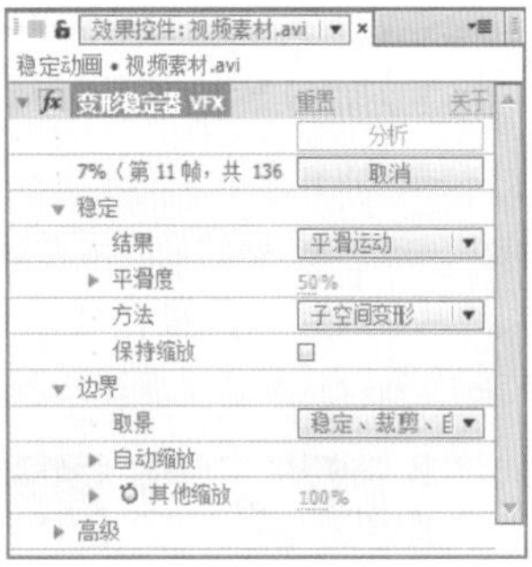

图9.97 计算后稳定处理

AE 04 这样就完成了稳定动画效果的整体制作，按小键盘上的【0】键，即可在合成窗口中预览动画。完成的动画流程画面，如图9.98所示。

图9.98 动画流程画面

图9.96 自动计算中

第10章 常见插件特效风暴

内容摘要

After Effects CC除了内置了非常丰富的特效外，还支持相当多的第三方特效插件，通过对第三方插件的应用，可以使动画的制作更为简便，动画的效果也更为绚丽。本章主要讲解外挂插件的应用方法，详细讲解了3D Stroke（3D笔触）、Particular（粒子）、Shine（光）等常见外挂插件的使用及实战案例，通过本章的制作，掌握常见外挂插件的动画运用技巧。

教学目标

- 了解Particular（粒子）的功能
- 学习Particular（粒子）参数设置
- 掌握3D Stroke（3D笔触）的使用及动画制作
- 掌握利用Shine（光）特效制作扫光文字的方法和技巧

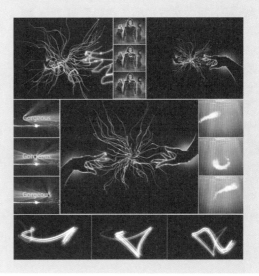

10.1 3D 笔触——制作动态背景

 实例解析

本例主要讲解利用3D Stroke（3D笔触）特效制作动态背景效果，完成的动画流程画面如图10.1所示。

视频分类：插件特效类
工程文件：配套光盘\工程文件\第10章\动态背景
视频位置：配套光盘\movie\视频讲座10-1：3D 笔触——制作动态背景.avi

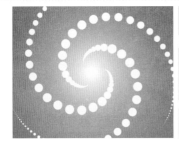 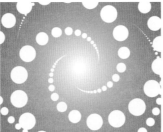 

图10.1 动画流程画面

学习目标

- 3D Stroke（3D笔触）

操作步骤

AE 01 执行菜单栏中的【合成】|【新建合成】命令，打开【合成设置】对话框，设置【合成名称】为【动态背景效果】，【宽度】为【720】，【高度】为【576】，【帧速率】为【25】，并设置【持续时间】为00:00:02:00秒。

AE 02 执行菜单栏中的【图层】|【新建】|【纯色】命令，打开【纯色设置】对话框，设置【名称】为【背景】，【颜色】为黑色。

AE 03 为【背景】层添加【梯度渐变】特效。在【效果和预设】面板中展开【生成】特效组，然后双击【梯度渐变】特效。

AE 04 在【效果控件】面板中，修改【梯度渐变】特效的参数，设置【渐变起点】的值为（356，288），【起始颜色】为黄色（R:255；G:252；B:0），【渐变终点】的值为（712，570），【结束颜色】为红色（R:255；G:0；B:0），从【渐变形状】下拉菜单中选择【径向渐变】选项，如图10.2所示；合成窗口效果如图10.3所示。

图10.2 设置渐变参数

图10.3 设置渐变后效果

AE 05 执行菜单栏中的【图层】|【新建】|【纯色】命令，打开【纯色设置】对话框，设置【名称】为【背景】，【颜色】为黑色。

称】为【旋转】，【颜色】为黑色。

AE 06 选中【旋转】层，在工具栏中选择【椭圆工具】，在图层上绘制一个圆形路径，如图10.4所示。

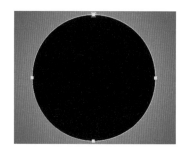

图10.4 绘制路径

AE 07 为【旋转】层添加3D Stroke（3D 笔触）特效。在【效果和预设】面板中展开Trapcode特效组，然后双击3D Stroke（3D 笔触）特效，如图10.5所示。

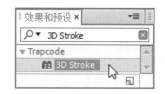

图10.5 添加3D 笔触特效

AE 08 在【效果控件】面板中，修改3D Stroke（3D笔触）特效的参数，设置Color（颜色）为黄色（R:255；G:253；B:68），Thickness（厚度）的值为8，End（结束）的值为25；将时间调整到00:00:00:00帧的位置，设置Offset（偏移）的值0，单击Offset（偏移）左侧的【码表】按钮，在当前位置设置关键帧，合成窗口效果如图10.6所示。

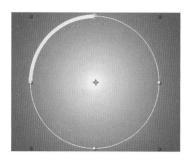

图10.6 设置关键帧前效果

AE 09 将时间调整到00:00:01:24帧的位置，设置Offset（偏移）的值201，系统会自动设置关键帧，如图10.7所示。

图10.7 设置偏移关键帧后效果

AE 10 展开Taper（锥度）选项组，选中Enable（启用）复选框，如图10.8所示。

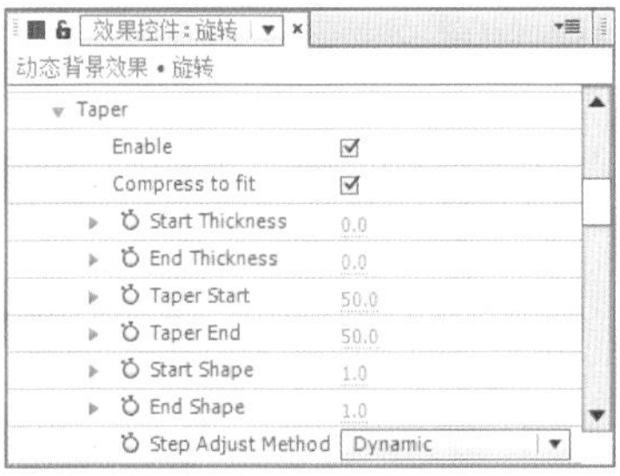

图10.8 设置锥度参数

AE 11 展开Transform（转换）选项组，设置Bend（弯曲）的值为4.5，Bend Axis（弯曲轴）的值为90，选择Bend Around Center（弯曲重置点）复选框，Z Position（Z轴位置）的值为-40，Y Rotation（Y轴旋转）的值为90，如图10.9所示。

图10.9 设置变换参数

AE 12 展开Repeater（重复）选项组，选择Enable（启用）复选框，设置Instances（重复量）的值为2，Z Displace（Z轴移动）的值为30，X Rotation（X轴旋转）的值为120，展开Advanced（高级）选项组，设置Adjust Step（调节步幅）的值为1000，如图10.10所示；合成窗口效果如图10.11所示。

图10.10 设置重复和高级参数

图10.11 设置3D笔触参数

AE 13 这样就完成了动态背景的整体制作，按小键盘上的【0】键，即可在合成窗口中预览动画。

10.2 Shine（光）——扫光文字

 实例解析

本例主要讲解利用Shine（光）特效制作扫光文字效果，完成的动画流程画面如图10.12所示。

视频分类：插件特效类
工程文件：配套光盘\工程文件\第10章\扫光文字
视频位置：配套光盘\movie\视频讲座10-2：Shine（光）——扫光文字.avi

图10.12 动画流程画面

 学习目标

● Shine（光）

操作步骤

AE 01 执行菜单栏中的【文件】|【打开项目】命令，选择配套光盘中的【工程文件\第10章\扫光文字\扫光文字练习.aep】文件，将【扫光文字练习.aep】文件打开。

AE 02 执行菜单栏中的【图层】|【新建】|【文本】命令，输入【Gorgeous】。在【字符】面板中，设置文字字体为Adobe 黑体 Std，字号为100像素，字体颜色为青色（R:84；G:236；B:254）。

AE 03 为【Gorgeous】层添加Shine（光）特效。在【效果和预设】面板中展开Trapcode特效组，然后双击Shine（光）特效。

AE 04 在【效果控件】面板中，修改Shine（光）特效的参数，设置Ray Light（光线长度）的值为8，Boost Light（光线亮度）的值为5，从Colorize（着色）下拉菜单中选择One Color（单色）命令，Color（颜色）为青（R:0；G:252；

B:255）；将时间调整到00:00:00:00帧的位置，设置Source Point（源点）的值为（118，290），单击Source Point（源点）左侧的【码表】按钮，在当前位置设置关键帧。

AE 05 将时间调整到00:00:02:00帧的位置，设置Source Point（源点）的值为（602，298），系统会自动设置关键帧，如图10.13所示，合成窗口效果如图10.14所示。

图10.13 设置源点参数　　图10.14 设置后的效果

AE 06 这样就完成了扫光文字的整体制作，按小键盘上的【0】键，即可在合成窗口中预览动画。

10.3 Particular（粒子）——烟雾出字效果

 实例解析

本例主要讲解利用Particular（粒子）特效制作烟雾出字效果，完成的动画流程画面如图10.15所示。

视频分类：插件特效类
工程文件：配套光盘\工程文件\第10章\烟雾出字效果
视频位置：配套光盘\movie\视频讲座10-3：Particular（粒子）——烟雾出字效果.avi

图10.15 动画流程画面

🗂 **学习目标**

● Particular（粒子）
● 写入

🧰 **操作步骤**

AE 01 执行菜单栏中的【文件】|【打开项目】命令，选择配套光盘中的【工程文件\第10章\烟雾出字\烟雾出字练习.aep】文件，将【烟雾出字练习.aep】文件打开。

AE 02 为【文字】层添加【写入】特效。在【效果和预设】面板中展开【生成】特效组，然后双击【写入】特效。

AE 03 在【效果控件】面板中，修改【写入】特效的参数，设置【画笔大小】的值为8，将时间调整到00:00:00:00帧的位置，设置【画笔位置】的值为（34，244），单击【画笔位置】左侧的【码表】⏱按钮，在当前位置设置关键帧。

AE 04 按Page Down（下一帧）键，在合成窗口中拖动中心点描绘出文字轮廓，如图10.16所示，合成窗口效果如图10.17所示。

图10.16 设置写入关键帧

图10.17 设置写入的后效果

AE 05 执行菜单栏中的【图层】|【新建】|【纯色】命令，打开【纯色设置】对话框，设置【名称】为【粒子】，【颜色】为黑色。

AE 06 为【粒子】层添加Particular（粒子）特效。在【效果和预设】面板中展开Trapcode特效组，然后双击Particular（粒子）特效。

AE 07 在【效果控件】面板中，修改Particular（粒子）特效的参数，展开Emitter（发射器）选项，设置Velocity（速度）的值为10，Velocity Random（速度随机）的值为0，Velocity Distribution（速度分布）的值为0，Velocity From Motion（运动速度）的值为0；将时间调整到00:00:04:08帧的位置，设置Particles/sec（每秒发射的粒子数量）的值为10000，单击Particles/sec（每秒发射的粒子数量）左侧的【码表】⏱按钮，在当前位置设置关键帧。

AE 08 将时间调整到00:00:04:09帧的位置，设置Particles/sec（每秒发射的粒子数量）的值为0，系统会自动设置关键帧，如图10.18所示；合成窗口效果如图10.19所示。

图10.18 设置发射器参数

AE 09 展开Particle（粒子）选项组，设置Life（生命）的值为2，Size（大小）的值为1，Opacity（不透明度）的值为40，展开Opacity over Life（生命期内透明度变化）选项组，调整其形状如图10.20所示。

图10.19 设置发射器后的效果

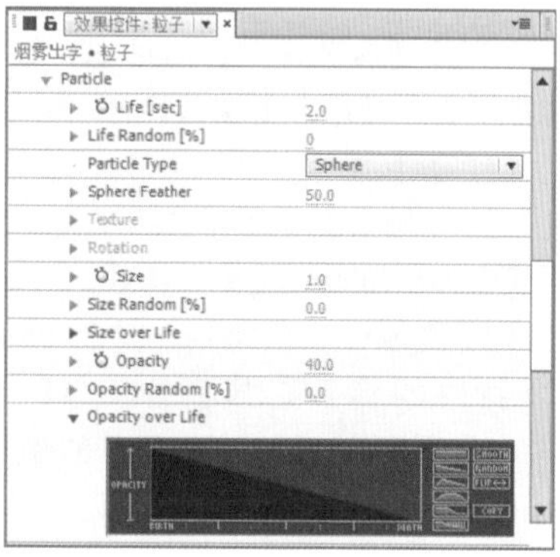

图10.20 设置粒子参数

AE 10 展开Physics（物理学）|Air（空气）选项组，设置Wind X（X轴风力）的值为-326，Wind Y（Y轴风力）的值为-222，Wind Z（Z轴风力）的值为1271；展开Turbulence Field（扰乱场）选项组，设置Affect Size（影响尺寸）的值为28，Affect Position（影响位置）的值为250，如图10.21所示。

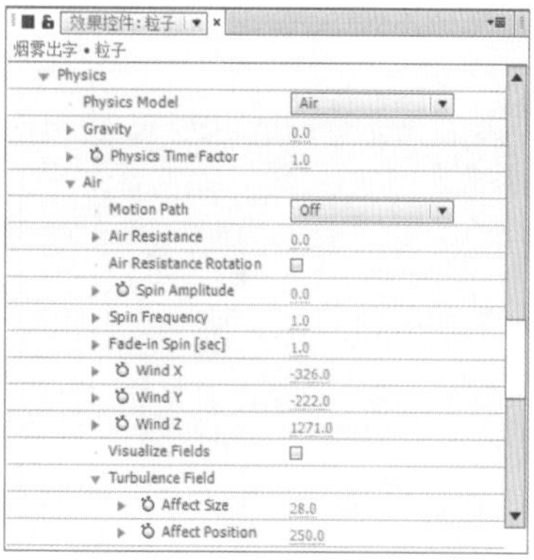

图10.21 设置物理学参数

AE 11 展开Emitter（发射器）选项组，按Alt键，单击Position XY（XY 位置）左侧的【码表】按钮，在时间线面板中，拖动Expression:Position XY（表达式：XY位置）右侧的【表达式关联器】按钮，连接到【文字】层中的【写入】|

【画笔位置】选项组，如图10.22所示；合成窗口效果如图10.23所示。

图10.22 设置表达式

图10.23 设置表达式后的效果

AE 12 为【粒子】层添加【方框模糊】特效。在【效果和预设】面板中展开【模糊和锐化】特效组，然后双击【方框模糊】特效。

AE 13 在【效果控件】面板中，修改【方框模糊】特效的参数，设置【模糊半径】的值为2，如图10.24所示；合成窗口效果如图10.25所示。

图10.24 设置方框模糊参数

图10.25 设置方框模糊后的效果

AE 14 这样就完成了烟雾出字效果的整体制作，按小键盘上的【0】键，即可在合成窗口中预览动画。

10.4 Particular（粒子）——飞舞彩色粒子

 实例解析

本例主要讲解利用Particular（粒子）特效制作飞舞彩色粒子的效果，完成的动画流程画面如图10.26所示。

视频分类：插件特效类
工程文件：配套光盘\工程文件\第10章\飞舞彩色粒子
视频位置：配套光盘\movie\视频讲座10-4：Particular（粒子）——飞舞彩色粒子.avi

图10.26 动画流程画面

学习目标

- Particular（粒子）
- CC Toner（CC调色）

操作步骤

AE 01 执行菜单栏中的【文件】|【打开项目】命令，选择配套光盘中的【工程文件\第10章\飞舞彩色粒子\飞舞彩色粒子练习.aep】文件，将【飞舞彩色的粒子练习.aep】文件打开。

AE 02 执行菜单栏中的【图层】|【新建】|【纯色】命令，打开【纯色设置】对话框，设置【名称】为【彩色粒子】，颜色为黑色。

AE 03 为【彩色粒子】层添加Particular（粒子）特效。在【效果和预设】面板中展开Trapcode特效组，双击Particular（粒子）特效。

AE 04 在【效果控件】面板中，修改Particular（粒子）特效的参数，展开Emitter（发射器）选项组，设置Particles/sec（每秒发射粒子数量）的值为500，从Emitter Type（发射器类型）下拉菜单中选择Sphere（球形）命令，Velocity（速度）的值为10，Velocity Random（速度随机）的值为80，Velocity From Motion（运动速度）的值为10，Emitter Size X（发射器X轴大小）的值为100，如图10.27所示。

图10.27 发射器0秒参数设置

AE 05 展开Particular（粒子）选项组，设置Life（生命）的值为1，Life Random（生命随机）的值为50，从Particle Type（粒子类型）下拉菜单中选择Glow Sphere（发光球），Size（大小）的值为13，Size Random（大小随机）的值为100；展开Size over Life（生命期内大小变化）选项组调整其形状，从Set Color（颜色设置）下拉菜单中选择Over Life（生命期内的变化），从Transfer Mode（转换模式）下拉菜单中选择Add（相加），如图10.28所示。

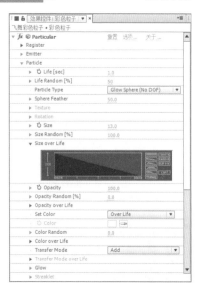

图10.28 粒子参数设置

AE 06 执行菜单栏中的【图层】|【新建】|【纯色】命令，打开【纯色设置】对话框，设置【名称】为【路径】，颜色为黑色。

AE 07 选中【路径】层，在工具栏中选择【钢笔工具】 ，在【路径】层上绘制一条路径，如图10.29所示。

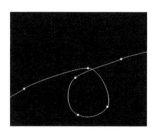

图10.29 设置路径

AE 08 在时间线面板中，选中【路径】层，按M键，展开【路径】选项，选中【蒙版路径】选项，按Ctrl+C组合键将其复制，如图10.30所示。

图10.30 复制蒙版

AE 09 将时间调整到00:00:00:00帧的位置，展开【彩色粒子】|【效果】|Particular（粒子）|Emitter（发射器）选项组，选择Position XY（XY轴位置）选项，按Ctrl+V组合键，将蒙版路径粘贴到Position XY（XY轴位置）选项上，如图10.31所示。

示。

图10.31 粘贴到XY轴位置

AE 10 将时间调整到00:00:04:00帧的位置，选中【彩色粒子】层最后一个关键帧拖动到当前帧的位置，如图10.32所示。

图10.32 关键帧设置

AE 11 为【彩色粒子】层添加CC Toner（CC调色）特效。在【效果和预设】面板中展开【颜色校正】特效组，双击CC Toner（CC调色）特效。

AE 12 在【效果控件】面板中，修改CC Toner（CC调色）特效的参数，设置Midtones（中间）的颜色为青色（R:76；G:207；B:255），Shadows（阴影）的颜色为蓝色（R:0；G:72；B:255），如图10.33所示；合成窗口如图10.34所示。

图10.33 设置调色参数

图10.34 设置调色后的效果

AE 13 将【路径】图层隐藏，这样就完成了飞舞彩色粒子的整体制作，按小键盘上的【0】键，即可在合成窗口中预览动画。

10.5 Particular（粒子）——旋转空间

实例解析

本例主要讲解利用Particular（粒子）特效制作旋转空间效果。完成的动画流程画面，如图10.35所示。

视频分类：插件特效类
工程文件：配套光盘\工程文件\第10章\旋转空间
视频位置：配套光盘\movie\视频讲座10-5：Particular（粒子）——旋转空间.avi

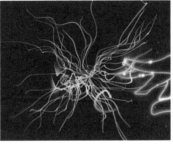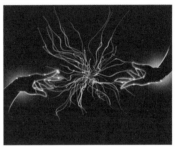

图10.35 动画流程画面

学习目标

- 掌握Particular（粒子）特效的使用。
- 掌握【曲线】特效的使用。

操作步骤

10.5.1 新建合成

AE 01 执行菜单栏中的【合成】|【新建合成】命令，打开【合成设置】对话框，设置【合成名称】为【旋转空间】，【宽度】为【720】，【高度】为【576】，【帧速率】为【25】，并设置【持续时间】为00:00:05:00，如图10.36所示。

图10.36 合成设置

AE 02 执行菜单栏中的【文件】|【导入】|【文件】命令，打开【导入文件】对话框，选择配套光盘中的【工程文件\第10章\旋转空间\手背景.jpg】素材，如图10.37所示。单击【导入】按钮，【手背景.jpg】素材将导入到【项目】面板中。

图10.37 【导入文件】对话框

10.5.2 制作粒子生长动画

AE 01 打开【旋转空间】合成，在【项目】面板中选择【手背景.jpg】素材，将其拖动到【旋转空间】合成的【时间线】面板中，如图10.38所示。

图10.38 添加素材

AE 02 在时间线面板中按Ctrl + Y组合键，打开【纯色设置】对话框，设置【名称】为粒子，【颜色】为白色，如图10.39所示。

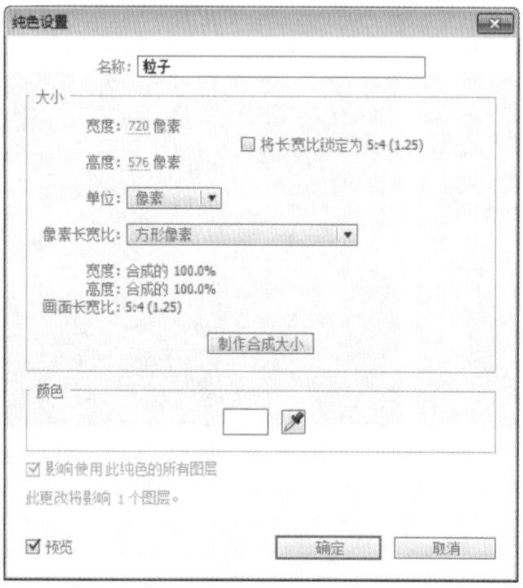

图10.39 新建【粒子】纯色层

AE 03 单击【确定】按钮，在时间线面板中将会创建一个名为【粒子】的纯色层。选择【粒子】纯色层，在【效果和预设】面板中展开Trapcode特效组，然后双击Particular（粒子）特效，如图10.40所示。

图10.40 添加Particular（粒子）特效

AE 04 在【效果控件】面板中，修改Particular（粒子）特效的参数，展开Aux System（辅助系统）选项组，在Emit（发射器）右侧的下拉菜单中选择Continuously（从主粒子），设置Particles/sec（每秒发射粒子数量）的值为235，Life（生命）的值为1.3，Size（大小）的值为1.5，Opacity（不透明度）的值为30，如图10.41所示。其中一帧的画面效果，如图10.42所示。

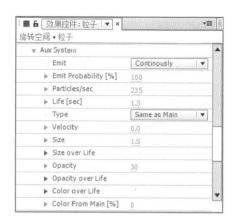

图10.41 Aux System（辅助系统）选项组的参数设置

图10.42 其中一帧的画面效果

AE 05 将时间调整到00:00:01:00帧的位置，展开Physics（物理学）选项组，然后单击Physics Time Factor（物理时间因素）左侧的【码表】按钮，在当前位置设置关键帧；然后再展开Air（空气）选项中的Turbulence Field（扰乱场）选项，设置Affect Position（影响位置）的值为155，如图10.43所示。此时的画面效果，如图10.44所示。

图10.43 在00:00:01:00帧的位置设置关键帧

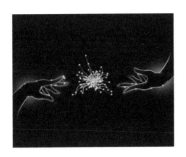

图10.44 00:00:01:00帧的画面

AE 06 将时间调整到00:00:01:10帧的位置，修改Physics Time Factor（物理时间因素）的值为0，如图10.45所示。此时的画面效果，如图10.46所示。

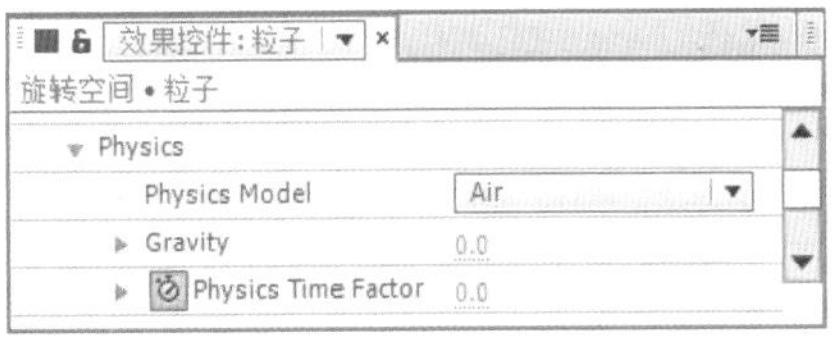

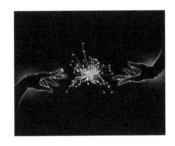

图10.45 修改Physics Time Factor的值为0

图10.46 00:00:01:10帧的画面

AE 07 展开Particle（粒子）选项组，设置Size（大小）的值为0，此时白色粒子球消失，参数设置如图10.47所示。此时的画面效果，如图10.48所示。

图10.48 白色粒子球消失

提示

在特效控制面板中使用键盘快捷键Ctrl＋Shift＋E组合键可以移除所有添加的特效。

AE 08 将时间调整到00:00:00:00帧的位置，展开Emitter（发射器）选项组，设置Particles/sec（每秒发射粒子数量）的值为1800，然后单击Particles/sec（每秒发射粒子数量）左侧的【码表】按钮，在当前位置设置关键帧；设置Velocity（速度）的值为160，Velocity Random（速度随机）的值为40，参数设置如图10.49所示。此时的画面效果，如图10.50所示。

图10.49 设置Emitter（发射器）选项组的参数

图10.50 00:00:00:00帧的画面

AE 09 将时间调整到00:00:00:01帧的位置，修改Particles/sec（每秒发射粒子数量）的值为0，系

图10.47 设置Size（大小）的值为0

统将在当前位置自动设置关键帧。这样就完成了粒子生长动画的制作，拖动时间滑块，预览动画，其中几帧的画面效果，如图10.51所示。

图10.51 其中几帧的画面效果

10.5.3 制作摄像机动画

AE 01 添加摄像机。执行菜单栏中的【图层】|【新建】|【摄像机】命令，打开【摄像机设置】对话框，设置【预设】为24毫米，参数设置，如图10.52所示。单击【确定】按钮，在时间线面板中将会创建一个摄像机。

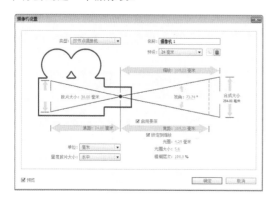

图10.52 【摄像机设置】对话框

AE 02 在时间线面板中，打开【手背景.jpg】层的三维属性开关。将时间调整到00:00:00:00帧的位置，选择【摄像机1】层，单击其左侧的灰色三角形 ▼ 按钮，将展开【变换】选项组，然后分别单击【目标点】和【位置】左侧的【码表】按钮，在当前位置设置关键帧，参数设置如图10.53所示。

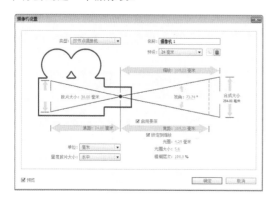

图10.53 为摄像机设置关键帧

AE 03 将时间调整到00:00:01:00帧的位置，修改【目标点】的值为（320，288，0），【位置】的值为（-165，360，530），如图10.54所示。此时的画面效果，如图10.55所示。

图10.54 修改目标点和位置的值

图10.55 00:00:01:00帧的画面效果

AE 04 将时间调整到00:00:02:00帧的位置，修改【目标点】的值为（295，288，180），【位置】的值为（560，288，-480），如图10.56所示。此时的画面效果，如图10.57所示。

图10.56 在00:00:02:00帧的位置修改参数

图10.57 00:00:02:00帧的画面效果

AE 05 将时间调整到00:00:03:04帧的位置，修改【目标点】的值为（360，288，0），【位置】的值为（360，288，-480），如图10.58所示。此时的画面效果，如图10.59所示。

图10.58 在00:00:03:04帧的位置修改参数

图10.59 00:00:03:04帧的画面效果

AE 06 调整画面颜色。执行菜单栏中的【图层】|【新建】|【调整图层】命令，在时间线面板中将会创建一个【调整图层1】层，如图10.60所示。

图10.60 添加调整图层

AE 07 为调整图层添加【曲线】特效。选择【调整图层1】层，在【效果和预设】面板中展开【颜色校正】特效组，然后双击【曲线】特效。如图10.61所示。

图10.61 添加Curves（曲线）特效

AE 08 在【效果控件】面板中，调整曲线的形状，如图10.62所示。

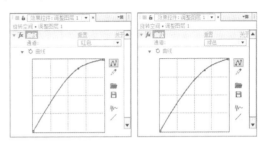

图10.62 调整曲线形状

AE 09 调整曲线的形状后，在合成窗口中观察画面色彩变化，调整前的画面效果，如图10.63所示，调整后的画面效果，如图10.64所示。

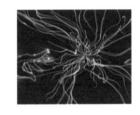
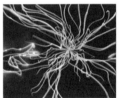

图10.63 调整前　　　　图10.64 调整后

AE 10 这样就完成了【旋转空间】的整体制作，按小键盘上的【0】键，在合成窗口中预览动画。

10.6 Particular（粒子）——炫丽光带

实例解析

本例主要讲解利用Particular（粒子）特效制作炫丽光带的效果，完成的动画流程画面，如图10.65所示。

视频分类：插件特效类
工程文件：配套光盘\工程文件\第10章\炫丽光带
视频位置：配套光盘\movie\视频讲座10-6：Particular（粒子）——炫丽光带.avi

图10.65 动画流程画面

学习目标

- 掌握Particular（粒子）特效的使用
- 掌握【发光】特效的使用

操作步骤

10.6.1 绘制光带运动路径

AE 01 执行菜单栏中的【合成】|【新建合成】命令，打开【合成设置】对话框，设置【合成名称】为【炫丽光带】，【宽度】为【720】，【高度】为【405】，【帧速率】为【25】，并设置【持续时间】为00:00:10；00秒。

AE 02 按Ctrl + Y组合键，打开【纯色设置】对话框，设置【名称】为【路径】，【颜色】为黑色，如图10.66所示。

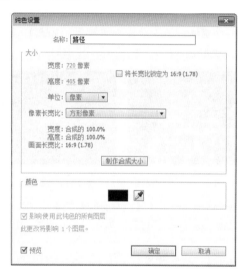

图10.66 纯色设置

AE 03 选中【路径】层，单击工具栏中的【钢笔工具】按钮，在【合成】窗口中绘制一条路径，如图10.67所示。

图10.67 绘制路径

10.6.2 制作光带特效

AE 01 按Ctrl + Y组合键，打开【纯色设置】对话框，设置【名称】为【光带】，【颜色】为黑色。

AE 02 在时间面板中，选择【光带】层，在【效果和预设】面板，展开Trapcode特效组，然后双击Particular（粒子）特效。

AE 03 选择【路径】层，按M键，将蒙板属性列表选项展开，选中【蒙版路径】，按Ctrl+C组合键，复制【蒙版路径】。

AE 04 选择【光带】层，在时间线面板中，展开【效果】|Particular（粒子）|Emitter（发射器）选项，选中Position XY（XY轴位置）选项，按Ctrl+V组合键，把【路径】层的路径复制给Particular（粒子）特效中的Position XY（XY轴位置），如图10.68所示。

图10.68 复制蒙板路径

AE 05 选择最后一个关键帧向右拖动，将其时间延长，如图10.69所示。

图10.69 选择最后一个关键帧向右拖动

AE 06 在【效果控件】面板修改Particular（粒子）特效参数，展开Emitter（发射器）选项组，设置Particles/sec（每秒发射粒子数量）的值为1000。从Position Subframe（子位置）右侧的下拉列表框中选择10x Linear（10x线性）选项，设置Velocity（速度）的值为0，Velocity Random（速度随机）的值为0，Velocity Distribution（速度分布）的值为0，Velocity From Motion（运动速度）的值为0，如图10.70所示。

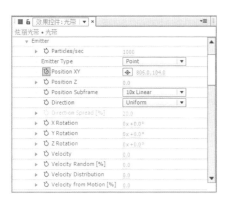

图10.70 设置Emitter（发射器）选项组中的参数

AE 07 展开Particle（粒子）选项组，从Particle Type（粒子类型）右侧的下拉列表中选择Streaklet（条纹）选项，设置Streaklet Feather（条纹羽化）的值为100，Size（大小）的值为49，如图10.71所示。

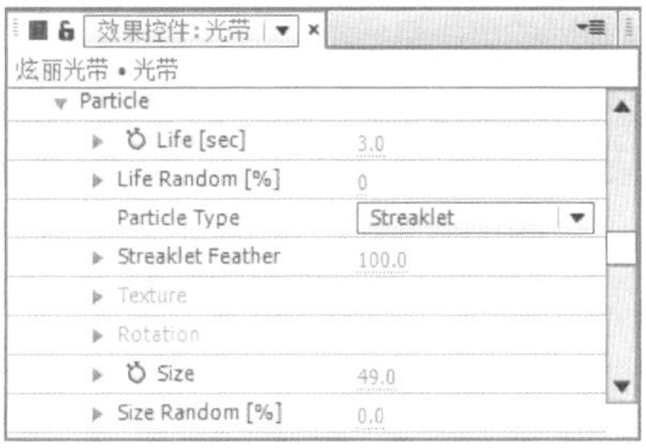

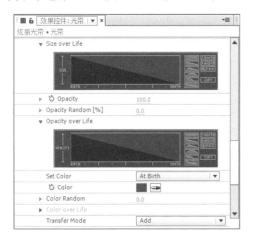

图10.71 设置Particle Type（粒子类型）参数

AE 08 展开Size Over Life（生命期内的大小变化）选项，单击████按钮，展开Opacity Over Life（生命期内透明度变化）选项，单击████按钮，并将Color（颜色）改成橙色（R:114，G:71，B:22），从Transfer Mode（模式转换）右侧的下拉列表中选择Add（相加），如图10.72所示。

图10.72 设置参数

AE 09 展开Streaklet（条纹）选项组，设置Random Seed（随机种子）的值为0，No Streaks（无条纹）的值为18，Streak Size（条纹大小）的值为11，具体设置如图10.73所示。

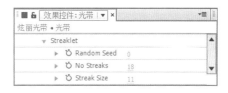

图10.73 设置Streaklet（条纹）选项组中的参数

10.6.3 制作发光特效

AE 01 在时间线面板中选择【光带】层，按Ctrl+D组合键复制出另一个新的图层，重命名为【粒子】。

AE 02 在【效果控件】面板中修改Particular（粒子）特效参数，展开Emitter（发射器）选项组，设置Particles/sec(每秒发射粒子数量)的值为200，Velocity（速度）的值为20，如图10.74所示，合成窗口效果如图10.75所示。

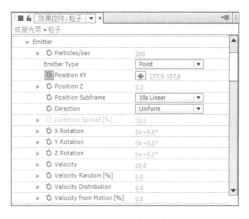

图10.74 设置粒子参数

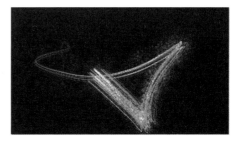

图10.75 设置参数后的效果

AE 03 展开Particle（粒子）选项组，设置Life（生命）的值为4，从Particle Type（粒子类型）右侧的下拉列表中选择Sphere（球形）选项，设置Sphere Feather（球形羽化）的值为50，Size（大小）的值为2，展开Opacity over Life（生命期内透明度变化）选项，单击 ▬▬ 按钮。

AE 04 在时间线面板中，选择【粒子】层的【模式】为【相加】模式，如图10.76所示，合成窗口效果如图10.77所示。

图10.76 设置添加模式

图10.77 设置粒子后的效果

AE 05 为【光带】层添加【发光】特效。在【效果和预设】中展开【风格化】特效组，然后双击【发光】特效。

AE 06 在【效果控件】面板中修改【发光】特效参数，设置【发光阈值】的值为60，【发光半径】的值为30，【发光强度】的值为1.5，如图10.78所示，合成窗口效果如图10.79所示。

图10.78 设置发光特效参数

图10.79 设置发光后的效果

AE 07 这样就完成了炫丽光带的整体制作，按小键盘上的【0】键，即可在合成窗口中预览动画。

第11章

常见影视仿真特效表现

内容摘要

随着数字技术的发展，越来越多的影视中加入更加真实的仿真特效镜头，以增加电影的精彩程度，本章通过几个实例，详细讲解常见影视仿真特效的制作技巧，如流血、流星雨、魔戒、伤痕愈合、飞行烟雾、脸上的恐怖蠕虫等特效。

教学目标

- 学习滴血文字的制作
- 学习流星雨效果的制作
- 掌握魔戒特效的制作
- 掌握伤痕愈合特效的制作
- 掌握飞行烟雾特效的制作
- 掌握脸上蠕虫恐怖镜头的表现

11.1　滴血文字

 实例解析

本例主要讲解利用液化特效制作滴血文字效果，完成的动画流程画面，如图11.1所示。

 视频分类：影视仿真类
工程文件：配套光盘\工程文件\第11章\滴血文字
视频位置：配套光盘\movie\视频讲座11-1：滴血文字.avi

图11.1　动画流程画面

完全掌握中文版 **After Effects CC超级手册**

学习目标

- 学习【毛边】特效的使用
- 学习【液化】特效的使用

操作步骤

AE 01 执行菜单栏中的【文件】|【打开项目】命令，选择配套光盘中的【工程文件\第11章\滴血文字\滴血文字练习.aep】文件，将文件打开。

AE 02 为文字层添加【毛边】特效。在【效果和预设】面板中展开【风格化】特效组，然后双击【毛边】特效。

AE 03 在【效果控件】面板中，修改【毛边】特效的参数，设置【边界】的值为6，如图11.2所示，合成窗口效果如图11.3所示。

图11.2 设置毛边特效参数

图11.3 合成窗口中的效果

AE 04 为文字层添加【液化】特效。在【效果和预设】面板中展开【扭曲】特效组，然后双击【液化】特效。

AE 05 在【效果控件】面板中，修改【液化】特效的参数，在【工具】下单击 ✎【变形工具】按钮，展开【变形工具选项】选项组，设置【画笔

大小】的值为10，【画笔压力】的值为100，如图11.4所示。

图11.4 设置液化特效的参数

AE 06 在合成窗口的文字中拖动鼠标，使文字产生变形效果。变形后的效果如图11.5所示。

图11.5 合成窗口中的效果

AE 07 将时间调整到00:00:00:00帧的位置，在【效果控件】面板中，修改【液化】特效的参数，设置【扭曲百分比】的值为0%，单击【扭曲百分比】左侧的【码表】⏱按钮，在当前位置设置关键帧。

AE 08 将时间调整到00:00:01:10帧的位置，设置【扭曲百分比】的值为200%，系统会自动设置关键帧，如图11.6所示。

图11.6 添加关键帧

AE 09 这样就完成了【滴血文字】的整体制作，按小键盘上的【0】键，即可在合成窗口中预览动画。

11.2 流星雨效果

 实例解析

本例主要讲解利用【粒子运动场】特效制作流星雨效果，完成的动画流程画面如图11.7所示。

视频分类：影视仿真类
工程文件：配套光盘\工程文件\第11章\流星雨效果
视频位置：配套光盘\movie\视频讲座11-2：流星雨效果.avi

图11.7 动画流程画面

 学习目标

● 【粒子运动场】

操作步骤

AE 01 执行菜单栏中的【文件】|【打开项目】命令，选择配套光盘中的【工程文件\第11章\流星雨效果\流星雨效果练习.aep】文件，将【流星雨效果练习.aep】文件打开。

AE 02 执行菜单栏中的【图层】|【新建】|【纯色】命令，打开【纯色设置】对话框，设置【名称】为【载体】，【颜色】为黑色。

AE 03 为【载体】层添加【粒子运动场】特效。在【效果和预设】面板中展开【模拟】特效组，然后双击【粒子运动场】特效。

AE 04 在【效果控件】面板中，修改【粒子运动场】特效的参数，展开【发射】选项组，设置【位置】的值为（360，10），【圆筒半径】的值为300，【每秒粒子数】的值为70，【方向】的值为180，【随机扩散方向】的值为20，【颜色】为红色（R:167；G:0；B:16），【粒子半径】的值为25，如图11.8所示；合成窗口效果如图11.9所示。

图11.8 设置发射参数

图11.9 设置发射后的效果

AE 05 单击【粒子运动场】名称右侧的【选项】文字，打开【粒子运动场】对话框，单击【编辑发射文字】按钮，打开【编辑发射文字】对话框，在对话框文字输入区输入任意数字与字母，单击两次【确定】按钮，完成文字编辑，如图11.10所示；合成窗口效果如图11.11所示。

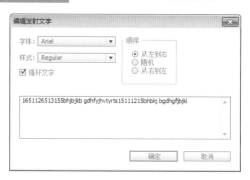

图11.10 【编辑发射文字】对话框

图11.11 设置文字后效果

AE 06 为【载体】层添加【发光】特效。在【效果和预设】面板中展开【风格化】特效组，然后双击【发光】特效。

AE 07 在【效果控件】面板中，修改【发光】特效的参数，设置【发光阈值】的值为44，【发光半径】的值为197，【发光强度】的值为1.5，如图11.12所示；合成窗口效果如图11.13所示。

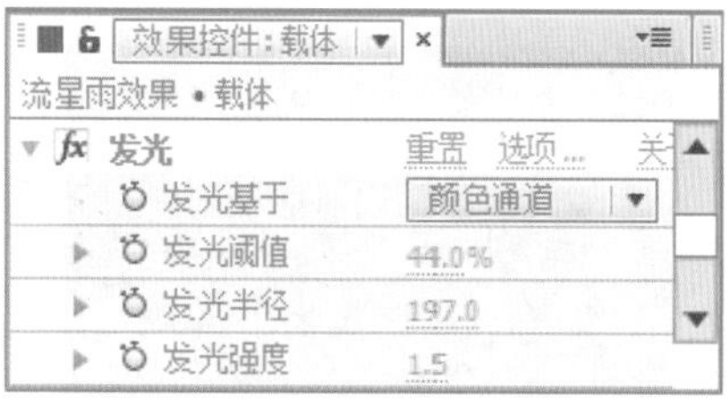

图11.12 设置发光参数

图11.13 设置发光后的效果

AE 08 为【载体】层添加【残影】特效。在【效果和预设】面板中展开【时间】特效组，然后双击【残影】特效。

AE 09 在【效果控件】面板中，修改【残影】特效的参数，设置【残影时间】的值为-0.05，【残影数量】的值为10，【衰减】的值为0.8，如图11.14所示，合成窗口效果如图11.15所示。

图11.14 设置重复参数

图11.15 设置重复后的效果

AE 10 这样就完成了流星雨效果的整体制作，按小键盘上的【0】键，即可在合成窗口中预览动画。

11.3 魔戒

实例解析

本例主要讲解魔戒动画的制作。本例通过CC Particle Word（CC 仿真粒子世界）特效、【湍流置换】特效、【网格变形】特效以及CC Vector Blur（CC矢量模糊）特效的使用，制作出魔戒动画效果。本例最终的动画流程效果，如图11.16所示。

视频分类：影视仿真类
工程文件：配套光盘\工程文件\第11章\魔戒
视频位置：配套光盘\movie\视频讲座11-3：魔戒.avi

图11.16 魔戒最终动画流程效果

学习目标

通过制作本例，学习CC Particle Word（CC仿真粒子世界）特效的参数设置以及CC Vector Blur（CC矢量模糊）特效有使用方法，掌握魔戒的制作方法。

操作步骤

11.3.1 制作光线合成

AE 01 执行菜单栏中的【合成】|【新建合成】命令，打开【合成设置】对话框，设置【合成名称】为【光线】，【宽度】为【1024】，【高度】为【576】，【帧速率】为【25】，并设置【持续时间】为00:00:03:00秒，如图11.17所示。

AE 02 执行菜单栏中的【图层】|【新建】|【纯色】命令，打开【纯色设置】对话框，设置【名称】为【黑背景】，【颜色】为黑色，如图11.18所示。

图11.18 纯色设置

AE 03 执行菜单栏中的【图层】|【新建】|【纯色】命令，打开【纯色设置】对话框，设置【名称】为【内部线条】，【颜色】为白色，如图11.19所示。

AE 04 选中【内部线条】层，在【效果和预设】面板中展开【模拟】特效组，双击CC Particle World（CC 仿真粒子世界）特效，如图11.20所示。

图11.17 合成设置

图11.19 纯色设置　　图11.20 添加特效

AE 05 在【效果控件】面板中，设置 Birth Rate（生长速率）数值为0.8，Longevity（寿命）数值为1.29；展开Producer（发生器）选项组，设置Position X（X轴位置）数值为-0.45，Position Z（Z轴位置）数值为0，Radius Y（Y轴半径）数值为0.02，Radius Z（Z轴半径）数值为0.195，参数如图11.21所示，效果如图11.22所示。

图11.21 发生器参数设置　　　图11.22 画面效果

AE 06 展开Physics（物理学）选项组，从Animation（动画）下拉菜单框中选择Direction Axis（沿轴发射），设置Gravity（重力）数值为0，参数如图11.23所示，效果如图11.24所示。

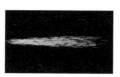

图11.23 物理学参数　　　图11.24 画面效果

AE 07 选中【内部线条】层，在【效果控件】面板中，按Alt单击Velocity（速度）左侧的【码表】按钮，在时间线面板中输入wiggle(8,.25)，如图11.25所示。

图11.25 表达式设置

AE 08 展开Particle（粒子）选项组，从Particle Type（粒子类型）下拉菜单框中选择Lens Convex（凸透镜）粒子类型，设置Birth Size（生长大小）数值为0.21，Death Size（消逝大小）数值为

0.46，参数如图11.26所示。效果如图11.27所示。

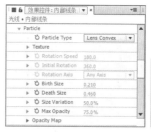

图11.26 参数设置　　　图11.27 效果图

AE 09 为了使粒子达到模糊效果，继续添加特效，选中【内部线条】层，在【效果和预设】面板中展开【模糊和锐化】特效组，双击【快速模糊】特效，如图11.28所示。

AE 10 在【效果控件】面板中，设置【模糊度】的数值为41，图像效果如图11.29所示。

图11.28 添加快速模糊特效　　　图11.29 效果图

AE 11 为了使粒子产生一些扩散线条的效果，在【效果和预设】面板中展开【模糊和锐化】特效组，然后双击CC Vector Blur（CC矢量模糊）特效，如图11.30所示。

AE 12 设置Amount（数量）数值为88，从Property（特性）下拉菜单中选择Alpha（Alpha通道），参数如图11.31所示。

图11.30 添加特效　　　图11.31 参数设置

AE 13 执行菜单栏中的【图层】|【新建】|【纯色】命令，打开【纯色设置】对话框，设置【名称】为【分散线条】，【颜色】为白色，如图11.32所示。

AE 14 选中【分散线条】层，在【效果和预设】面板中展开【模拟】特效组，双击CC Particle World（CC 仿真粒子世界）特效，如图11.33所示。

图11.32 纯色设置　　图11.33 添加特效

AE 15 在【效果控件】面板中，设置 Birth Rate（生长速率）数值为1.7，Longevity（寿命）数值为1.17；展开Producer（发生器）选项组，设置Position X（X轴位置）数值为-0.36，Position Z（Z轴位置）数值为0，Radius Y（Y轴半径）数值为0.22，Radius Z（Z轴半径）数值为0.015，如图11.34所示，效果如图11.35所示。

图11.34 发生器参数设置　　图11.35 画面效果

AE 16 展开Physics（物理学）选项组，从Animation（动画）下拉菜单中选择Direction Axis（沿轴发射），设置Gravity（重力）数值为0，如图11.36所示，效果如图11.37所示。

图11.36 物理学参数　　图11.37 画面效果

AE 17 选中【分散线条】层，在【效果控件】面板中，按Alt单击Velocity（速度）左侧的【码表】按钮，在时间线面板中输入wiggle(8,.4)，如图11.38所示。

图11.38 表达式设置

AE 18 展开Particle（粒子）选项组，从Particle Type（粒子类型）下拉菜单中选择Lens Convex（凸透镜），设置Birth Size（生长大小）数值为0.1，Death Size（消逝大小）数值为0.1，Size Variation（大小变化）数值为61%，Max Opacity（最大透明度）数值为100%，如图11.39所示。效果如图11.40所示。

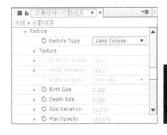

图11.39 粒子参数设置　　图11.40 效果图

AE 19 为了使粒子达到模糊效果，继续添加特效，选中【分散线条】层，在【效果和预设】面板中展开【模糊和锐化】特效组，双击【快速模糊】特效，如图11.41所示。

AE 20 在【效果控件】面板中，设置【模糊度】数值为40，效果如图11.42所示。

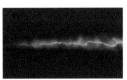

图11.41 添加快速模糊特效　　图11.42 效果图

AE 21 为了使粒子产生一些扩散线条的效果，在【效果和预设】面板中展开【模糊和锐化】特效组，然后双击CC Vector Blur（CC矢量模糊）特效，如图11.43所示。

AE 22 设置Amount（数量）数值为24，从Property（特性）下拉菜单中选择Alpha（Alpha通道），如图11.44所示。

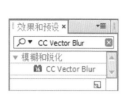

图11.43 添加特效　　图11.44 参数设置

AE 23 执行菜单栏中的【图层】|【新建】|【纯色】命令，打开【纯色设置】对话框，设置【名称】为【点光】，【颜色】为白色，如图11.45所示。

AE 24 选中【点光】层，在【效果和预设】面板中展开【模拟】特效组，然后双击CC Particle World（CC 仿真粒子世界）特效，如图11.46所示。

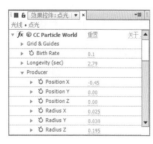

图11.45 纯色设置　　图11.46 添加特效

AE 25 在【效果控件】面板中，设置 Birth Rate（生长速率）数值为0.1，Longevity（寿命）数值为2.79；展开Producer（发生器）选项组，设置Position X（X轴位置）数值为-0.45，Position Z（Z轴位置）数值为0，Radius Y（Y轴半径）数值为0.03，Radius Z（Z轴半径）数值为0.195，参数如图11.47所示，效果如图11.48所示。

图11.47 发生器参数设置　　图11.48 画面效果

AE 26 展开Physics（物理学）选项组，从Animation（动画）下拉菜单中选择Direction Axis（沿轴发射）运动效果，设置Velocity（速度）数

值为0.25，Gravity（重力）数值为0，如图11.49所示，效果如图11.50所示。

图11.49 物理学参数　　图11.50 画面效果

AE 27 展开Particle（粒子）选项组，从Particle Type（粒子类型）下拉菜单中选择Lens Convex（凸透镜），设置Birth Size（生长大小）数值为0.04，Death Size（消逝大小）数值为0.02，如图11.51所示。效果如图11.52所示。

图11.51 粒子参数设置　　图11.52 效果图

AE 28 选中【点光】层，将时间调整到00:00:00:22帧的位置，按Alt+[组合键以当前时间为起点，如图11.53所示。

图11.53 设置层起点

AE 29 将时间调整到00:00:00:00帧的位置，选中【点光】层，按T键展开【不透明度】属性，设置【不透明度】数值为0%，单击【码表】按钮，在当前位置添加关键帧。

AE 30 将时间调整到00:00:00:09帧的位置，设置【不透明度】数值为100%，系统会自动创建关键帧，如图11.54所示。

图11.54 关键帧设置

AE 31 执行菜单栏中的【图层】|【新建】|【调整图层】命令，设置【名称】为【调整图层1】，创建的调节层如图11.55所示。

图11.55 新建【调整图层1】

AE 32 选中【调整图层1】，在【效果和预设】面板中展开【扭曲】特效组，双击【网格变形】特效，如图11.56所示，效果如图11.57所示。

图11.56 添加网格变形特效　　图11.57 效果图

AE 33 在【效果控件】面板中，设置【行数】数值为4，【列数】数值为4，如图11.58所示，调整网格形状，效果如图11.59所示。

图11.58 参数设置　　图11.59 调整后的效果

AE 34 这样【光线】合成就制作完成了，按小键盘上的0键预览其中几帧动画效果，如图11.60所示。

图11.60 动画流程画面

11.3.2 制作蒙版合成

AE 01 执行菜单栏中的【合成】|【新建合成】命令，打开【合成设置】对话框，设置【合成名称】为【蒙版合成】，【宽度】为【1024】，【高度】为【576】，【帧速率】为【25】，并设置【持续时间】为00:00:03:00秒，如图11.61所示。

AE 02 执行菜单栏中的【文件】|【导入】|【文件】命令，打开【导入文件】对话框，选择配套光盘中的【工程文件\第11章\魔戒\背景.jpg】素材，如图11.62所示。单击【导入】按钮，素材将导入到【项目】面板中。

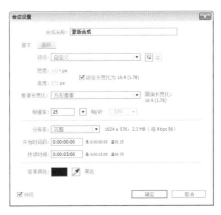

图11.61 合成设置

图11.62 添加素材

AE 03 从【项目】面板拖动【背景.jpg、光线】素材到【蒙版合成】时间线面板中，如图11.63所示。

图11.63 添加素材

AE 04 选中【光线】层，按Enter（回车键）重新命名为【光线1】，并将其【模式】设置为【屏幕】，如图11.64所示。

271

图11.64 层设置

AE 05 选中【光线1】层，按R键展开【旋转】属性，设置【旋转】数值为-100，按P键展开【位置】属性，设置【位置】数值为（366，-168），如图11.65所示。

图11.65 参数设置

AE 06 选中【光线1】，在【效果和预设】面板中展开【颜色校正】特效组，双击【曲线】特效，如图11.66所示，默认【曲线】形状如图11.67所示。

图11.66 添加特效　　　图11.67 默认曲线形状

AE 07 在【效果控件】面板中，调整【曲线】形状，如图11.68所示。

AE 08 从【通道】下拉菜单中选择【红色】通道，调整【曲线】形状，如图11.69所示。

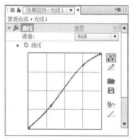

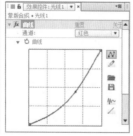

图11.68 RGB颜色调整　　　图11.69 红色调整

AE 09 从【通道】右侧下拉菜单中选择【绿色】通道，调整【曲线】形状，如图11.70所示。

AE 10 从【通道】右侧下拉菜单中选择【蓝色】通道，调整【曲线】形状，如图11.71所示。

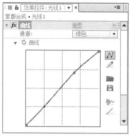

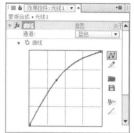

图11.70 绿色调整　　　图11.71 蓝色调整

AE 11 选中【光线1】，在【效果和预设】面板中展开【颜色校正】特效组，双击【色调】特效，设置【着色数量】为50%。

AE 12 选中【光线1】，按Ctrl+D组合键复制出【光线2】，如图11.72所示。

图11.72 复制层

AE 13 选中【光线2】层，按R键展开【旋转】属性，设置【旋转】数值为-81，按P键展开【位置】属性，设置【位置】数值为（480，-204），如图11.73所示。

图11.73 参数设置

AE 14 选中【光线2】，按Ctrl+D组合键复制出【光线3】，如图11.74所示。

图11.74 复制层

AE 15 选中【光线3】层，按R键展开【旋转】属性，设置【旋转】数值为-64，按P键展开【位置】属性，设置【位置】数值为（596，-138），如图11.75所示。

图11.75 参数设置

11.3.3 **制作总合成**

AE 01 执行菜单栏中的【合成】|【新建合成】命令，打开【合成设置】对话框，设置【合成名称】为【总合成】，【宽度】为【1024】，【高度】为【576】，【帧速率】为【25】，并设置【持续时间】为00:00:03:00秒。

AE 02 从【项目】面板拖动【背景.jpg、蒙版合成】素材到【总合成】时间线面板中，如图11.76所示。

图11.76 添加素材

AE 03 选中【蒙版合成】，选择工具栏中的【矩形工具】，在总合成窗口绘制矩形蒙版，如图11.77所示。

图11.77 绘制蒙版

AE 04 将时间调整到00:00:00:00帧的位置，拖动蒙版上方两个锚点向下移动，直到看不到光线为止，如图11.78所示。单击【蒙版路径】左侧的【码表】按钮，在当前位置添加关键帧。

图11.78 向下移动

AE 05 将时间调整到00:00:01:08帧的位置，拖动蒙版上方两个锚点向上移动，系统会自动创建关键帧，如图11.79所示。

图11.79 向上移动

AE 06 选中【蒙版 1】层按F键展开【蒙版羽化】属性，设置【蒙版羽化】数值为（50，50），如图11.80所示。

图11.80 【蒙版羽化】设置

AE 07 这样【魔戒】合成就制作完成了，按小键盘上的0键播放预览。

11.4 伤痕愈合特效

实例解析

本例主要讲解利用【简单阻塞工具】特效制作伤痕愈合效果，完成的动画流程画面，如图11.81所示。

> 视频分类：影视仿真类
> 工程文件：配套光盘\工程文件\第11章\伤痕愈合
> 视频位置：配套光盘\movie\视频讲座11-4：伤痕愈合特效.avi

图11.81 动画流程画面

学习目标

- 学习【简章阻塞工具】特效的使用。
- 学习【曲线】特效的使用。
- 学习CC Glass（CC玻璃）特效的使用。
- 学习【快速模糊】特效的使用。

操作步骤

11.4.1 制作伤痕合成

AE 01 执行菜单栏中的【合成】|【新建合成】命令，打开【合成设置】对话框，设置【合成名称】为【伤痕】，【宽度】为【1024】，【高度】为【576】，【帧速率】为【25】，并设置【持续时间】为00:00:05:00秒，如图11.82所示。

图11.82 合成设置

AE 02 执行菜单栏中的【文件】|【导入】|【文件】命令，打开【导入文件】对话框，选择配套光盘中的【工程文件\第11章\伤痕愈合\背景图片.jpg、伤痕.jpg】素材，如图11.83所示。单击【导入】按钮，【背景图片.jpg、伤痕.jpg】素材将导入到【项目】面板中。

图11.83 【导入文件】对话框

AE 03 执行菜单栏中的【图层】|【新建】|【纯色】命令，打开【纯色设置】对话框，设置【名称】为【蒙版1】，【宽度】数值为300像素，【高度】数值为300像素，【颜色】为黑色，如图11.84所示，画面效果如图11.85所示。

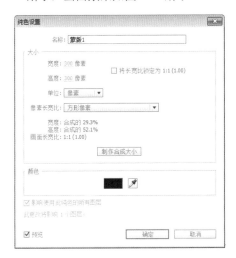

图11.84 纯色设置

图11.85 画面效果

AE 04 在【项目】面板中，选择【划痕.jpg】素材，将其拖动到【伤痕】合成的时间线面板中，如图11.86所示。

图11.86 添加素材

AE 05 选中【划痕】层，按P键展开【位置】属性，设置【位置】数值为（555、271），如图11.87所示。

图11.87 【位置】属性设置

AE 06 选中【蒙版1】层，选择工具栏里的【钢笔工具】 ，绘制闭合蒙版，如图11.88所示。

图11.88 绘制蒙版

AE 07 按S键展开【缩放】属性，设置【缩放】数值为（85，85）；按P键展开【位置】属性，设置【位置】数值为（548、268），如图11.89所示。

图11.89 参数设置

AE 08 选中【蒙版1】层，设置该层的轨道遮罩为亮度反转遮罩" [划痕.jpg]"，如图11.90所示，效果如图11.91所示。

图11.90 轨道遮罩设置

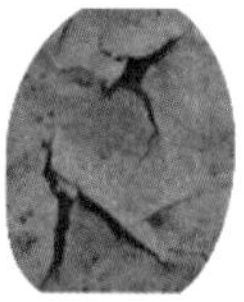

图11.91 效果图

AE 09 选中【划痕】层，在【效果和预设】面板中展开【颜色校正】特效组，双击【曲线】特效，如图11.92所示，默认【曲线】形状如图11.93所示。

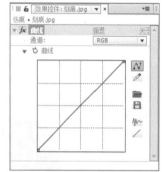

图11.92 添加特效　　图11.93 默认形状

AE 10 在【效果控件】面板中，调整【曲线】形状如图11.94所示，些时画面效果如图11.95所示。

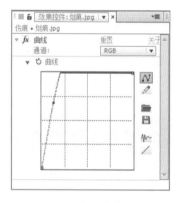

图11.94 调整【曲线】形状

图11.95 效果图

AE 11 执行菜单栏中的【图层】|【新建】|【纯色】命令，打开【纯色设置】对话框，设置【名称】为【蒙版2】，【宽度】数值为300像素，【高度】数值为300像素，【颜色】为黑色，如图11.96所示，画面效果如图11.97所示。

图11.96 纯色设置

图11.97 画面效果

AE 12 在【项目】面板中，再次选择【划痕.jpg】素材，将其拖动到【伤痕】合成的时间线面板中，按Enter（回车键）重新命名为【划痕2】如图11.98所示。

图11.98 添加素材

AE 13 选中【划痕2】层，按P键展开【位置】属性，设置【位置】数值为（530、257）；按R键展开【旋转】属性，设置【旋转】数值为244，如图11.99所示。

图11.99 【位置】属性设置

AE 14 选中【蒙版2】层，选择工具栏里的【钢笔工具】，绘制闭合蒙版，如图11.100所示。

图11.100 绘制蒙版

AE 15 按S键展开【缩放】属性，设置【缩放】数值为（85，85）；按P键展开【位置】属性，设置【位置】数值为（523、254）；按R键展开【旋转】属性，设置【旋转】数值为244，如图11.101所示。

图11.101 参数设置

AE 16 选中【蒙版2】层，设置该层的轨道遮罩为亮度反遮罩 "划痕2.jpg"，如图11.102所示，效果如图11.103所示。

图11.102 轨道遮罩设置

图11.103 效果图

AE 17 选中【划痕2】层，在【效果和预设】面板中展开【颜色校正】特效组，双击【曲线】特效，如图11.104所示，默认【曲线】形状如图11.105所示。

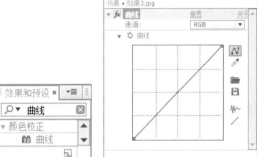

图11.104 添加特效　　图11.105 默认曲线形状

AE 18 在【效果控件】面板中，调整【曲线】形状如图11.106所示，些时画面效果如图11.107所示。

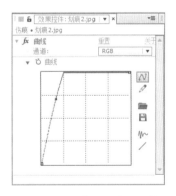

图11.106 调整【曲线】形状

图11.107 效果图

11.4.2 制作伤痕动画

AE 01 下面来制作【伤痕动画】合成，执行菜单栏中的【合成】|【新建合成】命令，打开【合成设置】对话框，设置【合成名称】为【伤痕动画】，【宽度】为【1024】，【高度】为【576】，【帧速率】为【25】，并设置【持续时间】为00:00:05:00秒。

AE 02 在【项目】面板中，选择【伤痕】合成，将其拖动到【划痕动画】合成的时间线面板中，如图11.108所示。

图11.108 添加素材

AE 03 选择【伤痕】层，在【效果和预设】面板中展开【遮罩】特效组，双击【简单阻塞工具】特效，如图11.109所示，此时画面效果如图11.110所示。

图11.109 添加【简单阻塞工具】特效

图11.110 效果图

AE 04 在【效果控件】面板中，将时间调整到00:00:00:00帧的位置，设置【阻塞遮罩】的数值为0，单击码表按钮，在当前位置添加关键帧，将时间调整到00:00:00:15帧的位置，设置【阻塞遮罩】数值为0.6，系统会自动创建关键帧，将时间调整到00:00:01:03帧的位置，设置【阻塞遮罩】数值为1，将时间调整到00:00:01:16帧的位

置，设置【阻塞遮罩】数值为1.5，将时间调整到00:00:02:06帧的位置，设置【阻塞遮罩】数值为2，将时间调整到00:00:02:20帧的位置，设置【阻塞遮罩】数值为3，将时间调整到00:00:03:08帧的位置，设置【阻塞遮罩】数值为5，将时间调整到00:00:03:22帧的位置，设置【阻塞遮罩】数值为7.7，如图11.111所示。

图11.111 关键帧设置

> **提示**
>
> 【简单阻塞工具】特效主要用于对带有Alpha通道的图像进行控制，可以收缩和描绘Alpha通道图像的边缘，修改边缘的效果。

11.4.3 制作总合成

AE 01 执行菜单栏中的【合成】|【新建合成】命令，打开【合成设置】对话框，设置【合成名称】为【总合成】，【宽度】为【1024】，【高度】为【576】，【帧速率】为【25】，并设置【持续时间】为00:00:05:00秒。

AE 02 在【项目】面板中，选择【背景图片.jpg、划痕动画】素材，将其拖动到【总合成】的时间线面板中，如图11.112所示。

图11.112 添加素材

AE 03 选中【划痕动画】层，单击【隐藏】按钮，将【划痕动画】层隐藏，如图11.113所示。

图11.113 隐藏【划痕动画】层

AE 04 选中【背景图片】层，在【效果和预设】面板中展开【风格化】特效组，双击CC Glass（CC玻璃）特效，如图11.114所示，此时画面效果如图11.115所示。

图11.114 添加CC Glass（CC玻璃）特效

图11.115 效果图

AE 05 在【效果控件】面板中，展开Surface（表面）选项组，从Bump Map（凹凸贴图）右侧下拉列表中选择【划痕动画】选项，设置Softness（柔化）数值为0，Height（高度）数值为-5，Displacement（置换）数值为50，如图11.116所示，效果如图11.117所示。

图11.116 Surface（表面）参数设置

图11.117 效果图

AE 06 展开Light（灯光）选项组，设置Light Height（灯光高度）数值为50，Light Direction（灯光方向）数值为-31，如图11.118所示，效果如图11.119所示。

图11.118 Light（灯光）参数设置

图11.119 效果图

AE 07 选中【划痕动画】层，单击【隐藏】按钮，将【划痕动画】层显示，并设置其图层模式为经典颜色加深，如图11.120所示。

图11.120 叠加模式设置

AE 08 在【效果和预设】面板中展开【颜色校正】特效组，双击【色调】特效，如图11.121所示，此时画面效果如图11.122所示。

图11.121 添加Tint（色调）特效

图11.122 效果图

AE 09 在【效果控件】面板中，设置【将黑色映射到】颜色为深红色（R:108、G:34、B:34），如图11.123所示，效果如图11.124所示。

图11.123 黑色映射颜色设置

图11.124 效果图

AE 10 在【效果和预设】面板中展开【模糊和锐化】特效组，然后双击【快速模糊】特效，如图11.125所示。

图11.125 添加【快速模糊】特效

AE 11 在【效果控件】面板中，设置【模糊度】数值为2，如图11.126所示。

图11.126 参数设置

AE 12 在【项目】面板中，再次选择【划痕动画】素材，将其拖动到【总合成】的时间线面板中，按Enter键重命名为【划痕动画2】，并设置其图层模式为【经典颜色减淡】，如图11.127所示。

图11.127 添加素材

AE 13 选中【划痕动画2】层，在【效果和预设】

面板中展开【颜色校正】特效组，双击【色调】特效，如图11.128所示，此时画面效果如图11.129所示。

图11.128 添加【色调】特效

图11.129 效果图

AE 14 在【效果控件】面板中，设置【将黑色映射到】颜色为深红色（R:72、G:0、B:0），如图11.130所示，效果如图11.131所示。

图11.130 颜色设置

图11.131 效果图

AE 15 选中【划痕动画2】层，在【效果和预设】面板中展开【模糊和锐化】特效组，双击【快速模糊】特效，如图11.132所示。

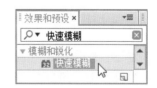

图11.132 添加【快速模糊】特效

AE 16 在【效果控件】面板中，设置【模糊度】数值为20，如图11.133所示。

图11.133 参数设置

AE 17 选中【划痕动画2】层，在【效果和预设】面板中展开【风格化】特效组，双击【发光】特效，如图11.134所示。

图11.134 添加【发光】特效

AE 18 在【效果控件】面板中，设置【发光半径】数值为0，如图11.135所示。

图11.135 效果图

AE 19 执行菜单栏中的【图层】|【新建】|【纯色】命令，打开【纯色设置】对话框，设置【名称】为【蓝色蒙版】，【宽度】数值为720像素，【高度】数值为576像素，【颜色】为蓝色（R:3，G:71，B:174）。

AE 20 选中【蓝色蒙版】层，按和T键展开【不透明度】属性，设置【不透明度】数值为40%，修改其图层模式为【柔光】，如图11.136所示。

图11.136 参数设置

AE 21 选中【蓝色蒙版】层，选择工具栏里的【椭圆工具】⬭，在【总合成】中绘制椭圆蒙版，如图11.137所示。

图11.137 绘制蒙版

AE 22 选中【蒙版 1】层，按F键展开【蒙版羽化】属性，设置【蒙版羽化】数值为（60，60），如图11.138所示。

图11.138 设置【蒙版羽化】

AE 23 再次选择工具栏里的【椭圆工具】⬭，在【总合成】中绘制椭圆蒙版2，如图11.139所示。

图11.139 绘制蒙版

AE 24 选中【蒙版2】层，按F键展开【蒙版羽化】属性，设置【蒙版羽化】数值为（60，60），如图11.140所示。

图11.140 设置【蒙版羽化】

AE 25 这样就完成了伤痕愈合的整体制作，按小键盘上的【0】键，即可在合成窗口中预览动画。

11.5 飞行烟雾

实例解析

本例主要讲解利用Particular（粒子）特效制作飞行烟雾效果，完成的动画流程画面，如图11.141所示。

> 视频分类：影视仿真类
> 工程文件：配套光盘\工程文件\第11章\飞行烟雾
> 视频位置：配套光盘\movie\视频讲座11-5：飞行烟雾.avi

图11.141 动画流程画面

学习目标

- 学习Particular（粒子）特效的使用。
- 学习Light（灯光）特效的使用。

操作步骤

 制作烟雾合成

AE 01 执行菜单栏中的【合成】|【新建合成】命令，打开【合成设置】对话框，设置【合成名称】为【烟雾】，【宽度】为【300】，【高度】为【300】，【帧速率】为【25】，并设置【持续时间】为00:00:03:00秒，如图11.142所示。

图11.142 合成设置

AE 02 执行菜单栏中的【文件】|【导入】|【文件】命令，打开【导入文件】对话框，选择配套光盘中的【工程文件\第11章\飞形烟雾\背景.jpg、large_smoke.jpg】素材，如图11.143所示。单击【导入】按钮，【背景.jpg、large_smoke.jpg】素材将导入到【项目】面板中。

图11.143 【导入文件】对话框

AE 03 为了操作方便，执行菜单栏中的【图层】|【新建】|【纯色】命令，打开【纯色设置】对话框，设置【名称】为【黑背景】，【宽度】数值为300像素，【高度】数值为300像素，【颜色】为黑色，如图11.144所示。

图11.144 设置【黑背景】纯色层

AE 04 执行菜单栏中的【图层】|【新建】|【纯色】命令，打开【纯色设置】对话框，设置【名称】为【叠加层】，【宽度】数值为300像素，【高度】数值为300像素，【颜色】为白色，如图11.145所示。

图11.145 【叠加层】设置

AE 05 在【项目】面板中，选择【large_smoke.jpg】素材，将其拖动到合成的时间线面板中，如图11.146所示。

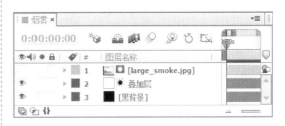

图11.146 添加素材

AE 06 选中【large_smoke.jpg】层，按S键展开【缩放】属性，取消【约束比例】 按钮，设置【缩放】数值为（47、61），参数如图11.147所示。

图11.147 参数设置

AE 07 选中【叠加层】，设置层轨道遮罩为【亮度遮罩【large_smoke.jpg】】，这样单独的云雾就被提出来了，如图11.148所示，效果如图11.149所示。

图11.148 通道设置

图11.149 效果图

AE 08 选中【黑背景】层，将该层删除，如图11.150所示。

图11.150 删除【黑背景】层

11.5.2 制作总合成

AE 01 执行菜单栏中的【合成】|【新建合成】命令，打开【合成设置】对话框，设置【合成名称】为【总合成】，【宽度】为【1024】，【高度】为【576】，【帧速率】为【25】，并设置【持续时间】为00:00:03:00秒。

AE 02 在【项目】面板中，选择【背景.jpg】素材，将其拖动到【总合成】的时间线面板中，如图11.151所示。

图11.151 添加素材

AE 03 选中【背景.jpg】层，打开【三维层】按钮 ，按S键展开【缩放】属性，设置【缩放】数值为（105，105，105），如图11.152所示。

图11.152 【缩放】设置

AE 04 执行菜单栏中的【图层】|【新建】|【灯光】命令，打开【灯光设置】对话框，设置【名称】为【Emitter 1】，如图11.153所示，单击【确定】按钮，此时效果如图11.154所示。

图11.153 灯光设置

图11.154 画面效果

AE 05 将【总合成】窗口切换到【顶部】，如图11.155所示。

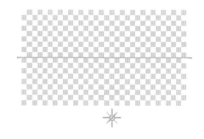

图11.155 【顶部】效果

AE 06 将时间调整到00:00:00:00帧的位置，选中【Emitter 1】层，按P键展开【位置】属性，设置【位置】数值为（698、153、-748），单击码表按钮，在当前位置添加关键帧；将时间调整到00:00:02:24帧的位置，设置【位置】数值为（922、464、580），系统会自动创建关键帧，如图11.156所示。

图11.156 关键帧设置

AE 07 选中【Emitter 1】层，按Alt键，同时用鼠标单击【位置】左侧的【码表】按钮，在时间线面板中输入【wiggle(.6,150)】，如图11.157所示。

图11.157 表达式设置

AE 08 将【总合成】窗口切换到【活动摄相机】，如图11.158所示。

图11.158 视图切换

AE 09 在【项目】面板中选择【烟雾】合成，将其拖动到【总合成】的时间线面板中，效果如图11.159所示。

图11.159 添加【烟雾】合成

AE 10 选中【烟雾】层，单击该层左侧的【隐藏】按钮 👁，将其隐藏，如图11.160所示。

图11.160 隐藏【烟雾】合成

AE 11 执行菜单栏中的【图层】|【新建】|【纯色】命令，打开【纯色设置】对话框，设置【名称】为【粒子烟】，【宽度】数值为1024像素，【高度】数值为576像素，【颜色】为黑色，如图11.161所示。

图11.161 纯色设置

AE 12 选中【粒子烟】层，在【效果和预设】面板中展开Trapcode特效组，双击Particular（粒子）特效，如图11.162所示。

图11.162 添加Particular（粒子）特效

AE 13 在【效果控件】面板中，展开Emitter（发射器）选项组，设置Particular/sec（每秒发射的粒子数量）为200，在Emitter Type（发射器类型）右侧的下拉列表框中选择Light（灯光），设置Velocity（速度）数值为7，Velocity Random（速度随机）数值为0，Velocity Distribution（速率分布）数值为0，Velocity from Motion（运动速度）数值为0，Emitter Size X（发射器X轴粒子大小）数值为0，Emitter Size Y（发射器Y轴粒子大小）数值为0，Emitter Size Z（发射器Z轴粒子大小）数值为0，参数如图11.163所示，效果图11.164所示。

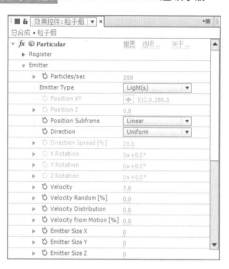

图11.163 Emitter（发射器）参数设置

图11.164 效果图

AE 14 展开Particle（粒子）选项组，设置Life（生命）数值为3，在Particle Type（粒子类型）右侧的下拉列表框中选择Sprite（幽灵），展开Tuxture（纹理）选项组，在Layer（层）右侧的下拉列表中选择【烟雾】，参数如图11.165所示，效果图11.166所示。

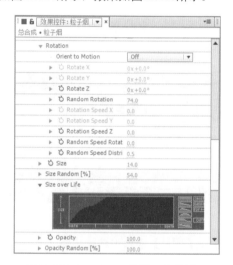

图11.165 Particle（粒子）参数设置

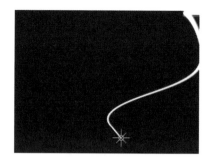

图11.166 效果图

AE 15 展开Particular（粒子）|Particle（粒子）|Rotation（旋转）选项组，设置Random Rotation（随机旋转）数值为74，Size（大小）数值为14，Size Random（随机大小）数值为54，Opacity Random（透明度随机）数值为100，其他参数设置如图11.167所示，效果如图11.168所示。

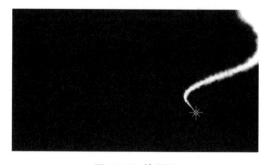

图11.167 Rotation（旋转）参数设置

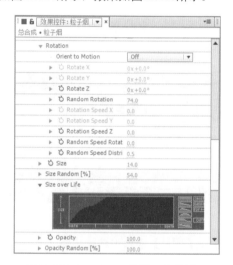

图11.168 效果图

AE 16 选中【Emitter 1】层，单击该层左侧的【隐藏】👁按钮，将其隐藏，此时画面效果如图11.169所示。

图11.169 画面效果图

AE 17 选中【粒子烟】层，在【效果和预设】面板中展开【颜色校正】特效组，然后双击【色调】特效，如图11.170所示。

图11.170 添加色调特效

AE 18 在【效果控件】面板中，设置【将白色映射到】颜色为浅蓝色（R:213、G:241、B:243），如图11.171所示。

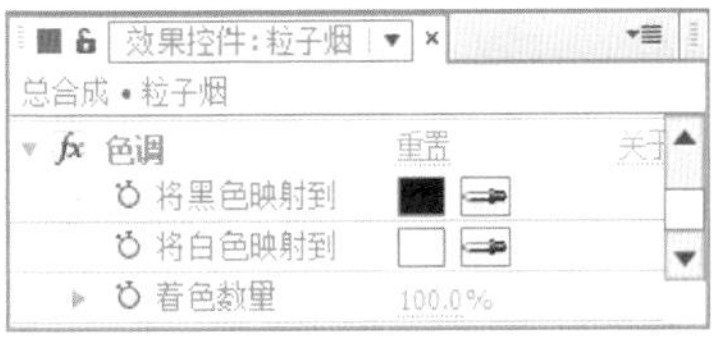

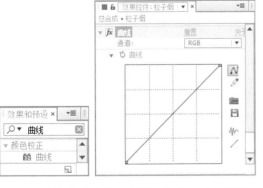

图11.171 参数设置

AE 19 选中【粒子烟】层，在【效果和预设】面板中展开【颜色校正】特效组，双击【曲线】特效，如图11.172所示，默认【曲线】形状，如图11.173所示。

图11.172 添加曲线特效　图11.173 默认曲线形状

AE 20 在【效果控件】面板中，设置【曲线】形状如图11.174所示，效果如图11.175所示。

图11.174 调整【曲线】形状

图11.175 效果图

AE 21 选中【Emitter 1】层，按Ctrl+D组合键复制出【Emitter 2】层，如图11.176所示。

图11.176 复制层

AE 22 选中【Emitter 2】层，单击该层左侧的"显示与隐藏"按钮 ，将其显示，如图11.177所示。

图11.177 显示图层

AE 23 将【总合成】窗口切换到【顶部】，如图11.178所示。

AE 24 将时间调整到00:00:00:00帧的位置，手动调整【Emitter 2】位置；将时间调整到00:00:02:24帧的位置，手动调整【Emitter 2】位置，形状如图11.179所示。

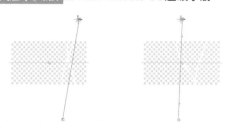 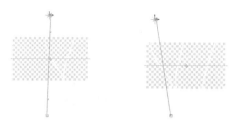

图11.178 【顶部】　　图11.179 形状调整　　图11.181 顶视图形状　　图11.182 形状调整

AE 25 选中【Emitter 2】层，按Ctrl+D组合键复制出【Emitter 3】层，如图11.180所示。

AE 28 选中【Emitter 2、Emitter 3】层，单击层左侧的【隐藏】👁 按钮，将其隐藏，如图11.183所示。

图11.180 复制层

AE 26 选中【Emitter 3】层，默认【顶部】形状如图11.181所示。

AE 27 将时间调整到00:00:00:00帧的位置，手动调整【Emitter 3】位置；将时间调整到00:00:02:24帧的位置，手动调整【Emitter 3】位置，形状如图11.182所示。

图11.183 隐藏设置

AE 29 这样就完成了飞行烟雾的整体制作，按小键盘上的【0】键，即可在合成窗口中预览动画。

11.6 脸上的蠕虫

 实例解析

　　本例主要讲解脸上的蠕虫动画的制作。利用CC Glass（CC 玻璃）特效、【曲线】特效的应用以及蒙版工具的使用，完成脸上蠕虫动画的制作。如图11.184所示。

视频分类：影视仿真类
工程文件：配套光盘\工程文件\第11章\脸上的蠕虫
视频位置：配套光盘\movie\视频讲座11-6：脸上的蠕虫.avi

图11.184 脸上的蠕虫最终动画流程效果

学习目标

通过制作本例，学习CC Glass（CC 玻璃）特效的参数设置及使用方法，掌握脸上的蠕虫的制作方法。

操作步骤

11.6.1 制作蒙版合成

AE 01 执行菜单栏中的【合成】|【新建合成】命令，打开【合成设置】对话框，设置【合成名称】为【蒙版】，【宽度】为【1024】，【高度】为【576】，【帧速率】为【25】，并设置【持续时间】为00:00:05:00秒，如图11.185所示。

AE 02 执行菜单栏中的【文件】|【导入】|【文件】命令，打开【导入文件】对话框，选择配套光盘中的【工程文件\第11章\脸上的蠕虫\背景.jpg】素材，如图11.186所示。单击【导入】按钮，【背景.jpg】素材将导入到【项目】面板中。

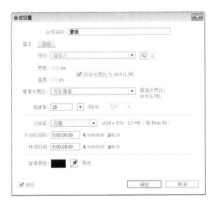

图11.185 合成设置

图11.186 【导入文件】对话框

AE 03 在【项目】面板中，选择【背景.jpg】素材，将其拖动到【蒙版】合成的时间线面板中，如图11.187所示。

图11.187 添加素材

AE 04 执行菜单栏中的【图层】|【新建】|【纯色】命令，打开【纯色设置】对话框，设置【名称】为【白色蒙版1】，【宽度】数值为1024像素，【高度】数值为576像素，【颜色】为白色，如图11.188所示。

AE 05 选中【白色蒙版1】层，选择工具栏中的【椭圆工具】，在合成窗口中心绘制一个椭圆蒙版，如图11.189所示。

图11.188 纯色设置　　　图11.189 绘制蒙版

AE 06 选中【白色蒙版1】层，按F键展开【蒙版羽化】属性，设置【蒙版羽化】数值为（10，10），如图11.190所示。

图11.190 【蒙版羽化】设置

AE 07 选中【白色蒙版1】层，按T键展开【不透明度】属性，设置【不透明度】数值为60%，按P键展开【位置】属性，将时间调整到00:00:00:00帧的位置，设置【位置】数值为（541，594），单击码表按钮，在当前位置添加关键帧。

AE 08 将时间调整到00:00:00:19帧的位置，设置【位置】数值为（513，423），系统会自动创建关键帧；将时间调整到00:00:01:18帧的位置，设置【位置】数值为（469，256）；将时间调整到00:00:02:15帧的位置，设置【位置】数值为（506，85），关键帧如图11.191所示。

图11.191 关键帧设置

AE **09** 在【白色蒙版1】层上单击鼠标右键，从弹出的快捷菜单中选择【变换】|【自动定向】命令，打开【自动方向】对话框，选中【沿路径定向】单选按钮，单击【确定】按钮，如图11.192所示。

图11.192 沿路径定向

AE **10** 按R键展开【旋转】属性，设置【旋转】数值为-84，如图11.193所示。

图11.193 参数设置

AE **11** 观看【白色蒙版1】层的运动动画，如图11.194所示。

图11.194 【白色蒙版1】运动动画

AE **12** 执行菜单栏中的【图层】|【新建】|【纯色】命令，打开【纯色设置】对话框，设置【名称】为【白色蒙版2】，【宽度】数值为1024像素，【高度】数值为576像素，【颜色】为白色，如图11.195所示。

AE **13** 选中【白色蒙版2】层，选择工具栏里的【椭圆工具】，在合成窗口中心绘制一个椭圆蒙版，如图11.196所示。

图11.195 纯色设置　　　　图11.196 绘制蒙版

AE **14** 选中【白色蒙版2】层，按F键展开【蒙版羽化】属性，设置【蒙版羽化】数值为（10，10），如图11.197所示。

图11.197 【蒙版羽化】设置

AE **15** 选中【白色蒙版2】层，按T键展开【不透明度】属性，设置【不透明度】数值为60%，将时间调整到00:00:00:00帧的位置，按P键展开【位置】属性，设置【位置】数值为（559，564），单击码表按钮，在当前位置添加关键帧。

AE **16** 将时间调整到00:00:00:19帧的位置，设置【位置】数值为（517，360）；将时间调整到00:00:01:07帧的位置，设置【位置】数值为（518，299）；将时间调整到00:00:01:18帧的位置，设置【位置】数值为（566，268）；将时间调整到00:00:02:15帧的位置，设置【位置】数值为（524，55），关键帧如图11.198所示。

图11.198 关键帧设置

AE **17** 在【白色蒙版2】层上单击鼠标右键，从弹出的快捷菜单中选择【变换】|【自动定向】命令，打开【自动方向】对话框，选中【沿路径定向】单选按钮，单击【确定】按钮，如图11.199所示。

图11.199　沿路径定向

AE 18 按R键展开【旋转】属性，设置【旋转】数值为-84，如图11.200所示。

图11.200　参数设置

AE 19 观看【白色蒙版2】层的运动动画，如图11.201所示。

图11.201　【白色蒙版2】运动动画

AE 20 执行菜单栏中的【图层】|【新建】|【纯色】命令，打开【纯色设置】对话框，设置【名称】为【白色蒙版3】，【宽度】数值为1024像素，【高度】数值为576像素，【颜色】为白色，如图11.202所示。

AE 21 选中【白色蒙版3】层，选择工具栏里的【椭圆工具】，在合成窗口中心绘制一个椭圆蒙版，如图11.203所示。

图11.202　纯色设置　　　图11.203　绘制蒙版

AE 22 选中【白色蒙版3】层，按F键展开【蒙版羽化】属性，设置【蒙版羽化】数值为（10，10），如图11.204所示。

图11.204　【蒙版羽化】设置

AE 23 选中【白色蒙版3】层，按T键展开【不透明度】属性，设置【不透明度】数值为60%，将时间调整到00:00:00:00帧的位置，按P键展开【位置】属性，设置【位置】数值为（565，638），单击码表按钮，在当前位置添加关键帧。

AE 24 将时间调整到00:00:00:19帧的位置，设置【位置】数值为（544，480）；将时间调整到00:00:01:07帧的位置，设置【位置】数值为（510，393）；将时间调整到00:00:01:18帧的位置，设置【位置】数值为（499，325）；将时间调整到00:00:02:15帧的位置，设置【位置】数值为（530，129），关键帧如图11.205所示。

图11.205　关键帧设置

AE 25 在【白色蒙版3】层上单击鼠标右键，从弹出的快捷菜单中选择【变换】|【自动定向】命令，打开【自动方向】对话框，选中【沿路径定向】单选按钮，单击【确定】按钮，如图11.206所示。

图11.206　沿路径定向

AE 26 按R键展开【旋转】属性，设置【旋转】数值为-84，如图11.207所示。

图11.207　参数设置

AE 27 观看【白色蒙版3】层的运动动画,如图11.208所示。

图11.208 【白色蒙版3】运动动画

AE 28 执行菜单栏中的【图层】|【新建】|【纯色】命令,打开【纯色设置】对话框,设置【名称】为【遮罩层】,【宽度】数值为1024像素,【高度】数值为576像素,【颜色】为白色,如图11.209所示。

AE 29 选中【遮罩层】,选择工具栏里的【钢笔工具】,在合成窗口下方绘制一个闭合蒙版,如图11.210所示。

图11.209 纯色设置　图11.210 绘制下方蒙版

AE 30 再次选择工具栏里的【钢笔工具】,在合成窗口上方绘制一个闭合蒙版,如图11.211所示。

AE 31 选中【蒙版1、蒙版2】按F键展开【蒙版羽化】属性,设置【蒙版羽化】数值为(5,5),效果如图11.212所示。

图11.211 绘制上方蒙版　图11.212 羽化后的效果图

AE 32 选中【遮罩层】,设置该层的【模式】为【轮廓Alpha】,如图11.213所示。

图11.213 模式设置

提示 ❓

使用钢笔工具绘制下方的蒙版要遮盖住人物的衣领,上方的蒙版要遮盖住头发。

AE 33 选中【背景】层,单击该层左侧的【隐藏】👁按钮,将其隐藏,如图11.214所示。

图11.214 隐藏【背景】层

AE 34 这样就完成了【蒙版】合成的制作,预览其中几帧效果,如图11.215所示。

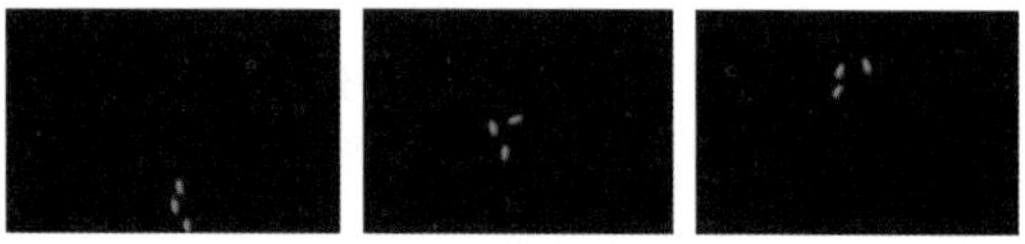

图11.215 动画效果

11.6.2 制作变形合成

AE 01 执行菜单栏中的【合成】|【新建合成】命令,打开【合成设置】对话框,设置【合成名称】为【变形】,【宽度】为【1024】,【高度】为【576】,【帧速率】为【25】,并设置【持续时间】为00:00:05:00秒。

AE 02 在【项目】面板中,选择【蒙版】合成,将其拖动到【变形】合成的时间线面板中,如图11.216所示。

图11.216 添加素材

AE 03 选中【蒙版】层,在【效果和预设】面板中展开【颜色校正】特效组,双击【曲线】特效,如图11.217所示,默认【曲线】形状如图11.218所示。

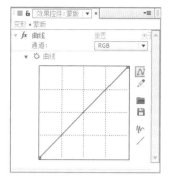

图11.217 添加曲线特效　图11.218 默认曲线形状

AE 04 在【效果控件】面板中，从【通道】下拉菜单中选择【Alpha】，调整【曲线】形状，如图11.219所示，效果如图11.220所示。

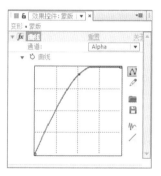

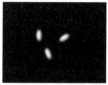

图11.219 调整曲线形状　图11.220 画面效果

11.6.3 制作总合成

AE 01 执行菜单栏中的【合成】|【新建合成】命令，打开【合成设置】对话框，设置【合成名称】为【总合成】，【宽度】为【1024】，【高度】为【576】，【帧速率】为【25】，并设置【持续时间】为00:00:05:00秒。

AE 02 在【项目】面板中，选择【背景.jpg、蒙版】合成，将其拖动到【总合成】的时间线面板中，如图11.221所示。

图11.221 添加素材

AE 03 选中【背景】层，在【效果和预设】面板中展开【风格化】特效组，双击CC Glass（CC 玻璃）特效，如图11.222所示，此时画面效果如图11.223所示。

图11.222 添加CC 玻璃特效　图11.223 画面效果

CC Glass（CC 玻璃）特效通过检查物体的轮廓，从而产生玻璃凸起的效果。

AE 04 在【效果控件】面板中，展开Surface（表面）选项组，从Bump Map（凹凸贴图）下拉菜单中选择【蒙版】层，从Property（特性）下拉菜单中选择Alpha（Alpha通道），设置Softness（柔化）数值为1，Height（高度）数值为21，Displacement（置换）数值为20，如图11.224所示，画面效果如图11.225所示。

图11.224 表面参数设置　图11.225 效果图

AE 05 展开Light（灯光）选项组，设置Light Intensity（灯光强度）数值为80，Light Height（灯光高度）数值为33，如图11.226所示，效果如图11.227所示。

图11.226 灯光参数设置　图11.227 效果图

AE 06 展开Shading（阴影）选项组，设置Ambient（环境光）数值为73，Diffuse（漫射光）数值为43，Specular（反射）数值为17，Roughness（粗糙度）数值为0.064，如图11.228所示，效果如图11.229所示。

图11.228 遮蔽参数设置　　　图11.229 效果图

AE 07 选中【蒙版】层，单击该层左侧的【显示与隐藏】按钮 👁，将该层隐藏，如图11.230所示。

图11.230 隐藏【蒙版】层

AE 08 执行菜单栏中的【图层】|【新建】|【调整图层】命令，在【总合成】时间面板中，按【回车键】重新命名为【颜色调节】层，如图11.231所示。

图11.231 重命名设置

AE 09 选中【颜色调节】层，在【效果和预设】面板中展开【颜色校正】特效组，双击【颜色平衡】特效，如图11.232所示，默认参数如图11.233所示。

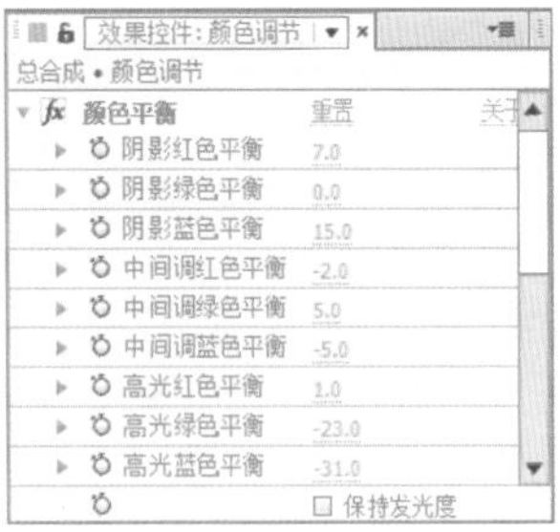

图11.232 添加特效　　　图11.233 默认参数显示

AE 10 在【效果控件】面板中，设置【颜色平衡】特效的参数设置如图11.234所示，效果如图11.235所示。

图11.234 参数设置　　　图11.235 效果图

AE 11 继续添加特效调节颜色，选中【颜色调节】层，在【效果和预设】面板中展开【颜色校正】特效组，然后双击【曲线】特效，如图11.236所示，默认【曲线】形状如图11.237所示。

 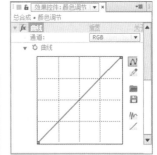

图11.236 添加曲线特效　　　图11.237 默认曲线形状

AE 12 在【效果控件】面板中，调整【曲线】形状，如图11.238所示，效果如图11.239所示。

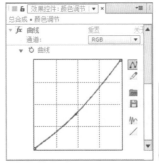 

图11.238 调整曲线形状　　　图11.239 效果图

AE 13 在【项目】面板中，选择【蒙版】合成，将其拖动到【总合成】的时间线面板中，如图11.240所示。

图11.240 添加素材

AE 14 选中【蒙版】层，按【回车键】重新命名为【蒙版颜色】，如图11.241所示。

图11.241 重命名设置

AE 15 选中【蒙版颜色】层，在【效果和预设】面板中展开【颜色校正】特效组，双击【曲线】特效，如图11.242所示，默认【曲线】形状如图11.243所示。

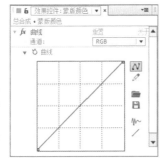

图11.242 添加曲线特效　图11.243 默认曲线形状

AE 16 在【效果控件】面板中，从【通道】下拉菜单中选择【Alpha】通道，调整【曲线】形状，如图11.244所示，效果如图11.245所示。

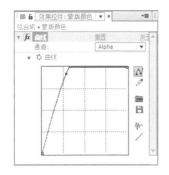

图11.244 调整曲线形状　　图11.245 画面效果

AE 17 选中【颜色调节】层，设置其【轨道遮罩】为Alpha 遮罩，如图11.246所示，效果如图11.247所示。

图11.246 通道模式设置

图11.247 效果图

AE 18 下面制作阴影层，在【项目】面板中，选择【蒙版】合成，将其拖动到【总合成】的时间线面板中，如图11.248所示。

图11.248 添加素材

AE 19 选中【蒙版】层，按【回车键】重新命名为【阴影】，按P键展开【位置】属性，设置【位置】数值为（517，285）如图11.249所示。

图11.249 重命名设置

AE 20 选中【阴影】层，在【效果和预设】面板中展开【颜色校正】特效组，双击【曲线】特效，如图11.250所示，默认【曲线】形状如图11.251所示。

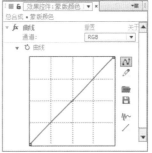

图11.250 添加曲线特效　图11.251 默认曲线形状

AE 21 在【效果控件】面板中，在【通道】下拉菜单中选择【RGB】通道，调整【曲线】形状，如图11.252所示。

AE 22 在【通道】下拉菜单中选择【Alpha】通道，调整【曲线】形状，如图11.253所示。

图11.252 RGB通道调整　　图11.253 通道调整

AE 23 更改颜色，在【效果和预设】面板中展开【颜色校正】特效组，双击【色调】特效，如图11.254所示，效果如图11.255所示。

图11.254 添加色调特效　　图11.255 效果图

AE 24 在【效果控件】面板中，设置【将白色映射到】颜色为黑色，如图11.256所示，效果如图11.257所示。

图11.256 颜色设置　　　　图11.257 效果图

AE 25 设置模糊效果，在【效果和预设】面板中展开【模糊和锐化】特效组，双击【快速模糊】特效，如图11.258所示。

AE 26 在【效果控件】面板中，设置【模糊度】数值为15，参数如图11.259所示。

 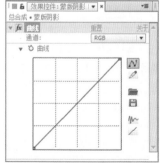

图11.258 添加色调特效　　图11.259 效果图

AE 27 选中【阴影】层，设置该层的【模式】为【叠加】，如图11.260所示。

图11.260 叠加模式设置

AE 28 在【项目】面板中，选择【蒙版】合成，将其拖动到【总合成】的时间线面板中，如图11.261所示。

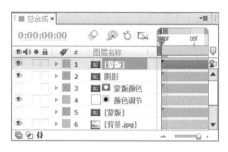

图11.261 添加素材

AE 29 选中【蒙版】层，按【回车键】重新命名为【蒙版阴影】，如图11.262所示。

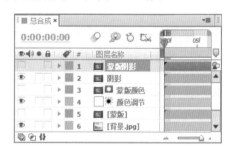

图11.262 重命名设置

AE 30 选中【蒙版阴影】层，在【效果和预设】面板中展开【颜色校正】特效组，双击【曲线】特效，如图11.263所示，默认【曲线】形状如图11.264所示。

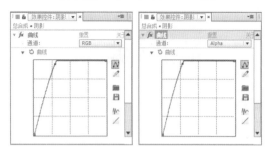

图11.263 添加曲线特效　　图11.264 默认曲线形状

AE 31 在【效果控件】面板中，在【通道】下拉菜单中选择【RGB】通道，调整【曲线】形状，如图11.265所示。

AE 32 在【通道】下拉菜单中选择【Alpha】通道，调整【曲线】形状，如图11.266所示。

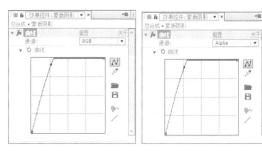

图11.265 RGB通道调整　　图11.266 通道调整

AE 33 选中【阴影】层，设置该层的轨道遮罩为Alpha反转遮罩【蒙版阴影】，如图11.267所示，效果如图11.268所示。

图11.267 通道模式设置

图11.268 效果图

AE 34 制作变形，在【项目】面板中，选择【变形】合成，将其拖动到【总合成】的时间线面板中，如图11.269所示。

图11.269 添加素材

AE 35 选中【变形】层，按【回车键】重新命名为【蒙版变形】，如图11.270所示。

图11.270 重命名设置

AE 36 执行菜单栏中的【图层】|【新建】|【调整图层】命令，单击【确定】按钮，在【总合成】时间面板中，按【回车键】重新命名为【变形】层，如图11.271所示。

图11.271 重命名设置

AE 37 选中【变形】层，在【效果和预设】面板中展开【扭曲】特效组，双击【置换图】特效，如图11.272所示，效果如图11.273所示。

图11.272 添加置换贴图特效　　图11.273 效果图

AE 38 在【效果控件】面板中，设置【置换图层】为【蒙版变形】，从【用于水平置换】下拉菜单中选择【明亮度】，【最大水平置换】数值为6，从【用于垂直置换】下拉菜单中选择【明亮度】，【最大垂直置换】数值为-8，如图11.274所示，效果如图11.275所示。

图11.274 参数设置　　图11.275 效果图

AE 39 选中【蒙版变形】层,单击该层左侧的
【显示与隐藏】按钮,将该层隐藏,如图11.276
所示,效果如图11.277所示。

图11.276 隐藏【蒙版变形】层

图11.277 效果图

AE 40 这样就完成了【脸上的蠕虫】的制作,
按小键盘上的【0】键预览其中几帧动画,如图
11.278所示。

图11.278 动画流程画面

第12章 完美炫彩光效

内容摘要

本章主要讲解完美炫彩光效。在栏目包装级影视特效中经常可以看到运用炫彩的光效对整体动画的点缀，光效不仅可以作用在动画的背景上，使动画整体更加绚丽，也可以运用到动画的主体上是主题更加突出。本章通过几个具体的实例，讲解了常见梦幻光效的制作方法。

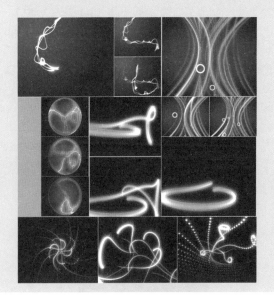

教学目标

- 游动光线的制作
- 流光线条的制作
- 蜿蜒的光带效果的制作
- 电光球特效的制作
- 旋转光环的制作
- 连动光线的制作

12.1 游动光线

 实例解析

本例主要讲解利用【勾画】特效制作游动光线效果，完成的动画流程画面如图12.1所示。

 视频分类：炫彩光效类
工程文件：配套光盘\工程文件\第12章\游动光线
视频位置：配套光盘\movie\视频讲座12-1：游动光线.avi

  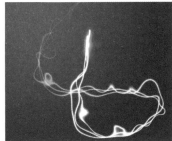

图12.1 动画流程画面

学习目标

- 【勾画】
- 【发光】
- 【湍流置换】

 操作步骤

AE 01 执行菜单栏中的【合成】|【新建合成】命令，打开【合成设置】对话框，设置【合成名称】为【光线】，【宽】为【720】，【高度】为【576】，【帧速率】为【25】，并设置【持续时间】为00:00:05:00秒。

AE 02 执行菜单栏中的【图层】|【新建】|【纯色】命令，打开【纯色设置】对话框，设置【名称】为【光线1】，【颜色】为黑色。

AE 03 在时间线面板中，选择【光线1】层，在工具栏中选择【钢笔工具】，绘制一个路径，如图12.2所示。

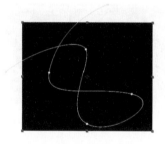

图12.2 绘制路径

AE 04 为【光线1】层添加【勾画】特效。在【效果和预设】面板中展开【生成】特效组，然后双击【勾画】特效，如图12.3所示。

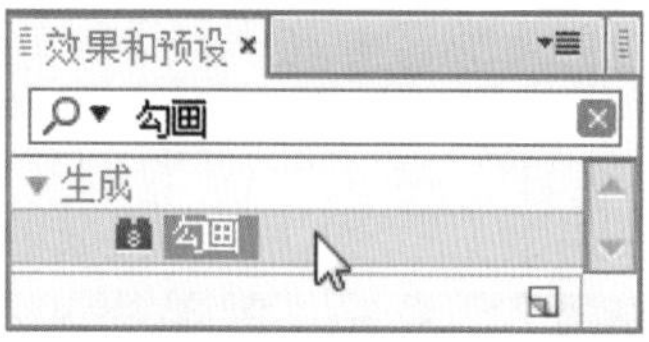

图12.3 添加勾画特效

AE 05 在【效果控件】面板中，修改【勾画】特效的参数，设置从【描边】下拉菜单中选择【蒙版/路径】选项；展开【片段】选项组，设置【片段】的值为1；将时间调整到00:00:00:00帧的位置，设置【旋转】的值为-75，单击【旋转】左侧的【码表】按钮，在当前位置设置关键帧，如图12.4所示。

图12.4 设置参数

AE 06 将时间调整到00:00:04:24帧的位置，设置【旋转】的值为-1x-75，系统会自动设置关键帧。

AE 07 展开【正在渲染】选项组，设置【颜色】为白色，【硬度】的值为0.5，【起始点不透明度】的值为0.9，【中点不透明度】的值为-0.4，如图12.5所示。

图12.5 设置渲染参数

AE 08 为【光线】层添加【发光】特效。在【效果和预设】面板中展开【风格化】特效组，然后双击【发光】特效。

AE 09 在【效果控件】面板中，修改【发光】特效的参数，设置【发光阈值】的值为20%，【发光半径】的值为5，【发光强度】的值为2，从【发光颜色】下拉菜单中选择A和B颜色，【颜色A】为橙色（R:254；G:191；B:2），【颜色B】为红色（R:243；G:0；B:0），如图12.6所示；合成窗口效果如图12.7所示。

图12.6 设置发光参数

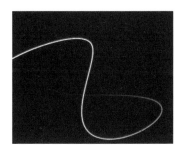

图12.7 设置发光后的效果

AE 10 在时间线面板中，选择【光线1】层，按 Ctrl+D组合键复制出另一个新的图层，将该图层重命名为【光线2】，在【效果控件】面板中，修改【勾画】特效的参数，设置【长度】的值为 0.05；展开【正在渲染】选项组，设置【宽度】的值为7，如图12.8所示；合成窗口效果如图12.9所示。

图12.8 修改勾画参数

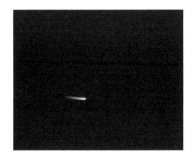

图12.9 修改勾画参数后的效果

AE 11 选择【光线2】层，在【效果控件】面板中，修改【发光】特效的参数，设置【发光半径】的值为30，【颜色 A】为蓝色（R:0；G:149；B:254），【颜色 B】为暗蓝色（R:1；G:93；B:164），如图12.10所示；合成窗口效果如图12.11所示。

图12.10 修改发光参数

图12.11 修改发光后的效果

AE 12 在时间线面板中，设置【光线2】层的【模式】为【相加】，如图12.12所示；合成窗口效果如图12.13所示。

图12.12 设置叠加模式

图12.13 设置叠加模式后的效果

AE 13 执行菜单栏中的【合成】|【新建合成】命令，打开【合成设置】对话框，设置【合成名称】为【游动光线】，【宽度】为【720】，【高度】为【576】，【帧速率】为【25】，并

设置【持续时间】为00:00:05:00秒。

AE 14 执行菜单栏中的【图层】|【新建】|【纯色】命令，打开【纯色设置】对话框，设置【名称】为【背景】，【颜色】为黑色。

AE 15 为【背景】层添加【渐变】特效。在【效果和预设】面板中展开【生成】特效组，然后双击【梯度渐变】特效。

AE 16 在【效果控件】面板中，修改【梯度渐变】特效的参数，设置【渐变起点】的值为（123，99），【起始颜色】为紫色（R:78；G:1；B:118），【结束颜色】为黑色，从【渐变形状】下拉菜单中选择【径向渐变】，如图12.14所示；合成窗口效果如图12.15所示。

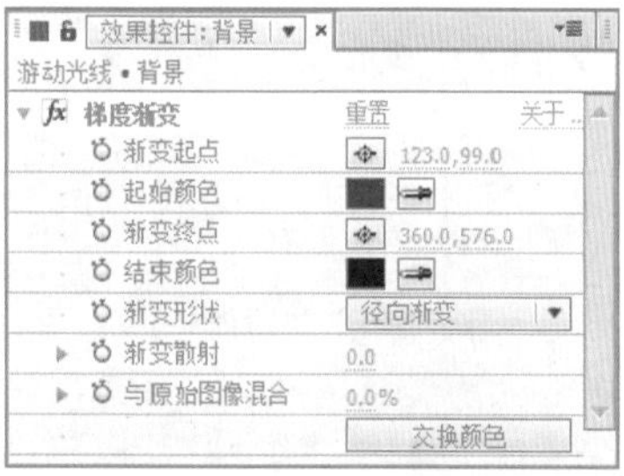

图12.14 设置渐变参数

图12.15 设置渐变后的效果

AE 17 在【项目】面板中，选择【光线】合成，将其拖动到【游动光线】合成的时间线面板中。设置【光线】层的【模式】为【相加】，如图12.16所示；合成窗口效果如图12.17所示。

图12.16 设置光线层的模式

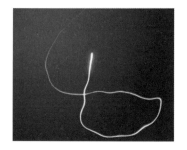

图12.17 设置相加模式后效果

AE 18 为【光线】层添加【湍流置换】特效。在【效果和预设】面板中展开【扭曲】特效组，然后双击【湍流置换】特效。

AE 19 在【效果控件】面板中，修改【湍流置换】特效的参数，设置【数量】的值为60，【大小】的值为30，从【消除锯齿（最佳品质）】下拉菜单中选择【高】，如图12.18所示；合成窗口效果如图12.19所示。

图12.18 设置湍流置换参数

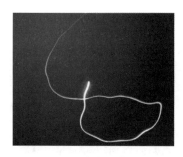

图12.19 设置湍流置换后的效果

AE 20 在时间线面板中，选中【光线】层，按Ctrl+D组合键复制出两个新的图层，将其分别重命名为【光线2】和【光线3】层，在【效果控件】面板中分别修改【湍流置换】特效的参数如图12.20所示；合成窗口效果如图12.21所示。

图12.20　修改湍流置换参数

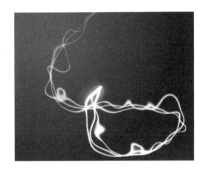

图12.21　修改湍流置换后的效果

AE 21 这样就完成了游动光线的整体制作，按小键盘上的【0】键，即可在合成窗口中预览动画。

12.2 流光线条

 实例解析

　　本例主要讲解流光线条动画的制作。首先利用【分形杂色】特效制作出线条效果，通过调节【贝塞尔曲线变形】特效制作出光线的变形，然后添加第3方插件Particular（粒子）特效，制作出上升的圆环从而完成动画。本例最终的动画流程效果，如图12.22所示。

视频分类：炫彩光效类
工程文件：配套光盘\工程文件\第12章\流光线条
视频位置：配套光盘\movie\视频讲座12-2：流光线条.avi

图12.22　流动线条最终动画流程效果

 学习目标

　　通过本例的制作，了解Shine（光）特效参数的设置，学习Shine（光）特效的使用，掌握扫光字动画的制作技巧。

操作步骤

12.2.1 利用蒙版制作背景

AE 01 执行菜单栏中的【合成】|【新建合成】命令，打开【合成设置】对话框，设置【合成名称】为【流光线条效果】，【宽度】为【720】，【高度】为【576】，【帧速率】为【25】，并设置【持续

时间】为00:00:05:00秒，如图12.23所示。

AE 02 执行菜单栏中的【文件】|【导入】|【文件】命令，打开【导入文件】对话框，选择配套光盘中的【工程文件\第12章\流光线条效果\圆环.psd】素材，单击【导入】按钮，如图12.24所示，将【圆环.psd】以【素材】形式导入到【项目】面板中。

图12.23 合成设置

图12.24 导入文件

AE 03 按Ctrl + Y组合键，打开【纯色设置】对话框，设置【名称】为【背景】，【颜色】为紫色（R:65；G:4；B:67），如图12.25所示。

AE 04 为【背景】纯色层绘制蒙版，单击工具栏中的【椭圆工具】 按钮，绘制椭圆形蒙版，如图12.26所示。

图12.25 建立纯色层 图12.26 绘制椭圆形蒙版

AE 05 按F键，打开【背景】纯色层的【蒙版羽化】选项，设置【蒙版羽化】的值为（200，200），如图12.27所示。此时的画面效果，如图12.28所示。

图12.27 设置羽化属性

图12.28 设置属性后的效果

AE 06 按Ctrl + Y组合键，打开【纯色设置】对话框，设置【名称】为【流光】，【宽度】为【400】，【高度】为【650】，【颜色】为白色，如图12.29所示。

图12.29 建立纯色层

AE 07 将【流光】层的【模式】修改为【屏幕】。

AE 08 选择【流光】纯色层，在【效果和预设】面板中展开【杂色和颗粒】特效组，然后双击【分形杂色】特效，如图12.30所示。

图12.30 添加特效

AE 09 将时间调整到00:00:00:00帧的位置，在【效果控件】面板中，修改【分形杂色】特效的参数，设置【对比度】的值为450，【亮度】的值为-80；展开【变换】选项组，取消勾选【统一缩放】复选框，设置【缩放宽度】的值为15，【缩放高度】的值为3500，【偏移（湍流）】的值为（200，325），【演化】的值为0，然后单击【演化】左侧的【码表】按钮，在当前位置设置关键帧，如图12.31所示。

图12.31 设置分形杂色特效

AE 10 将时间调整到00:00:04:24帧的位置，修改【演化】的值为1x，系统将在当前位置自动设置关键帧，此时的画面效果如图12.32所示。

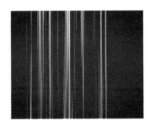

图12.32 设置特效后的效果

12.2.2 添加特效调整画面

AE 01 为【流光】层添加【贝塞尔曲线变形】特效，在【效果和预设】面板中展开【扭曲】特效组，双击【贝塞尔曲线变形】，如图12.33所示。

AE 02 在【效果控件】面板中，修改【贝塞尔曲线变形】特效的参数，如图12.34所示。

图12.33 添加贝塞尔曲线变形特效

图12.34 设置贝塞尔曲线变形参数

AE 03 在调整图形时，直接修改特效的参数比较麻烦，此时，可以在【效果控件】面板中，选择【贝塞尔曲线变形】特效，从合成窗口中，可以看到调整的节点，直接在合成窗口中的图像上，拖动节点进行调整，自由度比较高，如图12.35所示。调整后的画面效果如图12.36所示。

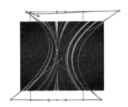

图12.35 调整控制点　　图12.36 画面效果

AE 04 为【流光】层添加【色相/饱和度】特效。在【效果和预设】面板中展开【颜色校正】特效组，双击【色相/饱和度】特效，如图12.37所示。

图12.37 添加色相/饱和度特效

AE 05 在【效果控件】面板中，修改【色相/饱和度】特效的参数，勾选【彩色化】复选框，设置【着色色相】的值为-55，【着色饱和度】的值为66，如图12.38所示。

图12.38 设置特效的参数

AE 06 为【流光】层添加【发光】特效，在【效果和预设】面板中展开【风格化】特效组，然后双击【发光】特效，如图12.39所示。

图12.39 添加特效

AE 07 在【效果控件】面板中，修改【发光】特效的参数，设置【发光阈值】的值为20%，【发光半径】的值为15，如图12.40所示。

图12.40 设置发光特效的属性

AE 08 在时间线面板中打开【流光】层的三维属性开关，展开【变换】选项组，设置【位置】的值为（309，288，86），【缩放】的值为（123，123，123），如图12.41所示。可在合成窗口看到效果，如图12.42所示。

图12.41 设置位置缩放属性

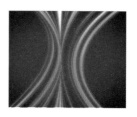

图12.42 设置后的效果

AE 09 选择【流光】层，按Ctrl + D组合键，将复制出【流光2】层，展开【变换】选项组，设置【位置】的值为（408，288，0），【缩放】的值为（97，116，100），【Z轴旋转】的值为-4，如图12.43所示，可以在合成窗口中看到效果如图12.44所示。

图12.43 设置复制层的属性

图12.44 画面效果

AE 10 修改【贝塞尔曲线变形】特效的参数，使其与【流光】的线条角度有所区别，如图12.45所示。

图12.45 设置贝塞尔曲线变形参数

AE 11 在合成窗口中看到的控制点的位置发生了变化，如图12.46所示。

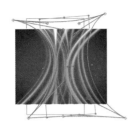

图12.46 合成窗口中的修改效果

AE 12 修改【色相/饱和度】特效的参数，设置【着色色相】的值为265，【着色饱和度】的值为75，如图12.47所示。

图12.47 调整复制层的着色饱和度

AE 13 设置完成后可以在合成窗口中看到效果，如图12.48所示。

图12.48 调整着色饱和度后的画面效果

12.2.3 添加【圆环】素材

AE 01 在【项目】面板中选择【圆环.psd】素材，将其拖动到【流光线条效果】合成的时间线面板中，然后单击【圆环.psd】左侧的眼睛 👁 图标，将该层隐藏，如图12.49所示。

图12.49 隐藏【圆环】层

AE 02 按Ctrl + Y组合键，打开【纯色设置】对话框，设置【名称】为【粒子】，【颜色】为白色，如图12.50所示。选择【粒子】纯色层，在【效果和预设】面板中展开Trapcode特效组，然后双击Particular（粒子）特效，如图12.51所示。

图12.50 建立纯色层　　　图12.51 添加特效

AE 03 在【效果控件】面板中，修改Particular（粒子）特效的参数，展开Emitter（发射器）选项组，设置Particles/sec（每秒发射粒子数量）的值为5，Position（位置）的值为（360，620）；展开Particle（粒子）选项组，设置Life（生命）的值为2.5，Life Random（生命随机）的值为30，如图12.52所示。

图12.52 设置发射器属性的值

AE 04 展开Texture（纹理）选项组，在Layer（层）下拉菜单中选择【2.圆环.psd】，然后设置Size（大小）的值为20，Size Random（大小随机）的值为60，如图12.53所示。

图12.53 设置粒子属性的值

AE 05 展开Physics（物理学）选项组，修改Gravity（重力）的值为-100，如图12.54所示。

图12.54 设置物理学的属性

AE 06 在【效果和预设】面板中展开【风格化】特效组，然后双击【发光】特效，如图12.55所示。

图12.55 添加发光特效

12.2.4 添加摄影机

AE 01 执行菜单栏中的【图层】|【新建】|【摄像机】命令，打开【摄像机设置】对话框，设置【预设】为24毫米，如图12.56所示。单击【确定】按钮，在时间线面板中将会创建一个摄像机。

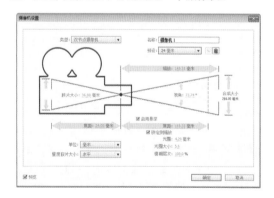

图12.56 建立摄像机

AE 02 将时间调整到00:00:00:00帧的位置，选择【摄像机1】层，展开【变换】、【摄像机选项】选项组，然后分别单击【目标点】和【位置】左侧的【码表】按钮，在当前位置设置关键帧，并设置【目标点】的值为（426，292，140），【位置】的值为（114，292，-270）；然后分别设置【缩放】的值为512，【景深】为【开】，【焦距】的值为512，【光圈】的值为84，【模糊层次】的值为122%，如图12.57所示。

图12.57 设置摄像机的参数

AE 03 将时间调整到00:00:02:00帧的位置，修改【目标点】的值为（364，292，25），【位置】的值为（455，292，-480），如图12.58所示。

图12.58 制作摄像机动画

AE 04 此时可以看到画面视角的变化，如图12.59所示。

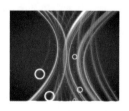

图12.59 设置摄像机后画面视角的变化

AE 05 这样就完成了【流光线条】的整体制作，按小键盘上的【0】键，在合成窗口中预览动画，效果如图12.60所示。

图12.60 【流光线条】的动画预览

12.3 蜿蜒的光带

 实例解析

本例主要讲解蜿蜒的光带动画的制作。首先创建纯色层并利用钢笔工具制作笔触，然后利用 Particular（粒子）特效制作出光带的效果，配合【色相/饱和度】和【发光】特效调节颜色添加光晕，完成蜿蜒的光带动画的制作。本例最终的动画流程效果，如图12.61所示。

视频分类：炫彩光效类
工程文件：配套光盘\工程文件\第12章\蜿蜒的光带
视频位置：配套光盘\movie\视频讲座12-3：蜿蜒的光带.avi

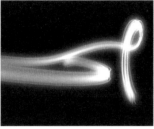

图12.61 蜿蜒的光带最终动画流程效果

 学习目标

通过本例的制作，了解钢笔工具的使用方法、灯光的创建及设置方法，学习粒子跟随灯光动画的制作技巧，掌握蜿蜒的光带动画的制作技巧。

操作步骤

12.3.1 添加灯光及摄像机

AE 01 执行菜单栏中的【合成】|【新建合成】命令，打开【合成设置】对话框，设置【合成名称】为【蜿蜒的光带】，【宽度】为【720】，【高度】为【576】，【帧速率】为【25】，并设置【持续时间】为00:00:10:00秒，如图12.62所示。

AE 02 按Ctrl + Y组合键，打开【纯色设置】对话框，设置【名称】为【粒子】，【颜色】为黑色，如图12.63所示。

图12.62 合成设置

图12.63 建立纯色层

AE 03 选择【粒子】纯色层，按Ctrl+D组合键复制出新的一层，修改名称为【底色】，如图12.64所示。

图12.64 将复制纯色层重命名

AE 04 将【底色】层拖动到【粒子】层下，排列顺序如图12.65所示。

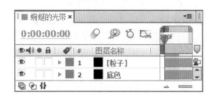

图12.65 纯色层的排列顺序

AE 05 执行菜单栏中的【图层】|【新建】|【灯光】，打开【灯光设置】对话框，因为要用灯光代替粒子发射器，所以修改【名称】为【Emitter】，如图12.66所示。

图12.66 建立作为发射器的灯光

AE 06 执行菜单栏中的【图层】|【新建】|【摄像机】，建立摄影机，【预设】为20毫米，如图12.67所示。

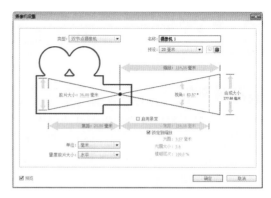

图12.67 建立摄像机

12.3.2 建立【笔触】合成

AE 01 执行菜单栏中的【合成】|【新建合成】命令，打开【合成设置】对话框，设置【合成名称】为【笔触】，【宽度】为【50】，【高度】为【50】，【帧速率】为【25】，并设置【持续时间】为00:00:10:00秒，如图12.68所示。

图12.68 建立【笔触】合成

AE 02 按Ctrl + Y组合键，打开【纯色设置】对话框，设置【名称】为【笔触】，【颜色】为白色，如图12.69所示。

图12.69 建立【笔触】纯色层

AE **03** 选中【笔触】纯色层，单击工具栏中的【钢笔工具】 ，在合成窗口中绘制一个蒙版，在时间线面板中展开【笔触】层中的【蒙版】选项组，单击【蒙版羽化】右侧的【约束比例】 ，修改【蒙版羽化】的值为（0，14），如图12.70所示。

图12.70 设置蒙版的羽化

AE **04** 设置羽化后的画面效果，如图12.71所示，按Ctrl+D组合键复制出若干层，并调整位置。选中所有【笔触】层，调整完成后的效果如图12.72所示。

 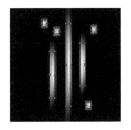

图12.71 设置笔触羽化　　　图12.72 排列方式

AE **05** 选中全部笔触层，按T键打开【不透明度】属性，修改【不透明度】的值为5%，如图12.73所示。

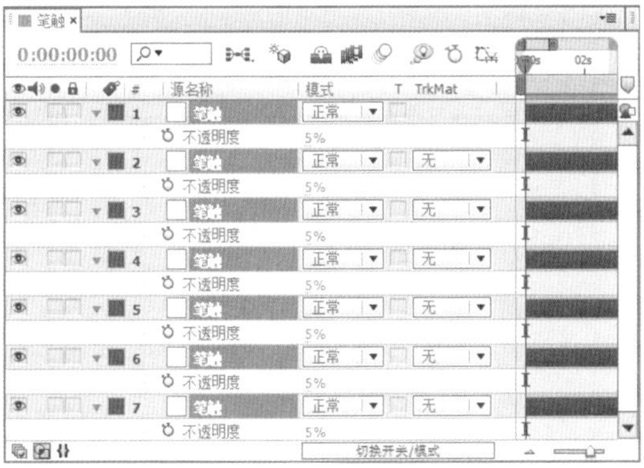

图12.73 设置不透明度的值

AE **06** 打开【蜿蜒的光带】合成，将【笔触】合成拖动到时间线中，单击【笔触】左侧的可显示属性开关，如图12.74所示。

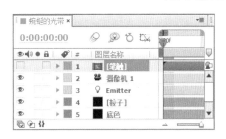

图12.74 设置【笔触】层的可视属性

AE **07** 单击【粒子】层，在【效果和预设】面板中展开Trapcode特效组，双击添加Particlar（粒子）特效，如图12.75所示。

图12.75 添加粒子特效

AE **08** 在【效果控件】面板中，修改Particular（粒子）属性，展开Emitter（发射器），设置Particles/sec（每秒发射粒子数量）的值为2100，设置Emitter Type（发射器类型）为Light（灯光），设置Velocity（速度）为0，Velocity Random（随机速度）的值为0，Velocity Distribution（速度分布）的值为0，Velocity form Motion（运行速度）的值为0，设置Emitter Size X（X轴发射器大小）的值为0，Emitter Size Y（Y轴发射器大小）的值为0，设置Emitter Size Z（Z轴发射器大小）的值为0，如图12.76所示。

图12.76 设置发射器属性的参数

AE 09 展开Particle（粒子）选项组，设置Life（生命）的值为10，设置Particle Type（粒子类型）为Sprite（幽灵）；展开Texture（纹理）选项组，设置Layer（层）为【笔触】，设置Time Sampling（时间采样）为Star at Birth—Loop（诞生循环），设置Opacity（不透明度）的值为35，如图12.77所示。

图12.77 设置粒子属性的参数

12.3.3 设置灯光层并添加光效

AE 01 选中Emitter层，按键盘上的P键，打开【位置】属性，按住键盘上的Alt键，单击【位置】属性左侧的【码表】按钮，打开表达式输入框，在其中输入【Wiggle（.5,100）】，如图12.78所示。

图12.78 建立位置移动的随机表达式

AE 02 建立好表达式之后拖动时间线中的时间滑块，可以在合成窗口中看到光带的运动效果，如图12.79所示。

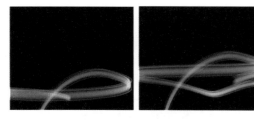

图12.79 光带的运动效果

AE 03 在时间线面板的空白处单击鼠标右键，从弹出的快捷菜单中选择【新建】|【调整图层】命令，建立调整图层，调整颜色及发光，如图12.80所示。

图12.80 建立调整图层

AE 04 在【效果和预设】面板中展开【颜色校正】特效组，双击添加【色相/饱和度】特效，如图12.81所示。

图12.81 添加特效

AE 05 在【效果控件】面板中，修改【色相/饱和度】属性，勾选【彩色化】复选框，设置【着色色相】的值为290，设置【着色饱和度】为45，如图12.82所示。

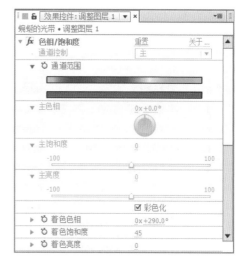

图12.82 调整特效参数

AE 06 在【效果和预设】面板中展开【风格化】特效组，双击添加【发光】特效，如图12.83所示。

图12.83 添加特效

AE 07 在【效果控件】面板中，修改【发光】属性，修改【发光阈值】的值为20%，修改【发光半径】的值为40，如图12.84所示。

图12.84 设置特效的值

AE 08 在时间线面板中选择【摄像机1】层，按P键展开【位置】属性，调整时间到00:00:00:00帧的位置，单击【位置】属性左侧的【码表】按钮，调整时间到不同的位置，调节摄影机的【位置】使镜头跟随光带运动，系统将自动建立关键帧，如图12.85所示。

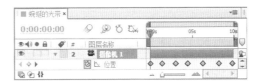

图12.85 调整摄像机的位置建立关键帧

AE 09 这样就完成了【蜻蜓的光带】的整体制作，按小键盘上的【0】键，在合成窗口中预览动画，如图12.86所示。

图12.86 【蜻蜓的光带】动画流程

12.4 电光球特效

 实例解析

本例主要讲解电光球特效的制作。首先利用【高级闪电】特效制作出电光线效果，然后通过CC Lens（CC镜头）特效制作出球形效果，完成电光球特效的制作。本例最终的动画流程效果，如图12.87所示。

视频分类：炫彩光效类
工程文件：配套光盘\工程文件\第12章\电光球特效
视频位置：配套光盘\movie\视频讲座12-4：电光球特效.avi

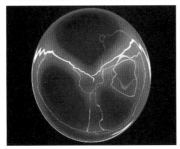
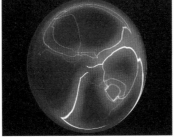
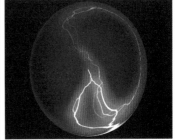

图12.87 电光球特效最终动画流程效果

学习目标

通过制作本例，学习【高级闪电】特效的设置及闪电效果的制作，掌握CC Lens（CC镜头）制作圆球的方法，掌握电光球特效的制作技巧。

操作步骤

12.4.1 建立【光球】层

AE 01 执行菜单栏中的【合成】|【新建合成】命令，打开【合成设置】对话框，设置【合成名称】为【光球】，【宽度】为【720】，【高度】为【576】，【帧速率】为【25】，并设置【持续时间】为00:00:10:00秒，如图12.88所示。

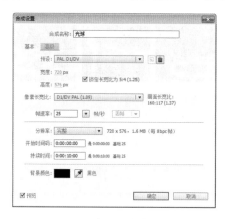

图12.88 建立【光球】合成

AE 02 按Ctrl + Y组合键，打开【纯色设置】对话框，修改【名称】为【光球】，设置【颜色】为蓝色（R:35；G:26；B:255），如图12.89所示。

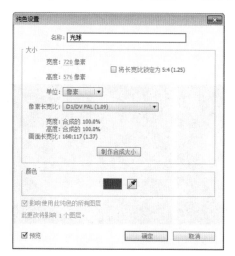

图12.89 纯色设置

AE 03 在【效果和预设】面板中展开【生成】特效组，然后双击【圆形】特效，如图12.90所示。

图12.90 添加圆形特效

AE 04 在【效果控件】面板中，设置【羽化外侧边缘】的值为350，从【混合模式】下拉菜单中，选择【模板Alpha】，如图12.91所示。

图12.91 设置圆特效的属性

12.4.2 创建【闪光】特效

AE 01 按Ctrl + Y组合键，打开【纯色设置】对话框，修改【名称】为【闪光】，设置【颜色】为黑色，如图12.92所示。

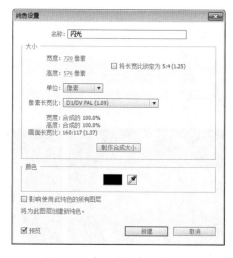

图12.92 建立【闪光】纯色层

AE 02 在【效果和预设】面板中展开【生成】特效组，然后双击【高级闪电】特效，如图12.93所示。

图12.93 添加高级闪电特效

AE 03 在【效果控件】面板中，设置【闪电类型】为【随机】，【源点】的值为（360，288），【发光颜色】为紫色（R:230；G:50；B:255），如图12.94所示。

图12.94 修改参数

AE 04 设置特效参数后，可在合成窗口中看到特效的效果，如图12.95所示。

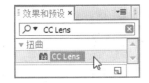

图12.95 修改参数后的闪电效果

AE 05 确认选择闪光纯色层，在【效果和预设】面板中展开【扭曲】特效组，然后双击CC Lens（CC镜头）特效，如图12.96所示。

图12.96 添加CC镜头特效

AE 06 在【效果控件】面板中，修改Size（大小）的值为57，如图12.97所示。

图12.97 设置CC镜头特效参数

12.4.3 制作闪电旋转动画

AE 01 在时间线面板修改【闪光】层的【模式】为【屏幕】，调整时间到00:00:00:00帧的位置，在【效果控件】面板中，单击【外径】和【传导率状态】左侧的【码表】按钮，在当前建立关键帧，设置【外径】的值为（300，0），【传导率状态】的值为10，如图12.98所示。此时合成窗口中的画面效果如图12.99所示。

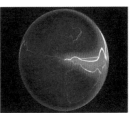

图12.98 设置特效参数　　图12.99 画面效果

AE 02 调整时间到00:00:02:00帧的位置，调整【外径】的值为（600，240），如图12.100所示；此时合成窗口中的效果如图12.101所示。

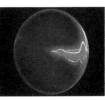

图12.100 设置特效参数　　图12.101 画面效果

AE 03 调整时间到00:00:03:15帧的位置，调整【外径】的值为（300，480）；调整时间到00:00:04:15帧的位置，调整【外径】的值为（360，570）；调整时间到00:00:05:12帧的位置，单击【外径】左侧的按钮在当前时间添加或移除关键帧；调整时间到00:00:06:10帧的位置，调整【外径】的值为（300，480）；调整时间到00:00:08:00帧的位置，调整【外径】的值为（600，240）；调整时间到00:00:09:24帧的位置，调整【外径】的值为（300，0），【传导率状态】的值为100，如图12.102所示。拖动时间滑块可在合成窗口看到效果，如图12.103所示。

图12.102 设置特效参数　图12.103 动画效果预览

12.4.4 复制【闪光】

AE 01 确认选择【闪光】纯色层，按Ctrl+D复制一层，设置【缩放】的值为（-100，-100），如

图12.104所示，在合成窗口中看到设置后的效果，如图12.105所示。

图12.104 修改闪光的缩放值　图12.105 画面效果

AE 02 为了制造闪电的随机性，在【效果控件】面板中的【高级闪电】特效中修改【源点】的值为（350，260）。

AE 03 这样就完成了【电光球特效】动画制作，按空格键或小键盘上的0键，可在合成窗口看到动画效果，如图12.106所示。

图12.106 【电光球特效】动画预览

12.5 旋转光环

 实例解析

本例主要讲解旋转光环效果的制作。首先利用【基本3D】特效制作出光环的3D效果，通过设置【极坐标】、【发光】特效制作圆环发光效果，然后利用【曲线】对圆环进行颜色调整，完成整个动画的制作。本例最终的动画流程效果，如图12.107所示。

视频分类：炫彩光效类
工程文件：配套光盘\工程文件\第12章\旋转光环
视频位置：配套光盘\movie\视频讲座12-5：旋转光环.avi

图12.107 旋转光环最终动画流程效果

图12.110 设置属性

图12.111 设置后的效果

学习目标

通过制作本例，学习【矩形工具】的使用，学习利用【极坐标】特效制作圆环的方法，掌握旋转光环动画的制作技巧。

操作步骤

12.5.1 建立蒙版制作光线

AE 01 执行菜单栏中的【合成】|【新建合成】命令，打开【合成设置】对话框，设置【合成名称】为【光线】，【宽度】为【720】，【高度】为【576】，【帧速率】为【25】，并设置【持续时间】为00:00:05:00秒，如图12.108所示。

AE 02 按Ctrl + Y组合键，打开【纯色设置】对话框，修改【名称】为【光线】，设置【颜色】为白色，如图12.109所示。

AE 04 选择【蒙版1】，按Ctrl+D复制一个蒙版【蒙版2】，修改【蒙版2】的【蒙版羽化】的值为（100，10），如图12.112所示。将【蒙版2】稍向下移动，此时可以看到【蒙版2】的画面效果如图12.113所示。

图12.112 设置属性

图12.108 建立合成

图12.113 设置后的效果

12.5.2 创建【光环】合成动画

AE 01 执行菜单栏中的【合成】|【新建合成】命令，打开【合成设置】对话框，设置【合成名称】为【光环】，【宽度】为【720】，【高度】为【576】，【帧速率】为【25】，并设置【持续时间】为00:00:05:00秒，如图12.114所示。

图12.109 建立纯色层

AE 03 选择工具栏中的【矩形工具】，在合成窗口中绘制一个长条状的矩形蒙版。在时间线面板中展开【蒙版1】选项组，单击【蒙版羽化】属性右侧的【约束比例】按钮，取消约束比例，修改【蒙版羽化】的值为（100，4），如图12.110所示；此时的画面效果如图12.111所示。

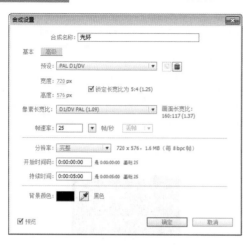

图12.114 建立合成

AE 02 将【光线】合成导入【光环】合成的时间线面板，选择【光线】层，在【效果和预设】面板中展开【扭曲】特效组，然后双击【极坐标】特效。

AE 03 在【效果控件】面板中，修改【插值】的值为100%，设置【转换类型】为【矩形到极线】，如图12.115所示。

图12.115 设置特效参数

AE 04 在【效果和预设】面板中展开【风格化】特效组，然后双击【发光】，如图12.116所示。

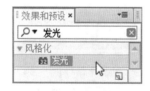

图12.116 添加特效

AE 05 在【效果控件】面板中，修改【发光阈值】的值为40%，【发光半径】的值为50，【发光强度】的值为2，【发光颜色】为【A和B颜色】，【颜色A】为黄色（R:255；G:250；B:0），【颜色B】为绿色（R:25；G:255；B:0），如图12.117所示。

图12.117 设置属性的值

AE 06 在时间线面板中按R键打开【旋转】属性，调整时间到00:00:00:00帧的位置，在当前建立关键帧；调整时间到00:00:04:24帧的位置，修改【旋转】的值为6x，如图12.118所示。

图12.118 设置旋转属性

12.5.3 制作旋转光环动画

AE 01 执行菜单栏中的【合成】|【新建合成】命令，打开【合成设置】对话框，设置【合成名称】为【光环组】，【宽度】为【720】，【高度】为【576】，【帧速率】为【25】，并设置【持续时间】为00:00:05:00秒，如图12.119所示。

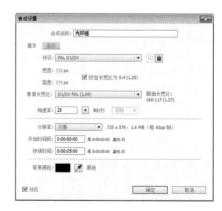

图12.119 添加合成

AE 02 将【光环】合成导入时间线中，重命名为【光环1】，在【效果和预设】面板中展开【过时】特效组，然后双击【基本3D】，如图12.120所示。

图12.120 添加基本3D特效

AE 03 按Ctrl+D组合键三次，复制出三层，分别重命名为【光环2】、【光环3】、【光环4】，在【效果控件】面板中，修改【光环2】的【基本3D】属性中的【旋转】的值为123，修改【倾斜】的值为-43，如图12.121所示。

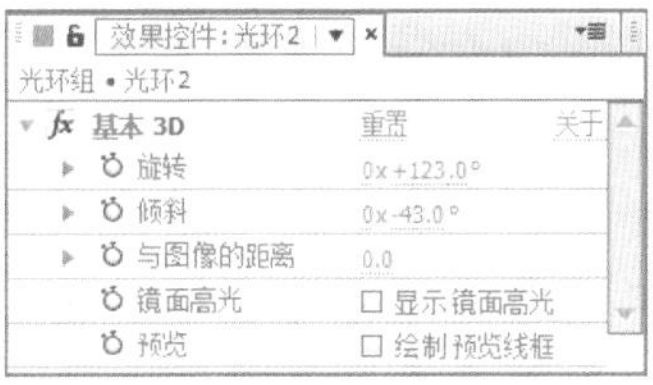

图12.121 【光环2】参数设置

AE 04 修改【光环3】的【基本3D】属性中的【旋转】的值为-48，修改【倾斜】的值为-107，如图12.122所示。

图12.122 修改【光环3】的特效参数

AE 05 修改【光环4】的【基本3D】属性中的【旋转】的值为-73，修改【倾斜】的值为-36，如图12.123所示。

图12.123 修改【光环4】的特效参数

AE 06 这样就完成了【旋转光环】动画的制作，按空格键或小键盘上的0键，可看到动画的效果，如图12.124所示。

图12.124 【旋转光环】动画效果

12.6 / 连动光线

 实例解析

本例主要讲解连动光线动画的制作。首先利用【椭圆工具】◯绘制椭圆形路径，然后通过添加3D Stroke（3D笔触）特效并设置相关参数，制作出连动光线效果，最后添加Starglow（星光）特效为光线添加光效，完成连动光线动画的制作。本例最终的动画流程效果，如图12.125所示。

视频分类：炫彩光效类
工程文件：配套光盘\工程文件\第12章\连动光线
视频位置：配套光盘\movie\视频讲座12-6：连动光线.avi

图12.125 连动光线最终动画流程效果

学习目标

通过制作本例，学习利用3D Stroke（3D笔触）特效设置Adjust Step（调节步幅）参数使线与点相互变化的方法，掌握利用Starglow（星光）特效使线与点发出绚丽的光芒的技巧，掌握连动光线动画的制作技巧。

 操作步骤

12.6.1 绘制笔触添加特效

AE 01 执行菜单栏中的【合成】|【新建合成】命令，打开【合成设置】对话框，设置【合成名称】为【连动光线】，【宽度】为【720】，【高度】为【576】，【帧速率】为【25】，并设置【持续时间】为00:00:05:00秒，如图12.126所示。

AE 02 按Ctrl + Y组合键，打开【纯色设置】对话框，设置【名称】为【光线】，【颜色】为黑色，如图12.127所示。

图12.126 建立合成

图12.127 建立纯色层

AE 03 确认选择【光线】层，在工具栏中选择【椭圆工具】，在合成窗口绘制一个正圆，如图12.128所示。

AE 04 在【效果和预设】面板中展开Trapcode特效组，然后双击3D Stroke（3D笔触）特效，如图12.129所示。

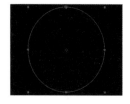

图12.128 绘制正圆蒙版　　图12.129 添加特效

AE 05 在【效果控件】面板中，设置End（结束）的值为50；展开Taper（锥形）选项组，勾选Enable（开启）复选框，取消勾选Compress to fit（适合合成）复选框；展开Repeater（重复）选项组，勾选Enable（开启）复选框，取消勾选Symmetric Doubler（对称复制）复选框，设置Instances（实例）参数的值为15，Scale（缩放）参数的值为115，如图12.130所示；此时合成窗口中的画面效果如图12.131所示。

 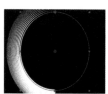

图12.130 设置参数　　　　图12.131 画面效果

AE 06 确认时间在00:00:00:00帧的位置，展开Transform（转换）选项组，分别单击Bend（弯曲）、X Rotation（X轴旋转）、Y Rotation（Y轴旋转）、Z Rotation（Z轴旋转）左侧的码表按钮，建立关键帧，修改X Rotation（X轴旋转）的值为155，Y Rotation（Y轴旋转）的值为1x＋150，Z Rotation（Z轴旋转）的值为330，如图12.132所示，设置旋转属性后的画面效果如图12.133所示。

 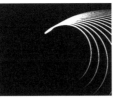

图12.132 设置特效属性　图12.133 设置画面效果

AE 07 展开Repeater（重复）选项组，分别单击Factor（因数）、X Rotation（X轴旋转）、Y Rotation（Y轴旋转）、Z Rotation（Z轴旋转）左侧的码表 按钮，修改Y Rotation（Y轴旋转）的值为110，Z Rotation（Z轴旋转）的值为-1x，如图12.134所示。可在合成窗口看到设置参数后的效果如图12.135所示。

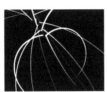

图12.134 设置属性参数　图12.135 设置后的效果

AE 08 调整时间到00:00:02:00帧的位置，在Transform（转换）选项组中，修改Bend（弯曲）的值为3，X Rotation（X轴旋转）的值为105，Y Rotation（Y轴旋转）的值为1x+200，Z Rotation（Z轴旋转）的值为320，如图12.136所示，此时的画面效果如图12.137所示。

图12.136 设置属性的参数　图12.137 设置后的效果

AE 09 在Repeater（重复）选项组中，修改X Rotation（X轴旋转）的值为100，修改Y Rotation（Y轴旋转）的值为160，修改Z Rotation（Z轴旋转）的值为-145，如图12.138所示。此时的画面效果如图12.139所示。

图12.138 设置参数　图12.139 设置参数后的效果

AE 10 调整时间到00:00:03:10帧的位置，在Transform（转换）选项组中，修改Bend（弯曲）的值为2，X Rotation（X轴旋转）的值为190，Y Rotation（Y轴旋转）的值为1x+230，Z Rotation（Z轴旋转）的值为300，如图12.140所示，此时合成窗口中画面的效果如图12.141所示。

图12.140 设置参数　图12.141 修改参数后的效果

AE 11 在Repeater（重复）选项组中，修改Factor（因数）的值为1.1，X Rotation（X轴旋转）的值为240，修改Y Rotation（Y轴旋转）的值为130，修改Z Rotation（Z轴旋转）的值为-40，如图12.142所示，此时的画面效果如图12.143所示。

图12.142 设置属性参数　　　图12.143 画面效果

AE 12 调整时间到00:00:04:20帧的位置，在Transform（转换）选项组中，修改Bend（弯曲）的值为9，X Rotation（X轴旋转）的值为200，Y Rotation（Y轴旋转）的值为1x+320，Z Rotation（Z轴旋转）的值为290，如图12.144所示；此时在合成窗口中看到的画面效果如图12.145所示。

图12.144 设置属性的参数　　图12.145 画面效果

AE 13 在Repeater（重复）选项组中，修改Factor（因数）的值为0.6，X Rotation（X轴旋转）的值为95，修改Y Rotation（Y轴旋转）的值为110，修改Z Rotation（Z轴旋转）的值为77，如图12.146所示。此时合成口中的画面效果如图12.147所示。

图12.146 设置属性的参数　　图12.147 画面效果

12.6.2 制作线与点的变化

AE 01 调整时间到00:00:01:00帧的位置，展开Advanced（高级）选项组，单击Adjust Step（调节步幅）左侧的【码表】 按钮，在当前建立关键帧，修改Adjust Step（调节步幅）的值为900，如图12.148所示，此时合成窗口中的画面，如图12.149所示。

图12.148 设置属性参数　　图12.149 画面效果

AE 02 调整时间到00:00:01:10帧的位置，设置Adjust Step（调节步幅）的值为200，如图12.150所示，此时合成窗口中的画面，如图12.151所示。

图12.150 设置属性参数　　图12.151 画面效果

AE 03 调整时间到00:00:01:20帧的位置，设置Adjust Step（调节步幅）的值为900，如图12.152所示，此时合成窗口中的画面，如图12.153所示。

图12.152 设置属性参数　　图12.153 画面效果

AE 04 调整时间到00:00:02:15帧的位置，设置Adjust Step（调节步幅）的值为200，如图12.154所示，此时合成窗口中的画面，如图12.155所示。

图12.154 设置属性参数　　图12.155 画面效果

AE 05 调整时间到00:00:03:10帧的位置，设置Adjust Step（调节步幅）的值为200，如图12.156所示，此时合成窗口中的画面，如图12.157所示。

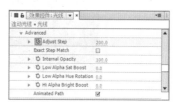

图12.156 设置属性参数　　图12.157 画面效果

AE 06 调整时间到00:00:04:05帧的位置，设置Adjust Step（调节步幅）的值为900，如图12.158所示，此时合成窗口中的画面，如图12.159所示。

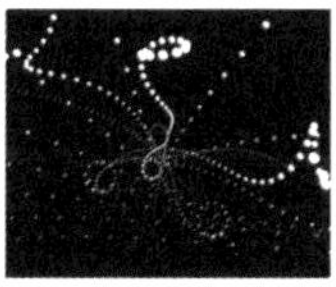

图12.158 设置属性参数　图12.159 画面效果

AE 07 调整时间到00:00:04:20帧的位置，设置Adjust Step（调节步幅）的值为300，如图12.160所示，此时合成窗口中的画面，如图12.161所示。

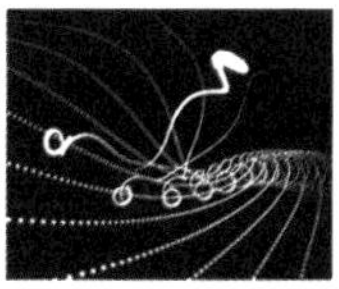

图12.160 设置属性参数　图12.161 画面效果

12.6.3 添加星光特效

AE 01 确认选择【光线】纯色层，在【效果和预设】面板中展开Trapcode特效组，然后双击Starglow（星光）特效，如图12.162所示。

图12.162 添加Starglow（星光）特效

AE 02 在【效果控件】面板中，设置Presets（预设）为Warm Star（暖星），设置Streak Length（光线长度）的值为10，如图12.163所示。

图12.163 设置Starglow（星光）特效参数

AE 03 这样就完成了【连动光线】效果的整体制作，按小键盘上的【0】键，在合成窗口中预览动画，如图12.164所示。

图12.164 【连动光线】动画流程

第13章

公司ID演绎及公益宣传片

内容摘要

公司ID即公司的标志,是公众对它们的印象的理解,宣传片是目前宣传企业形象的最好手段之一,它能非常有效地把企业形象提升到一个新的层次,更好地把企业的产品和服务展示给大众,能非常详细地说明产品的功能、用途及其优点,诠释企业的文化理念。本章通过两个具体的实例,详细讲解了公司ID及公益宣传片的制作方法与技巧,让读者可以快速掌握宣传片的制作精髓。

教学目标

- 掌握【Apple】logo演绎动画的制作
- 掌握公益宣传片的制作技巧

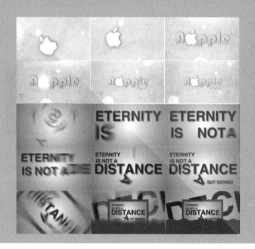

13.1 【Apple】logo演绎

 实例解析

本例主要讲解【Apple】logo演绎动画的制作。利用【四色渐变】、【梯度渐变】和【投影】特效制作【Apple】ID表现效果。完成的动画流程画面,如图13.1所示。

视频分类:商业栏目包装类
工程文件:配套光盘\工程文件\第13章\【Apple】logo演绎
视频位置:配套光盘\movie\视频讲座13-1:【Apple】logo演绎.avi

图13.1 动画流程画面

- 学习【四色渐变】特效的使用。
- 学习【梯度渐变】特效的使用。
- 学习【投影】特效的使用。

操作步骤

13.1.1 制作背景

AE 01 执行菜单栏中的【合成】|【新建合成】命令，打开【合成设置】对话框，设置【合成名称】为【背景】，【宽度】为【720】，【高度】为【405】，【帧速率】为【25】，并设置【持续时间】为00:00:05:00秒，如图13.2所示。

图13.2 【合成设置】对话框

AE 02 执行菜单栏中的【文件】|【导入】|【文件】命令，打开【导入文件】对话框，选择配套光盘中【工程文件\第13章\【Apple】logo演绎\苹果.tga】素材，单击【导入】按钮，用同样的方法将文字.tga，纹理.jpg，宣纸.jpg导入到【项目】面板中，如图13.3所示。

图13.3 项目面板

AE 03 在【项目】面板中选择【纹理.jpg】和【宣纸.jpg】素材，将其拖动到【背景】合成的时间线面板中，如图13.4所示。

图13.4 添加素材

AE 04 按Ctrl+Y组合键，打开【纯色设置】对话框，设置纯色层【名称】为【背景】，【颜色】为黑色，如图13.5所示。

图13.5 【纯色设置】对话框

AE 05 选择【背景】层，在【效果和预设】面板中展开【生成】特效组，双击【四色渐变】特效，如图13.6所示。

图13.6 添加四色渐变特效

AE 06 在【效果控件】面板中修改【四色渐变】特效参数，展开【位置和颜色】选项组，设置【点1】的值为（380，-86），【颜色1】为白色，【点2】的值为（796，242），【颜色2】为黄色（R:226，G:221，B:179），【点3】的值为（355，441），【颜色3】为白色，【点4】的值为（-92，192），【颜色4】为黄色（R:226，G:224，B:206），如图13.7所示。

图13.7 设置四色渐变的参数值

AE 07 选择【宣纸】层，设置层混合模式为【相乘】，按T键展开【宣纸.jpg】层的【不透明度】选项，设置不透明度的值为30%，如图13.8所示。

图13.8 设置不透明度

AE 08 选择【纹理.jpg】层，按Ctrl+Alt+F组合键，让【纹理.jpg】层匹配合成窗口大小，设置【经典颜色加深】层混合模式，如图13.9所示。

图13.9 添加层混合模式

AE 09 选择【纹理】层，在【效果和预设】面板中展开【颜色校正】特效组，双击【黑色和白色】和【曲线】特效。

AE 10 在【效果控件】面板中修改【曲线】特效参数，具体设置如图13.10所示。

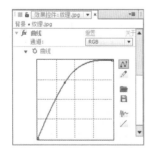

图13.10 调整曲线

AE 11 这样就完成了背景的制作，在合成窗口预览效果如图13.11所示。

图13.11 合成窗口中一帧的效果

13.1.2 制作文字和logo定版

AE 01 执行菜单栏中的【合成】|【新建合成】命令，打开【合成设置】对话框，设置【合成名称】为【文字和logo】，【宽度】为【720】，【高度】为【405】，【帧速率】为【25】，并设置【持续时间】为00:00:05:00秒，如图13.12所示。

图13.12 【合成设置】对话框

AE 02 在【项目】面板中选择【文字.tga和苹果.tga】素材，将其拖动到【文字和logo】合成的时间线面板中，如图13.13所示。

图13.13 添加素材

AE 03 选择【苹果.tga】层，按S键，展开文字层的【缩放】选项，设置【缩放】的值为（12，12），如图13.14所示。

图13.14 文字层【缩放】的参数值

AE 04 选择【苹果.tga】层，按P键，展开【位置】选项，设置【位置】的值为（286, 196）；选择【文字.tga】层，按P键，展开【位置】选项，设置【位置】的值为（360, 202），如图13.15所示。

图13.15 设置【位置】的参数值

AE 05 此时在合成窗口中预览效果，如图13.16所示。

图13.16 合成窗口中一帧的效果

AE 06 选择【文字.tga】层，在【效果和预设】面板中展开【生成】特效组，双击【梯度渐变】特效，如图13.17所示。

图13.17 添加【梯度渐变】特效

AE 07 设置【渐变起点】的值为（356, 198），【起始颜色】为浅绿色（R:214, G:234, B:180），【渐变终点】的值为（354, 246），【结束颜色】为绿色（R:176, G:208, B:95），如图13.18所示。

图13.18 设置【梯度渐变】参数值

AE 08 在【效果和预设】面板中展开【透视】特效组，双击【投影】特效两次，如图13.19所示。在

【效果控件】面板中会出现【投影】和【投影2】。

图13.19 添加【投影】特效

AE 09 为了方便观察投影效果，在合成窗口中单击【切换透明网格】 按钮，如图13.20所示。

图13.20 切换透明网格

AE 10 在【效果控件】面板中修改【投影】特效参数，设置【投影颜色】为深绿色（R:46, G:73, B:3），【方向】的值为88，【距离】的值为3，如图13.21所示。

图13.21 设置【投影】特效参数值

AE 11 修改【投影2】特效参数，设置【投影颜色】为绿色（R:84, G:122, B:24），【方向】的值为82，【距离】的值为2，【柔和度】的值为27，如图13.22所示。

图13.22 设置【投影2】特效参数

AE 12 选择【苹果.tga】层，在【效果和预设】面板中展开【透视】特效组，双击【投影】特效两次，在【效果控件】面板中会出现【投影】和【投影2】，如图13.23所示。

图13.23 添加关键帧图

AE 13 在【效果控件】面板中修改【投影】特效参数，设置【阴影颜色】为紫灰色（R:53，G:45，B:55），【方向】的值为85，【距离】的值为32，如图13.24所示。

图13.24 设置【投影】特效参数值

AE 14 修改【投影2】特效参数，设置【投影颜色】为褐色（R:139，G:132，B:77），【方向】的值为179，【距离】的值为19，【柔和度】395，如图13.25所示。

图13.25 设置【投影2】特效参数

AE 15 执行菜单栏中的【图层】|【新建】|【文本】命令，创建文字层，在合成窗口输入【iPhone】，设置字体为Arial，字体大小为33，字体颜色为淡绿色（R:216，G:235，B:185），如图13.26所示。

图13.26 字符面板

AE 16 按P键，展开【iPhone】层【位置】选项，设置【位置】的值为（424，269），如图13.27所示。

图13.27 设置【位置】选项参数

AE 17 选择【iPhone】层，在【效果和预设】面板中展开【透视】特效组，双击【投影】特效，如图13.28所示。

图13.28 添加【投影】特效

AE 18 在【效果控件】面板中修改【投影】特效参数，设置【阴影颜色】为深绿色（R:46，G:73，B:3），【方向】的值为88，【距离】的值为2，如图13.29所示。

图13.29 设置【投影】特效参数值

AE 19 这样就完成了文字和logo定版的制作，在合成窗口中的效果如图13.30所示。

图13.30 在合成窗口中一帧的效果

13.1.3 制作文字和logo动画

AE 01 选择【文字.tga】层，调整时间到00:00:01:13帧的位置，按T键，展开【不透明度】选项，设置【不透明度】的值为0%，并单击【不透明度】左侧的【码表】按钮，在此位置设置关键帧，如图13.31所示。

图13.31 设置【不透明度】的值为0%

AE 02 调整时间到00:00:02:13帧的位置，设置【不透明度】的值为100%，系统自动设置关键帧，如图13.32所示。

图13.32 设置【不透明度】的值为100%

AE 03 选择【苹果.tga】层，调整时间到00:00:00:00帧的位置，按T键，展开【不透明度】选项，设置【不透明度】的值为0%，并单击【不透明度】左侧的【码表】按钮，在此位置设置关键帧，如图13.33所示。

图13.33 设置【不透明度】的值为0%

AE 04 调整时间到00:00:01:13帧的位置，设置【不透明度】的值为100%，系统自动设置关键帧，如图13.34所示。

图13.34 设置【不透明度】的值为100%

AE 05 选择【苹果.tga】层，按Ctrl+D组合键，将其复制一层，重命名为【苹果发光】，并取消【不透明度】关键帧，如图13.35所示。

图13.35 重命名

AE 06 调整时间到00:00:02:21帧的位置，按Alt+[组合键，为【苹果发光】层设置入点，如图13.36所示。

图13.36 设置入点

AE 07 调整时间到00:00:03:00帧的位置，按Alt+]组合键，为【苹果发光】层设置出点，如图13.37所示。

图13.37 设置出点

AE 08 选择【苹果发光】层，在【效果和预设】面板中展开【风格化】特效组，双击【发光】特效，如图13.38所示。

图13.38 添加【发光】特效

AE 09 在【效果控件】面板中修改【发光】特效参数，设置【发光阈值】的值为100%，【发光半径】的值为400，【发光强度】的值为4，如图13.39所示。

图13.39 设置【发光】特效参数

AE 10 选择【iPhone】层，在时间线面板中展开文字层，单击【文本】右侧的【动画】按钮，在弹出的菜单中选择【不透明度】，此时在【文本】选项组中出现一个【动画制作工具1】的选项组，将该列表下的【不透明度】的值设置0%，如图13.40所示。

图13.40 设置【不透明度】

AE 11 单击【动画制作工具1】的选项组右侧的【添加】 添加:● 按钮，在弹出的菜单中选择【属性】|【缩放】，设置【缩放】的值为（700，700），如图13.41所示。

图13.41 设置【缩放】

AE 12 调整时间到00:00:03:13帧的位置，展开【动画制作工具1】选项组中的【范围选择器1】选项，单击【起始】选项左侧的【码表】 ● 按钮，添加关键帧，并设置【起始】的值为0%，如图13.42所示。

图13.42 添加关键帧并设置【起始】的值

AE 13 调整时间到00:00:04:12帧的位置，设置【起始】的值为100%，系统自动添加关键帧，如图13.43所示。

图13.43 设置【起始】的值并添加关键帧

AE 14 这样文字和logo动画的制作就完成了，在合成窗口下单击【切换透明网格】 ▨ 按钮，按小键盘上的0键预览动画效果，其中两帧如图13.44所示。

图13.44 其中两帧效果

13.1.4 制作光晕特效

AE 01 执行菜单栏中的【合成】|【新建合成】命令，打开【合成设置】对话框，设置【合成名称】为【合成】，【宽度】为【720】，【高度】为【405】，【帧速率】为【25】，并设置【持续时间】为00:00:05:00秒，如图13.45所示。

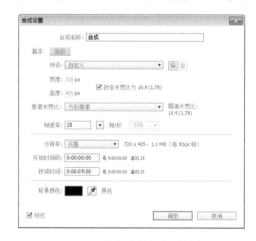

图13.45 【合成设置】对话框

AE 02 在项目面板中选择【背景】、【文字和logo】合成，将其拖动到【合成】时间线面板中，如图13.46所示。

图13.46 拖动合成到时间线面板

AE 03 在时间线面板中按Ctrl+Y组合键，打开【纯色设置】对话框，设置纯色层【名称】为【光晕】，【颜色】为黑色，如图13.47所示。

图13.47 【纯色设置】对话框

AE 04 选择【光晕】层，在【效果和预设】面板中展开【生成】特效组，双击【镜头光晕】特效，如图13.48所示。

图13.48 添加【镜头光晕】特效

AE 05 选择【光晕】层，设置【光晕】层图层混合模式为【相加】模式，如图13.49所示。

图13.49 设置混合模式

AE 06 调整时间到00:00:00:00帧的位置，在【效果控件】面板中修改【镜头光晕】特效参数，设置【光晕中心】的值为（-182，-134），并单击左侧的【码表】按钮，在此位置设置关键帧，如图13.50所示。

图13.50 设置光晕中心的值并添加关键帧

AE 07 调整时间到00:00:04:24帧的位置，设置【光晕中心】的值为（956，-190），系统自动建立一个关键帧，如图13.51所示。

图13.51 设置【光晕中心】的值

AE 08 选择【光晕】层，在【效果和预设】面板中展开【颜色校正】特效组，双击【色相/饱和度】特效，如图13.52所示。

图13.52 添加【色相/饱和度】特效

AE 09 在【效果控件】面板中修改【色相/饱和度】特效参数，选中【彩色化】复选框，设置【着色色相】的值为70，【着色饱和度】的值为100，如图13.53所示。

图13.53 设置【色相/饱和度】特效参数

AE 10 这样文字动画的制作就完成了，按小键盘上的0键预览动画效果，其中的两帧效果如图13.54所示。

图13.54 其中两帧的效果

13.1.5 制作摄像机动画

AE 01 执行菜单栏中的【合成】|【新建合成】命令，打开【合成设置】对话框，设置【合成名称】为【总合成】，【宽度】为【720】，【高度】为【405】，【帧速率】为【25】，并设置【持续时间】为00:00:05:00秒，如图13.55所示。

图13.55 【合成设置】对话框

AE 02 在项目面板中选择【合成】，将其拖动到
【总合成】时间线面板中，如图13.56所示。

图13.56 拖动合成到时间线面板

AE 03 在时间线面板中按Ctrl+Y组合键，打开
【纯色设置】对话框，设置纯色层【名称】为
【粒子】，【颜色】为白色，如图13.57所示。

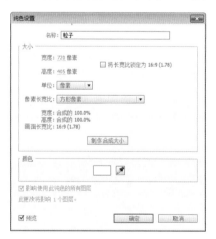

图13.57 【纯色设置】对话框

AE 04 选择【粒子】层，在【效果和预设】面板
中展开Trapcode特效组，双击Particular（粒子）
特效，如图13.58所示。

图13.58 添加Particular（粒子）特效

AE 05 在【效果控件】面板中修改Particular（粒
子）特效参数，从Emitter Type（发射器类型）
右侧下拉菜单中选择Box（盒子）选项，设置
Position Z（Z轴位置）的值为-300，具体设置如
图13.59所示。

图13.59 设置Emitter（发射器）选项组中的参数

AE 06 展开Particle（粒子）选项组，设置Life
（生命）的值为10，Size（大小）的值为4，具体
设置如图13.60所示。

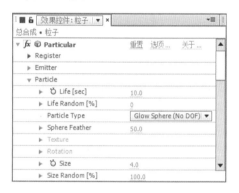

图13.60 设置Particle（粒子）选项组中的参数

AE 07 执行菜单栏中的【图层】|【新建】|【摄
像机】命令，打开【摄像机设置】对话框，设置
【预设】为28毫米，如图13.61所示。

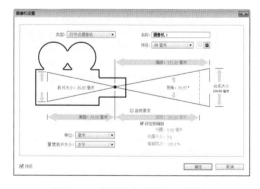

图13.61 【摄像机设置】对话框

AE 08 执行菜单栏中的【图层】|【新建】|【空对
象】命令，开启【空1】层和【合成】合成层的
三维层开关，如图13.62所示。

图13.62 开启三维层开关

AE 09 在时间线面板中选择摄像机做空对象层的子连接，如图13.63所示。

图13.63 设置子连接

AE 10 选择空对象层，调整时间到00:00:01:01帧的位置，按P键，展开【位置】选项，设置【位置】的值为（304，202，207），在此位置设置关键帧，如图13.64所示。

图13.64 设置【位置】的值

AE 11 调整时间到00:00:01:01帧的位置，按R键，展开【旋转】选项，设置【Z轴旋转】的值为90，在此位置设置关键帧，如图13.65所示。

图13.65 设置【旋转】的值

AE 12 按U键，展开所有关键帧，调整时间到00:00:01:13帧的位置，设置【位置】的值为（350，203，209），【Z轴旋转】的值为0，如图13.66所示。

图13.66 设置关键帧

AE 13 调整时间到00:00:04:24帧的位置，设置【位置】的值为（350，202，-70），如图13.67所示。

图13.67 设置关键帧

AE 14 选择【合成】合成，按S键，展开【缩放】选项，设置【缩放】的值为（110，110，110）。

AE 15 执行菜单栏中的【图层】|【新建】|【调整图层】命令，重命名为调节层，选择调节层，在【效果和预设】面板中展开【颜色校正】特效组，双击【曲线】特效，如图13.68所示。

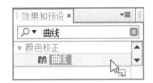

图13.68 添加【曲线】特效

AE 16 在【效果控件】面板中修改【曲线】特效参数，具体设置如图13.69所示。

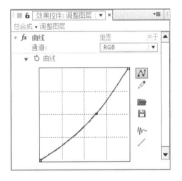

图13.69 设置【曲线】参数

AE 17 这样就完成了【Apple】logo演绎的整体制作，按小键盘的0键。在合成窗口预览动画。

13.2 / 公益宣传片

 实例解析

本例主要讲解公益宣传片的制作。首先利用文本的【动画】属性及【更多选项】制作不同的文字动画效果，然后通过不同的切换手法及Motion Blur（运动模糊）⊘的应用，制作出文字的动画效果，最后通过场景的合成及蒙版手法，完成公益宣传片效果的制作。完成的动画流程画面，如图13.70所示。

> 视频分类：商业栏目包装类
> 工程文件：配套光盘\工程文件\第13章\公益宣传片
> 视频位置：配套光盘\movie\视频讲座13-2：公益宣传片.avi

图13.70 动画流程画面

学习目标

- 学习文本【动画】属性的使用。
- 学习文本【更多选项】属性的使用。
- 掌握【运动模糊】特效的使用。
- 掌握【投影】特效的使用。

操作步骤

13.2.1 制作合成场景1动画

AE 01 执行菜单栏中的【合成】|【新建合成】命令，打开【合成设置】对话框，设置【合成名称】为【合成场景一】，【宽度】为【720】，【高度】为【405】，【帧速率】为【25】，并设置【持续时间】为00:00:04:00秒，如图13.71所示。

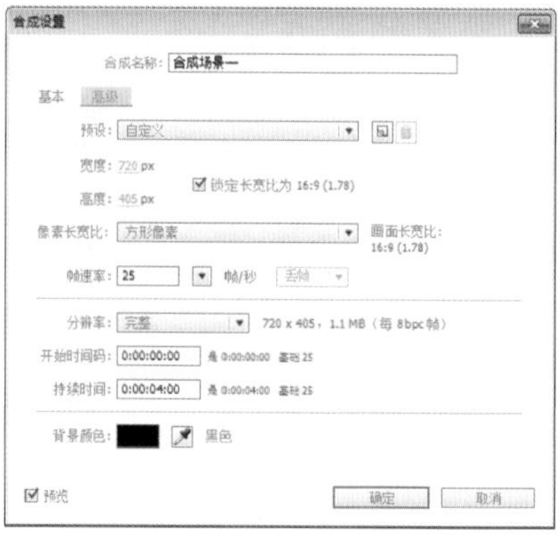

图13.71 【合成设置】对话框

AE 02 执行菜单栏中的【图层】|【新建】|【文本】命令，创建文字层，在合成窗口中分别创建文字【ETERNITY】、【IS】、【NOT】、【A】，设置字体为【金桥简粗黑】，字体大小为130像素，字体颜色为墨绿色（R:0，G:50，B:50），如图13.72所示。

图13.72 字符面板

AE 03 选择所有文字层，按P键，展开【位置】选项，设置【ETERNITY】层的【位置】的值为（40，158），【IS】层【位置】的值为（92，273），【NOT】层【位置】的值为（208，314），【A】层【位置】的值为（514，314），如图13.73所示。

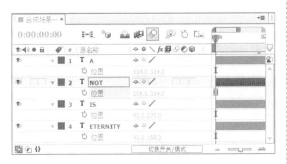

图13.73 设置【位置】的参数

AE 04 为了方便观察，在合成窗口中单击【切换透明网格】按钮，效果如图13.74所示。

图13.74 文字效果

AE 05 在时间线面板，选择【IS】，【NOT】，【A】层，单击【眼睛】按钮，将其隐藏，以便制作动画，如图13.75所示。

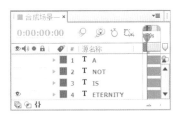

图13.75 隐藏层

AE 06 选择【ETERNITY】层，在时间线面板中展开文字层，单击【文本】右侧的【动画】按钮，在弹出的菜单中选择【旋转】命令，设置【旋转】的值为4x，调整时间到00:00:00:00帧的位置，单击【旋转】左侧的【码表】按钮，在此位置设置关键帧，如图13.76所示。

图13.76 设置参数

AE 07 调整时间到00:00:00:12帧的位置，设置【旋转】的值为0，系统自动添加关键帧，如图13.77所示。

图13.77 设置【旋转】参数

AE 08 调整时间到00:00:00:00帧的位置，按T键，展开【不透明度】选项，设置【不透明度】的值为0%，单击【不透明度】左侧的【码表】按钮，在此位置设置关键帧；调整时间到00:00:00:12帧的位置，设置【不透明度】的值为100%，系统自动添加关键帧，如图13.78所示。

图13.78 设置【不透明度】

AE 09 选择【ETERNITY】层，在时间线面板中展开【文本】|【更多选项】选项组，从【锚点分组】的下拉列表中选择【全部】，如图13.79所示。

图13.79 选择【全部】

AE 10 选择【ETERNITY】层，在时间线面板中展开【文本】|【动画制作工具1】|【范围选择器1】|【高级】选项组，从【形状】的下拉列表中选择【三角形】，如图13.80所示。

图13.80 选择【三角形】

AE 11 这样就完成了【ETERNITY】层的动画效果制作，在合成窗口按小键盘0键预览效果，如图13.81所示。

图13.81 在合成窗口预览效果

AE 12 在时间线面板，选择【IS】层，单击【眼睛】按钮，将其显示，按A键展开【锚点】，设置【锚点】的值为（40，-41）如图13.82所示。

图13.82 设置【锚点】参数

AE 13 调整时间到00:00:00:12帧的位置，按S键，展开【缩放】选项，设置【缩放】的值为（5000，5000），并单击【缩放】左侧的【码表】按钮，在此位置设置关键帧，调整时间到00:00:00:24帧的位置，设置【缩放】的值为（100，100），系统自动添加关键帧，如图13.83所示。

图13.83 设置【缩放】参数

AE 14 在时间线面板，选择【NOT】层，单击眼睛按钮，将其显示，在时间线面板中展开文字层，单击【文本】右侧的 动画:（动画）按钮，在弹出的菜单中选择【不透明度】命令，设置【不透明度】的值0%，单击【动画制作工具1】右侧的 添加:【添加】按钮，在弹出的菜单中选择【属性】|【字符位移】命令，设置【字符位移】的值20，如图13.84所示。

图13.84 设置字符位移

AE 15 调整时间到00:00:00:24帧的位置，展【范围选择器1】，设置【起始】的值为0%，单击【起始】左侧的【码表】按钮，在此位置设置关键帧，调整时间到00:00:01:17帧的位置，设置【起始】的值为100%，系统自动添加关键帧，如图13.85所示。

图13.85 设置【起始】的值

AE 16 调整时间到00:00:01:19帧的位置，按P键，展开【位置】选项，设置【位置】的值为（308，314），单击【位置】的码表按钮，在此位置设置关键帧，按R键，展开【旋转】选项，单击【旋转】的码表按钮，在此位置设置关键帧，按U键展开所有关键帧，如图13.86所示。

图13.86 添加关键帧

AE 17 调整时间到00:00:01:23帧的位置，设置
【旋转】的值为-6，系统自动添加关键帧，调整
时间到00:00:02:00帧的位置，设置【位置】的值
为（208，314），系统自动添加关键帧，设置
【旋转】的值为0，系统自动添加关键帧，如图
13.87所示。

图13.87 添加关键帧

AE 18 在时间线面板，选择【A】层，单击眼睛
👁按钮，将其显示，调整时间到00:00:01:20帧的
位置，按P键，展开【位置】选项，单击，并单
击【位置】的码表⏱按钮，在此位置设置关键
帧，调整时间到00:00:01:17帧的位置，设置【位
置】的值为（738，314），如图13.88所示。

图13.88 设置【位置】的值

AE 19 在时间线面板中单击【运动模糊】按
钮，并启用所有图层的【运动模糊】，如图
13.89所示。

图13.89 开启【运动模糊】

AE 20 这样【合成场景一】动画就完成了，按
小键盘0键，在合成窗口中预览动画效果，如图
13.90所示。

图13.90 合成窗口中预览效果

13.2.2 制作合成场景2动画

AE 01 执行菜单栏中的【合成】|【新建合成】
命令，打开【合成设置】对话框，设置【合成名
称】为【合成场景二】，【宽度】为【720】，
【高度】为【405】，【帧速率】为【25】，并设
置【持续时间】为00:00:04:00秒，如图13.91所示。

图13.91 【合成设置】对话框

AE 02 按Ctrl+Y组合键，打开【纯色设置】对话
框，设置纯色层【名称】为【背景】，【颜色】
为黑色，如图13.92所示。

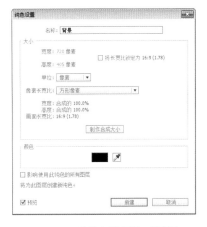

图13.92 【纯色设置】对话框

AE 03 选择【背景】层，在【效果和预设】面板
中展开【生成】特效组，双击【梯度渐变】特

效，如图13.93所示。

图13.93 添加【梯度渐变】特效

AE 04 在【效果控件】面板中修改【梯度渐变】特效参数，设置【渐变起点】的值为（368，198），【起始颜色】为白色，【渐变终点】的值为（-124，522），【结束颜色】为墨绿色（R:0，G:68，B:68），【渐变形状】为【径向渐变】，如图13.94所示。

图13.94 设置【梯度渐变】参数值

AE 05 在【项目】面板中选择【合成场景一】合成，拖动到【合成场景二】合成中，在【效果和预设】面板中展开【透视】特效组，双击【投影】特效，如图13.95所示。

图13.95 添加【投影】特效

AE 06 在【效果控件】面板中修改【投影】特效参数，设置【阴影颜色】为墨绿色（R:0，G:50，B:50），【距离】的值为11，【柔和度】的值为18，如图13.96所示。

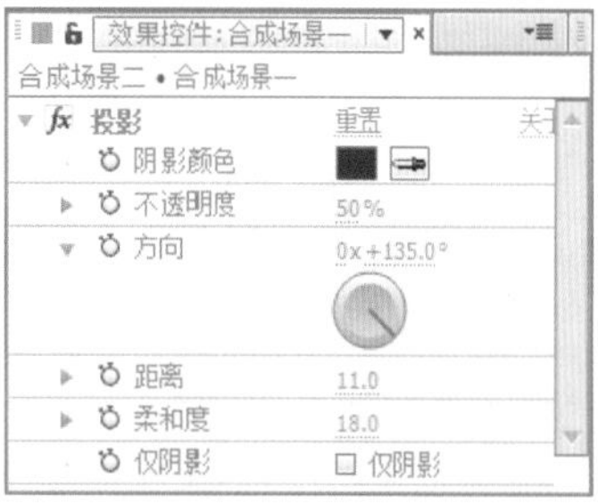

图13.96 设置【投影】特效参数

AE 07 调整时间到00:00:02:00帧的位置，按P键，展开【位置】选项，单击【位置】的【码表】按钮，在此位置设置关键帧，按S键，展看【缩放】选项，单击【缩放】的【码表】按钮，在此位置设置关键帧，按U键，展开所有关键帧，如图13.97所示。

图13.97 添加关键帧

AE 08 调整时间到00:00:02:04帧的位置，设置【位置】的值为（162，102），系统自动添加关键帧，设置【缩放】的值为（38，38），系统自动添加关键帧，如图13.98所示。

图13.98 设置参数

AE 09 执行菜单栏中的【图层】|【新建】|【文本】命令，创建文字层，在合成窗口中分别创建文字【DISTANCE】，【A】，设置字体为【金桥简粗黑】，字体大小为130像素，字体颜色为墨绿色（R:0，G:50，B:50）。再创建文字【BUT DECISION】，设置字体为金桥简粗黑，字体大小为39像素，字体颜色为墨绿色（R:0，G:50，B:50），如图13.99所示。

图13.99 字符面板

AE 10 选择所有文字层，按P键，展开【位置】选项，设置【DISTANCE】层的【位置】的值为（30，248），【A】层【位置】的值为（328，248），【BUT DECISION】层【位置】的值为（402，338），调整时间到00:00:02:04帧的位

置，选择【DISTANCE】层，单击【位置】的【码表】按钮，在此位置设置关键帧，如图13.100所示。

图13.100 设置【位置】的参数

AE 11 调整时间到00:00:02:00帧的位置，设置【位置】的值为（716，248），系统自动添加关键帧，如图13.101所示。

图13.101 设置【位置】参数

AE 12 调整时间到00:00:02:04帧的位置，选择【A】层，按T键，展开【不透明度】选项，设置【不透明度】的值为0%，单击【不透明度】的【码表】按钮，在此位置设置关键帧，调整时间到00:00:02:05帧的位置，设置【不透明度】的值为100%，系统自动添加关键帧，如图13.102所示。

图13.102 设置【不透明度】的参数

AE 13 按A键，展开【锚点】选项，设置【锚点】的值为（3，0），如图13.103所示。

图13.103 中心点设置

AE 14 按R键，展开【旋转】选项，调整时间到00:00:02:05帧的位置，单击【旋转】的【码表】按钮，在此位置设置关键帧；调整时间到00:00:02:08帧的位置，设置【旋转】的

值为163 ，系统自动添加关键帧；调整时间到00:00:02:11帧的位置，设置【旋转】的值为100 ，系统自动添加关键帧；调整时间到00:00:02:13帧的位置，设置【旋转】的值为159；调整时间到00:00:02:15帧的位置，设置【旋转】的值为159；调整时间到00:00:02:17帧的位置，设置【旋转】的值为121；调整时间到00:00:02:19帧的位置，设置【旋转】的值为147；调整时间到00:00:02:21帧的位置，设置【旋转】的值为131 ，系统自动添加关键帧，如图13.104所示。

图13.104 设置【旋转】的值

AE 15 选择【BUT DECISION】层，在时间线面板中展开文字层，单击【文本】右侧的【动画】按钮，在弹出的菜单中选择【位置】命令，设置【位置】的值为（0，-355），如图13.105所示。

图13.105 添加【位置】命令

AE 16 展开【范围选择器1】调整时间到00:00:02:07帧的位置，单击【起始】的【码表】按钮，在此位置添加关键帧，调整时间到00:00:02:23帧的位置，设置【起始】的值为100%，系统自动添加关键帧，如图13.106所示。

图13.106 设置【起始】的值

AE 17 在时间线面板中单击【运动模糊】按钮，除【背景】层外，启用剩下图层的【运动模糊】，如图13.107所示。

图13.107 开启【运动模糊】

AE 18 选择【合成场景一】合成层，在【效果控件】面板中选择【投影】特效，按Ctrl+C组合键，复制【投影】特效，选择文字层，如图13.108所示，按Ctrl+V组合键分别将【投影】特效粘贴给所有文字层，如图13.109所示。

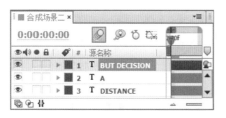

图13.108 选择文字层

图13.109 将投影特效粘贴到文字层

AE 19 这样【合成场景二】动画就完成了，按小键盘0键，在合成窗口中预览动画效果，如图13.110所示。

图13.110 合成窗口中预览效果

13.2.3 最终合成场景动画

AE 01 执行菜单栏中的【合成】|【新建合成】命令，打开【合成设置】对话框，设置【合成名称】为【最终合成场景】，【宽度】为【720】，【高度】为【405】，【帧速率】为【25】，并设置【持续时间】为00:00:04:00秒，如图13.111所示。

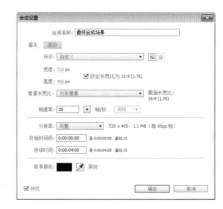

图13.111 【合成设置】对话框

AE 02 打开【合成场景二】合成，将【合成场景二】合成中的背景，按Ctrl+C组合键，复制到【最终合成场景】合成中，如图13.112所示。

图13.112 复制背景到【合成场景二】合成

AE 03 在项目面板中，选择【合成场景二】合成，将其拖动到【最终合成场景】合成中，如图13.113所示。

图13.113 拖动合成

AE 04 在时间线面板中按Ctrl+Y组合键，打开【纯色设置】对话框，设置【纯色名称】为【字框】，【颜色】为墨绿色（R:0，G:80，B:80），如图13.114所示。

图13.114 【纯色设置】对话框

AE 05 选择【字框】层，双击工具栏中的【矩形工具】 按钮，连接两次M键，展开【蒙版1】选项组，设置【蒙版扩展】的值为-33，勾选【反转】复选框，如图13.115所示。

图13.115 设置【蒙版扩展】的值

AE 06 按S键，展开【字框】层的【缩放】选项，设置【缩放】的值为（110，120），如图13.116所示。

图13.116 设置【缩放】的值

AE 07 选择【字框】层，做【合成场景二】合成层的子物体连接，如图13.117所示。

图13.117 子物体连接

AE 08 调整时间到00:00:03:04帧的位置，按S键，展开【缩放】选项，单击【缩放】选项的【码表】 按钮，在此添加关键帧，按R键，展开【旋转】选项，单击【旋转】选项的【码表】 按钮，在此添加关键帧，按U键，展开所有关键帧，如图13.118所示。

图13.118 添加关键帧

AE 09 调整时间到00:00:03:12帧的位置，设置【缩放】的值为（50，50），系统自动添加关键帧，设置【旋转】的值为1x，系统自动添加关键帧，如图13.119所示。

图13.119 添加关键帧

AE 10 执行菜单栏中的【图层】|【新建】|【文本】命令，创建文字层，在合成窗口输入【DECISION】，设置字体为金桥简粗黑，字体大小为318像素，字体颜色为墨绿色（R:0，G:46，B:46），如图13.120所示。

图13.120 字符面板

AE 11 选择【DECISION】层，按R键，展开【旋转】选项，设置【旋转】的值为-12，如图13.121所示。

图13.121 设置【旋转】的值

AE 12 在时间线面板中按Ctrl+Y组合键，打开【纯色设置】对话框，设置纯色层【名称】为【波浪】，【颜色】为墨绿色（R:0，G:68，B:68），如图13.122所示。

图13.122 【纯色设置】对话框

AE 13 在【效果和预设】面板中展开【扭曲】特效组，双击【波纹】特效，如图13.123所示。

图13.123 添加【波纹】特效

AE 14 在【效果控件】面板中修改【波纹】特效参数，设置【半径】的值为100，【波纹中心】的值为（360，160），【波形速度】的值为2，【波形宽度】的值为49，【波形高度】的值为46，如图13.124所示。

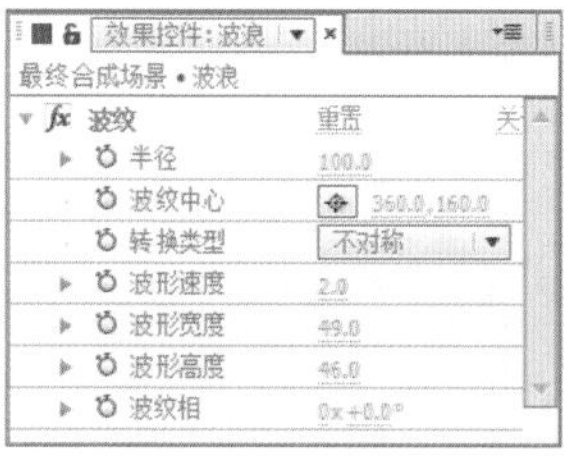

图13.124 设置【波纹】特效参数

AE 15 调整时间到00:00:03:12帧的位置，选择【波浪】层和DECISION层，按P键，展开【位置】选项，设置【波浪】层【位置】的值为（360，636），单击【位置】的码表按钮，在此添加关键帧，设置DECISION层【位置】的值为（27，-39），单击【位置】的【码表】按钮，在此添加关键帧，如图13.125所示。

图13.125 设置【位置】的值

AE 16 调整时间到00:00:03:13帧的位置，设置【波浪】层【位置】的值为（360，471），系统自动添加关键帧，设置DECISION层【位置】的值为（27，348），系统自动添加关键帧，如图13.126所示。

图13.126 设置【位置】的值

AE 17 在时间线面板中单击【运动模糊】按钮，除【背景】层外，启用剩下图层的【运动模糊】，如图13.127所示。

图13.127 开启【运动模糊】

AE 18 这样就完成了【公益宣传片】的整体制作，按小键盘的0键，在合成窗口中预览动画。

第14章

动漫特效及场景合成

内容摘要

本章主要讲解动漫特效及场景合成特效的制作。通过两个具体的案例，详细讲解了动漫特效及场景合成的制作技巧。

教学目标

- 星光之源特效的表现
- 魔法火焰魔法场景的合成技术

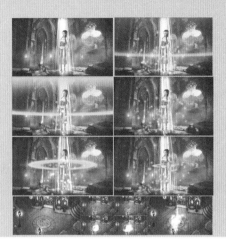

14.1 星光之源

 实例解析

本例主要讲解【分形杂色】特效、【曲线】特效、【贝塞尔曲线变形】特效的应用以及【蒙版】命令的使用。本例最终的动画流程效果，如图14.1所示。

> 视频分类：动漫及场景合成类
> 工程文件：配套光盘\工程文件\第14章\星光之源
> 视频位置：配套光盘\movie\视频讲座14-1：星光之源.avi

图14.1 星光之源最终动画流程效果

学习目标

通过制作本例，学习【曲线】特效、【贝塞尔曲线变形】特效的参数设置及使用方法，掌握星光之源的制作。

操作步骤

14.1.1 制作绿色光环

AE 01 执行菜单栏中的【合成】|【新建合成】命令，打开【合成设置】对话框，设置【合成名称】为【绿色光环】，【宽度】为【1024】，【高度】为【576】，【帧速率】为【25】，并设置【持续时间】为00:00:05:00秒，如图14.2所示。

AE 02 执行菜单栏中的【文件】|【导入】|【文件】命令，打开【导入文件】对话框，选择配套光盘中的【工程文件\第14章\星光之源\背景.png、人物.png】素材，如图14.3所示。单击【导入】按钮，【背景.png、人物.png】素材将导入到【项目】面板中。

图14.2 合成设置

图14.3 【导入文件】对话框

AE 03 在【项目】面板中，选择【人物.png】素材，将其拖动到【绿色光环】合成的时间线面板中，如图14.4所示。

图14.4 添加素材

AE 04 执行菜单栏中的【图层】|【新建】|【纯色】命令，打开【纯色设置】对话框，设置【名称】为【绿环】，【宽度】数值为1024像素，【高度】数值为576像素，【颜色】为绿色（R:144；G:215；B:68），如图14.5所示。

AE 05 选中【绿环】层，选择工具栏里的【椭圆工具】，在【绿色光环】合成窗口绘制椭圆蒙版，如图14.6所示。

图14.5 纯色设置　　图14.6 绘制蒙版

提示 ?

使用标准形状的蒙版工具可以直接在合成素材上拖动绘制，系统会自动按蒙版的区域进行去除操作。

AE 06 选中【绿环】层，按F键展开【蒙版羽化】属性，设置【蒙版羽化】数值为（5，5），如图14.7所示。

图14.7 【蒙版羽化】数值设置

AE 07 为了制作出圆环效果，再次选择选择工具栏里的【椭圆工具】，在合成窗口绘制椭圆蒙版，如图14.8所示。

AE 08 选中【蒙版2】层，按F键展开【蒙版羽化】属性，设置【蒙版羽化】数值为（75，75），效果如图14.9所示。

图14.8 绘制蒙版　　　图14.9 蒙版羽化

AE 09 选中【绿环】层，单击【三维层】按钮将三维层打开，设置【方向】的值为（262，0，0），如图14.10所示。

图14.10 参数设置

AE 10 选中【绿环】层，将时间调整到00:00:00:00帧的位置，按S键展开【缩放】属性，设置【缩放】数值为（0，0，0），单击【码表】按钮，在当前位置添加关键帧；将时间调整到00:00:00:14帧的位置，设置【缩放】数值为（599，599，599），系统会自动创建关键帧，如图14.11所示。

图14.11 【缩放】关键帧设置

AE 11 将时间调整到00:00:00:11帧的位置，按T键展开【不透明度】属性，设置【不透明度】数值为100%，单击【码表】按钮，在当前位置添加关键帧；将时间调整到00:00:00:17帧的位置，设置【不透明度】数值为0%，系统会自动创建关键帧，如图14.12所示。

图14.12 【不透明度】关键帧设置

AE 12 选中【绿环】层，设置其【模式】为【屏幕】，如图14.13所示。

图14.13 叠加模式设置

AE 13 为了使绿环与人物之间产生遮罩效果，执行菜单栏中的【图层】|【新建】|【纯色】命令，打开【纯色设置】对话框，设置【名称】为【蒙版】，【宽度】数值为1024像素，【高度】数值为576像素，【颜色】为黑色，如图14.14所示。

AE 14 为了操作的方便。选中【蒙版】层，按T键展开【不透明度】属性，设置【不透明度】为0%，如图14.15所示。

图14.14 纯色设置

图14.15 不透明度设置

AE 15 选中【蒙版】层，选择选择工具栏里的【钢笔工具】，在合成窗口绘制椭圆蒙版，如图14.16所示。

AE 16 绘制完成后，将蒙版显示出来，按T键展开【不透明度】属性，设置【不透明度】为100%，效果如图14.17所示。

图14.16 绘制蒙版　　　图14.17 不透明度设置

AE 17 选中【蒙版】层，设置其【模式】为【轮廓Alpha】，如图14.18所示。

图14.18 设置模式

AE 18 这样【绿色光环】合成就制作完成了，其中几帧效果如图14.19所示。

图14.19 动画流程

14.1.2 制作星光之源合成

AE 01 执行菜单栏中的【合成】|【新建合成】命令，打开【合成设置】对话框，设置【合成名称】为【星光之源】，【宽度】为【1024】，【高度】为【576】，【帧速率】为【25】，并设置【持续时间】为00:00:05:00秒。

AE 02 在【项目】面板中，选择【背景.png】素材，将其拖动到【星光之源】合成的时间线面板中，如图14.20所示。

图14.20 添加素材

AE 03 选择【背景.png】层，在【效果和预设】面板中展开【颜色校正】特效组，双击【曲线】特效，如图14.21所示，默认【曲线】形状如图14.22所示。

图14.21 添加曲线特效　图14.22 默认曲线形状

提示 ❓

【曲线】特效可以通过调整曲线的弯曲度或复杂度来调整图像的亮区和暗区的分布情况。

AE 04 在【效果控件】面板中，从【通道】下拉菜单中选择【红色】通道，调整【曲线】形状如图14.23所示，效果如图14.24所示。

图14.23 红色通道曲线调整　　图14.24 效果图

AE 05 从【通道】下拉菜单中选择【蓝色】通道，调整【曲线】形状如图14.25所示，效果如图14.26所示。

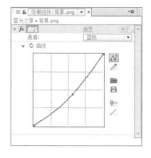 

图14.25 蓝色通道曲线调整　　图14.26 效果图

AE 06 执行菜单栏中的【图层】|【新建】|【纯色】命令，打开【纯色设置】对话框，设置【名称】为【光线】，【宽度】数值为1024像素，【高度】数值为576像素，【颜色】为黑色，如图14.27所示。

AE 07 选择【光线】层，在【效果和预设】面板中展开【杂色和颗粒】特效组，双击分形杂色特效，如图14.28所示。

图14.27 纯色设置　图14.28 添加分形杂色特效

AE 08 在【效果控件】面板中，设置【对比度】数值为300，【亮度】数值为-47；展开【变换】

选项组，取消勾选【统一缩放】复选框，设置【缩放宽度】数值为7，【缩放高度】数值为1394，如图14.29所示，效果如图14.30所示。

图14.29 参数设置　　　　图14.30 效果图

AE 09 在【效果控件】面板中，按Alt键同时用鼠标单击【演化】左侧的【码表】按钮，在【星光之源】时间线面板中输入【Time*500】，如图14.31所示。

图14.31 表达式设置

提示

使用【分形杂色】特效，还可以轻松制作出各种的云雾效果，并可以通过动画预置选项，制作出各种常用的动画画面。

AE 10 选择【光线】层，设置其【模式】为【屏幕】，如图14.32所示。

图14.32 设置模式

AE 11 调整光线颜色，在【效果和预设】面板中展开【颜色校正】特效组，双击【曲线】特效，如图14.33所示，默认【曲线】形状如图14.34所示。

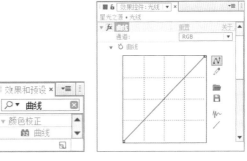

图14.33 添加曲线特效　　图14.34 默认曲线形状

AE 12 在【效果控件】面板中，从【通道】下拉菜单中选择【RGB】通道，调整【曲线】形状如图14.35所示，效果如图14.36所示。

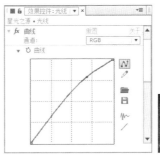

图14.35 RGB通道曲线调整　　　　图14.36 效果图

AE 13 从【通道】下拉菜单中选择【绿色】通道，调整【曲线】形状如图14.37所示，效果如图14.38所示。

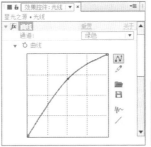

图14.37 绿色通道曲线调整　　　　图14.38 效果图

AE 14 选择【光线】层，在【效果和预设】面板中展开【风格化】特效组，双击【发光】特效，如图14.39所示，效果如图14.40所示。

图14.39 添加发光特效　　　　图14.40 效果图

AE 15 选中【光线】层，选择工具栏里的【矩形工具】▭，在【星光之源】合成窗口中绘制矩形蒙版，如图14.41所示。

图14.41 绘制蒙版

AE 16 选中【光线】层，按F键展开【蒙版羽化】属性，设置【蒙版羽化】数值为（45，45），如图14.42所示。

图14.42 【蒙版羽化】设置

AE 17 选择【光线】层，在【效果和预设】面板中展开【扭曲】特效组，双击【贝塞尔曲线变形】特效，如图14.43所示，默认的【贝塞尔曲线变形】形状如图14.44所示。

图14.43 添加特效　　图14.44 默认形状

提示 ❓

【贝塞尔曲线变形】特效是在层的边界上沿一个封闭曲线来变形图像，图像每个角有3个控制点，角上的点为顶点，用来控制线段的位置，顶点两侧的两个点为切点，用来控制线段的弯曲曲率。

AE 18 调整【贝塞尔曲线变形】形状，如图14.45所示。

图14.45 调整后的形状

AE 19 执行菜单栏中的【图层】|【新建】|【纯色】命令，打开【纯色设置】对话框，设置【名称】为【中间光】，【宽度】数值为1024像素，【高度】数值为576像素，【颜色】为白色，如图14.46所示。

AE 20 选中【中间光】层，单击工具栏中的【矩形工具】▭按钮，在合成窗口中，绘制矩形蒙版，如图14.47所示。

图14.46 纯色设置　　图14.47 绘制矩形蒙版

AE 21 选中【中间光】层，按F键展开【蒙版羽化】属性，设置【蒙版羽化】数值为（25，25），如图14.48所示。

图14.48 设置【蒙版羽化】

AE 22 选中【中间光】层，按P键展开【位置】属性，设置【位置】数值为（568，274），如图14.49所示。

图14.49 【位置】参数设置

AE 23 为【中间光】添加高光效果，选中【中间光】层，在【效果和预设】面板中展开【风格化】特效组，双击【发光】特效，如图14.50所示，效果如图14.51所示。

图14.50 添加发光特效　图14.51 效果图

提示

【发光】特效可以寻找图像中亮度比较大的区域，然后对其周围的像素进行加亮处理，从而产生发光效果。

AE 24 在【效果控件】面板中，设置【发光阈值】数值为0%，【发光半径】数值为43，从【发光颜色】下拉菜单中选择【A和B颜色】，【颜色A】为黄绿色（R:228；G:255；B:2），【颜色B】为黄色（R:252；G:255；B:2），如图14.52所示，效果如图14.53所示。

图14.52 参数设置　　图14.53 效果图

AE 25 选中【中间光】层，将时间调整到00:00:00:00帧的位置，设置【不透明度】数值为100%，单击【码表】按钮，在当前位置添加关键帧；将时间调整到00:00:00:02帧的位置，设置【不透明度】数值为50%，系统会自动创建关键帧，如图14.54所示。

图14.54 图层排列效果

AE 26 选中两个关键帧，按Ctrl+C组合键进行复制，将时间调整到00:00:00:04帧的位置，按Ctrl+V组合键进行粘贴；将时间调整到00:00:00:08帧的位置，按Ctrl+V组合键；将时间

调整到00:00:00:12帧的位置；按Ctrl+V组合键，将时间调整到00:00:00:16帧的位置；按Ctrl+V组合键，将时间调整到00:00:00:20帧的位置；按Ctrl+V组合键，将时间调整到00:00:00:24帧的位置；按Ctrl+V组合键，将时间调整到00:00:01:03帧的位置，按Ctrl+V组合键；将时间调整到00:00:01:07帧的位置，按Ctrl+V组合键；将时间调整到00:00:01:11帧的位置，按Ctrl+V组合键；将时间调整到00:00:01:15帧的位置；按Ctrl+V组合键，将时间调整到00:00:01:19帧的位置；按Ctrl+V组合键，将时间调整到00:00:01:23帧的位置；按Ctrl+V组合键，将时间调整到00:00:02:02帧的位置；按Ctrl+V组合键，将时间调整到00:00:02:06帧的位置；按Ctrl+V组合键，将时间调整到00:00:02:10帧的位置；按Ctrl+V组合键，将时间调整到00:00:02:14帧的位置；按Ctrl+V组合键，将时间调整到00:00:02:18帧的位置；按Ctrl+V组合键，将时间调整到00:00:02:22帧的位置，设置【不透明度】数值为100%，系统会自动创建关键帧，如图14.55所示。

图14.55 关键帧设置

AE 27 在【项目】面板中，选择【人物.png、绿色光环】素材，将其拖动到【星光之源】合成的时间线面板中，如图14.56所示。

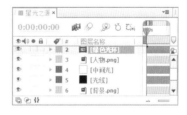

图14.56 添加素材

AE 28 选中【绿色光环】层，按【回车键】重命名为【绿色光环1】，如图14.57所示。

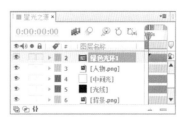

图14.57 重命名设置

AE 29 选中【绿色光环1】层，按Ctrl+D组合键复制出【绿色光环2】层，并将【绿色光环2】层的入点设置在00:00:00:19帧的位置，如图14.58所示。

图14.58 【绿色光环2】起点设置

AE 30 选中【绿色光环2】层，按Ctrl+D组合键复制出【绿色光环3】层，并将【绿色光环3】层的入点设置在00:00:01:11帧的位置，如图14.59所示。

图14.59 【绿色光环3】起点设置

AE 31 执行菜单栏中的【图层】|【新建】|【纯色】命令，打开【纯色设置】对话框，设置【名称】为【Particular】，【宽度】数值为1024像素，【高度】数值为576像素，【颜色】为黑色，如图14.60所示。

AE 32 选中【Particular】层，在【效果和预设】面板中展开Trapcode特效组，双击Particular（粒子）特效，如图14.61所示。

图14.60 纯色设置　图14.61 添加粒子特效

AE 33 在【效果控件】面板中，展开Emitter（发射器）选项组，设置Particular/sec（每秒发射的粒子数量）为90；从Emitter Type（发射器类型）下拉菜单中选择Box（盒子），Position XY（XY轴位置）数值为（510，414），设置Velocity（速度）数值为340，Emitter Size X（发射器X轴大小）数值为146，Emitter Size Y（发射器Y轴大小）数值为154，Emitter Size Z轴（发射器Z轴大小）数值为579，参数如图14.62所示，效果如图14.63所示。

图14.62 发射器参数设置　图14.63 效果图

AE 34 展开Particle（粒子）选项组，设置Life（生命）数值为1，从Particle Type（粒子类型）下拉菜单中选择Star（星形），设置Color Random（颜色随机）数值为31，如图14.64所示，效果如图14.65所示。

图14.64 粒子参数设置　图14.65 效果图

AE 35 为了提高粒子亮度，选中【Particular】层，在【效果和预设】面板中展开【风格化】特效组，双击【发光】特效，如图14.66所示，效果如图14.67所示。

图14.66 添加发光特效　图14.67 默认曲线形状

AE 36 在【效果控件】面板中，从【发光颜色】下拉菜单中选择【A和B颜色】，如图14.68所示，此时画面效果如图14.69所示。

图14.68　参数设置

图14.69　效果图

AE 37 这样【星光之源】合成就制作完成了，按小键盘上的【0】键预览其中几帧效果，如图14.70所示。

图14.70　动画流程画面

14.2　魔法火焰

 实例解析

本例主要讲解CC Particle World（CC仿真粒子世界）特效、Colorama（彩光）特效的应用以及蒙版工具的使用。本例最终的动画流程效果，如图14.71所示。

视频分类：动漫及场景合成类
工程文件：配套光盘\工程文件\第14章\魔法火焰
视频位置：配套光盘\movie\视频讲座14-2：魔法火焰.avi

图14.71　魔法火焰最终动画流程效果

学习目标

通过制作本例，学习Colorama（彩光）特效与【曲线】的参数设置及使用方法，掌握爆炸光的色彩调节。

 操作步骤

14.2.1　制作烟火合成

AE 01 执行菜单栏中的【合成】|【新建合成】命令，打开【合成设置】对话框，设置【合成名称】

为【烟火】，【宽度】为【1024】，【高度】为【576】，【帧速率】为【25】，并设置【持续时间】为00:00:05:00秒，如图14.72所示。

AE 02 执行菜单栏中的【文件】|【导入】|【文件】命令，打开【导入文件】对话框，选择配套光盘中的【工程文件\第14章\魔法火焰\烟雾.jpg、背景.jpg】素材，如图14.73所示。单击【导入】按钮，【烟雾.jpg、背景.jpg】素材将导入到【项目】面板中。

图14.72 合成设置

图14.73 导入文件对话框

AE 03 执行菜单栏中的【图层】|【新建】|【纯色】命令，打开【纯色设置】对话框，设置【名称】为【白色蒙版】，【宽度】数值为1024像素，【高度】数值为576像素，【颜色】为白色，如图14.74所示。

AE 04 选中【白色蒙版】层，选择工具栏里的【矩形工具】，在【烟火】合成中绘制矩形蒙版，如图14.75所示。

图14.74 纯色设置　　　　图14.75 绘制蒙版

AE 05 在【项目】面板中，选择【烟雾.jpg】素材，将其拖动到【烟火】合成的时间线面板中，如图14.76所示。

图14.76 添加素材

AE 06 选中【白色蒙版】层，设置【轨道遮罩】为【亮度反转遮罩【烟雾.jpg】】，这样单独的云雾就被提出来了，如图14.77所示，效果如图14.78所示。

图14.77 通道设置

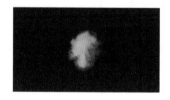

图14.78 效果图

14.2.2 制作中心光

AE 01 执行菜单栏中的【合成】|【新建合成】命令，打开【合成设置】对话框，设置【合成名称】为【中心光】，【宽度】为【1024】，【高度】为【576】，【帧速率】为【25】，并设置【持续时间】为00:00:05:00秒，如图14.79所示。

AE 02 执行菜单栏中的【图层】|【新建】|【纯色】命令，打开【纯色设置】对话框，设置【名称】为【粒子】，【宽度】数值为1024像素，【高度】数值为576像素，【颜色】为黑色，如图14.80所示。

图14.79 合成设置　　　图14.80 纯色设置

AE 03 选中【粒子】层，在【效果和预设】面板中展开【模拟】特效组，双击CC Particle World（CC仿真粒子世界）特效，如图14.81所示，此时画面效果如图14.82所示。

图14.81 粒子世界特效　　图14.82 画面效果

AE 04 在【效果控件】面板中，设置Birth Rate（生长速率）数值为1.5，Longevity（寿命）数值为1.5；展开Producer（发生器）选项组，设置Radius X（X轴半径）数值为0，Radius Y（Y轴半径）数值为0.215，Radius Z（Z轴半径）数值为0，如图14.83所示，效果如图14.84所示。

图14.83 发生器参数设置　　图14.84 效果图

AE 05 展开Physics（物理学）选项组，从Animation（动画）下拉菜单中选择Twirl（扭转），设置Velocity（速度）数值为0.07，Gravity（重力）数值为-0.05，Extra（额外）数值为0，Extra Angle（额外角度）数值为180，如图14.85所示，效果如图14.86所示。

图14.85 物理学参数设置　　图14.86 效果图

AE 06 展开Particle（粒子）选项组，从Particle Type（粒子类型）下拉菜单中选择Tripolygon（三角形），设置Birth Size（生长大小）数值为0.053，Death Size（消逝大小）数值为0.087，如图14.87所示，效果如图14.88所示。

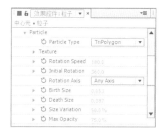

图14.87 粒子参数设置　　图14.88 画面效果

AE 07 执行菜单栏中的【图层】|【新建】|【纯色】命令，打开【纯色设置】对话框，设置【名称】为【中心亮棒】，【宽度】数值为1024像素，【高度】数值为576像素，【颜色】为橘黄色（R:255；G:177；B:76），如图14.89所示。

AE 08 选中【中心亮棒】层，选择工具栏里的【钢笔工具】，绘制闭合蒙版，如图14.90所示。并将其【蒙版羽化】设置为（18，18）。

图14.89 纯色设置　　　图14.90 画面效果

14.2.3 制作爆炸光

AE 01 执行菜单栏中的【合成】|【新建合成】命令，打开【合成设置】对话框，设置【合成名称】为【爆炸光】，【宽度】为【1024】，【高度】为【576】，【帧速率】为【25】，并设置【持续时间】为00:00:05:00秒。

AE 02 在【项目】面板中，选择【背景】素材，将其拖动到【爆炸光】合成的时间线面板中，如图14.91所示。

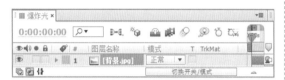

图14.91 添加素材

AE 03 选中【背景】层，按Ctrl+D组合键，复制出另一个【背景】层，按【回车键】重新命名为【背景粒子】层，设置其【模式】为【相加】，如图14.92所示。

图14.92 复制层设置

AE 04 选中【背景粒子】层，在【效果和预设】面板中展开【模拟】特效组，双击CC Particle World（CC仿真粒子世界）特效，如图14.93所示，此时画面效果如图14.94所示。

图14.93 添加特效　　　　图14.94 画面效果

AE 05 在【效果控件】面板中，设置Birth Rate（生长速率）数值为0.2，Longevity（寿命）数值为0.5；展开Producer（发生器）选项组，设置Position X（X轴位置）数值为-0.07，Position Y（Y轴位置）数值为0.11，Radius X（X轴半径）数值为0.155，Radius Z（Z轴半径）数值为0.115，如图14.95所示，效果如图14.96所示。

图14.95 发生器参数设置　　　　图14.96 效果图

AE 06 展开Physics（物理学）选项组，设置Velocity（速度）数值为0.37，Gravity（重力）数值为0.05，如图14.97所示，效果如图14.98所示。

图14.97 物理学参数设置　　　　图14.98 效果图

AE 07 展开Particle（粒子）选项组，从Particle Type（粒子类型）下拉菜单中选择Lens Convex（凸透镜），设置Birth Size（生长大小）数值为0.639，Death Size（消逝大小）数值为0.694，如图14.99所示，效果如图14.100所示。

图14.99 粒子参数设置　　　　图14.100 画面效果

AE 08 选中【背景粒子】层，在【效果和预设】面板中展开【颜色校正】特效组，双击【曲线】特效，如图14.101所示，默认曲线形状如图14.102所示。

 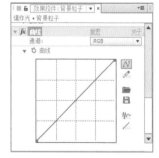

图14.101 添加曲线特效　　　　图14.102 默认曲线形状

AE 09 在【效果控件】面板中，调整【曲线】形状，如图14.103所示，效果如图14.104所示。

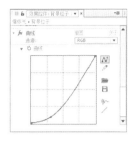

图14.103 调整曲线形状　　　图14.104 效果图

AE 10 在【项目】面板中，选择【中心光】合成，将其拖动到【爆炸光】合成的时间线面板中，如图14.105所示。

图14.105 添加合成

AE 11 选中【中心光】合成，设置其【模式】为【相加】，如图14.106所示，此时效果图14.107所示。

图14.106 设置模式　　　图14.107 效果图

AE 12 因为【中心光】的位置有所偏移，所以设置【位置】数值为（471，288），参数图14.108所示，效果如图14.109所示。

图14.108 位置数值设置　　　图14.109 效果图

AE 13 在【项目】面板中，选择【烟火】合成，将其拖动到【爆炸光】合成的时间线面板中，如图14.110所示。

图14.110 添加合成

AE 14 选中【烟火】合成，设置其【模式】为【相加】，如图14.111所示，此时效果图14.112所示。

图14.111 设置模式　　　图14.112 效果图

AE 15 按P键展开【位置】属性，设置【位置】数值为（464，378），如图14.113所示，效果图14.114所示。

图14.113 位置设置　　　图14.114 效果图

AE 16 选中【烟火】合成，在【效果和预设】面板中展开【模拟】特效组，双击CC Particle World（CC粒子仿真世界）特效，如图14.115所示，此时画面效果如图14.116所示。

图14.115 粒子仿真世界特效　　　图14.116 画面效果

AE 17 在【效果控件】面板中，设置Birth Rate（生长速率）数值为5，Longevity（寿命）数值为0.73；展开Producer（发生器）选项组，设置Radius X（X轴半径）数值为1.055，Radius Y（Y轴半径）数值为0.225，Radius Z（Z轴半径）数值为0.605，如图14.117所示，效果如图14.118所示。

图14.117 发生器参数设置　　　图14.118 效果图

AE 18 展开Physics（物理学）选项组，设置Velocity（速度）数值为1.4，Gravity（重力）数值为0.38，如图14.119所示，效果如图14.120所示。

图14.119 物理学参数设置　　图14.120 效果图

AE 19 展开Particle（粒子）选项组，从Particle Type（粒子类型）下拉菜单中选择Lens Convex （凸透镜），设置Birth Size（生长大小）数值为 3.64，Death Size（消逝大小）数值为4.05，Max Opacity（最大透明度）数值为51%，如图14.121 所示，效果如图14.122所示。

图14.121 粒子参数设置　　　图14.122 画面效果

AE 20 选中【烟火】合成，按S键展开【缩放】， 设置数值为（50，50），如图14.123所示，效果 图14.124所示。

图14.123 缩放数值设置　　图14.124 效果图

AE 21 在【效果和预设】面板中展开【颜色校 正】特效组，双击色光特效，如图14.125所示， 此时画面效果如图14.126所示。

图14.125 色光特效　　　图14.126 画面效果

AE 22 在【效果控件】面板中，展开【输入相 位】选项组，从【获取相位，自】下拉菜单中选 择【Alpha】，如图14.127所示，画面效果如图 14.128所示。

图14.127 参数设置　　　图14.128 效果图

AE 23 展开【输出循环】选项组，从【使用预 设调板】下拉菜单中选择【无】，如图14.129所 示，效果如图14.130所示。

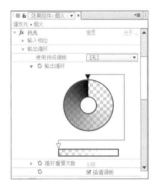

图14.129 参数设置　　　图14.130 效果图

AE 24 在【效果和预设】面板中展开【颜色校 正】特效组，双击【曲线】特效，如图14.131所 示，调整【曲线】形状如图14.132所示。

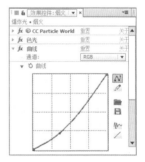

图14.131 添加曲线特效　　图14.132 调整形状

AE 25 在【效果控件】面板中，从【通道】下 拉菜单中选择【红色】，调整形状如图14.133所 示。

AE 26 从【通道】下拉菜单中选择【绿色】，调 整形状如图14.134所示。

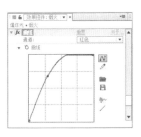 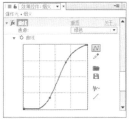

图14.133 红色曲线调整　　图14.134 绿色曲线调整

AE 27 从【通道】下拉菜单中选择【蓝色】，调整形状如图14.135所示。

AE 28 从【通道】下拉菜单中选择【Alpha通道】，调整形状如图14.136所示。

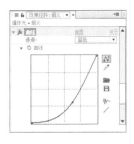 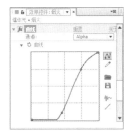

图14.135 曲线调整　　图14.136 Alpha曲线调整

AE 29 在【效果和预设】面板中展开【模糊和锐化】特效组，双击CC Vector Blur（CC矢量模糊）特效，如图14.137所示，此时的画面效果图14.138所示。

图14.137 添加曲线特效　　图14.138 调整形状

AE 30 在【效果控件】面板中，设置Amount（数量）数值为10，如图14.139所示，效果如图14.140所示。

图14.139 参数设置　　图14.140 效果图

AE 31 执行菜单栏中的【图层】|【新建】|【纯色】命令，打开【纯色设置】对话框，设置【名称】为【红色蒙版】，【宽度】数值为1024像素，【高度】数值为576像素，【颜色】为红色（R:255；G:0；B:0），如图14.141所示。

AE 32 选择工具拦里的【钢笔工具】，绘制一个闭合蒙版，如图14.142所示。

图14.141 纯色设置　　图14.142 绘制蒙版

AE 33 选中【红色蒙版】层，按F键展开【蒙版羽化】数值为（30，30），如图14.143所示。

图14.143 羽化蒙版

AE 34 选中【烟火】合成，设置【轨道遮罩】为【Alpha 遮罩[红色蒙版]】，如图14.144所示。

图14.144 跟踪模式设置

AE 35 执行菜单栏中的【图层】|【新建】|【纯色】命令，打开【纯色设置】对话框，设置【名称】为【粒子】，【宽度】数值为1024像素，【高度】数值为576像素，【颜色】为黑色，如图14.145所示。

AE 36 在【效果和预设】面板中展开【模拟】特效组，双击CC Particle World（CC仿真粒子世界）特效，如图14.146所示。

图14.145 纯色设置　　图14.146 添加特效

AE 37 在【效果控件】面板中，设置Birth Rate（生长速率）数值为0.5，Longevity（寿命）数值为0.8；展开Producer（发生器）选项组，设置Position Y（Y轴位置）数值为0.19，Radius X（X轴半径）数值为0.46，Radius Y（Y轴半径）数值为0.325，Radius Z（Z轴半径）数值为1.3，如图14.147所示，效果如图14.148所示。

图14.147 发生器参数设置　图14.148 效果图

AE 38 展开Physics（物理学）选项组，从Animation（动画）下拉菜单中选择Twirl（扭转），设置Velocity（速度）数值为1，Gravity（重力）数值为-0.05，Extra Angle（额外角度）数值为1x+170，参数如图14.149所示，效果如图14.150所示。

图14.149 参数设置　图14.150 效果图

AE 39 展开Particle（粒子）选项组，从Particle Type（粒子类型）下拉菜单中选择QuadPolygon（四边形），设置Birth Size（生长大小）数值为0.153，Death Size（消逝大小）数值为0.077，Max Opacity（最大透明度）数值为75%，如图14.151所示，效果如图14.152所示。

图14.151 粒子参数设置　图14.152 画面效果

AE 40 这样【爆炸光】合成就制作完成了，预览其中的几帧动画，如图14.153所示。

图14.153 动画流程画面

14.2.4 制作总合成

AE 01 执行菜单栏中的【合成】|【新建合成】命令，打开【合成设置】对话框，新建一个【合成名称】为【总合成】，【宽度】为【1024】，【高度】为【576】，【帧速率】为【25】，【持续时间】为00:00:05:00秒的合成。

AE 02 在【项目】面板中选择【背景、爆炸光】合成，将其拖动到【总合成】的时间线面板中，使其【爆炸光】合成的入点在00:00:00:05帧的位置，如图14.154所示。

图14.154 添加【背景、爆炸光】素材

AE 03 执行菜单栏中的【图层】|【新建】|【纯色】命令，打开【纯色设置】对话框，设置【名称】为【闪电1】，【宽度】数值为1024像素，【高度】数值为576像素，【颜色】为黑色。

AE 04 选中【闪电1】层，设置其【模式】为【相加】，如图14.155所示。

图14.155 设置模式

AE 05 选中【闪电1】层，在【效果和预设】面板中展开【过时】特效组，双击【闪光】特效，如图14.156所示，此时画面效果如图14.157所示。

图14.156 闪光特效　图14.157 效果图

AE 06 在【效果控件】面板中，设置【起始点】数值为（641，433），【结束点】数值为（642，434），【区段】数值为3，【宽度】数值为6，【核心宽度】数值为0.32，【外部颜色】为黄色（R:255；G:246；B:7），【内部颜色】为深黄色（R:255；G:228；B:0），如图14.158所示，效果图14.159所示。

图14.158 参数设置　　　图14.159 画面效果

AE 07 选中【闪电1】层，将时间调整到00:00:00:00帧的位置，设置【起始点】数值为（641，433），【区段】的值为3，单击各属性的【码表】按钮，在当前位置添加关键帧。

AE 08 将时间调整到00:00:00:05帧的位置，设置【起始点】的值为（468，407），【区段】的值为6，系统会自动创建关键帧，如图14.160所示。

图14.160 设置关键帧

AE 09 将时间调整到00:00:00:00帧的位置，按T键展开【不透明度】属性，设置【不透明度】数值为0%，单击【码表】按钮，在当前位置添加关键帧；将时间调整到00:00:00:03帧的位置，设置【不透明度】数值为100%，系统会自动创建关键帧；将时间调整到00:00:00:14帧的位置，设置【不透明度】数值为100%；将时间调整到00:00:00:16帧的位置，设置【不透明度】数值为0%，如图14.161所示。

图14.161 不透明度关键帧设置

AE 10 选中【闪电1】层，按Ctrl+D组合键复制出另一个【闪电1】层，并按【回车键】将其重命名为【闪电2】，如图14.162所示。

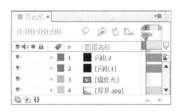

图14.162 复制层

AE 11 在【效果控件】面板中，设置【结束点】数值为（588，443），将时间调整到00:00:00:00帧的位置，设置【起始点】数值为（584，448）；将时间调整到00:00:00:05帧的位置，设置【起始点】数值为（468，407），如图14.163所示。

图14.163 开始点关键帧设置

AE 12 选中【闪电2】层，按Ctrl+D组合键复制出另一个【闪电2】层，并按【回车键】将其重命名为【闪电3】，如图14.164所示。

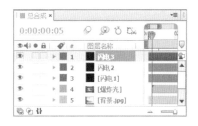

图14.164 复制层

AE 13 在【效果控件】面板中，设置【结束点】数值为（599，461）；将时间调整到00:00:00:00帧的位置，设置【起始点】数值为（584，448）；将时间调整到00:00:00:05帧的位置，设置【起始点】数值为（459，398），如图14.165所示。

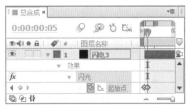

图14.165 开始点关键帧设置

AE 14 选中【闪电3】层，按Ctrl+D组合键复制出另一个【闪电3】层，并按【回车键】将其重命名为【闪电4】，如图14.166所示。

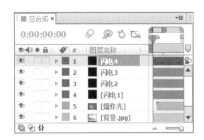

图14.166 复制层

AE 15 在【效果控件】面板中，设置【结束点】数值为（593，455）；将时间调整到00:00:00:00帧的位置，设置【起始点】数值为（584，448）；将时间调整到00:00:00:05帧的位置，设置【起始点】数值为（459，398），如图14.167所示。

图14.167 开始点关键帧设置

AE 16 选中【闪电4】层，按Ctrl+D组合键复制出另一个【闪电4】层，并按【回车键】将其重命名为【闪电5】，如图14.168所示。

图14.168 复制层

AE 17 在【效果控件】面板中，设置【结束点】数值为（593，455）；将时间调整到00:00:00:00帧的位置，设置【起始点】数值为（584，448）；将时间调整到00:00:00:05帧的位置，设置【起始点】数值为（466，392），如图14.169所示。

图14.169 开始点关键帧设置

AE 18 这样【魔法火焰】的制作就完成了，按小键盘上的0键预览其中几帧的效果，如图14.170所示。

图14.170 动画流程画面

第 15 章

商业栏目包装案例表现

内容摘要

本章详细讲解商业栏目包装案例表现。通过《MUSIC频道》ID演绎、电视栏目包装——浙江卫视和《理财指南》电视片头3个大型专业动画，全面细致地讲解了电视栏目包装的制作过程，再现全程制作技法。通过本章的学习，让读者不仅可以看到成品的栏目包装效果，而且可以学习到栏目包装的制作方法和技巧。

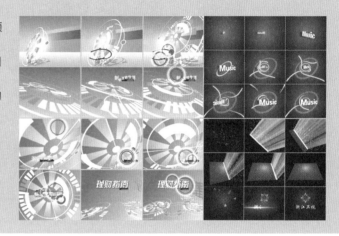

教学目标

- 掌握《MUSIC频道》ID演绎的制作技巧
- 掌握电视栏目包装——浙江卫视的制作技巧
- 掌握《理财指南》电视片头的制作技巧

15.1 《MUSIC频道》ID演绎

 实例解析

本例重点讲解利用3D Stroke（3D笔触）、Starglow（星光）特效制作流动光线效果。利用【高斯模糊】等特效制作Music字符运动模糊效果。本例最终的动画流程效果，如图15.1所示。

视频分类：商业栏目包装类
工程文件：配套光盘\工程文件\第15章\Music
视频位置：配套光盘\movie\视频讲座15-1：《MUSIC频道》ID演绎.avi

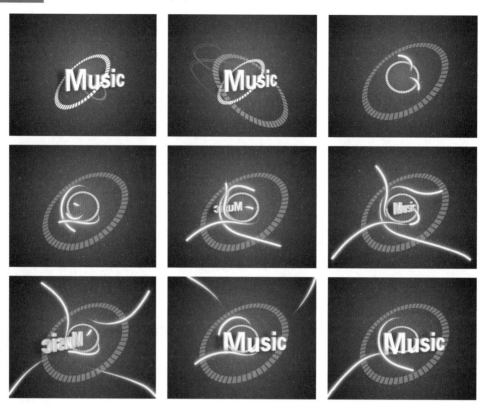

图15.1 《MUSIC频道》ID演绎最终动画流程效果

学习目标

通过本例的制作,学习序列素材的导入及设置方法,掌握学习利用【高斯模糊】特效制作运动模糊特效,掌握利用3D Stroke(3D笔触)、Starglow(星光)特效制作流动的光线的技巧。

操作步骤

15.1.1 导入素材与建立合成

AE 01 导入三维素材。执行菜单栏中的【文件】|【导入】|【文件】命令,打开【导入文件】对话框,选择配套光盘中的【工程文件\第15章\Music\c1\c1.000.tga】素材,然后勾选【Targa序列】复选框,如图15.2所示。

AE 02 单击【导入】按钮,此时将打开【解释素材:c1.[000-027].tga】对话框,在Alpha通道选项组中选中【直接-无遮罩】单选按钮,如图15.3所示。单击【确定】按钮,将素材黑色背景抠除。素材将以序列的方式导入到【项目】面板中。

图15.2 【导入文件】对话框

图15.3 以合成的方式导入素材

AE 03 使用相同的方法将【工程文件\第15章\Music\c2】文件夹内的.tga文件导入到【项目】面板中。导入后的【项目】面板如图15.4所示。

AE 04 执行菜单栏中的【文件】|【导入】|【文件】命令，打开【导入文件】对话框，选择配套光盘中的【工程文件\第15章\Music\单帧.tga、锯齿.psd。】，如图15.5所示。

图15.4 导入合成素材　图15.5 【导入文件】对话框

AE 05 执行菜单栏中的【合成】|【新建合成】命令，打开【合成设置】对话框，设置【合成名称】为【Music动画】，【宽度】为【720】，【高度】为【576】，【帧速率】为【25】，并设置【持续时间】为00:00:05:05秒，如图15.6所示。单击【确定】按钮，在【项目】面板中，将会新建一个名为【Music动画】的合成，如图15.7所示。

图15.6 合成设置　　图15.7 新建合成

15.1.2 制作Music动画

AE 01 在【项目】面板中选择【c1.[000-027].tga】、【单帧.tga】、【c2.[116-131].tga】素材，将其拖动到时间线面板中，分别在【c1.[000-027].tga】和【c2.[116-131].tga】素材上单击鼠标右键，从弹出的快捷菜单中选择【时间】|【时间伸缩】命令，打开【时间伸缩】对话框，设置c1.[000-027].tga新持续时间为00:00:01:03，设置c2.[116-131].tga新持续时间为00:00:00:15，如图15.8所示。

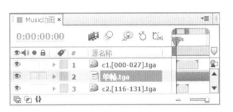

图15.8 调整后的效果

AE 02 调整时间到00:00:01:02帧的位置，选择【单帧.tga】素材层，按Alt+[组合键，将其入点设置到当前位置，效果如图15.9所示。

图15.9 设置入点

AE 03 调整时间到00:00:04:14帧的位置，选择【单帧.tga】素材层，按Alt+]组合键，将其出点设置到当前位置，调整【c2.[116-131].tga】素材层，将其入点设置到当前位置，完成效果，如图15.10所示。

图15.10 设置出点

AE 04 调整时间到00:00:01:02帧的位置，打开【单帧.tga】素材层的三维属性开关。按R键，打开【旋转】属性，单击【Y轴旋转】左侧的【码表】按钮，为其建立关键帧，如图15.11所示。此时画面效果如图15.12所示。

图15.11 建立关键帧　　图15.12 调整效果

AE 05 调整时间到00:00:04:14帧的位置，修改【Y轴旋转】的值为-38，系统自动建立关键帧，如图15.13所示。修改【Y轴旋转】属性后的效果如图15.14所示。

图15.13 修改属性　　图15.14 修改后的效果

AE 06 这样【Music动画】的合成就制作完成了，按小键盘上的【0】键，在合成窗口中预览动画，其中几帧的效果如图15.15所示。

图15.15 【Music动画】合成的预览图

15.1.3 制作光线动画

AE 01 执行菜单栏中的【合成】|【新建合成】命令，打开【合成设置】对话框，设置【合成名称】为【光线】，【宽度】为【720】，【高度】为【576】，【帧速率】为【25】，并设置【持续时间】为00:00:01:20秒，如图15.16所示。

AE 02 按Ctrl + Y组合键，打开【纯色设置】对话框，设置【名称】为【光线】，【宽度】为【720】，【高度】为【576】，【颜色】为黑色，如图15.17所示。

图15.16 新建合成　　图15.17 新建纯色层

AE 03 选择【光线】纯色层，单击工具栏中的【钢笔工具】按钮，绘制一个平滑的路径，如图15.18所示。

AE 04 在【效果和预设】面板中展开Trapcode特效组，然后双击3D Stroke（3D笔触）特效，如图15.19所示。

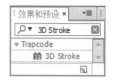

图15.18 绘制平滑路径　图15.19 添加3D笔触特效

AE 05 调整时间到00:00:00:00帧的位置，在【效果控件】面板中，修改3D Stroke（3D笔触）特效的参数，设置Color（颜色）为白色，Thickness（厚度）的值为1，End（结束）的值为24，Offset（偏移）的值为-30，并单击End（结束）和Offset（偏移）左侧的【码表】按钮；展开Taper（锥形）选项组，勾选Enable（启用）复选框，如图15.20所示。画面效果，如图15.21所示。

图15.20 3D 描边参数设置　图15.21 画面效果

AE 06 调整时间到00:00:00:14帧的位置，修改End（结束）的值为50，Offset（偏移）的值为11，如图15.22所示。

图15.22 00:00:00:14帧的位置参数设置

AE 07 调整时间到00:00:01:07帧的位置，修改End（结束）的值为30，Offset（偏移）的值为90，如图15.23所示。

图15.23 00:00:01:07帧的位置参数设置

AE 08 在【效果和预设】面板中展开Trapcode特效组，然后双击Starglow（星光）特效，如图15.24所示。

AE 09 在【效果控件】面板中，修改Starglow（星光）特效的参数，在Preset（预设）下拉菜单中选择Warm Star（暖色星光）选项；展开Pre-Process（预设）选项组，设置Threshold（阈值）的值为160，修改Boost Light（发光亮度）的值为3，如图15.25所示。

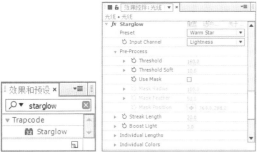

图15.24 添加特效　　图15.25 设置参数

AE 10 展开Colormap A（颜色图A）选项组，从Preset（预设）下拉菜单选择One Color（单色），并设置Color（颜色）为橙色（R:255；G:166；B:0），如图15.26所示。

图15.26 设置Colormap A（颜色贴图A）

AE 11 确认选择【光线】素材层，按Ctrl+D组合键，复制【光线】层并重命名为【光线2】，如图15.27所示。

图15.27 复制【光线】素材层

AE 12 选中【光线2】层，按P键，打开【位置】属性，修改【位置】属性值为（368，296），如图15.28所示。

图15.28 修改【位置】属性

AE 13 按Ctrl+D组合键复制【光线2】并重命名为【光线3】，选中【光线3】素材层，按S键，打开【缩放】属性，关闭约束比例开关，并修改【缩放】的值为（-100，100），如图15.29所示。

图15.29 修改【缩放】的值

AE 14 选中【光线3】素材层，按U键，打开建立了关键帧的属性，选中End（结束）属性以及Offset（偏移）属性的全部关键帧，调整时间到00:00:00:12帧的位置，拖动所有关键帧使入点与当前时间对齐，如图15.30所示。

图15.30 调整关键帧位置

AE 15 选中【光线3】素材层，按Ctrl+D组合键复制【光线3】并重命名为【光线4】，按P键，打开【位置】属性，修改【位置】值为（360，288）。如图15.31所示。

图15.31 修改【位置】属性

15.1.4 制作光动画

AE 01 执行菜单栏中的【合成】|【新建合成】命令，打开【合成设置】对话框，设置【合成名称】为光，【宽度】为720，【高度】为576，【帧速率】为25，并设置【持续时间】为00:00:03:20秒，如图15.32所示。

AE 02 按Ctrl＋Y组合键，打开【纯色设置】对话框，设置【名称】为【光1】，【宽度】为720，【高度】为576，【颜色】为黑色，如图15.33所示。

图15.32 新建合成　　图15.33 新建纯色层

AE 03 选择【光1】纯色层，单击工具栏中的【钢笔工具】 按钮，在【光1】合成窗口中绘制一个平滑的路径，如图15.34所示。

AE 04 在【效果和预设】面板中展开Trapcode特效组，然后双击3D Stroke（3D笔触）特效，如图15.35所示。

图15.34 绘制平滑路径 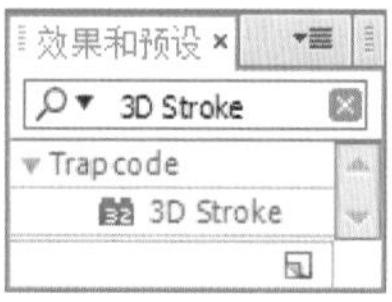　　图15.35 添加特效

AE 05 调整时间到00:00:00:00帧的位置，在【效果控件】面板中，修改3D Stroke（3D笔触）特效的参数，设置Color（颜色）为白色，Thickness（厚度）的值为5，End（结束）的值为0，Offset（偏移）的值为0，并单击End（结束）和Offset（偏移）左侧的【码表】 按钮；展开Taper（锥形）选项组，勾选Enable（启用）复选框，如图15.36所示。

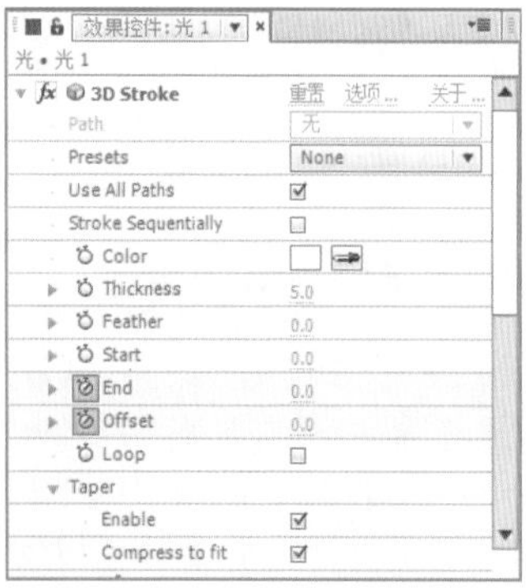

图15.36 修改特效的参数

AE 06 调整时间到00:00:01:07帧的位置，修改Offset（偏移）的值为15，系统自动建立关键帧，如图15.37所示。

图15.37 修改偏移值

AE 07 调整时间到00:00:01:22帧的位置，修改End（结束）的值为100，Offset（偏移）的值为90，系统自动建立关键帧，如图15.38所示。

图15.38 修改End（结束）与Offset（偏移）的值

AE 08 在【效果和预设】面板中展开Trapcode特效组，然后双击Starglow（星光）特效，如图15.39所示。

图15.39 添加特效

AE 09 在【效果控件】面板中，修改Starglow（星光）特效的参数，在Preset（预设）下拉菜单中选择Warm Star（暖色星光）；展开Pre-Process（预设）选项组，设置Threshold（阈值）的值为160，修改Streak Length（光线长度）的值为5，如图15.40所示。

图15.40 设置参数

AE 10 按Ctrl + Y组合键，打开【纯色设置】对话框，设置【名称】为【光2】，【宽度】为【720】，【高度】为【576】，【颜色】为黑色，如图15.41所示。

AE 11 选择【光2】纯色层，单击工具栏中的【钢笔工具】按钮，在【光2】合成窗口中绘制一个平滑的路径，如图15.42所示。

图15.41 新建纯色层　图15.42 绘制平滑路径

AE 12 单击时间线面板中的【光2】纯色层，按Ctrl+D组合键复制【光2】层并重命名为【光3】，以同样的方法复制出【光4】、【光5】，如图15.43所示。

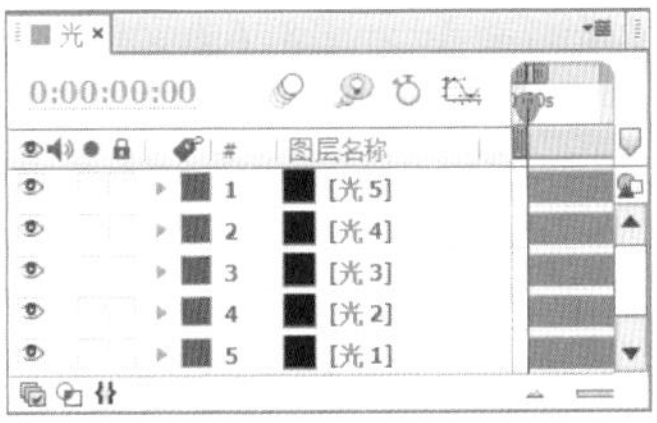

图15.43 复制光层

AE 13 调整时间到00:00:00:00帧的位置，选中【光1】素材层，在【效果控件】面板中选中3D Stroke（3D笔触）和Starglow（星光）两个特效，按Ctrl+C组合键复制特效，在【光2】素材层的【效果控件】面板中，按Ctrl+V键粘贴特效，如图15.44所示。此时的画面效果，如图15.45所示。

图15.44 粘贴特效　　　图15.45 特效预览

AE 14 调整时间到00:00:00:09帧的位置，在【光3】素材层的【效果控件】面板中，按Ctrl+V键粘贴特效，如图15.46所示，粘贴特效后的效果如图15.47所示。

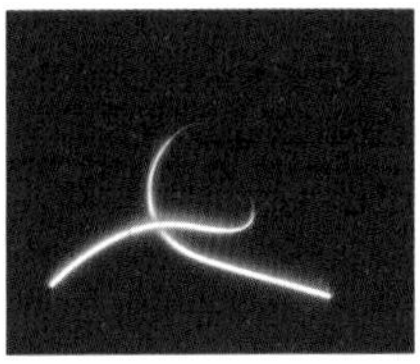

图15.46 粘贴特效 图15.47 复制特效的效果预览

AE 15 选中时间线面板中的【光3】纯色层，按R键，打开【旋转】属性，修改【旋转】的值为75，如图15.48所示。此时的画面效果，如图15.49所示。

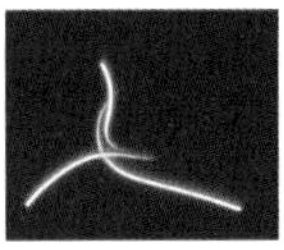

图15.48 修改属性　　图15.49 旋效果预览

AE 16 调整时间到00:00:00:15帧的位置，在【光4】素材层的【效果控件】面板中，按Ctrl+V键粘贴特效，如图15.50所示。此时的画面效果，如图15.51所示。

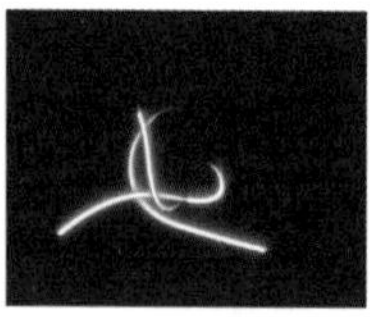

图15.50 粘贴特效 图15.51 复制特效的效果预览

AE 17 选中时间线面板中的【光4】纯色层，按R键，打开【旋转】属性，修改【旋转】的值为175，如图15.52所示。此时的画面效果，如图15.53所示。

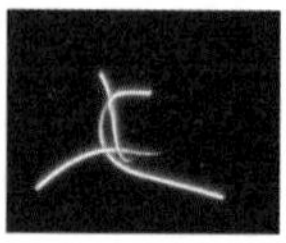

图15.52 修改属性   图15.53 旋转后效果

AE 18 调整时间到00:00:00:23帧的位置，在【光5】素材层的【效果控件】面板中，按Ctrl+V键粘贴特效，如图15.54所示。此时的画面效果，如图15.55所示。

图15.54 粘贴特效   图15.55 复制特效的效果预览

AE 19 在时间线面板中选中【光1】纯色层，按Ctrl+D组合键复制并重命名为【光6】，按U键，打开【光6】建立关键帧的属性，调整时间到00:00:01:10帧的位置，选中时间线中的【光线6】的全部关键帧，向右拖动使起始帧与当前时间对齐，如图15.56所示。

图15.56 调整关键帧位置

AE 20 光动画就制作完成了，按空格或小键盘上的0键进行预览，其中几帧的效果如图15.57所示。

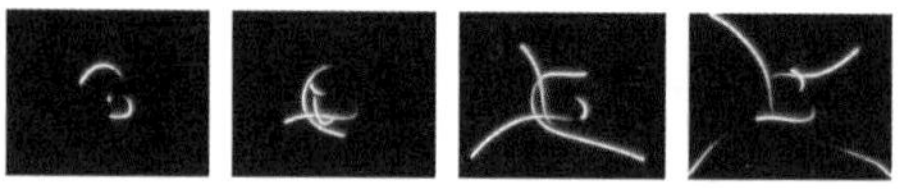

图15.57 【光】合成的动画预览图

15.1.5 制作最终合成动画

AE 01 执行菜单栏中的【合成】|【新建合成】命令，打开【合成设置】对话框，设置【合成名称】为【最终合成】，【宽度】为【720】，【高度】为【576】，【帧速率】为【25】，并设置【持续时间】为00:00:10:00秒，并将【光】、【光线】、【Music动画】、【锯齿.psd】素材导入时间线面板，如图15.58所示。

图15.58 将素材导入时间线面板

AE 02 按Ctrl + Y组合键，打开【纯色设置】对话框，设置【名称】为【背景】，【宽度】为【720】，【高度】为【576】，【颜色】为黑色，如图15.59所示。

AE 03 在【效果和预设】面板中展开【生成】特效组，然后双击【梯度渐变】特效，如图15.60所示。

图15.59 纯色设置   图15.60 添加梯度渐变

AE 04 在【效果控件】面板中，修改【梯度渐变】特效参数，设置【渐变形状】为【径向渐变】，【渐变起点】的值为（360，288），【起始颜色】为红色（R:255；G:30；B:92），【渐变终点】的值为（360，780），【结束颜色】为暗红色（R:40；G:1；B:5），效果如图15.61所示。

图15.61 设置渐变特效参数

AE 05 选中【锯齿.psd】层，打开三维属性开关，按Ctrl+D组合键，复制三次【锯齿.psd】并分别重命名为【锯齿2】、【锯齿3】、【锯齿4】，如图15.62所示。

图15.62 复制【锯齿.psd】素材层

AE 06 调整时间到00:00:01:22帧的位置，选中【锯齿.psd】素材层，展开【变换】选项组，单击【缩放】属性左侧的码表按钮，建立关键帧，修改【缩放】的值为（30，30，30）；调整时间到00:00:02:05帧的位置，修改【缩放】的值为（104，104，104）；调整时间到00:00:02:09的位置，修改【缩放】的值为（79，79，79），单击【Z轴旋转】左侧的码表按钮，建立关键帧；调整时间到00:00:04:08帧的位置，修改【缩放】的值为（79，79，79），修改【Z轴旋转】的值为30，调整时间到00:00:04:15帧的位置，修改【缩放】的值为（0，0，0），建立好关键帧后时间线面板如图15.63所示。

图15.63 【锯齿.psd】的关键帧设置

AE 07 确认选中【锯齿.psd】素材层，修改【位置】属性值为（410，340，0），修改【X轴旋转】属性的值为-54，修改【Y轴旋转】属性值为-30，修改【不透明度】属性的值为44%，如图15.64所示。

图15.64 设置【旋转】属性面板

AE 08 调整时间到00:00:01:05帧的位置，单击【锯齿2】素材层，打开【变换】选项组，修改【位置】属性的值为（350，310，0）。单击【缩放】左侧的【码表】按钮，在当前建立关键帧。修改【X轴旋转】的值为-57，修改【Y轴旋转】的值为33，如图15.65所示。

图15.65 设置【锯齿2】的属性值并建立关键帧

AE 09 调整时间到00:00:01:06帧的位置，修改【缩放】的值为（28，28，28）；调整时间到00:00:01:15帧的位置，修改【缩放】属性的值为（64，64，64）；调整时间到00:00:01:20帧的位置，修改【缩放】属性的值为（51，51，51），单击【Z轴旋转】左侧的码表按钮，在当前建立关键帧；调整时间到00:00:04:03帧的位置，修改【缩放】属性的值为（51，51，51），修改【Z轴旋转】的值为80；调整时间到00:00:04:09帧的位置，修改【缩放】属性的值为（0，0，0），如图15.66所示。

图15.66 建立【锯齿2】的关键帧动画

AE 10 此时看空格键或小键盘的0键可预览两个两个锯齿层的动画，其中几帧的预览效果如图15.67所示。

图15.67 锯齿动画的预览效果

AE 11 选择【锯齿3.psd】素材层，调整时间到00:00:05:22帧的位置，单击【缩放】左侧的码表⏱按钮，在当前建立关键帧，修改【X轴旋转】的值为-50，修改【Y轴旋转】的值为25，修改【Z轴旋转】的值为-18，修改【不透明度】的值为35%，如图15.68所示。

图15.68 设置【锯齿3】层的属性

AE 12 调整时间到00:00:06:03帧的位置，修改【缩放】属性的值为（106，106，106）；调整时间到00:00:06:06帧的位置修改【缩放】属性的值为（85，85，85），单击【X轴旋转】属性、【Y轴旋转】属性、【Z轴旋转】属性左侧的【码表】⏱按钮，添加关键帧，如图15.69所示。

图15.69 设置【锯齿3】的关键帧

AE 13 调整时间到00:00:09:24帧的位置，修改【X轴旋转】属性的值为-36，【Y轴旋转】属性的值为12，【Z轴旋转】属性的值为112，如图15.70所示。

图15.70 设置【锯齿3】的旋转属性

AE 14 调整时间到00:00:05:16帧的位置，选中【锯齿4】素材层，打开【变换】选项组，单击

【缩放】属性左侧的码表⏱按钮，修改值为（0，0，0）；调整时间到00:00:05:24帧的位置，修改【缩放】的值为（37，37，37）；调整时间到00:00:06:02帧的位置，修改修改【缩放】的值为（31，31，31），单击【X轴旋转】和【Z轴旋转】属性左侧的【码表】⏱按钮，在当前建立关键帧。调整时间到00:00:09:24帧的位置，修改【X轴旋转】的值为-63，【Z轴旋转】属性的值为180，如图15.71所示。

图15.71 设置【锯齿4】的关键帧

AE 15 选中【Music动画】层，打开三维动画开关，在【效果和预设】面板中展开【透视】特效组，然后双击【投影】特效，如图15.72所示。

AE 16 在【效果控件】面板中，修改【投影】的特效参数，修改【方向】的角度为257，修改【距离】的值为40，修改【柔和度】的值为45，如图15.73所示。

图15.72 添加特效　　　　图15.73 修改参数

AE 17 在【效果和预设】面板中展开【颜色校正】特效组，然后双击【亮度和对比度】特效，如图15.74所示。

AE 18 在【效果控件】面板中，修改【亮度】值为18，如图15.75所示。

图15.74 添加特效　　　　图15.75 修改数值

AE 19 在【效果和预设】面板中展开【模糊和锐化】特效组，然后双击【高斯模糊】特效，如图15.76所示。

AE 20 调整时间到00:00:00:00帧的位置，在【效果控件】面板中，单击【模糊度】左侧的【码表】按钮建立关键帧，并修改【模糊度】值为8，如图15.77所示。

图15.76 添加特效　　图15.77 修改关键帧

AE 21 调整时间到00:00:00:16帧的位置，修改【模糊度】的值为0；调整时间到00:00:04:16帧的位置，单击时间线面板中【模糊度】左侧的在当前时间添加或移除关键帧◆按钮；调整时间到00:00:05:04帧的位置，修改【模糊度】的值为8，如图15.78所示。

图15.78 创建模糊关键帧

AE 22 选中【Music动画】合成层，按Ctrl+D组合键复制合成并重命名为【Music动画2】，并将【Music动画2】合成层移动到【光线】层与【光】层之间，将【Music动画2】的入点调整到00:00:07:01帧的位置，如图15.79所示，在【效果控件】面板中删除【高斯模糊】特效。

图15.79 调整【Music动画2】的位置

AE 23 调整时间到00:00:02:12帧的位置，拖动时间线中【光线】层，调整入点为当前时间，如图15.80所示。

图15.80 调整【光线】层的持续时间条位置

AE 24 调整时间到00:00:06:05帧的位置，拖动时间线中【光】层，调整入点为当前时间，如图15.81所示。

图15.81 调整【光】层的持续时间条位置

AE 25 调整完【光】层的持续时间条位置后全部的Music动画就制作完成了，按空格键或小键盘上的【0】键，在合成窗口中预览动画。其中几帧的效果如图15.82所示。

图15.82 其中几帧的动画效果

15.2 电视栏目包装——浙江卫视

 实例解析

　　首先利用【分形杂色】、【色光】等特效制作出彩光效果，然后通过添加【碎片】特效，以及配合力场和动力学参数的调整，制作出图像碎片的效果，最后通过添加空物体，制作出Logo旋转动画，完成动画制作。动画流程如图15.83所示。

视频分类：商业栏目包装类
工程文件：配套光盘\工程文件\第15章\浙江卫视
视频位置：配套光盘\movie\视频讲座15-2：电视栏目包装——浙江卫视.avi

图15.83 浙江卫视动画流程

通过本例的制作，学习彩色光效的制作方法以及如何利用碎片特效制作画面粉碎效果。

操作步骤

15.2.1 导入素材

AE 01 执行菜单栏中的【合成】|【新建合成】命令，打开【合成设置】对话框，设置【合成名称】为【彩光】，【宽度】为【720】，【高度】为【576】，【帧速率】为【25】，并设置【持续时间】为00:00:06:00秒，单击【确定】按钮，在【项目】面板中，将会新建一个名为【彩光】的合成。

提示 ❓

按Ctrl＋N组合键，也可以打开【合成设置】对话框。

AE 02 执行菜单栏中的【文件】|【导入】|【文件】命令，打开【导入文件】对话框，选择配套光盘中的【工程文件\第15章\浙江卫视\Logo.

psd】素材。

AE 03 单击【导入】按钮，将打开【Logo.psd】对话框，在【导入为】的下拉列表中选择【合成】选项，将素材以合成的方式导入。单击【导入】按钮，素材将导入到【项目】面板中。

AE 04 执行菜单栏中的【文件】|【导入】|【文件】命令，或在【项目】面板中双击，打开【导入文件】对话框，选择配套光盘中的【工程文件\第15章\浙江卫视\光线.jpg、扫光图片.jpg】素材，单击【导入】按钮，【光线.jpg】、【扫光图片.jpg】将导入到【项目】面板中。

15.2.2 制作彩光效果

AE 01 打开【彩光】合成，在【彩光】合成的【时间线】面板中，按Ctrl＋Y组合键，打开【纯色设置】对话框，设置【名称】为噪波，【颜色】为黑色。单击【确定】按钮，在时间线面板中，将会创建一个名为【噪波】的纯色层。

AE 02 选择【噪波】纯色层，在【效果和预设】面板中展开【杂色和颗粒】特效组，然后双击【分形杂色】特效。

AE 03 在【效果控件】面板中，设置【对比度】

的值为120，展开【变换】选项组，取消选中【统一缩放】复选框，设置【缩放宽度】的值为5000，【缩放高度】的值为100；将时间调整到00:00:00:00帧的位置，分别单击【偏移（湍流）】和【演化】左侧的【码表】 按钮，在当前位置设置关键帧，并设置【偏移（湍流）】的值为（3600，288），【复杂度】的值为4，【演化】的值为0，如图15.84所示。完成后的画面效果，如图15.85所示。

图15.84 【分形杂色】的参数设置

图15.85 设置完成后的画面效果

AE 04 将时间调整到00:00:05:24帧的位置，设置【偏移（湍流）】的值为（-3600，288），【演化】的值为1x，如图15.86所示。

图15.86 在00:00:05:24帧的位置修改参数

AE 05 在【效果和预设】面板中展开【风格化】特效组，然后双击【闪光灯】特效，为【噪波】层添加【闪光灯】特效。

AE 06 在【效果控件】面板中，设置【闪光颜色】的值为白色，【与原始图像混合】的值80%，【闪光持续时间（秒）】的值为0.03，【闪光间隔时间（秒）】的值为0.06，【随机闪光概率】的值为30%，并设置【闪光】的方式为【使图层透明】，参数设置，如图15.87所示。

图15.87 【闪光灯】特效的参数设置

AE 07 按Ctrl + Y组合键，在时间线面板中新建一个【名称】为光线，【颜色】为黑色的纯色层，如图15.88所示。

图15.88 新建【光线】纯色层

AE 08 选择【光线】纯色层，在【效果和预设】面板中展开【生成】特效组，然后双击【梯度渐变】特效，【梯度渐变】特效的参数使用默认值。

提示

【渐变起点】：设置渐变开始的位置。【起始颜色】：设置渐变开始的颜色。【渐变终点】：设置渐变结束的位置。【结束颜色】：设置渐变结束的颜色。【渐变形状】：选择渐变的方式。包括【线性渐变】和【径向渐变】两种方式。【渐变散射】：设置渐变的扩散程度。值过大时将产生颗粒效果。【与原始图像混合】：设置渐变颜色与原图像的混合百分比。

AE 09 在【效果和预设】面板中展开【颜色校正】特效组，然后双击【色光】特效，如图15.89所示。

图15.89 添加【色光】特效后的画面效果

AE 10 【色光】的参数使用默认值，然后在时间线面板中将【光线】层【模式】修改为【颜色】。按Ctrl + Y组合键，在时间线面板中，新建一个【名称】为【蒙版遮罩】，【颜色】为黑色的纯色层。选择【蒙版遮罩】纯色层，单击工具栏中的【矩形工具】按钮，在合成窗口中绘制一个矩形蒙版，如图15.90所示。

图15.90 绘制矩形蒙版

提示

在调整蒙版的形状时，按住Ctrl键，遮罩将以中心对称的形式进行变换。

AE 11 在时间线面板中，按F键，打开【蒙版遮罩】纯色层的【蒙版羽化】选项，设置【蒙版羽化】的值为（250，250），如图15.91所示。此时的画面效果，如图15.92所示。

图15.91 设置【蒙版羽化】

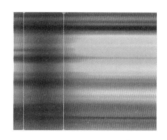

图15.92 羽化后的画面效果

AE 12 在时间线面板中，选择【光线】纯色层，并在【轨道遮罩】下拉菜单中选择【Alpha 遮罩【蒙版遮罩】】选项，如图15.93所示。

图15.93 设置图层模式和蒙版模式

AE 13 这样就完成了彩光效果的制作，在合成窗口中观看，其中几帧的画面效果，如图15.94所示。

图15.94 其中几帧的画面效果

图15.97 【发光】特效的参数设置

15.2.3 制作蓝色光带

AE 01 执行菜单栏中的【合成】|【新建合成】命令，打开【合成设置】对话框，设置【合成名称】为【蓝色光带】，【宽度】为【720】，【高度】为【576】，【帧速率】为【25】，并设置【持续时间】为00:00:06:00秒。

AE 02 在【时间线】面板中，按Ctrl + Y组合键，打开【纯色设置】对话框，设置【名称】为蓝光条，【颜色】为蓝色（R:50；G:113；B:255）。

AE 03 选择【蓝光条】层，单击工具栏中的【矩形工具】■按钮，在合成窗口中绘制一个蒙版，如图15.95所示。

图15.95 绘制蒙版

AE 04 在时间线面板中，按F键，打开该层的【蒙版羽化】选项，设置【蒙版羽化】的值为（25，25），如图15.96所示。

图15.96 设置蒙版羽化的值

AE 05 在【效果和预设】面板中展开【风格化】特效组，然后双击【发光】特效。

AE 06 在【效果控件】面板中，设置【发光阈值】的值为28%，【发光半径】的值为20，【发光强度】的值为2，在【发光颜色】下拉菜单中选择【A和B颜色】，设置【颜色B】为白色，参数设置如图15.97所示。

提示 ?

【发光基于】：选择辉光建立的位置。【发光阈值】：设置产生发光的极限。值越大，发光的面积越大。【发光半径】：设置发光的半径大小。【发光强度】：设置发光的亮度。【发光操作】：设置发光与原图的混合模式。【发光颜色】：设置发光的颜色。【发光循环】：设置发光颜色的循环方式。【发光维度】：设置发光的方式。可以选择【水平】、【垂直】、【水平和垂直】

AE 07 这样就完成了蓝色光带的制作，此时【合成】窗口中的画面效果，如图15.98所示。

图15.98 调节完成后的画面效果

提示 ?

调节完成后的图像是内部为色外部为蓝色的光带，由于在绘制时遮罩的大小不同，调节【发光】特效的参数时也会不同，如果完成后的效果不满意，只需要调节【发光阈值】的值即可。

15.2.4 制作碎片效果

AE 01 执行菜单栏中的【合成】|【新建合成】命令，新建一个【合成名称】为【渐变】，【宽

度】为【720】，【高度】为【576】，【帧速率】为【25】，【持续时间】为00:00:06:00秒的合成。

AE 02 在【渐变】合成的时间线面板中，按Ctrl＋Y组合键，新建一个名为Ramp渐变，【颜色】为黑色的纯色层。完成后【时间线】面板中的效果，如图15.99所示。

图15.99 新建纯色层

AE 03 选择【Ramp渐变】纯色层，在【效果和预设】面板中展开【生成】特效组，然后双击【梯度渐变】特效，为其添加【梯度渐变】特效。在【效果控件】面板中，设置【渐变起点】的值为（0，288），【渐变终点】的值为（720，288），参数设置，如图15.100所示。完成后的画面效果，如图15.101所示。

图15.100 【梯度渐变】特效的参数设置

图15.101 添加【梯度渐变】特效后的画面效果

AE 04 执行菜单栏中的【合成】|【新建合成】命令，打开【合成设置】对话框，设置【合成名称】为【碎片】，【宽度】为【720】，【高度】为【576】，【帧速率】为【25】，并设置【持续时间】为00:00:06:00秒。

AE 05 单击【确定】按钮，将打开【碎片】合成的时间线面板，在【项目】面板中，选择【扫光

图片.jpg】和【渐变】合成2个素材，将其拖放到【碎片】合成的时间线面板中，在时间线面板中的空白处单击，取消选择。然后单击【渐变】合成层左侧的【眼睛】图标，将【渐变】合成层隐藏，如图15.102所示。

图15.102 添加素材

AE 06 在时间线面板的空白处单击鼠标右键，在弹出的快捷菜单中，执行菜单栏中的【新建】|【摄像机】命令，打开【摄像机设置】对话框，在【预设】下拉菜单中选择24毫米，如图15.103所示。单击【确定】按钮，在【碎片】合成的时间线面板中，将会创建一个摄像机。

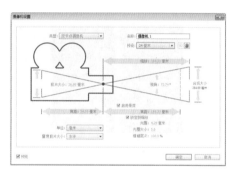

图15.103 【摄像机设置】对话框

提示 ?

在时间线面板中按Ctrl＋Alt＋Shift＋C组合键，可以快速打开【摄像机设置】对话框。

AE 07 选择【扫光图片.jpg】素材层，在【效果和预设】面板中展开【模拟】特效组，然后双击【碎片】特效，如图15.104所示。此时，由于当前的渲染形式是网格，所以当前合成窗口中显示的是网格效果，如图15.105所示。

图15.104 双击【碎片】特效

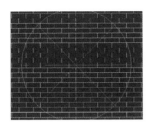

图15.105 图像的显示效果

AE 08 设置图片的显示。在【效果控件】面板
中，从【视图】下拉菜单中选择【已渲染】，如
图15.106所示；此时，拖动时间滑块，可以看到
一个碎片爆炸的效果，其中一帧的画面效果，如
图15.107所示。

图15.106 渲染设置

图15.108 【形状】选项

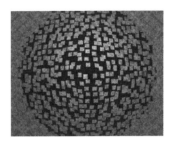

图15.109 设置后的图像效果

提示

在设置【碎片】特效的【图案】时，也可以根
据自己的喜好选择其他碎片图案。

AE 10 在【效果控件】面板中，展开【作用力1】
选项，设置【深度】的值为0.2，【半径】的值为
1，【强度】的值为5；将时间调整到00:00:01:05
帧的位置，展开【渐变】选项，单击【碎片阈
值】左侧的【码表】按钮，在当前位置设置关
键帧，并设置【碎片阈值】的值为0%，然后在
【渐变图层】下拉菜单中选择【2.渐变】，如图
15.110所示。

图15.110 设置力场和梯度层

AE 11 将时间调整到00:00:04:00帧的位置，修改
【碎片阈值】的值为100%，如图15.111所示。

图15.107 显示设置

提示

要想看到图像的效果，注意在时间线面板中拖
动时间滑块，如果时间滑块位于0帧的位置，
则看不到图像效果。

AE 09 设置图片的蒙版。在【效果控件】面板
中，展开【形状】选项，设置【图案】为【正方
形】，【重复】的值为40，【凸出深度】的值为
0.05，如图15.108所示。完成后的画面效果，如
图15.109所示。

图15.111 设置碎片阈值

AE 12 设置动力学参数。在【效果控件】面板中，展开【物理学】选项，设置【旋转速度】的值为0，【随机性】的值为0.2，【粘度】的值为0，【大规模方差】的值为20%，【重力】的值为6，【重力方向】的值为90，【重力倾向】的值为80；并在【摄像机系统】下拉菜单中选择【合成摄像机】，参数设置，如图15.112所示。此时，拖动时间滑块，从合成窗口中，可以看到动力学影响下的图片产生了很大的变化，其中一帧的画面，如图15.113所示。

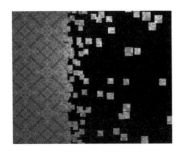

图15.112 动力学参数设置

图15.113 受力后的画面效果

15.2.5 创建虚拟物体

AE 01 在【项目】面板中，选择【蓝色光带】和【彩光】2个合成素材，将其拖放到【碎片】合成的时间线面板中的【摄像机 1】层的下一层，如图15.114所示。

图15.114 添加合成素材

AE 02 打开【蓝色光带】和【彩光】合成层右侧的三维属性开关。将时间调整到00:00:01:00帧的位置，在时间线面板的空白处单击，取消选择，然后选择【彩光】合成层，展开该层的【变换】的属性设置选项组，设置【锚点】的值为（0，288，0），【方向】的值为（0，90，0），【不透明度】的值为0%，并单击【不透明度】左侧的码表按钮，在当前位置设置关键帧，如图15.115所示。

图15.115 在00:00:01:00帧的位置设置关键帧

提示 ?

只有打开三维属性开关的图层，才会跟随摄像机的运动而运动。

AE 03 将时间调整到00:00:01:05帧的位置，单击【位置】左侧的【码表】按钮，在当前位置设置关键帧，并设置【位置】的值为（740，288，0），【不透明度】的值为100%，如图15.116所示。

图15.116 在00:00:01:05帧的位置设置关键帧

AE 04 将时间调整到00:00:04:00帧的位置，修改【位置】的值为（-20，288，0），单击【不透明度】左侧的【在当前时间添加或移除关键帧】按钮，添加一个保持关键帧。将时间调整到

00:00:04:05帧的位置，修改【不透明度】的值为0%，如图15.117所示。

图15.117 修改参数

如果在某个关键帧之后的位置，单击【在当前时间添加或删除关键帧】 按钮，则将添加一个保持关键帧，即当前帧的参数设置，与上一帧的参数设置相同。

AE 05 在时间线面板的空白处单击鼠标右键，在弹出的快捷菜单中，选择【新建】|【空对象】命令，此时【碎片】合成的时间线面板中将会创建一个【空1】层，然后打开该层的三维属性开关，如图15.118所示。

图15.118 新建【空对象】

在时间线面板中，按Ctrl + Alt + Shift + Y组合键，可以快速创建【虚拟物体】，或在时间线面板中单击鼠标右键，在弹出的快捷菜单中执行【新建】|【空对象】命令，也可创建【虚拟物体】。

AE 06 在摄像机1层右侧【父级】属性栏中选择【空1】层，将【空1】父化给摄像机1，如图15.119所示。

图15.119 建立父子关系

建立父子关系后，子物体会跟随父物体一起运动。

AE 07 将时间调整到00:00:00:00帧的位置，选择【空1】层，按R键，打开该层的旋转选项，单击【方向】左侧的【码表】 按钮，在当前位置设置关键帧，如图15.120所示。

图15.120 为【方向】设置关键帧

AE 08 将时间调整到00:00:01:00帧的位置，修改【方向】的值为（45，0，0），并单击【Y轴旋转】左侧的【码表】 按钮，在当前位置设置关键帧，如图15.121所示。

图15.121 为【Y轴旋转】设置关键帧

AE 09 将时间调整到00:00:05:24帧的位置，修改【Y轴旋转】的值为120，系统将在当前位置自动设置关键帧，如图15.122所示。

图15.122 修改【Y轴旋转】的值为120

AE 10 将【空1】层的4个关键帧全部选中，按F9键，使曲线平缓进入和离开，完成后的效果，如图15.123所示。

图15.123 使曲线平缓进入和离开

完成操作后，会发现关键帧的形状发生了变化，这样可以使曲线平缓的进入和离开，并使其不是匀速运动。执行菜单栏中的【动画】|【关键帧辅助】|【缓动】命令，也可使关键帧的形状进行改变。

15.2.6 制作摄像机动画

AE 01 将时间调整到00:00:00:00帧的位置，在时间线面板中，选择【摄像机1】层，按P键，打开该层的【位置】选项，单击【位置】左侧的码表 ⏱ 按钮，在当前位置设置关键帧，并设置【位置】的值为（0，0，-800），如图15.124所示。

图15.124 修改【位置】的值为（0，0，-800）

AE 02 将时间调整到00:00:01:00帧的位置，单击【位置】左侧的【在当前时间添加或移除关键帧】 ◇ 按钮，添加一个保持关键帧，如图15.125所示。

图15.125 添加一个保持关键帧

AE 03 将时间调整到00:00:05:24帧的位置，设置【位置】的值为（0，-800，-800）；选择该层的后两个关键帧，按F9键，完成后的效果，如图15.126所示。

图15.126 设置【位置】的值

AE 04 将时间调整到00:00:01:00帧的位置，选择【彩光】层，按U键，打开该层的所有关键帧，将其全部选中，按Ctrl + C组合键，复制关键帧，然后选择【蓝色光带】层，按Ctrl + V组合键，粘贴关键帧，然后按U键，效果如图15.127所示。

图15.127 复制关键帧

AE 05 将【蓝色光带】、【彩光】层【模式】修改为【屏幕】，并将【空1】层隐藏，如图15.128所示。

图15.128 修改图层的屏幕模式

AE 06 在【项目】面板中选择【扫光图片.jpg】素材，将其拖动到【碎片】合成时间线面板中，使其位于【彩光】合成层的下一层，并将其重命名为【扫光图片1】，如图15.129所示。

图15.129 添加【扫光图片1】素材

AE 07 确认当前选择为【扫光图片1】层，将时间调整到00:00:00:24帧的位置，按Alt +]组合键，为【扫光图片1】层设置出点，如图15.130所示。

图15.130 设置【扫光图片1】层的出点位置

提示 ❓

按Ctrl +]组合键，可以为选中的图层，设置出点。

AE 08 将时间调整到00:00:01:00帧的位置，在时间线面板中，选择除【扫光图片1】层外的所有图层，然后按[键，为所选图层设置入点，完成后的效果，如图15.131所示。

图15.131 为图层设置入点

AE 09 选择【扫光图片1】层，按S键，打开该层的【缩放】选项，在00:00:01:00帧的位置单击【缩放】左侧的【码表】按钮，在当前位置设置关键帧，并修改【缩放】的值为（68，68），如图15.132所示。

图15.132 修改【缩放】的值为（68，68）

AE 10 将时间调整到00:00:00:15帧的位置，修改【缩放】的值为（100，100），如图15.133所示。

图15.133 修改【缩放】的值为（100，100）

15.2.7 制作花瓣旋转

AE 01 在【项目】面板中，选择【Logo】合成，按Ctrl + K组合键，打开【合成设置】对话框，设置【持续时间】为00:00:03:00秒，如图15.134所示，单击【确定】按钮。打开【Logo】合成的时间线面板，此时合成窗口中的画面效果，如图15.135所示。

图15.134 设置持续时间为3秒

图15.135 合成窗口中的画面效果

单击【时间线】面板右上角的按钮，也可打开【合成设置】对话框。

AE 02 在时间线面板中，选择【花瓣】、【花瓣 副本】、【花瓣 副本2】、【花瓣 副本3】、【花瓣 副本4】、【花瓣 副本5】、【花瓣 副本6】、【花瓣 副本7】8个素材层，按A键，打开所选层的【锚点】选项，设置【锚点】的值为（360，188），如图15.136所示。此时的画面效果，如图15.137所示。

图15.136 设置【锚点】的值为（360，188）

图15.137 合成窗口中定位点的位置

AE 03 按P键，打开所选层的【位置】选项，设置【位置】的值为（360，188），如图15.138所示。画面效果，如图15.139所示。

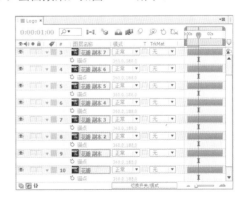

图15.138 设置【位置】的值

图15.139 定位点的位置

AE 04 将时间调整到00:00:01:00帧的位置，单击【位置】左侧的【码表】按钮，在当前位置设置关键帧，如图15.140所示。

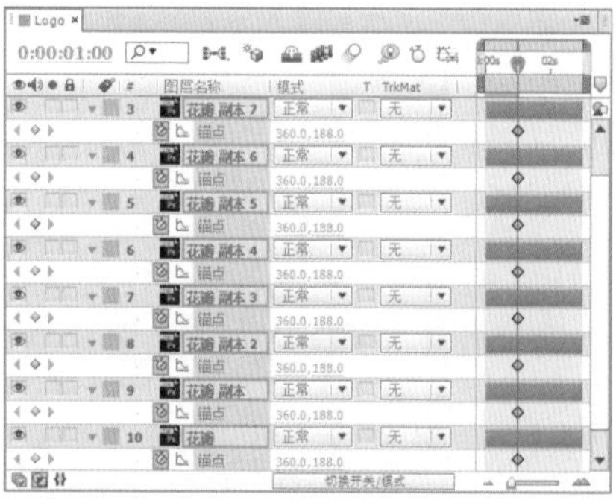

图15.140 在00:00:01:00帧的位置设置关键帧

AE 05 将时间调整到00:00:00:00帧的位置，在时间线面板的空白处单击，取消选择。然后分别修改【花瓣】层【位置】的值为（-413，397），【花瓣 副本】层【位置】的值为（432，-317），【花瓣 副本2】层【位置】的值为（-306，16），【花瓣 副本3】层【位置】的值为（-150，863），【花瓣 副本4】层【位置】的值为（607、910），【花瓣 副本5】层【位置】的值为（58、-443），【花瓣 副本6】层【位置】的值为（457、945），【花瓣 副本7】层【位置】的值为（660、-32），如图15.141所示。

图15.141 修改【位置】的值

提示 ?
本步中采用倒着设置关键帧的方法，制作动画。这样制作是为了在00:00:00:00帧的位置，读者也可以根据自己的需要随便调节图像的位置，制作出另一种风格的汇聚效果。

AE 06 执行菜单栏中的【图层】|【新建】|【空对象】命令，在时间线面板中，将会创建一个【空2】层，按A键，打开该层的【锚点】选项，设置【锚点】的值为（50，50），如图15.142所示。画面效果，如图15.143所示。

图15.142 设置定位点的值为（50，50）

图15.143 虚拟物体锚点的位置

提示 ?
默认情况下，【空对象】的定位点在左上角，如果需要其围绕中心点旋转，必须调整定位点的位置。

AE 07 按P键，打开该层的【位置】选项，设置【位置】的值为（360，188），如图15.144所示。此时虚拟物体的位置，如图15.145所示。

图15.144 设置【位置】的值

图15.145 虚拟物体的位置

AE 08 选择【花瓣】、【花瓣 副本】、【花瓣 副本2】、【花瓣 副本3】、【花瓣 副本4】、【花瓣 副本5】、【花瓣 副本6】、【花瓣 副本7】8个素材层，在所选层右侧的【父级】属性栏中选择【1.空 2】选项，建立父子关系。选择【空 2】层，按R键，打开该层的【旋转】选项，将时间调整到00:00:00:00帧的位置，单击【旋转】左侧的【码表】🕐按钮，在当前位置设置关键帧，如图15.146所示。

图15.146 在00:00:00:00帧的位置设置关键帧

提示 ❓

建立父子关系后，为【空2】层调整参数，设置关键帧，可以带动子物体层一起运动。

AE 09 将时间调整到00:00:02:00帧的位置，设置【旋转】的值为1x，并将【空 2】层隐藏，如图15.147所示。

图15.147 设置【旋转】的值

15.2.8 制作Logo定版

AE 01 在【项目】面板中，选择【光线.jpg】素材，将其拖动到时间线面板中【浙江卫视】的上一层，并修改【光线.jpg】层的【模式】为【相加】，如图15.148所示。此时的画面效果，如图15.149所示。

图15.148 添加【光线.jpg】素材

图15.149 画面中的光线效果

提示 ❓

在图层背景是黑色的前提下，修改图层的【模式】，可以将黑色背景滤去，只留下图层中的图像。

AE 02 按S键，打开该层的【缩放】选项，单击【缩放】右侧的【约束比例】🔗按钮，取消约束，并设置【缩放】的值为（100，50），如图15.150所示。

图15.150 设置【缩放】的值为（100，50）

AE 03 将时间调整到00:00:01:00帧的位置，按P键，打开该层的【位置】选项，单击【位置】左侧的【码表】🕐按钮，设置【位置】的值为（-421，366），如图15.151所示。

图15.151 设置【位置】的值为（-421，366）

AE 04 将时间调整到00:00:01:16帧的位置，设置【位置】的值为（1057，366），如图15.152所示。拖动时间滑块，其中一帧的画面效果，如图15.153所示。

图15.152 设置【位置】的值为（1057，366）

图15.153 其中一帧的画面效果

AE 05 选择【浙江卫视】层，单击工具栏中的【矩形工具】■按钮，在合成窗口中绘制一个蒙版，如图15.154所示。

图15.154 绘制蒙版

AE 06 将时间调整到00:00:01:13帧的位置，按M键，打开【浙江卫视】层的【蒙版路径】选项，单击【蒙版路径】左侧的【码表】⏱按钮，在当前位置设置关键帧，如图15.155所示。

图15.155 设置关键帧

AE 07 将时间调整到00:00:01:04帧的位置，修改路径如图15.156所示。拖动时间滑块，其中一帧的画面效果，如图15.157所示。

图15.156 修改形状

图15.157 画面效果

提示 ❓

在修改矩形蒙版的形状时，可以使用【选择工具】🔺，在蒙版的边框上双击，使其出现选框，然后拖动选框的控制点，修改矩形蒙版的形状。

15.2.9 制作最终合成

AE 01 执行菜单栏中的【合成】|【新建合成】命令，新建一个【合成名称】为【最终合成】，【宽度】为【720】，【高度】为【576】，【帧速率】为【25】，设置【持续时间】为00:00:08:00秒的合成。

AE 02 在【项目】面板中，选择【Logo】、【碎片】合成，将其拖动到【最终合成】的时间线面板中，如图15.158所示。

图15.158 添加【Logo】、【碎片】合成素材

AE 03 将时间调整到00:00:05:00帧的位置，选择【Logo】层，将其入点设置到当前位置，如图15.159所示。

图15.159 调整【Logo】层的入点

提示 ❓

在调整图层入点位置时，可以按住Shift键，拖动素材块，这样具有吸附功能，便于操作。

AE 04 按T键，打开该层的【不透明度】选项，单击【不透明度】左侧的【码表】⏱按钮，在当前位置设置关键帧，并设置【不透明度】的值为0%；将时间调整到00:00:05:08帧的位置，修改【不透明度】的值为100%，如图15.160所示。

图15.160 设置【不透明度】的值为0%

AE 05 选择【碎片】合成层，按Ctrl + Alt + R组合键，将【碎片】的时间倒播，完成效果，如图15.161所示。

AE 06 这样就完成了【电视栏目包装——浙江卫视】的整体制作，按小键盘上的【0】键播放预览。最后将文件保存并输出成动画。

图15.161 修改时间

15.3 《理财指南》电视片头

 实例解析

本例重点讲解利用开启After Effects CC内置的三维效果制作旋转地圆环，是圆环本身层次感分明，立体效果十足，利用层之间的层叠关系更好的表现出场景的立体效果，利用线性擦除特效制作背景色彩条的生长效果，从而完成理财指南的动画的制作。本例最终的动画流程效果，如图15.162所示。

视频分类：商业栏目包装类
工程文件：配套光盘\工程文件\第15章\理财指南
视频位置：配套光盘\movie\视频讲座15-3：《理财指南》电视片头.avi

图15.162 《理财指南》电视片头最终动画流程效果

学习目标

通过本例的制作，学习通过打开三维开关，建立有层次感动画效果制作，学习利用Circle（圆）特效制作圆环动画的方法，掌握利用调整持续时间条的入点与出点修改动画的开始时间与持续时间的技巧。

操作步骤

15.3.1 导入素材

AE 01 执行菜单栏中的【文件】|【导入】|【文件】命令，打开【导入文件】对话框，选择配套光盘中的【工程文件\第15章\理财指南\箭头 01.psd、箭头 02.psd、镜头 1背景.jpg、素材01.psd、素材 02.psd、素材 03.psd、文字 01.psd、文字 02.psd、文字 03.psd、文字 04.psd、文字05.psd、圆点.psd】素材，如图15.163所示，单击【导入】键，将素材添加到【项目】面板中，如图15.164所示。

图15.163 导入文件　　图15.164 导入素材

AE 02 单击【项目】面板下方的建立文件夹 📁 按钮，新建文件夹并重命名为【素材】，将刚才导入的素材放到新建的素材文件夹中，如图15.165所示。

图15.165 将导入素材放入【素材】文件夹

AE 03 执行菜单栏中的【文件】|【导入】|【文件】命令，打开【导入文件】对话框，选择配套光盘中的【工程文件\第15章\理财指南\风车.psd素材，如图15.166所示。

图15.166 选择【风车.psd】素材

AE 04 单击打开按钮，打开以素材名【风车.psd】命名的对话框，在【导入类型】下拉列表框中选择【合成】选项，将素材以合成的方式导入，如图15.167所示。

图15.167 以合成的方式导入素材

AE 05 单击【确定】键，将素材导入【项目】面板中此，系统将建立以【风车】命名的新合成，如图15.168所示。

图15.168 导入【风车.psd】素材

AE 06 在项目面板中，选择【风车】合成，按Ctrl+K组合键打开【合成设置】对话框，设置【持续时间】为00:00:15:00秒。

15.3.2 制作风车合成动画

AE 01 打开【风车】合成的时间线面板，选中时间线中的所有素材层，打开三维开关，如图15.169所示。

图15.169 开启三维开关

AE 02 调整时间到00:00:00:00帧的位置，单击【小圆环】素材层，按R键，打开【旋转】属性，单击【Z轴旋转】属性左侧的【码表】按钮，在当前时间建立关键帧，如图15.170所示。

图15.170 Z轴旋转建立关键帧

AE 03 调整时间到00:00:03:09帧的位置，修改【Z轴旋转】的值为200，系统将自动建立关键帧，如图15.171所示。

图15.171 修改Z轴旋转的值

AE 04 调整时间到00:00:00:00帧的位置，单击【小圆环】素材层的【Z轴旋转】文字部分，以选择全部的关键帧，按Ctrl+C复制选中的关键帧，单击【大圆环】，按R键，打开【旋转】属性，按Ctrl+V粘贴关键帧，如图15.172所示。

图15.172 粘贴Z轴旋转关键帧

AE 05 调整时间到00:00:03:09帧的位置，单击时间线面板的空白处取消选择，修改【大圆环】的

【Z轴旋转】的值为-200，如图15.173所示。

图15.173 修改Z轴旋转属性的值

AE 06 调整时间到00:00:00:00帧的位置，单击【风车】，按Ctrl+V粘贴关键帧，如图15.174所示。

图15.174 粘贴Z轴旋转属性的关键帧

AE 07 确认时间在00:00:00:00帧的位置，单击【大圆环】素材层的【Z轴旋转】文字部分，以选择全部的关键帧，按Ctrl+C复制选中的关键帧，单击【圆环转】，按Ctrl+V粘贴关键帧，如图15.175所示。

图15.175 为【圆环转】素材层粘贴关键帧

AE 08 这样风车合成层的素材平面动画就制作完毕了，按空格键或小键盘上的0键在合成预览面板播放动画，其中几帧的效果如图15.176所示。

图15.176 风车动画其中几帧的效果

AE 09 平面动画制作完成，下面开始制作立体效果，选择【大圆环】素材层，按P键，打开【位置】属性，修改【位置】的值为（321，320.5，-72）；选择【风车】素材层，按P键，打开【位置】属性，修改【位置】的值为（321，320.5，-20）；选择【圆环转】素材层，按P键，打开【位置】属性，修改【位置】的值为（321，320.5，-30），如图15.177所示。

图15.177 修改位置属性的值

AE 10 添加摄像机。执行菜单栏中的【图层】|【新建】|【摄像机】命令，打开【摄像机设置】对话框，设置【预设】为24毫米，如图15.178所示。单击【确定】按钮，在时间线面板中将会创建一个摄像机。

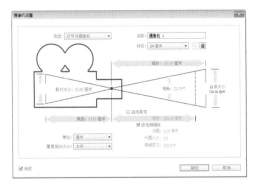

图15.178 创建摄影机

AE 11 调整时间到00:00:00:00帧的位置，展开【摄影机 1】的【变换】选项组，单击【目标点】左侧的【码表】按钮，在当前建立关键帧，修改【目标点】的值为（320，320，0），单击【位置】左侧的【码表】按钮，建立关键帧，修改【位置】的值为（700，730，-250），如图15.179所示。

图15.179 建立关键帧动画

AE 12 调整时间到00:00:03:10帧的位置，修改【目标点】的值为（212，226，260），修改【位置】属性的值为（600，550，-445），如图15.180所示。

图15.180 修改摄影机 1的属性

AE 13 这样风车合成层的素材立体动画就制作完毕了，按空格键或小键盘上的0键在合成预览面板播放动画，其中几帧的效果如图15.181所示。

图15.181 风车动画其中几帧的效果

15.3.3 制作圆环动画

AE 01 执行菜单栏中的【合成】|【新建合成】命令，打开【合成设置】对话框，设置【合成名称】为【圆环动画】，【宽度】为【720】，【高度】为【576】，【帧速率】为【25】，并设置【持续时间】为00:00:02:00帧，如图15.182所示。

AE 02 按Ctrl+Y组合键，打开【纯色设置】对话框，设置【名字】为【红色圆环】，修改【颜色】为白色，如图15.183所示。

图15.182 建立合成　　图15.183 建立纯色层

AE 03 选择【红色圆环】纯色层，按Ctrl+D组合键，复制【红色圆环】纯色层，并重命名为【白色圆环】，如图15.184所示。

图15.184 复制【红色圆环】纯色层

AE 04 选择【红色圆环】纯色层，在【效果和预设】面板中展开【生成】特效组，然后双击【圆形】特效，如图15.185所示。

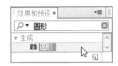

图15.185 添加【圆形】特效

AE 05 调整时间到00:00:00:00帧的位置，在【效果控件】面板中，修改【圆形】特效的参数，单击【半径】左侧的【码表】按钮建立关键帧，修改【半径】的值为0，从【边缘】下拉菜单中选择【边缘半径】，设置【颜色】为紫色（R:205；G:1；B:111），如图15.186所示。

图15.186 修改圆形特效参数

AE 06 调整时间到00:00:00:14帧的位置，修改【半径】的值为30，单击【边缘半径】左侧的【码表】按钮，在当前建立关键帧，如图15.187所示。

图15.187 修改属性添加关键帧

AE 07 调整时间到00:00:00:20帧的位置，修改【半径】的值为65，【边缘半径】的值为60，如图15.188所示。

图15.188 修改属性

AE 08 选择【白色圆环】纯色层，在【效果和预设】面板中展开【生成】特效组，然后双击【圆形】特效，如图15.189所示。

图15.189 添加【圆形】特效

AE 09 调整时间到00:00:00:11帧的位置，在【效果控件】面板中，修改【圆形】特效的参数，单击【半径】左侧的【码表】按钮建立关键帧，修改【半径】的值为0，从【边缘】下拉菜单中选择【边缘半径】，单击【边缘半径】左侧的【码表】按钮，在当前时间建立关键帧，设置【颜色】为白色，如图15.190所示。

图15.190 修改属性并建立关键帧

AE 10 调整时间到00:00:00:12帧的位置，修改【半径】的值为15，【边缘半径】的值为13，如图15.191所示。

图15.191 修改属性

AE 11 调整时间到00:00:00:14帧的位置，展开【羽化】选项组，单击【羽化外侧边缘】左侧的【码表】按钮，在当前位置建立关键帧，如图15.192所示。

图15.192 建立关键帧

389

AE 12 调整时间到00:00:00:20帧的位置，修改【半径】的值为86，修改【边缘半径】的值为75，修改【羽化外侧边缘】的值为15，如图15.193所示。

图15.193 修改白色圆环的属性

AE 13 这样圆环的动画就制作完成了，按空格键或小键盘上的0键在合成预览面板播放动画，其中几帧的效果如图15.194所示。

图15.194 圆环动画其中几帧的效果

15.3.4 制作镜头1动画

AE 01 执行菜单栏中的【合成】|【新建合成】命令，打开【合成设置】对话框，设置【合成名称】为【镜头1】，【宽度】为【720】，【高度】为【576】，【帧速率】为【25】，并设置【持续时间】为00:00:03:10帧，如图15.195所示。

图15.195 建立【镜头1】合成

AE 02 将【文字01.psd】、【圆环动画】、【箭头01.psd】、【箭头02.psd】、【风车】、【镜头1背景.jpg】拖入【镜头1】合成的时间线面板中，如图15.196所示。

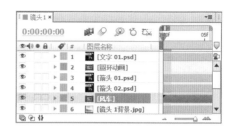

图15.196 将素材导入时间线面板

AE 03 调整时间到00:00:00:00帧的位置，单击【风车】右侧的三维开关，选择【风车】合成，按P键，打开【位置】属性，单击【位置】属性左侧的【码表】 按钮，在当前时间建立关键帧，修改【位置】的值为（114，368，160），如图15.197所示。

图15.197 建立关键帧

AE 04 调整时间到00:00:03:07帧的位置，修改【位置】的值为（660，200，-560），系统将自动建立关键帧，如图15.198所示。

图15.198 修改【位置】的值

AE 05 选择【风车】合成层，按Ctrl+D组合键，复制合成并重命名为【风车影子】。在【效果和预设】面板中展开【透视】特效组，然后双击【投影】特效，如图15.199所示。

图15.199 添加投影特效

AE 06 在【效果控件】面板中，修改【投影】特效的参数，修改【不透明度】的值为36%，【距离】的值为0，【柔和度】的值为5，如图15.200所示。

图15.200 设置投影特效的值

AE 07 在【效果和预设】面板中展开【扭曲】特效组，然后双击CC Power Pin（CC 四角缩放）特效，如图15.201所示。

图15.201 添加CC 四角缩放特效

AE 08 在【效果控件】面板中，修改CC Power Pin（CC 四角缩放）特效的参数，修改Top Left（左上角）的值为（15，450）；修改Top Right（右上角）的值为（680，450）；修改Bottom Left（左下角）的值为（15，590）；修改Bottom Right（右下角）的值为（630，590），如图15.202所示。

图15.202 修改CC 四角缩放特效

AE 09 单击【箭头 02.psd】素材层，在【效果和预设】面板中展开【过渡】特效组，然后双击【线性擦除】特效，如图15.203所示。

图15.203 添加线性擦除特效

AE 10 调整时间到00:00:00:08帧的位置，在【效果控件】面板中，修改【线性擦除】特效，单击【过渡完成】左侧的【码表】按钮，在当前建立关键帧。修改【过渡完成】的值为40%，如图15.204所示。

图15.204 修改线性擦除特效的值

AE 11 调整时间00:00:00:22帧的位置，修改【过渡完成】属性的值为10%，如图15.205所示。

图15.205 调整切换完成的值

AE 12 调整时间00:00:02:20帧的位置，按T键，打开【不透明度】属性，单击【不透明度】属性左侧的【码表】按钮，在当前位置建立关键帧，如图15.206所示。

图15.206 建立关键帧

AE 13 调整时间到00:00:03:02帧的位置，修改【不透明度】属性的值为0%，如图15.207所示。

图15.207 修改【不透明度】属性的值

AE 14 单击【箭头 01.psd】素材层，在【效果和预设】面板中展开【过渡】特效组，然后双击【线性擦除】特效，如图15.208所示。

图15.208 添加线性擦除特效

AE 15 调整时间到00:00:00:08帧的位置，在【效果控件】面板中，修改【线性擦除】特效，单击

【过渡完成】左侧的【码表】⏱按钮，在当前建立关键帧，修改【过渡完成】的值为100%。单击【擦除角度】左侧的码表⏱按钮，在当前建立关键帧，修改【擦除角度】的值为-150，如图15.209所示。

图15.209 修改线性擦除特效

AE 16 调整时间到00:00:00:12帧的位置，修改【擦除角度】属性的值为-185，如图15.210所示。

图15.210 设置00:00:00:12帧位置关键帧

AE 17 调整时间到00:00:00:17帧的位置，修改【擦除角度】属性的值为-248，如图15.211所示。

图15.211 设置00:00:00:17帧关键帧

AE 18 调整时间到00:00:00:22帧的位置，修改【过渡完成】属性的值为0%，如图15.212所示。

图15.212 调整切换完成属性

AE 19 调整时间到00:00:02:20帧的位置，按T键，打开【箭头 01.psd】的【不透明度】属性，单击【不透明度】属性左侧的【码表】⏱按钮，在当前时间建立关键帧，如图15.213所示。

图15.213 建立不透明度属性关键帧

AE 20 调整时间到00:00:03:02帧的位置，修改【不透明度】属性的值为0%，系统将自动建立关键帧，如图15.214所示。

图15.214 修改透明度的值

AE 21 调整时间到00:00:00:18帧的位置，向右拖动【圆环动画】合成层，使入点到当前时间，如图15.215所示。

图15.215 设置【圆环动画】入点

AE 22 调整时间到00:00:01:13帧的位置，展开【圆环动画】的【变换】选项组，修改【位置】属性的值为（216，397），单击【缩放】属性左侧的【码表】⏱按钮，在当前建立关键帧，如图15.216所示。

图15.216 建立缩放属性关键帧

AE 23 调整时间到00:00:01:18帧的位置，修改【缩放】属性的值为（110，110），系统将自动建立关键帧，单击【不透明度】属性左侧的【码表】⏱按钮，在当前时间建立关键帧，如图15.217所示。

图15.217 建立不透明度属性关键帧

AE 24 调整时间到00:00:01:21帧的位置，修改【不透明度】属性的值为0%，系统将自动建立关键帧，如图15.218所示。

图15.218 修改不透明度属性

AE 25 选中【圆环动画】合成层，按Ctrl+D组合键，复制【圆环动画】合成层并重命名为【圆环动画2】，调整时间到00:00:00:24帧的位置，拖动【圆环动画2】层，使入点到当前时间；按P键，打开【位置】属性，修改【位置】属性的值为（293，390），如图15.219所示。

图15.219 圆环动画2

AE 26 选中【圆环动画2】合成层，按Ctrl+D组合键，复制【圆环动画】合成层并重命名为【圆环动画3】。调整时间到00:00:01:07帧的位置，拖动【圆环动画3】层，使入点到当前时间；按P键，打开【位置】属性，修改【位置】属性的值为（338，414），如图15.220所示。

图15.220 圆环动画3

AE 27 选中【圆环动画3】合成层，按Ctrl+D组合键，复制【圆环动画】合成层并重命名为【圆环动画4】。调整时间到00:00:01:03帧的位置，拖动【圆环动画4】层，使入点到当前时间。按P键，打开【位置】属性，修改【位置】属性的值为（201，490），如图15.221所示。

图15.221 圆环动画4

AE 28 选中【圆环动画4】合成层，按Ctrl+D组合键，复制【圆环动画】合成层并重命名为【圆环

动画5】。调整时间到00:00:01:10帧的位置，拖动【圆环动画5】层，使入点到当前时间；按P键，打开【位置】属性，修改【位置】属性的值为（329，472），如图15.222所示。

图15.222 圆环动画5

AE 29 调整时间到00:00:01:02帧的位置，选中【文字01.psd】素材层，按P键，打开【位置】属性，单击【位置】属性左侧的【码表】按钮，在当前建立关键帧，修改【位置】属性的值为（-140，456），如图15.223所示。

图15.223 修改属性

AE 30 调整时间到00:00:01:08帧的位置，修改【位置】属性的值为（215，456），系统将自动建立关键帧，如图15.224所示。

图15.224 修改位置的属性

AE 31 调整时间到00:00:01:12帧的位置，修改【位置】属性的值为（175，456），系统将自动建立关键帧，如图15.225所示。

图15.225 修改位置的属性

AE 32 调整时间到00:00:01:15帧的位置，修改【位置】属性的值为（205，456），系统将自动建立关键帧，如图15.226所示。

图15.226 修改位置的属性

AE 33 调整时间到00:00:02:19帧的位置，修改【位置】属性的值为（174，456），系统将自动建立关键帧；调整时间到00:00:02:21帧的位置，修改【位置】属性的值为（205，456），系统将自动建立关键帧；调整时间到00:00:03:01帧的位置，修改【位置】属性的值为（-195，456），系统将自动建立关键帧，如图15.227所示。

图15.227 修改位置的属性

AE 34 这样【镜头1】的动画就制作完成了，按空格键或小键盘上的0键在合成预览面板播放动画，其中几帧的效果如图15.228所示。

图15.228 【镜头1】动画其中几帧的效果

15.3.5 制作镜头2动画

AE 01 执行菜单栏中的【合成】|【新建合成】命令，打开【合成设置】对话框，设置【合成名称】为【镜头2】，【宽度】为【720】，【高度】为【576】，【帧速率】为【25】，并设置【持续时间】为00:00:03:05帧，如图15.229所示。

图15.229 建立【镜头2】合成

AE 02 将【文字02.psd】、【圆环转/风车】、【大圆环/风车】、【小圆环/风车】导入【镜头2】合成的时间线面板中，如图15.230所示。

图15.230 将素材导入时间线

AE 03 按Ctrl+Y组合键，打开【纯色设置】对话框，设置【名字】为【镜头2背景】，设置【颜色】为白色，如图15.231所示。单击【确定】按钮建立纯色层。

图15.231 【纯色设置】对话框

AE 04 选择【镜头2背景】纯色层，在【效果和预设】面板中展开【生成】特效组，然后双击【梯度渐变】特效，如图15.232所示。

图15.232 添加梯度渐变特效

AE 05 在【效果控件】面板中，修改【梯度渐变】特效的参数，修改【渐变起点】为（360，0），修改【起始颜色】为深蓝色（R:13；G:90；B:106），修改【渐变终点】为（360，576），修改【结束颜色】为灰色（R:204；G:204；B:204），如图15.233所示。

图15.233 设置梯度渐变特效参数

AE 06 打开【圆环转/风车】、【大圆环/风车】、
【小圆环/风车】素材层右侧的三维开关，修改
【大圆环】位置的值为（360，288，-72），【风
车】位置的值为（360，288，-20），【圆环转
/风车】位置的值为（360，288，-30），如图
15.234所示。

图15.234 开启三维开关

AE 07 调整时间到00:00:00:00帧的位置，选择
【小圆环/风车】合成层，按R键，单开【旋转】
属性，单击【Z轴旋转】属性左侧的【码表】
按钮，在当前时间建立关键帧；调整时间到
00:00:03:04帧的位置，修改【Z轴旋转】属性的值
为200，如图15.235所示。

图15.235 设置Z轴旋转属性的关键帧

AE 08 调整时间到00:00:00:00帧的位置，单击
【小圆环/风车】的【Z轴旋转】属性的文字部
分，选中【Z轴旋转】属性的所有关键帧，按
Ctrl+C组合键，复制选中的关键帧，单击【大圆
环/风车】素材层，按Ctrl+V组合键粘贴关键帧，
如图15.236所示。

图15.236 粘贴Z轴旋转属性的关键帧

AE 09 调整时间到00:00:03:04帧的位置，选择
【大圆环/风车】素材层，修改【Z轴旋转】属性
的值为-200，如图15.237所示。

AE 10 调整时间到00:00:00:00帧的位置，选择
【风车/风车】素材层，按Ctrl+V组合键粘贴关键
帧，如图15.238所示。

图15.237 修改Z轴旋转属性的值

图15.238 在【风车】层复制关键帧

AE 11 调整时间到00:00:00:00帧的位置，单击
【大圆环/风车】合成层【Z轴旋转】属性的文字
部分，选中【Z轴旋转】属性的所有关键帧，按
Ctrl+C组合键，复制选中的关键帧，选择【圆环
转/风车】素材层，按Ctrl+V组合键粘贴关键帧，
如图15.239所示。

图15.239 在【圆环转】层复制关键帧

AE 12 调整时间到00:00:00:24帧的位置，选择
【文字02.psd】素材层，按P键，打开【位置】
属性，单击【位置】属性左侧的【码表】按钮，
修改【位置】的属性的值为（846，127），如图
15.240所示。

图15.240 建立【文字02.psd】的关键帧

AE 13 调整时间到00:00:01:05帧的位置，修改
【位置】的值为（511，127）；调整时间到
00:00:01:09帧的位置，修改【位置】的值为
（535，127）；调整时间到00:00:01:13帧的位
置，修改【位置】的值为（520，127）；调整时
间到00:00:02:08帧的位置，单击【位置】左侧的
在当前时间添加或移除关键帧◇按钮，在当前建
立关键帧，如图15.241所示。

图15.241 在00:00:02:08帧建立关键帧

AE 14 调整时间到00:00:02:10帧的位置,修改
【位置】的值为(535,127);调整时间到
00:00:02:11帧的位置,修改【位置】的值为
(515,127);调整时间到00:00:02:12帧的位
置,修改【位置】的值为(535,127);调整时
间到00:00:02:14帧的位置,修改【位置】的值为
(850,127),如图15.242所示。

图15.242 修改位置的值

AE 15 添加摄像机。执行菜单栏中的【图层】|
【新建】|【摄像机】命令,打开【摄像机设置】
对话框,设置【预设】为24毫米,如图15.243所
示。单击【确定】按钮,在时间线面板中将会创
建一个摄像机。

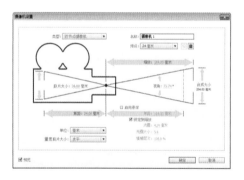

图15.243 添加摄像机

AE 16 调整时间到00:00:00:00帧的位置,展开
【摄像机 1】的【变换】选项组,单击【目标
点】左侧的【码表】 按钮,在当前建立关键
帧,修改【目标点】的值为(360,288,0),
单击【位置】左侧的【码表】 按钮,建立关键
帧,修改【位置】的值为(339,669,-57),如
图15.244所示。

图15.244 设置摄像机 1的关键帧

AE 17 调整时间到00:00:02:05帧的位置,修改【目
标点】的值为(372,325,50),修改【位置】
的值为(331,660,-132),如图15.245所示。

图15.245 修改摄影机 1关键帧的属性

AE 18 调整时间到00:00:03:01帧的位置,修改【目
标点】的值为(336,325,50),修改【位置】
的值为(354,680,-183),如图15.246所示。

图15.246 修改摄影机 1关键帧的属性

AE 19 这样【镜头2】的动画就制作完成了,按
空格键或小键盘上的0键在合成预览面板播放动
画,其中几帧的效果如图15.247所示。

图15.247 【镜头2】动画其中几帧的效果

15.3.6 制作镜头3动画

AE 01 执行菜单栏中的【合成】|【新建合成】
命令,打开【合成设置】对话框,设置【合成
名称】为【镜头3】,【宽度】为【720】,【高
度】为【576】,【帧速率】为【25】,并设置
【持续时间】为00:00:03:06帧,如图15.248所示。

图15.248 建立【镜头3】合成

AE 02 将【圆环动画】和【文字03.psd】拖入【镜头3】合成的时间线面板中，如图15.249所示。

图15.249 将素材导入时间线面板

AE 03 按Ctrl+Y组合键，打开【纯色设置】对话框，设置【名字】为【镜头3背景】，设置【颜色】为白色，如图15.250所示。单击【确定】按钮建立纯色层。

图15.250 【纯色设置】对话框

AE 04 选择【镜头3背景】纯色层，在【效果和预设】面板中展开【生成】特效组，然后双击【梯度渐变】特效，如图15.251所示。

图15.251 添加梯度渐变特效

AE 05 在【效果控件】面板中，修改【梯度渐变】特效的参数，修改【渐变起始】的值为（122，110），修改【起始颜色】为深蓝色（R:4；G:94；B:119），修改【渐变终点】的值为（720，288），修改【结束颜色】为浅蓝色（R:190；G:210；B:211），如图15.252所示。

图15.252 设置梯度渐变特效参数

AE 06 打开【镜头2】合成，在【镜头2】合成的时间线面板中选择【圆环转/风车】、【风车/风车】、【大圆环/风车】、【小圆环/风车】素材层，按Ctrl+C组合键，复制素材层。调整时间到00:00:00:00帧的位置，打开【镜头3】合成，按Ctrl+V组合键，将复制的素材层粘贴到【镜头3】合成中，如图15.253所示。

图15.253 粘贴素材层

AE 07 调整时间到00:00:00:11帧的位置，单击【文字03.psd】素材层，按P键，打开【位置】属性，单击【位置】左侧的【码表】按钮，在当前建立关键帧，修改【位置】属性的值为（-143，465），如图15.254所示。

图15.254 设置【文字03.psd】素材层关键帧

AE 08 调整时间到00:00:00:16帧的位置，修改【位置】属性的值为（562，465），系统将自动建立关键帧；调整时间到00:00:00:19帧的位置，修改【位置】属性的值为（522，465）；调整时间到00:00:00:23帧的位置，修改【位置】属性的值为（534，465）；调整时间到00:00:02:08帧的位置，单击【位置】属性左侧的在当前时间添加或移除关键帧按钮，在当前时间建立关键帧；调整时间到00:00:02:09帧的位置，修改【位置】属性的值为（526，465）；调整时间到00:00:02:13帧的位置，修改【位置】属性的值为（551，465）；调整时间到00:00:02:14帧的位置，修改【位置】属性的值为（527，465）；调整时间到00:00:02:15帧的位置，修改【位置】属性的值为（540，465）；调整时间到00:00:02:19帧的位置，修改【位置】属性的值为（867，465），如图15.255所示。

图15.255 修改位置属性并添加关键帧

AE 09 选中【圆环动画】合成层，调整时间到00:00:00:13帧的位置，向右拖动【圆环动画】合成层，使入点到当前时间位置，如图15.256所示。

图15.256 调整入点的位置

AE 10 调整时间到00:00:00:23帧的位置，按S键，打开【缩放】属性，单击【缩放】属性左侧的【码表】按钮，在当前建立关键帧；调整时间到00:00:01:13帧的位置，修改【缩放】属性的值为（143，143），系统将自动建立关键帧，如图15.257所示。

图15.257 修改缩放属性

AE 11 调整时间到00:00:01:14帧的位置，将光标放置在【圆环动画】合成层结束的位置，当光标变成双箭头时，向左拖动鼠标，将【圆环动画】合成层的出点调整到当前时间，如图15.258所示。

图15.258 设置【圆环动画】合成层的出点

AE 12 选中【圆环动画】合成层，按P键，打开【位置】属性，修改【位置】的值为（533，442），如图15.259所示。

图15.259 修改位置属性的值

AE 13 确认选中【圆环动画】合成层，按Ctrl+D组合键，复制【圆环动画】合成层并重命名为【圆环动画2】，拖动【圆环动画2】到【圆环动画】的下面一层，调整时间到00:00:00:17帧的位置，向右拖动【圆环动画2】合成层使入点到当前时间，如图15.260所示。

图15.260 调整【圆环动画2】合成持续时间

AE 14 确认选中【圆环动画2】合成层，按Ctrl+D组合键，复制【圆环动画2】合成层，系统将自动命名复制的新合成层为【圆环动画3】，拖动【圆环动画3】到【圆环动画2】的下面一层，调整时间到00:00:01:00帧的位置，向右拖动【圆环动画3】合成层使入点到当前时间，按P键，打开【位置】属性，修改【位置】的值为（610，352），如图15.261所示。

图15.261 调整【圆环动画3】合成持续时间

AE 15 确认选中【圆环动画3】合成层，按Ctrl+D组合键，复制【圆环动画3】合成层，系统将自动命名复制的新合成层为【圆环动画4】，拖动【圆环动画4】到【圆环动画3】的下面一层，调整时间到00:00:01:05帧的位置，向右拖动【圆环动画4】合成层使入点到当前时间；按P键，打开【位置】属性，修改【位置】的值为（590，469），如图15.262所示。

图15.262 调整【圆环动画4】合成持续时间

AE 16 确认选中【圆环动画4】合成层，按Ctrl+D组合键，复制【圆环动画4】合成层，系统将自动命名复制的新合成层为【圆环动画5】，拖动【圆环动画5】到【圆环动画4】的下面一层，调整时间到00:00:01:14帧的位置，向右拖动【圆环动画5】合成层使入点到当前时间；按P键，打开【位置】属性，修改【位置】的值为（515，444），如图15.263所示。

图15.263 调整【圆环动画5】合成持续时间

AE 17 确认选中【圆环动画5】合成层，按Ctrl+D组合键，复制【圆环动画5】合成层，系统将自动命名复制的新合成层为【圆环动画6】，拖动【圆环动画6】到【圆环动画4】的上面一层；调整时间到00:00:01:15帧的位置，向右拖动【圆环动画6】合成层使入点到当前时间；按P键，打开【位置】属性，修改【位置】的值为（590，469），如图15.264所示。

图15.264 调整【圆环动画6】合成持续时间

AE 18 添加摄像机。执行菜单栏中的【图层】|【新建】|【摄像机】命令，打开【摄像机设置】对话框，设置【预设】为24毫米，如图15.265所示。单击【确定】按钮，在时间线面板中将会创建一个摄像机。

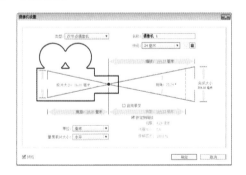

图15.265 添加摄像机

AE 19 调整时间到00:00:00:00帧的位置，选择摄像机 1，按P键，打开【位置】属性，单击【位置】左侧的【码表】按钮，修改【位置】的值为（276，120，-183），如图15.266所示。

图15.266 建立位置属性关键帧

AE 20 调整时间到00:00:03:05帧的位置，修改【位置】的值为（256，99，-272），系统将自动建立关键帧，如图15.267所示。

图15.267 修改位置属性的值

AE 21 这样【镜头3】的动画就制作完成了按空格键或小键盘上的0键在合成预览面板播放动画，其中几帧如图15.268所示。

图15.268 【镜头3】动画其中几帧的效果

15.3.7 制作镜头4动画

AE 01 执行菜单栏中的【合成】|【新建合成】命令，打开【合成设置】对话框，设置【合成名称】为【镜头4】，【宽度】为【720】，【高度】为【576】，【帧速率】为【25】，并设置【持续时间】为00:00:02:21帧，如图15.269所示。

AE 02 按Ctrl+Y组合键，打开【纯色设置】对话框，设置【名字】为【镜头4背景】，设置【颜色】为白色，如图15.270所示。

图15.269 建立合成　　图15.270 建立纯色层

AE 03 选择【镜头4背景】纯色层，在【效果和预设】面板中展开【生成】特效组，然后双击【梯度渐变】特效，如图15.271所示。

图15.271 添加梯度渐变特效

AE 04 在【效果控件】面板中,修改【梯度渐变】特效的参数,修改【渐变起点】的值为(180,120),修改【起始颜色】为深蓝色(R:6;G:88;B:109),修改【渐变终点】的值为(660,520),修改【结束颜色】为淡蓝色(R:173;G:202;B:203),如图15.272所示。

图15.272 设置渐变特效参数

AE 05 将【圆环动画】、【文字04.psd】、【圆环转/风车】、【风车/风车】、【大圆环/风车】、【小圆环/风车】拖入【镜头4】合成的时间线面板中,如图15.273所示。

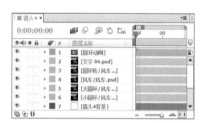

图15.273 将素材导入时间线面板

AE 06 打开【圆环转/风车】、【大圆环/风车】、【小圆环/风车】素材层的三维属性,修改【大圆环/风车】的【位置】的值为(360,288,-72),修改【风车/风车】的【位置】的值为(360,288,-20),修改【圆环转/风车】的【位置】的值为(360,288,-30),如图15.274所示。

图15.274 打开素材层的三维开关

AE 07 确认时间在00:00:00:00帧的位置,选择【小圆环/风车】素材层,按R键,打开【旋转】属性,单击【Z轴旋转】左侧的【码表】按钮,在当前建立关键帧,如图15.275所示。

图15.275 建立Z轴旋转属性的关键帧

AE 08 调整时间到00:00:02:20帧的位置,修改【Z轴旋转】属性的值为200,系统将自动建立关键帧,如图15.276所示。

图15.276 修改Z轴旋转属性的关键帧

AE 09 调整时间到00:00:00:00帧的位置,单击【小圆环/风车】素材层【Z轴旋转】属性的文字部分,以选中该属性的全部关键帧,按Ctrl+C组合键,复制选中的关键帧;选择【大圆环/风车】素材层,按Ctrl+V组合键,粘贴关键帧,如图15.277所示。

图15.277 粘贴Z轴旋转属性关键帧

AE 10 调整时间到00:00:02:20帧的位置,选择【大圆环/风车】素材层,修改【Z轴旋转】属性的值为-200,如图15.278所示。

图15.278 修改Z轴旋转属性的值

AE 11 调整时间到00:00:00:00帧的位置,选择【风车/风车】素材层,按Ctrl+V组合键,粘贴关键帧,如图15.279所示。

图15.279 粘贴Z轴旋转属性关键帧

AE 12 确认时间在00:00:00:00帧的位置，单击【大圆环/风车】素材层【Z轴旋转】属性的文字部分，以选中该属性的全部关键帧，按Ctrl+C组合键，复制选中的关键帧；选择【圆环转/风车】素材层，按Ctrl+V组合键，粘贴关键帧，如图15.280所示。

图15.280 粘贴Z轴旋转属性关键帧

AE 13 调整时间到00:00:00:07帧的位置，选中【文字04.psd】素材层，展开【变换】选项组，单击【位置】左侧的码表按钮，在当前建立关键帧，修改【位置】的值为（934，280），如图15.281所示。

图15.281 建立位置属性关键帧

AE 14 调整时间到00:00:00:12帧的位置，修改【位置】属性的值为（360，280），系统将自动建立关键帧。单击【缩放】属性左侧的【码表】按钮，在当前时间建立关键帧，如图15.282所示。

图15.282 建立缩放属性的关键帧

AE 15 调整时间到00:00:02:12帧的位置，修改【缩放】属性的值为（70，70），系统将自动建立关键帧，如图15.283所示。

图15.283 建立缩放属性的关键帧

AE 16 选中【圆环动画】合成层，调整时间到00:00:00:08帧的位置，向右拖动【圆环动画】合成层，使入点到当前时间位置，如图15.284所示。

图15.284 调整【圆环动画】合成持续时间

AE 17 确认时间在00:00:00:08帧的位置，按S键，打开【缩放】属性，单击【缩放】属性左侧的【码表】按钮，在当前建立关键帧；调整时间到00:00:01:08帧的位置，修改【缩放】属性的值为（144，144），系统将自动建立关键帧，如图15.285所示。

图15.285 修改缩放属性的值

AE 18 调整时间到00:00:01:09帧的位置，将光标放置在【圆环动画】合成层持续时间条结束的位置，当光标变成双箭头时，向左拖动鼠标，将【圆环动画】合成层的出点调整到当前时间，按P键，打开【位置】属性，修改【位置】属性的值为（429，243），如图15.286所示。

图15.286 设置【圆环动画】合成层的出点

AE 19 确认选中【圆环动画】合成层，按Ctrl+D组合键，复制【圆环动画】合成层并重命名为【圆环动画2】，拖动【圆环动画2】到【圆环动画】的下面一层；调整时间到00:00:00:10帧的位置，向右拖动【圆环动画2】合成层使入点到当前时间，按P键，打开【位置】属性，修改【位置】属性的值为（310，255），如图15.287所示。

图15.287 调整【圆环动画2】合成持续时间

AE 20 确认选中【圆环动画2】合成层，按Ctrl+D组合键，复制【圆环动画2】合成层，系统将自动命名复制的新合成层为【圆环动画3】，拖动【圆环动画3】到【圆环动画2】的下面一层，调整时间到00:00:00:14帧的位置，向右拖动【圆环动画3】合成层使入点到当前时间，按P键，打开【位置】属性，修改【位置】的值为（496，341），如图15.288所示。

图15.288 调整【圆环动画3】合成持续时间

AE 21 确认选中【圆环动画3】合成层，按Ctrl+D组合键，复制【圆环动画3】合成层，系统将自动命名复制的新合成层为【圆环动画4】，拖动【圆环动画4】到【圆环动画3】的下面一层；调整时间到00:00:00:19帧的位置，向右拖动【圆环动画4】合成层使入点到当前时间，按P键，打开【位置】属性，修改【位置】的值为（249，253），如图15.289所示。

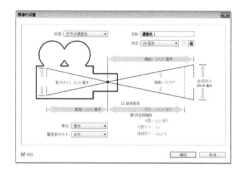

图15.289 调整【圆环动画4】合成持续时间

AE 22 添加摄像机。执行菜单栏中的【图层】|【新建】|【摄像机】命令，打开【摄像机设置】对话框，设置【预设】为24毫米，如图15.290所示。单击【确定】按钮，在时间线面板中将会创建一个摄像机。

图15.290 添加摄像机

AE 23 调整时间到00:00:00:00帧的位置，单击【摄像机 1】，按P键，打开【位置】属性，单击【位置】左侧的【码表】按钮，修改【位置】的值为（360，288，-225），如图15.291所示。

图15.291 建立位置属性关键帧

AE 24 调整时间到00:00:02:20帧的位置，修改【位置】的值为（360，288，-568），系统将自动建立关键帧，如图15.292所示。

图15.292 修改位置属性的值

AE 25 这样【镜头4】的动画就制作完成了，按空格键或小键盘上的0键在合成预览面板播放动画，其中几帧的效果如图15.293所示。

图15.293 【镜头4】动画其中几帧的效果

15.3.8 制作镜头5动画

AE 01 执行菜单栏中的【合成】|【新建合成】命令，打开【合成设置】对话框，设置【合成名称】为【镜头5】，【宽度】为【720】，【高度】为【576】，【帧速率】为【25】，并设置【持续时间】为00:00:04:05帧，如图15.294所示。

AE 02 在时间线面板按Ctrl+Y组合键，打开【纯色设置】对话框，设置【名字】为【镜头5背景】，设置【颜色】为白色，如图15.295所示。单击【确定】按钮建立纯色层。

图15.294 建立合成　　图15.295 建立纯色层

AE 03 选择【镜头5背景】纯色层，在【效果和预设】面板中展开【生成】特效组，然后双击【梯度渐变】特效，如图15.296所示。

AE 04 在【效果控件】面板中，修改【梯度渐变】特效的参数，修改【渐变起点】的值为（128，136），修改【起始颜色】为深蓝色（R:13；G:91；B:112），修改【渐变终点】的值为（652，574），修改【结束颜色】为淡蓝色（R:200；G:215；B:216），如图15.297所示。

图15.296 添加梯度渐　　图15.297 设置梯度渐变特
变特效　　　　　　　效参数

AE 05 将【圆环动画】、【文字05.psd】、【圆环转/风车】、【风车/风车】、【大圆环/风车】、【小圆环/风车】、【素材01.psd】、【素材02.psd】、【素材03.psd】、【圆点.psd】拖入【镜头5】合成的时间线面板中，如图15.298所示。

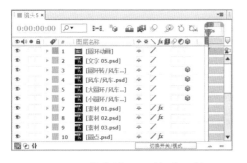

图15.298 将素材导入时间线面板

AE 06 选择【圆点.psd】层，在【效果和预设】面板中展开【过渡】特效组，然后双击【线性擦除】特效，如图15.299所示。

AE 07 调整时间到00:00:02:02帧的位置，在【效果控件】面板中，修改【线性擦除】特效的参数，单击【过渡完成】左侧的码表按钮，在当前时间建立关键帧，修改【过渡完成】的值为100%，修改【羽化】属性的值为50，如图15.300所示。

图15.299 添加线性擦除　　图15.300 设置线性擦除
特效　　　　　　　　特效的属性

AE 08 调整时间到00:00:02:14帧的位置，修改【过渡完成】的值为0%，系统将自动建立关键帧，如图15.301所示。

AE 09 调整时间到00:00:02:20帧的位置，修改【过渡完成】的值为50%，系统将自动建立关键帧，如图15.302所示。

图15.301 修改线性擦除　　图15.302 修改过渡完成
属性　　　　　　　属性

AE 10 调整时间到00:00:01:15帧的位置，选择【素材03.psd】，按T键，打开【不透明度】属性，单击【不透明度】属性左侧的【码表】按钮，在当前建立关键帧，修改【不透明度】的值为0%，如图15.303所示。

图15.303 建立不透明度属性关键帧

AE 11 调整时间到00:00:03:15帧的位置，修改【不透明度】的值为80%，系统将自动建立关键帧，如图15.304所示。

图15.309 设置线性擦除　　　图15.310 修改过渡完成
　　　特效的属性　　　　　　　　　　属性

图15.304 修改不透明度属性

AE 12 选择【素材02.psd】素材层，在【效果和预设】面板中展开【过渡】特效组，然后双击【线性擦除】特效，如图15.305所示。

AE 13 确认时间在00:00:01:05帧的位置，在【效果控件】面板中，修改【线性擦除】特效的参数，单击【过渡完成】左侧的码表 ○ 按钮，在当前时间建立关键帧，修改【过渡完成】的值为100%，修改【羽化】属性的值为80，如图15.306所示。

AE 18 调整时间到00:00:00:07帧的位置，确认选中时间线中的【素材01.psd】素材层，按T键，打开【不透明度】属性，单击【不透明度】属性左侧的【码表】 ○ 按钮，在当前建立关键帧，修改【不透明度】为0%，如图15.311所示。

图15.311 建立不透明度属性的关键帧

图15.305 添加线性擦除　　　图15.306 设置线性擦除
　　　特效　　　　　　　　　　特效的属性

AE 14 调整时间到00:00:04:04帧的位置，修改【过渡完成】的值为0%，系统将自动建立关键帧，如图15.307所示。

AE 15 单击【素材01.psd】素材层，在【效果和预设】中展开【过渡】特效组，然后双击【线性擦除】特效，如图15.308所示。

AE 19 调整时间到00:00:00:08帧的位置，修改【不透明度】属性的值为100%；调整时间到00:00:00:10帧的位置，修改【不透明度】属性的值为30%；调整时间到00:00:00:19帧的位置，修改【不透明度】属性的值为100%，系统将自动建立关键帧，如图15.312所示。

图15.312 修改不透明度属性的关键帧

图15.307 修改过渡完成　　　图15.308 添加线性擦除
　　　属性　　　　　　　　　　特效

AE 16 调整时间到00:00:00:19帧的位置，在【效果控件】面板中，修改【线性擦除】特效的参数，单击【过渡完成】左侧的【码表】 ○ 按钮，在当前时间建立关键帧，修改【擦除角度】的值为80，修改【羽化】属性的值为70，如图15.309所示。

AE 17 调整时间到00:00:01:03帧的位置，修改【过渡完成】的值为100%，系统将自动建立关键帧，如图15.310所示。

AE 20 打开【圆环转/风车】、【风车/风车】、【大圆环/风车】、【小圆环/风车】素材层的三维属性，修改【大圆环/风车】位置的值为（360，288，-72），修改【风车/风车】位置的值为（360，288，-20），修改【圆环转/风车】位置的值为（360，288，-30），如图15.313所示。

图15.313 打开素材的三维开关

商业栏目包装案例表现 **第15章**

AE 21 调整时间到00:00:00:00帧的位置，单击【小圆环/风车】素材层，按R键，打开【旋转】属性，单击【Z轴旋转】属性左侧的【码表】按钮，在当前建立关键帧，如图15.314所示。

图15.314 建立旋转属性的关键帧

AE 22 调整时间到00:00:04:04帧的位置，修改【Z轴旋转】属性的值为200，系统将自动建立关键帧，如图15.315所示。

图15.315 修改旋转属性

AE 23 调整时间到00:00:00:00帧的位置，单击【小圆环/风车】素材层【Z轴旋转】属性的文字部分，以选中该属性的全部关键帧，按Ctrl+C组合键，复制选中的关键帧，单击【大圆环/风车】素材层，按Ctrl+V组合键，粘贴关键帧，如图15.316所示。

图15.316 粘贴旋转关键帧

AE 24 调整时间到00:00:04:04帧的位置，选择【大圆环/风车】素材层，修改【Z轴旋转】属性的值为-200，如图15.317所示。

图15.317 修改Z轴旋转属性的值

AE 25 调整时间到00:00:00:00帧的位置，选择【风车/风车】素材层，按Ctrl+V组合键，粘贴关键帧，如图15.318所示。

图15.318 粘贴关键帧

AE 26 调整时间到00:00:00:00帧的位置，单击【大圆环/风车】素材层【Z轴旋转】属性的文字部分，以选中该属性的全部关键帧，按Ctrl+C组合键，复制选中的关键帧；选择【圆环转/风车】素材层，按Ctrl+V组合键，粘贴关键帧，如图15.319所示。

图15.319 在【圆环转/风车】层粘贴关键帧

AE 27 选中【圆环转/风车】、【风车/风车】、【大圆环/风车】、【小圆环/风车】素材层，按Ctrl+D组合键复制这四个层，确认复制出的四个层在选中状态，将四个层拖动到【圆环转/风车】层的上面，并分别重命名，如图15.320所示。

图15.320 复制素材层并调整素材层顺序

AE 28 确认选中这四个素材层，按P键，打开【位置】属性，修改【小圆环2】的【位置】属性值为（1281，21，230），修改【大圆环2】的【位置】属性值为（1281，21，158），修改【风车2】的【位置】属性值为（1281，21，210），修改【圆环转2】的【位置】属性值为（1281，21，200），如图15.321所示。

图15.321 修改位置属性

AE 29 选中【圆环转2】、【风车2】、【大圆环2】、【小圆环2】素材层，按Ctrl+D组合键复制这四个层，确认复制出的四个层在选中状态，将四个层拖动到【圆环转2】层的上面，并分别重命名，如图15.322所示。

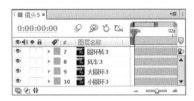

图15.322 复制素材层并调整素材层顺序

AE 30 确认选中这四个素材层，按P键，打开【位置】属性，修改【小圆环3】的【位置】属性值为（1338，-605，194），修改【大圆环3】的【位置】属性值为（1338，-605，122），修改【风车3】的【位置】属性值为（1338，-605，174），修改【圆环转3】的【位置】属性值为（1338，-605，164），如图15.323所示。

图15.323 修改位置属性

AE 31 调整时间到00:00:01:07帧的位置，选择【文字05.psd】素材层，按P键，打开【位置】属性，单击【位置】属性左侧的【码表】按钮，在当前时间建立关键帧，修改【位置】的值为（-195，175），如图15.324所示。

图15.324 在位置属性上设置关键帧

AE 32 调整时间到00:00:01:13帧的位置，修改【位置】的值为（366，175），系统将自动建立关键帧，如图15.325所示。

图15.325 修改位置的值

AE 33 调整时间到00:00:01:09帧的位置，选中【圆环动画】合成层，向右拖动【圆环动画】合成层使入点到当前时间位置，如图15.326所示。

图15.326 调整【圆环动画】合成持续时间

AE 34 确认选中【圆环动画】合成层，按P键，打开【位置】属性，修改【位置】属性的值为（237，122）。按S键，打开【缩放】属性，单击【缩放】属性左侧的码表 按钮，在当前时间建立关键帧，如图15.327所示。

图15.327 建立缩放属性关键帧

AE 35 调整时间到00:00:02:09帧的位置，修改【缩放】属性的值为（150，150），系统将自动建立关键帧。调整时间到00:00:02:10将光标放置在【圆环动画】合成层结束的位置，当光标变成双箭头 时，向左拖动鼠标，将【圆环动画】合成层出点调整到当前时间，如图15.328所示。

图15.328 设置【圆环动画】合成层的出点

AE 36 确认选中【圆环动画】合成层，按Ctrl+D组合键，复制【圆环动画】合成层并重命名为【圆环动画2】，调整时间到00:00:01:10帧的位置，向右拖动【圆环动画2】合成层使入点到当前时间，按P键，打开【位置】属性，修改【位置】属性的值为（507，181），如图15.329所示。

图15.329 调整【圆环动画2】合成持续时间

AE 37 确认选中【圆环动画2】合成层，按Ctrl+D组合键，复制【圆环动画2】合成层，系统将自动命名复制的新合成层为【圆环动画3】，调整时间到00:00:01:11帧的位置，向右拖动【圆环动画3】合成层使入点到当前时间，按P键，打开【位置】属性，修改【位置】的值为（352，126），如图15.330所示。

图15.330 调整【圆环动画3】合成持续时间

AE 38 确认选中【圆环动画3】合成层，按Ctrl+D组合键，复制【圆环动画3】合成层，系统将自动命名复制的新合成层为【圆环动画4】，调整时间到00:00:01:15帧的位置，向右拖动【圆环动画4】合成层使入点到当前时间，按P键，打开【位置】属性，修改【位置】的值为（465，140），如图15.331所示。

图15.331 调整【圆环动画4】合成持续时间

AE 39 添加摄像机。执行菜单栏中的【图层】|【新建】|【摄像机】命令，打开【摄像机设置】对话框，设置【预设】为24毫米，如图15.332所示。

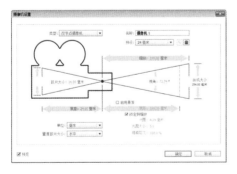

图15.332 建立摄像机

AE 40 调整时间到00:00:00:00帧的位置，单击【摄影机 1】的【变换】选项组，单击【目标点】左侧的【码表】按钮，修改【目标点】的值为（660，-245，184），单击【位置】属性左侧的【码表】按钮，修改【位置】属性的值为

（703，521，126），修改【X轴旋转】属性的值为24，单击【Z轴旋转】属性左侧的【码表】按钮，修改【Z轴旋转】属性的值为115，如图15.333所示。

图15.333 设置摄影机属性

AE 41 调整时间到00:00:00:17帧的位置，修改【目标点】的值为（660，-245，155），修改【位置】属性的值为（703，629，36），单击【X轴旋转】属性左侧的【码表】按钮，在当前建立关键帧，修改【Z轴旋转】属性的值为0，系统将自动建立关键帧，如图15.334所示。

图15.334 修改摄影机属性

AE 42 调整时间到00:00:02:11帧的位置，修改【目标点】的值为（723，65，-152），修改【位置】属性的值为（743，1057，-410），修改【X轴旋转】属性的值为0，系统将自动建立关键帧，如图15.335所示。

图15.335 设置摄影机的参数

AE 43 这样【镜头5】的动画就制作完成了，按空格键或小键盘上的0键在合成预览面板播放动画，其中几帧如图15.336所示。

图15.336 【镜头5】动画其中几帧的效果

15.3.9 制作总合成动画

AE 01 执行菜单栏中的【合成】|【新建合成】命令，打开【合成设置】对话框，设置【合成名称】为【总合成】，【宽度】为【720】，【高度】为【576】，【帧速率】为【25】，并设置【持续时间】为00:00:14:20帧，如图15.337所示。

图15.337 建立新合成

AE 02 将【镜头1】、【圆环动画】、【镜头2】、【镜头3】、【镜头4】、【镜头5】导入【总合成】的时间线面板中，如图15.338所示。

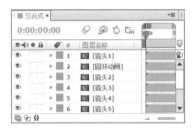

图15.338 导入素材到时间线

AE 03 调整时间到00:00:02:24帧的位置，选中【镜头1】合成层，按T键，打开【不透明度】属性，单击【不透明度】属性左侧的【码表】按钮，在当前时间建立关键帧；调整时间到00:00:03:07帧的位置，修改【不透明度】属性的值为0%，如图15.339所示。

图15.339 为【镜头1】建立关键帧

AE 04 调整时间到00:00:04:06帧的位置，选中【圆环动画】，向右拖动【圆环动画】合成层使

入点到当前时间，如图15.340所示。

图15.340 调整【圆环动画】持续时间条位置

AE 05 调整时间到00:00:04:18帧的位置，按P键，打开【位置】属性，修改打开【位置】属性的值为（357，86），按S键，打开【缩放】属性，单击【缩放】属性左侧的码表按钮，在当前时间建立关键帧，如图15.341所示。

图15.341 建立缩放关键帧

AE 06 调整时间到00:00:05:06帧的位置，修改【缩放】属性的值为（135，135），系统将自动建立关键帧；调整时间到00:00:05:07帧的位置，将光标放置在【圆环动画】合成层结束的位置，当光标变成双箭头时，向左拖动鼠标，将【圆环动画】合成层的出点设置到当前时间，如图15.342所示。

图15.342 修改缩放属性的值

AE 07 确认选中【圆环动画】合成层，按Ctrl+D组合键，复制【圆环动画】合成层并重命名为【圆环动画2】，将【圆环动画2】层拖动到【圆环动画】的下一层，调整时间到00:00:04:10帧的位置，向右拖动【圆环动画2】合成层使入点到当前时间，按P键，打开【位置】属性，修改【位置】属性的值为（397，86），如图15.343所示。

图15.343 调整【圆环动画2】

AE 08 确认选中【圆环动画2】合成层，按Ctrl+D组合键，复制【圆环动画】合成层并重命名为【圆环动画3】，将【圆环动画3】层拖动到【圆环动画2】的下一层；调整时间到00:00:04:18帧的位置，向右拖动【圆环动画3】合成层使入点到当前时间，按P键，打开【位置】属性，修改【位置】属性的值为（470，0），如图15.344所示。

图15.344 调整【圆环动画3】

AE 09 确认选中【圆环动画3】合成层，按Ctrl+D组合键，复制【圆环动画】合成层并重命名为【圆环动画4】，将【圆环动画4】层拖动到【圆环动画3】的下一层；调整时间到00:00:04:23帧的位置，向右拖动【圆环动画4】合成层使入点到当前时间，按P键，打开【位置】属性，修改【位置】属性的值为（455，102），如图15.345所示。

图15.345 调整【圆环动画4】

AE 10 确认选中【圆环动画4】合成层，按Ctrl+D组合键，复制【圆环动画】合成层并重命名为【圆环动画5】；调整时间到00:00:05:05帧的位置，向右拖动【圆环动画5】合成层使入点到当前时间，如图15.346所示。

图15.346 调整【圆环动画5】

AE 11 调整时间到00:00:02:24帧的位置，选中【镜头2】，向右拖动合成层使入点到当前时间，按T键，打开其【不透明度】属性，单击【不透明度】属性左侧的【码表】按钮，修改【不透明度】属性的值为0%，如图15.347所示。

图15.347 调整【镜头2】并添加关键帧

AE 12 调整时间到00:00:03:07帧的位置，修改【不透明度】属性的值为100%；调整时间到00:00:05:16帧的位置，单击【不透明度】属性左侧的在当前时间添加或移除关键帧按钮，在当前建立关键帧；调整时间到00:00:06:02帧的位置，修改【不透明度】属性的值为0%，系统将自动建立关键帧，如图15.348所示。

图15.348 修改【不透明度】属性

AE 13 调整时间到00:00:05:16帧的位置，向右拖动【镜头3】合成层使入点到当前时间；按T键，打开其【不透明度】属性，单击【不透明度】左侧的【码表】按钮，修改【不透明度】属性的值为0%，如图15.349所示。

图15.349 调整【镜头3】并添加关键帧

AE 14 调整时间到00:00:06:02帧的位置，修改【不透明度】属性的值为100%；调整时间到00:00:08:08帧的位置，单击【不透明度】左侧的在当前时间添加或移除关键帧按钮，在当前建立关键帧；调整时间到00:00:08:21帧的位置，修改【不透明度】属性的值为0%，系统将自动建立关键帧，如图15.350所示。

图15.350 修改不透明度属性

AE 15 调整时间到00:00:08:08帧的位置，向右拖动【镜头4】合成层使入点到当前时间；按T键，打开其【不透明度】属性，单击【不透明度】左侧的【码表】⏱按钮，修改【不透明度】属性的值为0%，如图15.351所示。

图15.351 调整【镜头4】的时续

AE 16 调整时间到00:00:08:21帧的位置，修改【不透明度】属性的值为100%；调整时间到00:00:10:14帧的位置，单击【不透明度】属性左侧的在当前时间添加或移除关键帧◆按钮，在当前建立关键帧；调整时间到00:00:11:03帧的位置，修改【不透明度】属性的值为0%，系统将自动建立关键帧，如图15.352所示。

图15.352 修改不透明度属性

AE 17 调整时间到00:00:10:15帧的位置，向右拖动【镜头5】合成层使入点到当前时间；按T键，打开其【不透明度】属性，单击【不透明度】属性左侧的【码表】⏱按钮，修改【不透明度】属性的值为0%，调整时间到00:00:11:03帧的位置，修改【不透明度】属性的值为100%，如图15.353所示。

图15.353 添加关键帧

AE 18 这样理财指南动画就制作完成了，按空格键或小键盘上的0键在合成窗口预览效果。

第16章 动画的渲染与输出

内容摘要

本章主要讲解动画的渲染与输出。在影视动画的制作过程中，渲染是经常要用到的。一部制作完成的动画，要按照需要的格式渲染输出，制作成电影成品。渲染及输出的时间长度与影片的长度、内容的复杂、画面的大小等方面有关，不同的影片输出有时需要的时间相差很大。本章讲解影片的渲染和输出的相关设置。

教学目标

- 了解视频压缩的类别和方式
- 了解常见图像格式和音频格式的含义
- 学习渲染队列窗口的参数含义及使用
- 学习渲染模板和输出模块的创建
- 掌握常见动画及图像格式的输出

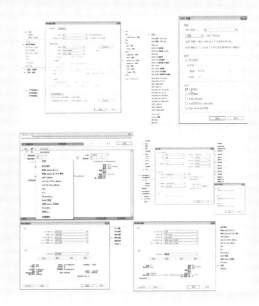

16.1 认识数字视频的压缩

16.1.1 压缩的类别

视频压缩是视频输出工作中不可缺少的一部分，由于计算机硬件和网络传输速率的限制，在存储或传输视频时会出现文件过大的情况，为了避免这种情况，在输出文件的时候就会选择合适的方式对文件进行压缩，这样才能很好地解决传输和存储时出现的问题。压缩就是将视频文件的数据信息通过特殊的方式进行重组或删除，来达到减小文件大小的过程。压缩可以分为。

- 软件压缩：通过电脑安装的压缩软件来压缩，这是使用较为普遍的一种压缩方式。
- 硬件压缩：通过安装一些配套的硬件压缩卡来完成，它具有比软件压缩更高的效率，但成本较高。

- 有损压缩：在压缩的过程中，为了达到更小的空间，将素材进行了压缩，丢失一部分数据或是画面色彩，达到压缩的目的，这种压缩可以更小地压缩文件，但会牺牲更多的文件信息。
- 无损压缩：他与有损压缩相反，在压缩过程中，不会丢失数据，但一般压缩的程度较小。

16.1.2 压缩的方式

压缩不是单纯地为了减少文件的大小，而是要在保证画面清晰的同时来达到压缩的目的，不能只管压缩而不计损失，要根据文件的类别来选择合适的压缩方式，这样才能更好地达到压缩的目的，常用的视频和音频压缩方式有以下几种：

- Microsoft Video 1

这种针对模拟视频信号进行压缩，是一种有损压缩方式。支持8位或16位的影像深度，适用于Windows平台。

- Intellndeo（R）Video R3.2

这种方式适合制作在CD-ROM中播放的24位的数字电影，和Microsoft Video 1相比，他能得到更高的压缩比和质量以及更快的回放速度。

- DivX MPEG-4(Fast-Motion) 和DivX MPEG-4(Low-Motion)

这两种压缩方式是Premiere Pro增加的算法，它们压缩基于DivX播放的视频文件。

- Cinepak Codec by Radius

这种压缩方式可以压缩彩色或黑白图像。适合压缩24位的视频信号，制作用于CD-ROM播放或网上发布的文件。和其他压缩方式相比，利用他可以获得更高的压缩比和更快的回放速度，但压缩速度较慢，而且只适用于Windows平台。

- Microsoft RLE

这种方式适合压缩具有大面积色块的影像素材，例如动画或计算机合成图像等。它使用RLE(Spatial 8-bit run-length encoding)方式进行压缩，是一种无损压缩方案。适用于Windows平台。

- Intel Indeo5.10

这种方式适合于所有基于MMX技术或Pentium II以上处理器的计算机。它具有快速的压缩选项，并可以灵活设置关键帧，具有很好的回访效果。适用于Windows平台，作品适于网上发布。

- MPEG

在非线性编辑中最常用的是MJPEG算法，即Motion JPEG。他将视频信号50场/秒(PAL制式)变为25帧/秒，然后按照25帧/秒的速度使用JPEG算法对每一帧压缩。通常压缩倍数在3.5-5倍时可以达到Betacam的图像质量。MPEG算法是适用于动态视频的压缩算法，他除了对单幅图像进行编码外，还利用图像序列中的相关原则，将冗余去掉，这样可以大大提高视频的压缩比。 目前MPEG-I用于VCD节目中， MPEG-II用于 VOD、DVD节目中。

其他还有较多方式，比如：Planar RGB、Cinepak、Graphics、Motion JPEG A和Motion JPEG B、DV NTSC和DV PAL、Sorenson、Photo-JPEG、H.263、Animation、None等。

16.2 常见图像格式

图像格式是指计算机表示、存储图像信息的格式。常用的格式有十多种。同一幅图像可以使用不同的格式来存储，不同的格式之间所包含的图像信息并不完全相同，文件大小也有很大的差别。用户在使用时可以根据自己的需要选用适当的格式。Premiere Pro 2.0支持许多文件格式，下面是常见的几种：

16.2.1 静态图像格式

① PSD格式

这是著名的Adobe公司的图像处理软件Photoshop的专用格式Photoshop Document（PSD）。PSD其实是Photoshop进行平面设计的一张【草稿图】，他里面包含有图层、通道、透明度等多种设计的样稿，以便于下次打开时可以修改上一次的设计。在Photoshop支持的各种图像格式中，PSD的存取速度比其他格式快很多，功

能也很强大。由于Photoshop越来越广泛地被应用，所以我们有理由相信，这种格式也会逐步流行起来。

② BMP格式

他是标准的Windows及OS|2的图像文件格式，是英文Bitmap（位图）的缩写，Microsoft的BMP格式是专门为【画笔】和【画图】程序建立的。这种格式支持1~24位颜色深度，使用的颜色模式有RGB、索引颜色、灰度和位图等，且与设备无关。但因为这种格式的特点是包含图像信息较丰富，几乎不对图像进行压缩，所以导致了他与生俱来的缺点占用磁盘空间过大。正因为如此，目前BMP在单机上比较流行。

③ GIF格式

这种格式是由CompuServe提供的一种图像格式。由于GIF格式可以使用LZW方式进行压缩，所

以他被广泛用于通信领域和HTML网页文档中。不过，这种格式只支持8位图像文件。当选用该格式保存文件时，会自动转换成索引颜色模式。

④ JPEG格式

JPEG是一种带压缩的文件格式。其压缩率是目前各种图像文件格式中最高的。但是，JPEG在压缩时存在一定程度的失真，因此，在制作印刷制品的时候最好不要用这种格式。JPEG格式支持RGB、CMYK和灰度颜色模式，但不支持Alpha通道。它主要用于图像预览和制作HTML网页。

⑤ TIFF

TIFF是Aldus公司专门为苹果电脑设计的一种图像文件格式，可以跨平台操作。TIFF格式的出现是为了便于应用软件之间进行图像数据的交换，其全名是【Tagged 图像 文件 格式】（标志图像文件格式）。因此TIFF文件格式的应用非常广泛，可以在许多图像软件之间转换。TIFF格式支持RGB、CMYK、Lab、Indexed-颜色、位图模式和灰度的色彩模式，并且在RGB、CMYK和灰度三种色彩模式中还支持使用Alpha通道。TIFF格式独立于操作系统和文件，它对PC机和Mac机一视同仁，大多数扫描仪都输出TIFF格式的图像文件。

⑥ PCX

PCX文件格式是由Zsoft公司在上世纪80年代初期设计的，当时专用于存储该公司开发的PC Paintbrush绘图软件所生成的图像画面数据，后来成为MS−DOS平台下常用的格式。在DOS系统时代，这一平台下的绘图、排版软件都用PCX格式。进入Windows操作系统后，现在他已经成为PC机上较为流行的图像文件格式。

16.2.2 视频格式

① AVI格式

他是Video for Windows的视频文件的存储格式，它播放的视频文件的分辨率不高，帧频率小于25帧/秒（PAL制）或者30帧/秒（NTSC）。

② MOV

MOV原来是苹果公司开发的专用视频格式，后来移植到PC机上使用。和AVI一样属于网络上的视频格式之一，在PC机上没有AVI普及，因为播放它需要专门的软件QuickTime。

③ RM

他属于网络实时播放软件，其压缩比较大，视频和声音都可以压缩进RM文件里，并可用RealPlay播放。

④ MPG

他是压缩视频的基本格式，如VCD碟片，其压缩方法是将视频信号分段取样，然后忽略相邻各帧不变的画面，而只记录变化了的内容，因此其压缩比很大。这可以从VCD和CD的容量看出来。

⑤ DV文件

Premiere Pro支持DV格式的视频文件。

16.2.3 音频的格式

① MP3格式

MP3是现在非常流行的音频格式之一。他是将WAV文件以MPEG2的多媒体标准进行压缩，压缩后的体积只有原来的1/10甚至1/15，而音质能基本保持不变。

② WAV格式

它是Windows记录声音所用的文件格式。

③ MP4格式

它是在MP3基础上发展起来的，其压缩比高于MP3。

④ MID格式

这种文件又叫MIDI文件，他们的体积都很小，一首十多分钟的音乐只有几十K。

⑤ RA格式

他的压缩比大于MP3，而且音质较好，可用RealPlay播放RA文件。

16.3 渲染工作区的设置

制作完成一部影片，最终需要将其渲染，而有些渲染的影片并不一定是整个工作区的影片，有时只需要渲染出其中的一部分，这就需要设置渲染工作区。

渲染工作区位于时间线窗口中，由【工作区域开头】和【工作区域结尾】两点控制渲染区域，如图16.1所示。

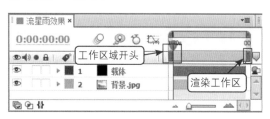

图16.1 渲染区域

16.3.1 手动调整渲染工作区

手动调整渲染工作区的操作方法很简单，只需要将开始和结束工作区的位置进行调整，就可以改变渲染工作区，具体操作如下：

AE 01 在时间线窗口中，将鼠标放在【工作区域开头】位置，当光标变成 ✥ 双箭头时按住鼠标左键向左或向右拖动，即可修改开始工作区的位置，操作方法，如图16.2所示。

图16.2 调整开始工作区

AE 02 同样的方法，将鼠标放在【工作区域结尾】位置，当光标变成 ✥ 双箭头时按住鼠标左键向左或向右拖动，即可修改结束工作区的位置，如图16.3所示。调整完成后，渲染工作区即被修改，这样在渲染时，就可以通过设置渲染工作区来渲染工作区内的动画。

图16.3 调整结束工作区

> **提示** ?
>
> 在手动调整开始和结束工作区时，要想精确地控制开始或结束工作区的时间帧位置，可以先将时间设置到需要的位置，即将时间滑块调整到相应的位置，然后在按住Shift键的同时拖动开始或结束工作区，可以以吸附的形式将其调整到时间滑块位置。

16.3.2 利用快捷键调整渲染工作区

除了前面讲过的利用手动调整渲染工作区的方法，还可以利用快捷键来调整渲染工具区，具体操作如下：

AE 01 在时间线窗口中，拖动时间滑块到需要的时间位置，确定开始工作区时间位置，然后按【B】键，即可将开始工作区调整到当前位置。

AE 02 在时间线窗口中，拖动时间滑块到需要的时间位置，确定结束工作区时间位置，然后按【N】键，即可将结束工作区调整到当前位置。

> **提示** ?
>
> 在利用快捷键调整工作区时，要想精确地控制开始或结束工作区的时间帧位置，可以在时间编码位置单击，或按Alt + Shift + J快捷键，打开【转到时间】对话框，在该对话框中输入相应的时间帧位置，然后再使用快捷键。

16.4 渲染队列窗口的启用

要进行影片的渲染，首先要启动渲染队列窗口，启动后的【渲染队列】窗口，如图16.4所示。可以通过两种方法来快速启动渲染队列窗口：

- 方法1：在【项目】面板中，选择某个合成文件，按Ctrl + M组合键，即可启动渲染队列窗口。
- 方法2：在【项目】面板中，选择某个合成文件，然后执行菜单栏中的【合成】|【添加到渲染队列】命令，或按【Ctrl + Shift + /】组合键，即可启动渲染队列窗口。

图16.4 【渲染队列】窗口

16.5 渲染队列窗口参数详解

在After Effects CC软件中，渲染影片主要应用渲染队列窗口，他是渲染输出的重要部分，通过他可以全面地进行渲染设置。

渲染队列窗口可细致分为3个部分，包括【当前渲染】、【渲染组】和【所有渲染】。下面将详细讲述渲染队列窗口的参数含义。

16.5.1 当前渲染

【当前渲染】区显示了当前渲染的影片信息，包括渲染的名称、用时、渲染进度等信息，如图16.5所示。

图16.5 【当前渲染】区

【当前渲染】区参数含义如下：

- 【正在渲染【流星雨效果】】：显示当前渲染的影片名称。
- 【已用时间】：显示渲染影片已经使用的时间。
- 【剩余时间】：显示渲染整个影片估计使用的时间长度。

- 0:00:00:00（1）：该时间码【0:00:00:00】部分表示影片从第1帧开始渲染；【（1）】部分表示0帧作为输出影片的开始帧。
- 0:00:01:02（28）：该时间码【0:00:01:02】部分表示影片已经渲染1秒02帧；【（28）】中的28表示影片正在渲染第28帧。
- 0:00:13:14（340）：该时间表示渲染整个影片所用的时间。
- 【渲染】按钮：单击该按钮，即可进行影片的渲染。
- 【暂停】按钮：在影片渲染过程中，单击该按钮，可以暂停渲染。
- 【继续】按钮：单击该按钮，可以继续渲染影片。
- 【停止】按钮：在影片渲染过程中，单击该按钮，将结束影片的渲染。

提示

在渲染过程中，可以单击【暂停】按钮和【继续】按钮转换。

展开【当前渲染】左侧的灰色三角形按钮，会显示【当前渲染】的详细资料，包括正在渲染的合成名称、正在渲染的层、影片的大小、输出影片所在的磁盘位置等资料，如图16.6所示。

图16.6 【当前渲染】

【当前渲染】展开区参数含义如下：

- 【合成】：显示当前正在渲染的合成项目名称。
- 【图层】：显示当前合成项目中，正在渲染的层。
- 【阶段】：显示正在被渲染的内容，如特效、合成等。
- 【上次】：显示最近几秒时间。
- 【差值】：显示最近几秒时间中的差额。
- 【平均】：显示时间的平均值。
- 【文件名】：显示影片输出的名称及文件格式。如【旋转动画.avi】，其中，【旋转动画】为文件名；【.avi】为文件格式。
- 【文件大小】：显示当前已经输出影片的文件大小。
- 【最终估计文件大小】：显示估计完成影片的最终文件大小。
- 【可用磁盘空间】：显示当前输出影片所在磁盘的剩余空间大小。
- 【溢出】：显示溢出磁盘的大小。当最终文件大小大于磁盘剩余空间时，这里将显示溢出大小。
- 【当前磁盘】：显示当前渲染影片所在的磁盘分区位置。

16.5.2 渲染组

渲染组显示了要进行渲染的合成列表，并显示了渲染的合成名称、状态、渲染时间等信息，并可通过参数修改渲染的相关设置，如图16.7所示。

图16.7 渲染组

① 渲染组合成项目的添加

要想进行多影片的渲染，就需要将影片添加到渲染组中，渲染组合成项目的添加有3种方法，具体的操作如下：

- 方法1：在【项目】面板中，选择一个合成文件，然后按Ctrl + M组合键。
- 方法2：在【项目】面板中，选择一个或多个合成文件，然后执行菜单栏中的【合成】|【添加到渲染队列】命令。
- 在【项目】面板中，选择一个或多个合成文件直接拖动到渲染组队列中，操作效果，如图16.8所示。

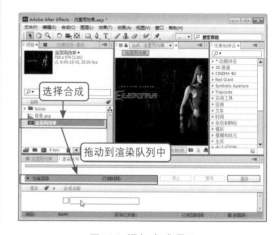

图16.8 添加合成项目

② 渲染组合成项目的删除

渲染组队列中，有些合成项目不再需要，此时就需要将该项目删除，合成项目的删除有两种方法，具体操作如下：

- 方法1：在渲染组中，选择一个或多个要删除的合成项目（这里可以使用Shift和Ctrl键来多选），然后执行菜单栏中的【编辑】|【清除】命令。
- 方法2：在渲染组中，选择一个或多个要删除的合成项目，然后按Delete键。

③ 修改渲染顺序

如果有多个渲染合成项目，系统默认是从上向下依次渲染影片，如果想修改渲染的顺序，可以将影片进行位置的移动，移动方法如下：

AE 01 在渲染组中，选择一个或多个合成项目。

AE 02 按住鼠标左键拖动合成到需要的位置，当有一条粗黑的长线出现时，释放鼠标即可移动合成位置。操作方法如图16.9所示。

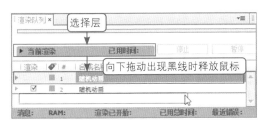

图16.9 移动合成位置

④ 渲染组标题的参数含义

渲染组标题内容丰富，包括渲染、标签、序号、合成名称和状态等，对应的参数含义如下：

- 【渲染】：设置影片是否参与渲染。在影片没有渲染前，每个合成的前面，都有一个☐复选框标记，勾选该复选框☑，表示该影片参与渲染，在单击【渲染】按钮后，影片会按从上向下的顺序进行逐一渲染。如果某个影片没有勾选，则不进行渲染。

- 🏷【标签】：对应灰色的方块，用来为影片设置不同的标签颜色，单击某个影片前面的土黄色方块■，将打开一个菜单，可以为标签选择不同的颜色。包括【红色】、【黄色】、【浅绿色】、【粉色】、【淡紫色】、【桃红色】、【海泡沫】、【蓝色】、【绿色】、【紫色】、【橙色】、【棕色】、【紫红色】、【青色】、【砂岩】和【深绿色】，如图16.10所示。

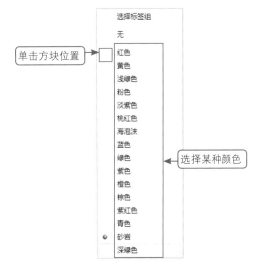

图16.10 标签颜色菜单

- \# （序号）：对应渲染队列的排序，如1、2等。

- 【合成名称】：显示渲染影片的合成名称。

- 【状态】：显示影片的渲染状态。一般包括5种，【未加入队列】，表示渲染时忽略该合成，只有勾选其前面的☐复选框，才可以渲染；【用户已停止】，表示在渲染过程中单击【停止】按钮即停止渲染；【完成】，表示已经完成渲染；【渲染中】，表示影片正在渲染中；【队列】，表示勾选了合成前面的☐复选框，正在等待渲染的影片。

- 【已启动】：显示影片渲染的开始时间。

- 【渲染时间】：显示影片已经渲染的时间。

16.5.3　所有渲染

【所有渲染】区显示了当前渲染的影片信息，包括队列的数量、内存使用量、渲染的时间和日志文件的位置等信息，如图16.11所示。

消息: 正在渲染1/1　RAM: 已使用 4.0 GB 的 50%　　渲染已开始: 2014/7/23, 23:01:28　　已用总时间: 1秒　　最近错误: 无

图16.11 【所有渲染】区

【所有渲染】区参数含义如下：

- 【消息】：显示渲染影片的任务及当前渲染的影片。如图中的【正在渲染1 /1】，表示当前渲染的任务影片有2个，正在渲染第1个影片。
- RAM（内存）：显示当前渲染影片的内存使用量。如图中【24% used of 4GB】，表示渲染影片4G兆内存使用24%。
- 【渲染已开始】：显示开始渲染影片的时间。
- 【已用总时间】：显示渲染影片已经使用的时间。
- 【最近错误】：显示出现错误的次数。

16.6 / 设置渲染模板

在应用渲染队列渲染影片时，可以对渲染影片应用软件提供的渲染模板，这样可以更快捷地渲染出需要的影片效果。

16.6.1 更改渲染模板

在渲染组中，已经提供了几种常用的渲染模板，可以根据自己的需要，直接使用现有模板来渲染影片。

在渲染组中，展开合成文件，单击【渲染设置】右侧的 ▼ 按钮，将打开渲染设置菜单，并在展开区域中，显示当前模板的相关设置，如图16.12所示。

图16.12 渲染菜单

渲染菜单中，显示了几种常用的模板，通过移动鼠标并单击，可以选择需要的渲染模板，各模板的含义如下：

- 【最佳设置】：以最好质量渲染当前影片。
- 【DV设置】：以符合DV文件的设置渲染当前影片。
- 【多机设置】：可以在多机联合渲染时，各机分工协作进行渲染设置。
- 【当前设置】：使用在合成窗口中的参数设置。
- 【草图设置】：以草稿质量稿渲染影片，一般为了测试观察影片的最终效果时用。
- 【自定义】：自定义渲染设置。选择该项将打开【渲染设置】对话框。
- 【创建模板】：用户可以制作自己的模板。选择该项，可以打开【渲染设置模板】对话框。
- 【输出模块】：单击其右侧的 ▼ 按钮，将打开默认输出模块，可以选择不同的输

出模块。如图16.13所示。

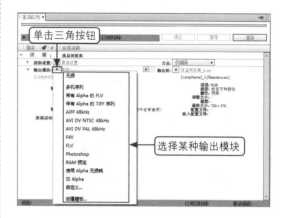

图16.13 输出模块菜单

- 【日志】：设置渲染影片的日志显示信息。
- 【输出到】：设置输出影片的位置和名称。

16.6.2 渲染设置

在渲染组中，单击【渲染设置】右侧的 ▼ 按钮，打开渲染设置菜单，然后选择【自定义】命令，或直接单击 ▼ 右侧的蓝色文字，将打开【渲染设置】对话框，如图16.14所示。

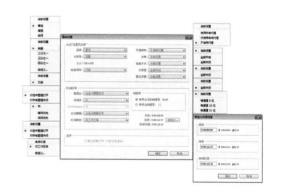

图16.14 【渲染设置】对话框

在【渲染设置】对话框中，参数的设置主要针对影片的质量、解析度、影片尺寸、磁盘缓存、音频特效、时间采样等方面，具体的含义如下：

- 【品质】：设置影片的渲染质量。包括【最佳】、【草图】和【线框】3个选项。对应层中的 ![icon] 设置。
- 【分辨率】：设置渲染影片的分辨率。包括【完整】、【二分之一】、【三分之一】、【四分之一】、【自定义】5个选项。
- 【大小】：显示当前合成项目的尺寸大小。
- 【磁盘缓存】：设置是否使用缓存设置，如果选择【只读】选项，表示采用缓存设置。【磁盘缓存】可以通过选择【【编辑】|【首选项】|【内存和多重处理】】来设置。
- 【代理使用】：设置影片渲染的代理。包括【使用所有代理】、【仅使用合成代理】、【不使用代理】3个选项。
- 【效果】：设置渲染影片时是否关闭特效。包括【全部开启】、【全部关闭】。对应层中的 ![icon] 设置。
- 【独奏开关】：设置渲染影片时是否关闭独奏。选择【全部关闭】将关闭所有独奏。对应层中的 ![icon] 设置。
- 【引导层】：设置渲染影片是否关闭所有辅助层。选择【全部关闭】将关闭所有辅助层。
- 【颜色深度】：设置渲染影片的每一个通道颜色深度为多少位色彩深度。包括【每通道8位】、【每通道16位】、【每通道32位】3个选项。
- 【帧融合】：设置帧融合开关。包括【对选中图层打开】和【对所有图层关闭】两个选项。对应层中的 ![icon] 设置。
- 【场渲染】：设置渲染影片时，是否使用场渲染。包括【关】、【高场优先】、【低场优先】3个选项。如果渲染非交错场影片，选择【关】选项；如果渲染交错场影片，选择上场或下场优先渲染。
- 3:2 Pulldown（3:2折叠）：设置3:2下拉的引导相位法。
- 【运动模糊】：设置渲染影片运动模糊是否使用。包括【对选中图层打开】和【对所有图层关闭】两个选项。对应层中的 ![icon] 设置。
- 【时间跨度】：设置有效的渲染片段。包括【合成长度】、【仅工作区域】和【自定义】3个选项。如果选择【自定义】选项，也可以单击右侧的自定义 [自定义...] 按钮，将打开【自定义时间范围】对话框，在该对话框中，可以设置渲染的时间范围。
- 【使用合成的帧速率】：使用合成影片中的帧速率，即创建影片时设置的合成帧速率。
- 【使用此帧速率】：可以在右侧的文本框中，输入一个新的帧速率，渲染影片将按这个新指定的帧速率进行渲染输出。
- 【跳过现有文件（允许多机渲染）】：在渲染影片时，只渲染丢失过的文件，不再渲染以前渲染过的文件。

16.6.3 创建渲染模板

现有模板往往不能满足用户的需要，这时，可以根据自己的需要来制作渲染模板，并将其保存起来，在以后的应用中，就可以直接调用了。

执行菜单栏中的【编辑】|【模板】|【渲染设置】命令，或单击【渲染设置】右侧的 ![▼] 按钮，打开渲染设置菜单，选择【创建模板】命令，打开【渲染设置模板】对话框。如图16.15所示。

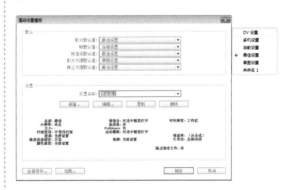

图16.15 渲染模板设置对话框

在【渲染设置模板】对话框中，参数的设置主要针对影片的默认影片、默认帧、模板的名称、编辑、删除等方面，具体的含义如下：

- 【影片默认值】：可以从右侧的下拉菜单中，选择一种默认的影片模板。
- 【帧默认值】：可以从右侧的下拉菜单中，选择一种默认的帧模板。
- 【预渲染默认值】：可以从右侧的下拉菜

单中，选择一种默认的预览模板。

- 【影片代理默认值】：可以从右侧的下拉菜单中，选择一种默认的影片代理模板。
- 【静止代理默认值】：可以从右侧的下拉菜单中，选择一种默认的静态图片模板。
- 【设置名称】：可以在右侧的文本框中，输入设置名称，也可以通过单击右侧的 ▼ 按钮，从打开的菜单中，选择一个名称。
- 【新建】按钮：单击该按钮，将打开【渲染设置】对话框，创建一个新的模板并设置新模板的相关参数。
- 【编辑】按钮：通过【设置名称】选项，选择一个要修改的模板名称，然后单击该按钮，可以对当前的模板进行再修改操作。
- 【复制】按钮：单击该按钮，可以将当前选择的模板复制出一个副本。
- 【删除】按钮：单击该按钮，可以将当前选择的模板删除。
- 【保存全部】全部：单击该按钮，可以将模板存储为一个后缀为.ars的文件，便于以后的使用。
- 【加载】按钮：将后缀为.ars模板载入使用。

图16.16 【输出模块模板】对话框

在【输出模块模板】对话框中，参数的设置主要针对影片的默认影片、默认帧、模板的名称、编辑、删除等方面，具体的含义与模板的使用方法相同，这里只讲解几种格式的使用含义。

- 【仅Alpha】：只输出Alpha通道。
- 【无损】：输出的影片为无损压缩。
- 【使用Alpha无损耗】：输出带有Alpha通道的无损压缩影片。
- AVI DV NTSC 48kHz（微软48位NTSC制DV）：输出微软48千赫的NTSC制式DV影片。
- AVI DV PAL 48kHz（微软48位PAL制DV）：输出微软48千赫的PAL制式DV影片。
- 【多机序列】：在多机联合的形状下输出多机序列文件。
- Photoshop（Photoshop 序列）：输出Photoshop的PSD格式序列文件。
- RAM 预览：输出内存预览模板。
- 【编辑】：单击该按钮，将打开【输出模块设置】对话框，如图16.17所示。
- 【新建】：可以创建输出模板，方法与创建渲染模板的方法相同。

16.6.4 创建输出模块模板

执行菜单栏中的【编辑】|【模板】|【输出模块】命令，或单击【输出模块】右侧的 ▼ 按钮，打开输出模块菜单，选择【创建模板】命令，打开【输出模块模板】对话框。如图16.16所示。

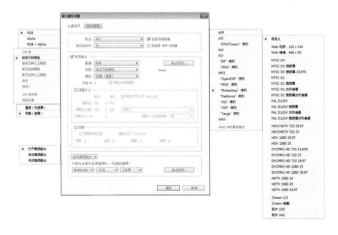

图16.17 【输出模块设置】对话框

16.7 常见视频格式的输出

当一个视频或音频文件制作完成后，就要将最终的结果输出，以发布成最终作品，After Effects CC提供了多种输出方式，通过不同的设置，快速输出需要的影片。

执行菜单栏中的【文件】|【导出】，将打开【导出】子菜单，从其子菜单中，选择需要的格式并进行设置，即可输出影片。其中几种常用的格式命令含义如下：

- Adobe Flash Player（SWF）：输出SWF格式的Flash动画文件。
- Adobe Premiere Pro 项目：该项可以输出用于Adobe Premiere Pro软件打开并编辑的项目文件，这样，After Effects与Adobe Premiere Pro之间便可以更好地转换使用。
- 3G：输出支持3G手机的移动视频格式文件。
- AIFF：输出AIFF格式的音频文件，本格式不能输出图像。
- AVI：输出Video for Windows的视频文件，它播放的视频文件的分辨率不高，帧速率小于25帧/秒（PAL制）或者30帧/秒（NTSC）。
- DV Stream：输出DV格式的视频文件。
- FLC：根据系统颜色设置来输出影片。
- MPEG-4：它是压缩视频的基本格式，如VCD碟片，其压缩方法是将视频信号分段取样，然后忽略相邻各帧不变的画面，而只记录变化了的内容，因此其压缩比很大。这可以从VCD和CD的容量看出来。
- QuickTime Movie：输出MOV格式的视频文件，MOV原来是苹果公司开发的专用视频格式，后来移植到PC机上使用。和AVI一样属于网络上的视频格式之一，在PC机上没有AVI普及，因为播放他需要专门的软件QuickTime。
- Wave：输出Wav格式的音频文件，它是Windows记录声音所用的文件格式。
- Image Sequence：将影片以单帧图片的形式输出，只能输出图像不能输出声音。

视频讲座16-1：输出SWF格式

实例解析

使用After Effects制作的动画，有时候需要发布到网络上，网络发布的视频越小，显示的速度也就越快，这样就会大大提高浏览的机率，而网络上应用即小又多的格式就是SWF格式，本例讲解SWF格式的输出方法。

视频分类：软件功能类
工程文件：配套光盘\工程文件\第16章\文字倒影
视频位置：配套光盘\movie\视频讲座16-1：输出SWF格式.avi

学习目标

- 学习SWF格式的输出方法

操作步骤

AE 01 执行菜单栏中【文件】|【打开项目】命令，弹出【打开】对话框，选择配套光盘中的【工程文件\第16章\文字倒影\文字倒影.aep】文件。

AE 02 执行菜单栏中【文件】|【导出】|Adobe Flash Player（SWF）命令，打开【另存为】对话框，如图16.18所示。

图16.18 【另存为】对话框

AE 03 在【另存为】对话框中，设置合适的文件名称及保存位置，然后单击【保存】按钮，打开【SWF设置】对话框，设置好保存位置和名称后，单击【保存】按钮，将打开【SWF设置】对话框，一般在网页中，动画都是循环播放的，所以这里要勾选【不断循环】复选框，如图16.19所示。

图16.19 【SWF设置】对话框

- JPEG品质：设置SWF动画质量。可以通过直接输入数值来修改图像质量，值越大，质量也就越好。还可以直接通过选项来设置图像质量，包括【最低】、【中】、【高】和【最高】四个选项。
- 【功能不受支持】：该项是对SWF格式文件不支持的调整方式。其中【栅格化】表示将不支持的效果栅格化，保留特效；【忽略】表示忽略不支持的效果。
- 【音频】：主要用于对输出的SWF格式文件的音频质量设置。
- 【不断循环】：选中该复选框，可以将输出的SWF文件连续热循环播放。
- 【防止编辑】：选中该复选框，可以防止导入程序文件进行编辑。
- 【包括对象名称】：选中该复选框，可以保留输出的对象名称。
- 【包括图层标记Web链接】：选中该复选框，将保留层中标记的网页链接信息，可以直接将文件输出到互联网上。
- 【接合Illustrator图稿】：如果合成项目包括有固态层或Illustrator素材，建议选中该复选框。

AE 04 参数设置完成后，单击【确定】按钮，完成输出设置，此时，会弹出一个输出对话框，显示输出的进程信息，如图16.20所示。

图16.20 【正在导出'文字倒影.swf'】对话框

AE 05 输出完成后，打开资源管理器，找到输出的文件位置，可以看到输出的Flash动画效果，如图16.21所示。

图16.21 渲染后效果

提示

将影片输出后，如果电脑中没有安装Flash播放器，将不能打开该文件，可以安装一个播放器后在进行浏览。

视频讲座16-2：输出AVI格式文件

实例解析

AVI格式是视频中非常常用的一种格式，它不但占用空间少，而且压缩失真较小，本例讲解将动画输出成AVI格式的方法。

视频分类：软件功能类
工程文件：配套光盘\工程文件\第16章\落字效果
视频位置：配套光盘\movie\视频讲座16-2：输出AVI格式文件.avi

学习目标

- 学习AVI格式的输出方法

操作步骤

AE 01 执行菜单栏中【文件】|【打开项目】命令，弹出【打开】对话框，选择配套光盘中的【第16章\落字效果\落字效果.aep】文件。

AE 02 执行菜单栏中【合成】|【添加到渲染队列】命令，或按Ctrl+M组合键，打开【渲染队列】窗口，如图16.22所示。

图16.22 【渲染队列】窗口

AE 03 单击【输出模块】右侧【无损】的文字部分，打开【输出模块设置】对话框，从【格式】下拉菜单选择AVI格式，单击【确定】按钮，如图16.23所示。

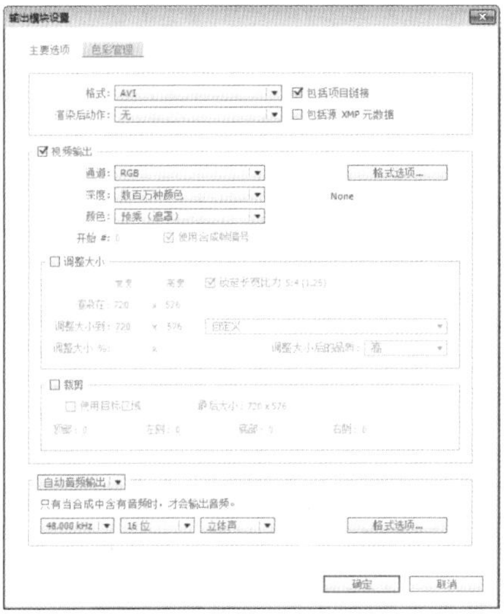

图16.23 设置输出模板

AE 04 单击【输出到】右侧的文件名称文字部分，打开【将影片输出到】对话框，选择输出文件放置的位置。

AE 05 输出的路径设置好后，单击【渲染】按钮开始渲染影片，渲染过程中面板上方的进度条会走动，渲染完毕后会有声音提示，如图16.24所示。

图16.24 设置渲染中

AE 06 渲染完毕后，在路径设置的文件夹里可找到AVI格式文件，如图16.25所示。双击该文件，可在播放器中打开看到影片。

图16.25 渲染后的效果

视频讲座16-3：输出单帧图像

📷 实例解析

对于制作的动画，有时需要将动画中某个画面输出，比如电影中的某个精彩画面，这就是单帧图像的输出，本例就讲解单帧图像的输出方法。

视频分类：软件功能类

工程文件：配套光盘\工程文件\第16章\手绘效果

视频位置：配套光盘\movie\视频讲座16-3：输出单帧图像.avi

🎒 学习目标

● 学习单帧图像的输出方法

🧰 操作步骤

AE 01 执行菜单栏中【文件】|【打开项目】命令，弹出【打开】对话框，选择配套光盘中的【工程文件\第16章\手绘效果\手绘效果.aep】文件。

AE 02 在时间线面板中，将时间调整到要输出的画面单帧位置，执行菜单栏中【合成】|【帧另存为】|【文件】命令，打开【渲染队列】窗口，如图16.26所示。

图16.26 渲染队列

AE 03 单击【输出模块】右侧Photoshop文字，打开【输出模块设置】对话框，从【格式】下拉菜单选择某种图像格式，比如JPG 序列格式，单击【确定】按钮，如图16.27所示。

图16.27 设置输出模块

AE 04 单击【输出到】右侧的文件名称文字部分，打开【将帧输出到】对话框，选择输出文件放置的位置。

AE 05 输出的路径设置好后，单击【渲染】按钮开始渲染影片，渲染过程中面板上方的进度条会走动，渲染完毕后会有声音提示，如图16.28所示。

图16.28 渲染图片

AE 06 渲染完毕后，在路径设置的文件夹里可找到JPEG格式的单帧图片，如图16.29所示。

图16.29 渲染后的单帧图片

视频讲座16-4：输出序列图片

 实例解析

序列图片在动画制作中非常实例，特别是与其他软件配合时，比如在3d max、Maya等软件中制作特效然后应用在After Effects中时，有时也需要After Effects中制作的动画输出成序列用于其他用途，本例就来讲解序列图片的输出方法。

视频分类：软件功能类
工程文件：配套光盘\工程文件\第16章\流星雨
视频位置：配套光盘\movie\视频讲座16-4：
输出序列图片.avi

 学习目标

● 学习序列图片的输出方法

操作步骤

AE 01 执行菜单栏中【文件】|【打开项目】命令，弹出【打开】对话框，选择配套光盘中的【工程文件\第16章\流星雨\流星雨效果.aep】文件。

AE 02 执行菜单栏中【合成】|【添加到渲染队列】命令，或按Ctrl+M组合键，打开【渲染队列】窗口，如图16.30所示。

图16.30 【渲染队列】对话框

AE 03 单击【输出模块】右侧【无损】的文字部分，打开【输出模块设置】对话框，从【格式】下拉菜单选择Targa 序列格式，单击【确定】按钮，如图16.31所示。

AE 04 单击【输出到】右侧的文件名称文字部分，打开【将影片输出到】对话框，选择输出文件放置的位置。

AE 05 输出的路径设置好后，单击【渲染】按钮开始渲染影片，渲染过程中面板上方的进度条会走动，渲染完毕后会有声音提示，如图16.32所示。

图16.31　设置格式

图16.32　渲染中

AE 06 渲染完毕后，在路径设置的文件夹里可找到TGA格式序列图，如图16.33所示。

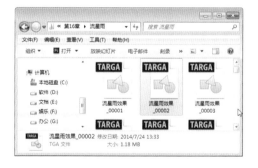

图16.33　渲染后的序列图

视频讲座16-5：输出音频文件

实例解析

对于动画来说，有时候我们并不需要动画画面，而只需要动画中的音乐，比如你对一个电影或动画中音乐非常喜欢，想将其保存下来，此时就可以只将音频文件输出，本例就来讲解音频文件的输出方法。

视频分类：软件功能类

工程文件：配套光盘\工程文件\第16章\跳动的声波

视频位置：配套光盘\movie\视频讲座16-5：输出音频文件.avi

学习目标

● 学习音频文件的输出方法

操作步骤

AE 01 执行菜单栏中【文件】|【打开项目】命令，弹出【打开】对话框，选择配套光盘中的【工程文件\第16章\跳动的声波\跳动的声波.aep】文件。

AE 02 在时间线面板中，执行菜单栏中【合成】|【添加到渲染队列】命令，或按Ctrl+M组合键，打开【渲染队列】窗口，如图16.34所示。

图16.34　【渲染队列】窗口

AE 03 单击【输出模块】右侧【无损】的文字部分，打开【输出模块设置】对话框，从【格式】下拉菜单选择WAV格式，单击【确定】按钮，如图16.35所示。

图16.35　设置参数

AE 04 单击【输出到】右侧的文件名称文字部分，打开【输出影片到】对话框，选择输出文件放置的位置。

AE 05 输出的路径设置好后，单击【渲染】按钮开始渲染影片，渲染过程中面板上方的进度条会走动，渲染完毕后会有声音提示。

AE 06 渲染完毕后，在路径设置的文件夹里可找到WAV格式文件，如图16.36所示。双击该文件，可在播放器中打开听到声音，如图16.37所示。

图16.36 渲染后

图16.37 播放中音频

外挂插件就是其他公司或个人开发制作的特效插件，有时也叫第三方插件。外挂插件有很多内置插件没有的特点，他一般应用比较容易，效果比较丰富，受到用户的喜爱。

外挂插件不是软件本身自带的，它需要用户自行购买。After Effects CC有众多的外挂插件，正是有了这些神奇的外挂插件，使得该软件的非线性编辑功能更加强大。

在After Effects CC的安装目录下，有一个名为Plug-ins的文件夹，这个文件夹就是用来放置插件的。插件的安装分为两种，分别介绍如下：

① 后缀为.aex

有些插件本身不带安装程序，只是一个后缀为.aex的文件，这样的插件，只需要将其复制、粘贴到After Effects CC安装目录下的Plug-ins的文件夹中，然后重新启动软件，即可在【效果和预设】面板中找到该插件特效。

提示 ?

如果安装软件时，使用的是默认安装方法，Plug-ins文件夹的位置应该是C:\Program Files\Adobe\Adobe After Effects CC\Support Files\Plug-ins。

② 后缀为.exe

这样的插件为安装程序文件，可以将其按照安装软件的方法进行安装，这里以安装Shine（光）插件为例，详解插件的安装方法：

AE 01 双击安装程序，即双击后缀为.exe的Shine（光）文件。如图A-1所示。

图A-1 双击安装程序

AE 02 双击安装程序后，弹出安装对话框，单击Next（下一步）按钮，弹出确认接受信息，单击Yes（确认）按钮，进入如图A-2所示的注册码输入或试用对话框，在该对话框中，选择Install Demo Version单选按钮，将安装试用版；选择Enter Serial Number单选按钮将激活下方的文本框，在其中输入注册码后，Done按钮将自动变成可用状态，单击该按钮后，将进入如图A-3所示选择安装类型对话框。

图A-2 试用或输入注册码

AE 03 在选择安装类型对话框中有两个单选按钮，Complete单选按钮表示电脑默认安装，不过为了安装的位置不会出错，一般选择Custom（自定义）单选按钮，以自定义的方式进行安装。

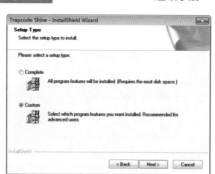

图A-3 选择安装类型对话框

AE 04 选择Custom（自定义）单选按钮后，单击Next（下一步）按钮进入如图A-4所示的选择安装路径对话框，在该对话框中单击Browse（浏览）按钮，将打开如图A-5所示的Choose Folder（选择文件夹）对话框，可以从下方的位置中选择要安装的路径位置。

图A-4 选择安装路径对话框

图A-5 Choose Folder对话框

AE 05 依次单击【确定】按钮，Next（下一步）按钮，插件会自动完成安装。

AE 06 安装完插件后，重新启动After Effects CC软件，在【效果和预设】面板中展开Trapcode选项，即可看到Shine（光）特效，如图A-6所示。

图A-6 Shine（光）特效

❸ 外挂插件的注册

在安装完成后，如果安装时没有输入注册码，而是使用的试用形式安装，需要对软件进行注册，因为安装的插件没有注册在应用是，会显示一个红色的X号，它只能试用不能输出，可以在安装后再对其注册即可，注册的方法很简单，下面还是以Shine（光）特效为例进行讲解：

AE 01 在安装完特效后，在【效果和预设】中展开Trapcode选项，然后双击到Shine（光）特效，为某个层应用该特效。

AE 02 应用完该特效后，在【效果控件】面板中即可看到Shine（光）特效，单击该特效名称右侧的【选项】文字，如图A-7所示。

图A-7 单击【选项】

AE 03 这时，将打开如图A-8所示的对话框。在ENTER SERIAL NUMBER右侧的文本框中输入注册码，然后单击Done（确定）按钮即可完成注册。

图A-8 输入注册码

B

After Effects CC
默认键盘快捷键

表1 工具栏

操作	Windows 快捷键
选择工具	V
手工具	H
缩放工具	Z （使用Alt缩小）
旋转工具	W
摄像机工具（Unified、Orbit、Track XY、Track Z）	C （连续按C键切换）
Pan Behind工具	Y
遮罩工具（矩形、椭圆）	Q （连续按Q键切换）
钢笔工具（添加节点、删除节点、转换点）	G （连续按G键切换）
文字工具（横排文字、竖排文字）	Ctrl + T （连续按Ctrl + T组合键切换）
画笔、克隆图章、橡皮擦工具	Ctrl + B （连续按Ctrl + B组合键切换）
暂时切换某工具	按住该工具的快捷键
钢笔工具与选择工具临时互换	按住Ctrl
在信息面板显示文件名	Ctrl + Alt + E
复位旋转角度为0度	双击旋转工具
复位缩放率为100%	双击缩放工具

表2 项目窗口

操作	Windows 快捷键
新项目	Ctrl + Alt + N
新文件夹	Ctrl + Alt + Shift + N
打开项目	Ctrl + O
打开项目时只打开项目窗口	利用打开命令时按住Shift键
打开上次打开的项目	Ctrl + Alt + Shift + P
保存项目	Ctrl + S
打开项目设置对话框	Ctrl + Alt + Shift + K
选择上一子项	上箭头
选择下一子项	下箭头
打开选择的素材项或合成图像	双击
激活最近打开的合成图像	\
增加选择的子项到最近打开的合成窗口中	Ctrl + /
显示所选合成图像的设置	Ctrl + K
用所选素材时间线窗口中选中层的源文件	Ctrl + Alt + /
删除素材项目时不显示提示信息框	Ctrl + Backspace
导入素材文件	Ctrl + I
替换素材文件	Ctrl + H
打开解释素材选项	Ctrl+ F
重新导入素材	Ctrl + Alt + L
退出	Ctrl + Q

表3 合成窗口

操作	Windows 快捷键
显示/隐藏标题和动作安全区域	,
显示/隐藏网格	Ctrl + '
显示/隐藏对称网格	Alt + '
显示/隐藏参考线	Ctrl + ;
锁定/释放参考线	Ctrl + Alt + Shift + ;
显示/隐藏标尺	Ctrl + R
改变背景颜色	Ctrl + Shift + B
设置合成图像解析度为full	Ctrl + J
设置合成图像解析度为Half	Ctrl + Shift + J
设置合成图像解析度为Quarter	Ctrl + Alt + Shift + J

设置合成图像解析度为Custom	Ctrl + Alt + J
快照（最多4个）	Ctrl + F5，F6，F7，F8
显示快照	F5，F6，F7，F8
清除快照	Ctrl + Alt + F5，F6，F7，F8
显示通道（RGBA）	Alt + 1，2，3，4
带颜色显示通道（RGBA）	Alt + Shift + 1，2，3，4
关闭当前窗口	Ctrl + W

表4 文字操作

操作	Windows 快捷键
左、居中或右对齐	横排文字工具+ Ctrl + Shift + L、C或R
上、居中或底对齐	直排文字工具+ Ctrl + Shift + L、C或R
选择光标位置和鼠标单击处的字符	Shift + 单击鼠标
光标向左 / 向右移动一个字符	左箭头 / 右箭头
光标向上 / 向下移动一个字符	上箭头 / 下箭头
向左 / 向右选择一个字符	Shift + 左箭头 / 右箭头
向上 / 向下选择一个字符	Shift + 上箭头 / 下箭头
选择字符、一行、一段或全部	双击、三击、四击或五击
以2为单位增大 / 减小文字字号	Ctrl + Shift + < / >
以10为单位增大 / 减小文字字号	Ctrl + Shift + Alt < / >
以2为单位增大 / 减小行间距	Alt + 下箭头 / 上箭头
以10为单位增大 / 减小行间距	Ctrl + Alt + 下箭头 / 上箭头
自动设置行间距	Ctrl + Shift + Alt + A
以2为单位增大 / 减小文字基线	Shift + Alt + 下箭头 / 上箭头
以10为单位增大 / 减小文字基线	Ctrl + Shift + Alt + 下箭头 / 上箭头
大写字母切换	Ctrl + Shift + K
小型大写字母切换	Ctrl + Shift + Alt + K
文字上标开关	Ctrl + Shift + =
文字下标开关	Ctrl + Shift + Alt + =
以20为单位增大 / 减小字间距	Alt + 左箭头 / 右箭头
以100为单位增大 / 减小字间距	Ctrl + Alt + 左箭头 / 右箭头

设置字间距为0	Ctrl + Shift + Q
水平缩放文字为100%	Ctrl + Shift + X
垂直缩放文字为100%	Ctrl + Shift + Alt + X

表5 预览设置（时间线窗口）

操作	Windows 快捷键
开始/停止播放	空格
从当前时间点试听音频	.（数字键盘）
RAM预览	0（数字键盘）
每隔一帧的RAM预览	Shift+0（数字键盘）
保存RAM预览	Ctrl+0（数字键盘）
快速视频预览	拖动时间滑块
快速音频试听	Ctrl + 拖动时间滑块
线框预览	Alt+0（数字键盘）
线框预览时保留合成内容	Shift+Alt+0（数字键盘）
线框预览时用矩形替代alpha轮廓	Ctrl+Alt+0（数字键盘）

表6 层操作（合成窗口和时间线窗口）

操作	Windows 快捷键
拷贝	Ctrl + C
复制	Ctrl + D
剪切	Ctrl + X
粘贴	Ctrl + V
撤消	Ctrl + Z
重做	Ctrl + Shift + Z
选择全部	Ctrl + A
取消全部选择	Ctrl + Shift + A 或 F2
向前一层	Shift +]
向后一层	Shift+ [
移到最前面	Ctrl + Shift +]
移到最后面	Ctrl + Shift + [
选择上一层	Ctrl + 上箭头
选择下一层	Ctrl + 下箭头
通过层号选择层	1~9（数字键盘）
选择相邻图层	单击选择一个层后再按住Shift键单击其他层
选择不相邻的层	按Ctrl键并单击选择层
取消所有层选择	Ctrl + Shift + A 或F2
锁定所选层	Ctrl + L
释放所有层的选定	Ctrl + Shift + L
分裂所选层	Ctrl + Shift + D
激活选择层所在的合成窗口	\
为选择层重命名	按Enter键（主键盘）

在层窗口中显示选择的层	Enter（数字键盘）
显示隐藏图像	Ctrl + Shift + Alt + V
隐藏其他图像	Ctrl + Shift + V
显示选择层的特效控制窗口	Ctrl + Shift + T 或 F3
在合成窗口和时间线窗口中转换	\
打开素材层	双击该层
拉伸层适合合成窗口	Ctrl + Alt + F
保持宽高比拉伸层适应水平尺寸	Ctrl + Alt + Shift + H
保持宽高比拉伸层适应垂直尺寸	Ctrl + Alt + Shift + G
反向播放层动画	Ctrl + Alt + R
设置入点	[
设置出点	]
剪辑层的入点	Alt + [
剪辑层的出点	Alt +]
在时间滑块位置设置入点	Ctrl + Shift + ,
在时间滑块位置设置出点	Ctrl + Alt + ,
将入点移动到开始位置	Alt + Home
将出点移动到结束位置	Alt + End
素材层质量为最好	Ctrl + U
素材层质量为草稿	Ctrl + Shift + U
素材层质量为线框	Ctrl + Alt + Shift + U
创建新的固态层	Ctrl + Y
显示固态层设置	Ctrl + Shift + Y
合并层	Ctrl + Shift + C
约束旋转的增量为45度	Shift + 拖动旋转工具
约束沿X轴、Y轴或Z轴移动	Shift + 拖动层
等比缩放素材	按Shift 键拖动控制手柄
显示或关闭所选层的特效窗口	Ctrl + Shift + T
添加或删除表达式	在属性区按住Alt键单击属性旁的小时钟按钮
以10为单位改变属性值	按Shift键在层属性中拖动相关数值
以0.1为单位改变属性值	按Ctrl 键在层属性中拖动相关数值

表7 查看层属性（时间线窗口）

操作	Windows 快捷键
显示Anchor Point	A
显示Position	P
显示Scale	S
显示Rotation	R
显示Audio Levels	L
显示Audio Waveform	LL
显示Effects	E
显示Mask Feather	F
显示Mask Shape	M
显示Mask Opacity	TT
显示Opacity	T
显示Mask Properties	MM
显示Time Remapping	RR
显示所有动画值	U
显示在对话框中设置层属性值（与P,S,R,F,M一起）	Ctrl + Shift + 属性快捷键
显示Paint Effects	PP
显示时间窗口中选中的属性	SS
显示修改过的属性	UU
隐藏属性或类别	Alt + Shift + 单击属性或类别
添加或删除属性	Shift + 属性快捷键
显示或隐藏Parent栏	Shift + F4
Switches / Modes开关	F4
放大时间显示	+
缩小时间显示	-
打开不透明对话框	Ctrl + Shift + O
打开定位点对话框	Ctrl + Shift + Alt + A

表8 工作区设置（时间线窗口）

操作	Windows 快捷键
设置当前时间标记为工作区开始	B
设置当前时间标记为工作区结束	N
设置工作区为选择的层	Ctrl + Alt + B
未选择层时，设置工作区为合成图像长度	Ctrl + Alt + B

表9 时间和关键帧设置（时间线窗口）

操作	Windows 快捷键
设置关键帧速度	Ctrl + Shift + K
设置关键帧插值法	Ctrl + Alt + K
增加或删除关键帧	Alt + Shift + 属性快捷键
选择一个属性的所有关键帧	单击属性名
拖动关键帧到当前时间	Shift + 拖动关键帧

向前移动关键帧一帧	Alt +右 箭头
向后移动关键帧一帧	Alt + 左箭头
向前移动关键帧十帧	Shift + Alt + 右箭头
向后移动关键帧十帧	Shift + Alt + 左箭头
选择所有可见关键帧	Ctrl + Alt + A
到前一可见关键帧	J
到后一可见关键帧	K
线性插值法和自动Bezer插值法间转换	Ctrl + 单击关键帧
改变自动Bezer插值法为连续Bezer插值法	拖动关键帧
Hold关键帧转换	Ctrl + Alt + H或Ctrl + Alt + 单击关键帧
连续Bezer插值法与Bezer插值法间转换	Ctrl + 拖动关键帧
Easy easy	F9
Easy easy In	Shift + F9
Easy easy out	Ctrl + Shift + F9
到工作区开始	Home或Ctrl + Alt + 左箭头
到工作区结束	End或Ctrl + Alt + 右箭头
到前一可见关键帧或层标记	J
到后一可见关键帧或层标记	K
到合成图像时间标记	主键盘上的0~9
到指定时间	Alt + Shift + J
向前一帧	Page Up或Ctrl + 左箭头
向后一帧	Page Down或Ctrl + 右箭头
向前十帧	Shift + Page Down或Ctrl + Shift + 左箭头
向后十帧	Shift + Page Up或Ctrl + Shift + 右箭头
到层的入点	I
到层的出点	o
拖动素材时吸附关键帧、时间标记和出入点	按住 Shift 键并拖动

表10 精确操作（合成窗口和时间线窗口）

操作	Windows 快捷键
以指定方向移动层一个像素	按相应的箭头
旋转层1度	+ （数字键盘）
旋转层-1度	- （数字键盘）
放大层1%	Ctrl + + （数字键盘）
缩小层1%	Ctrl + - （数字键盘）
Easy easy	F9

Easy easy In	Shift + F9
Easy easy out	Ctrl + Shift + F9

表11 特效控制窗口

操作	Windows 快捷键
选择上一个效果	上箭头
选择下一个效果	下箭头
扩展/收缩特效控制	~
清除所有特效	Ctrl + Shift + E
增加特效控制的关键帧	Alt + 单击效果属性名
激活包含层的合成图像窗口	\
应用上一个特效	Ctrl + Alt + Shift + E
在时间线窗口中添加表达式	按Alt键单击属性旁的小时钟按钮

表12 遮罩操作（合成窗口和层）

操作	Windows 快捷键
椭圆遮罩填充整个窗口	双击椭圆工具
矩形遮罩填充整个窗口	双击矩形工具
新遮罩	Ctrl + Shift + N
选择遮罩上的所有点	Alt + 单击遮罩
自由变换遮罩	双击遮罩
对所选遮罩建立关键帧	Shift + Alt + M
定义遮罩形状	Ctrl + Shift + M
定义遮罩羽化	Ctrl + Shift + F
设置遮罩反向	Ctrl + Shift + I

表13 显示窗口和面板

操作	Windows 快捷键
项目窗口	Ctrl + 0
项目流程视图	Ctrl + F11
渲染队列窗口	Ctrl + Alt + 0
工具箱	Ctrl + 1
信息面板	Ctrl + 2
时间控制面板	Ctrl + 3
音频面板	Ctrl + 4
字符面板	Ctrl + 6
段落面板	Ctrl + 7
绘画面板	Ctrl + 8
笔刷面板	Ctrl + 9
关闭激活的面板或窗口	Ctrl + W

附录 C 本书视频讲座速查索引

完全掌握
After Effects CC
中文版
超级手册

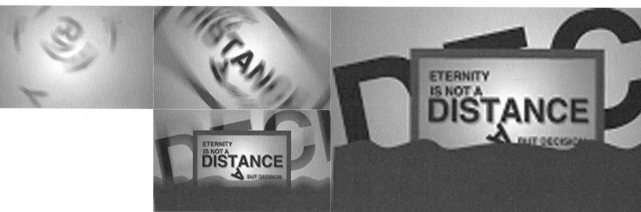